黄壁庄水库志

河北省黄壁庄水库管理局 编

U0193825

中国水利水电出版社
www.waterpub.com.cn

内 容 提 要

本书以通俗流畅的史志笔法，生动而真实地再现了黄壁庄水库建库以来艰苦、曲折的发展历程，以及重大事件和人物的历史画面。

本书以新颖的形式将黄壁庄水库 55 年的历史浓缩为 9 篇，读者可以通过本书全面而详尽地了解黄壁庄水库的自然地理概况、水库工程建设与除险加固、水库工程运行与调度管理、水源保护与水政执法、综合经营、行政事务管理、党群组织与文化建设及大事记、历史文献等。本书图文并茂，设计精美，是了解、认识和研究大型水利水电工程历史文化的良好素材。

图书在版编目（ＣＩＰ）数据

黄壁庄水库志 / 河北省黄壁庄水库管理局编. -- 北
京 ：中国水利水电出版社，2015.7
ISBN 978-7-5170-3442-1

Ⅰ．①黄… Ⅱ．①河… Ⅲ．①水库－水利史－石家庄
市 Ⅳ．①TV632.221

中国版本图书馆CIP数据核字(2015)第172298号

审图号：GS（2015）1551 号

书　　名	黄壁庄水库志
作　　者	河北省黄壁庄水库管理局　编
出版发行	中国水利水电出版社
	（北京市海淀区玉渊潭南路 1 号 D 座　100038）
	网址：www.waterpub.com.cn
	E - mail：sales@waterpub.com.cn
	电话：（010）68367658（发行部）
经　　售	北京科水图书销售中心（零售）
	电话：（010）88383994、63202643、68545874
	全国各地新华书店和相关出版物销售网点
排　　版	中国水利水电出版社微机排版中心
印　　刷	北京印匠彩色印刷有限公司
规　　格	210mm×285mm　16 开本　18.75 印张　594 千字　14 插页
版　　次	2015 年 7 月第 1 版　2015 年 7 月第 1 次印刷
印　　数	0001—1300 册
定　　价	**158.00 元**

肩负安危重任
心系兴水富民

陈雷

九七年九月

黄壁庄水库自1958年建库以来，始终受到中央领导、水利部、河北省委省政府及省水利厅各级领导的关怀与支持，先后有5位总理、副总理和数十位省部级领导莅临视察指导工作。1959年6月7日，周恩来总理亲临黄壁庄水库建设工地视察；1996年8月27日，李鹏总理亲临黄壁庄水库视察防汛抗洪工作；1996年8月12日，国务院副总理姜春云来黄壁庄水库视察指导抗洪工作；2001年5月12日，时任国务院副总理温家宝视察黄壁庄水库除险加固工作；2004年6月7日，国务院副总理回良玉来黄壁庄水库检查和指导防汛工作。钱正英、胡春华、汪恕诚、钮茂生、白克明、季允石、叶连松、王旭东、陈全国等30多位省部级领导先后到黄壁庄水库检查和指导工作。各级领导的关心和厚爱，为黄壁庄水库的安全运行与效益的充分发挥奠定了良好的基础，为坚定广大水库工作者战胜洪魔、造福人民的信心决心提供了精神支撑。

各级领导视察黄壁庄水库情况一览表

姓名	视察时间	时任职务	姓名	视察时间	时任职务
周恩来	1959年6月7日	国务院总理	钱正英	1987年5月10日	水利部部长
李 鹏	1996年8月27日	国务院总理	钮茂生	1998年7月21日	水利部部长
温家宝	2001年5月12日	国务院副总理	汪恕诚	2004年6月7日	水利部部长
姜春云	1996年8月12日	国务院副总理	张季农	1976年3月	水电部副部长
回良玉	2004年6月6日	国务院副总理	侯 捷	1990年7月25日	水电部副部长
彭 真	1963年10月20日	政治局委员	周文智	1997年6月10日	水利部副部长
刘济民	1997年5月19日	国务院副秘书长	严克强	1989年6月20日	水利部副部长

姓名	视察时间	时任职务	姓名	视察时间	时任职务
张基尧	2002 年 4 月 9 日	水利部副部长	季允石	2004 年 6 月 29 日	河北省省长
敬正书	2005 年 5 月 31 日	水利部副部长	陈全国	2010 年 5 月 21 日	河北省省长
矫 勇	2008 年 9 月 16 日	水利部副部长	胡春华	2008 年 5 月 31 日	河北省代省长
周 英	2012 年 5 月 22 日	水利部副部长	高树勋	1958 年 12 月 25 日	河北省副省长
李国英	2013 年 4 月 26 日	水利部副部长	陈立友	多次	河北省副省长
李雪峰	1963 年 10 月 20 日	华北局第一书记	张 和	2008 年 6 月 6 日	河北省副省长
林 铁	1963 年 10 月 21 日	河北省省委第一书记	何少存	1996 年 8 月 5 日	河北省副省长
刘子厚	1963 年 10 月 22 日	河北省省长	沈小平	多次	河北省副省长
邢崇智	1990 年 5 月 12 日	河北省省委书记	付志方	2007 年 7 月 6 日	河北省副省长
岳歧峰	1990 年 5 月 12 日	河北省省长	郭庚茂	多次	河北省常务副省长
张曙光	1984 年 8 月 30 日	河北省省长	赵金铎	2007 年 9 月 21 日	河北省政协主席
叶连松	1997 年 5 月 23 日	河北省省长	郭洪岐	1999 年 5 月 12 日	河北省政协副主席
白克明	2004 年 6 月 29 日	河北省省委书记			

1998 年 7 月 21 日，水利部
部长钮茂生检查指导水库工作

2004 年 6 月 7 日，水利部部
长汪恕诚检查指导水库工作

1997 年 5 月 23 日，河北省
省长叶连松检查指导防汛工作

2006 年 6 月 29 日，河北省省委书记白克明、省长季允石检查指导水库工作

1997 年 6 月 10 日，水利部副部长周文智检查指导水库工作

1997 年 5 月 23 日，河北省副省长陈立友检查指导水库工作

2000 年 7 月 10 日，河北省副省长郭庚茂到水库检查指导工作

2005 年 5 月 31 日，水利部副部长敬正书检查指导水库工作

2013 年 6 月 27 日，河北省副省长沈小平检查指导水库防汛工作

建设队伍浩荡开来

渠道开挖

艰苦奋斗战严寒

可敬的建库功臣

干劲冲天实干苦干

正常溢洪道建设

除险加固工程开工典礼

施工场面

新增非常溢洪道建设

黄壁庄水库志

水库航拍图

雄伟壮观的副坝

副坝公路

水库正常溢洪道

正常溢洪道放水

非常溢洪道

电站重力坝

非常溢洪道机房

雄伟的非常溢洪道

职工宿舍楼

中山湖防汛培训中心

开通班车方便职工

党内活动丰富多彩

水政执法加强巡逻

廉政文化稳步推进

职工代表合影

职工军训合影

合唱比赛合影

纪念活动

丰富多彩

主
席
雕
像

全
景
壁
画

气
势
恢
宏

靓丽景观

水库风光

库区面貌

特色景观

山水如画
交相辉映

全国水利系统先进集体
中华人民共和国人事部
中华人民共和国水利部
二〇〇二年一月

全国水利建设与管理
先进集体
中华人民共和国水利部
二〇〇六年十月

国家水利风景区
中华人民共和国水利部

全国水利系统
模范职工之家
中国农林水利工会全国委员会
二〇〇七年九月

2008年全国生产建设项目水土保持
示范工程
中华人民共和国水利部
二〇〇八年四月

2012年全民健身活动
先进单位
国家体育总局
二〇一二年十二月

省直反腐倡廉宣教工作
先进单位
中共河北省直纪工委
二〇〇八·十二

河北省
园林式单位
河北省建设委员会
二〇〇〇年一月

文明单位
WEN MING DAN WEI
中共河北省委
河北省人民政府
二〇一二年八月

2005年度全省水利工程管理
先进集体
河北省水利厅
二〇〇六年二月

荣誉证书
经评选河北省岗南水库管理局政
研会（单位）为2003～2005年
度全国水利系统优秀政研会
（单位）

全省水利法制工作
优胜单位
河北省水利厅
二〇〇七年三月

河北省
绿化先进单位
河北省绿化委员会
二〇〇七年六月

河北省职代会星级单位
河北省直属机关工会工作委员会
二〇〇八年十二月

2009年河北省
卫生单位
河北省爱国卫生运动委员会
二〇〇九年十二月

2011年度全省安全生产管理
先进单位
河北省安全生产委员会办公室
二〇一二年二月

中国水利 CHINA WATER 全省水利系统
先进单位
河北省水利厅
二〇〇〇年五月

争优创先　再铸辉煌

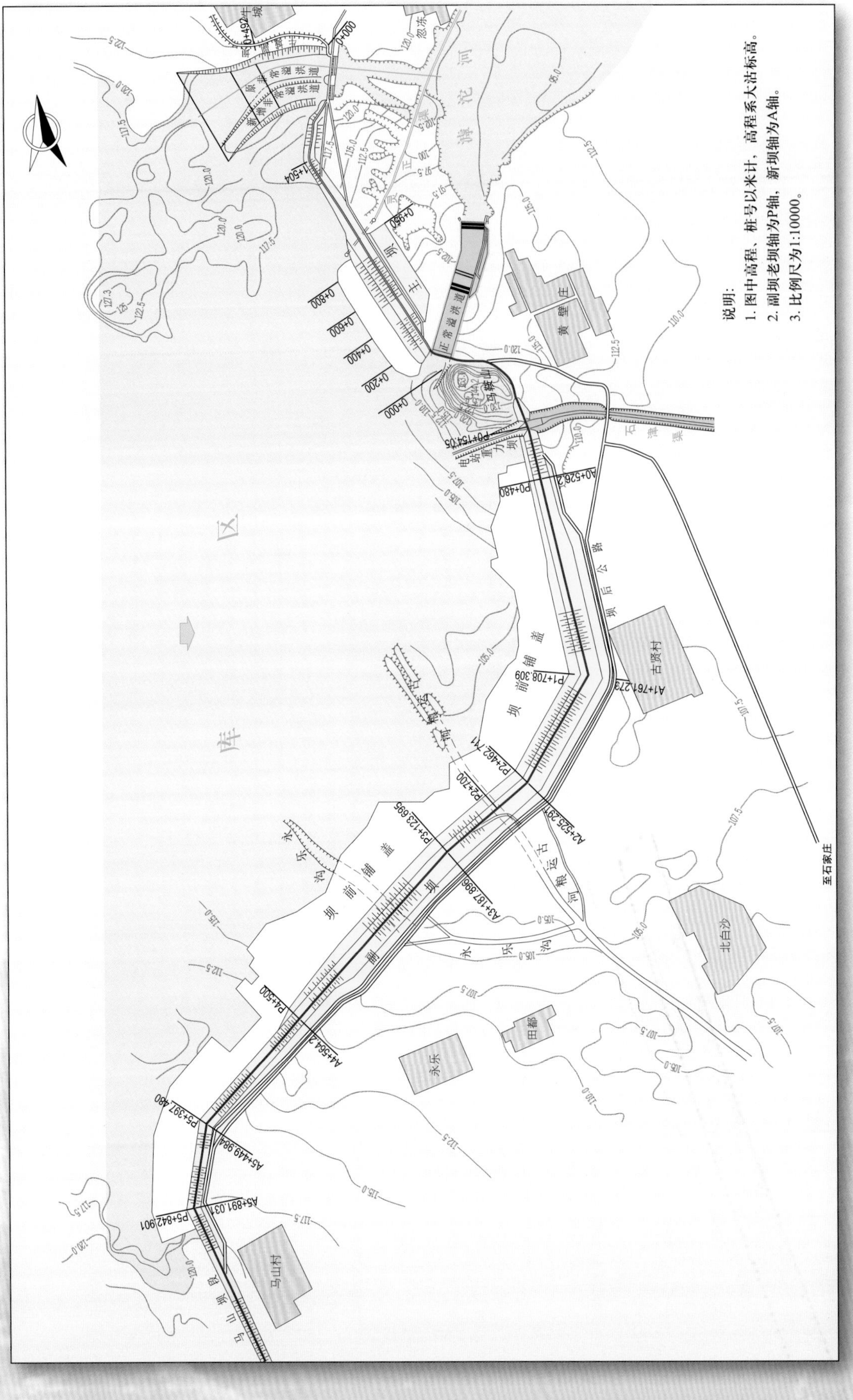

说明:
1. 图中高程、桩号以米计，高程系大沽标高。
2. 副坝老坝轴为P轴，新坝轴为A轴。
3. 比例尺为1:10000。
主坝
正常溢洪道
马鞍山
电站
重力坝
坝后公路
坝前铺盖
副坝
库区
石津渠
滹沱河
黄壁庄
古贤村
北白沙
田都
永乐
马山村
马山坝段
永乐沟
古运粮河
至石家庄

黄壁庄水库枢纽总平面图

黄壁庄水库防洪范围示意图

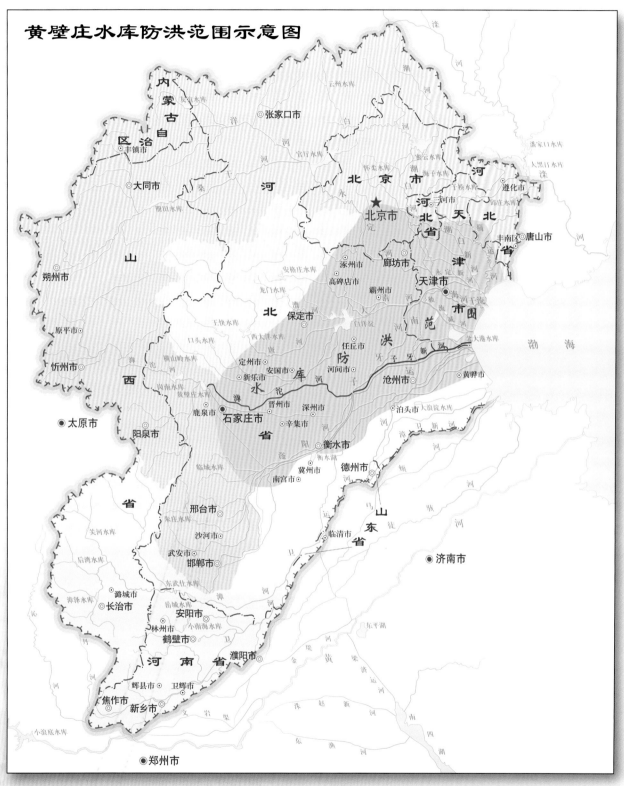

岗南、黄壁庄水库流域图

黄壁庄水库航拍图

编纂委员会人员名单

主　　任：张惠林

副 主 任：杨宝藏　赵书会　徐　宏　张玉珍　张　栋

委　　员：（以姓氏笔画为序）

　　　　　王立峰　田艳龙　史增奎　朱英方　齐建堂　安正刚
　　　　　肖伟强　狄志恩　陈占辉　武锦书　罗占兴　周征伟
　　　　　高会喜　盖国平　霍巧云

主　　编：杨宝藏

编　　辑：陈占辉　霍云峰　董天红　吕丽丽　葛义荣　周爱山
　　　　　李书锋　刘更祥

参加编写：（以姓氏笔画为序）

　　　　　马骏杰　王　育　石宝红　刘德峰　孙庆锋　肖伟华
　　　　　张　欣　赵立强　高　飞　高　希　黄永平　常　辉
　　　　　韩丽会　王富川　康　杰

摄　　影：吕丽丽　等

特聘审修顾问：

　　　　　张锡珍　河北省水利厅原总工程师
　　　　　魏智敏　河北省水利厅防办原主任、省知名水利专家
　　　　　冯金闯　河北省水利厅办公室副主任

特聘编写顾问：郭仲斌　司冬梅　崔东发　徐彦林

　　欣闻《黄壁庄水库志》即将出版，这是件功在当代、利在千秋的好事，特撰文以致贺！

　　水是生命之源、生产之要、生态之基，兴水利、除水害，不仅关系到防洪安全、供水安全、粮食安全，而且关系到经济安全、生态安全、国家安全，也事关人类生存、经济发展、社会进步，历来是治国安邦的大事。"水者何也，万物之本原也""智者乐水，仁者乐山""上善若水"，这些先贤圣哲充满智慧的名言，道出了水作为中华民族创造物质财富和精神财富的重要源泉。

　　在党中央、国务院的正确领导下，河北省自力更生、艰苦奋斗、勤俭治水、土法上马，拦截滹沱河而成黄壁庄水库，变害为利，成为海河南系防洪的骨干工程，成为集防洪、农业灌溉、城市生活供水、环境供水、工业供水、养殖、发电等多种功能于一体的大型水库。

　　黄壁庄水库地理位置特殊而重要，下游 25 千米处即是河北省省会石家庄市。水库保护着下游一大批工农业基础设施及重要的交通、通信干线，保护着石家庄、衡水、沧州及 25 个县市 1000 多万人口、1800 万亩耕地。水库建成以来，先后抵御较大以上洪水 6 次，特别是在抗御 1996 年特大洪水中，为实现河北省省委省政府提出"保京津、保交通通信干线、保油田、保自身"的目标，发挥了关键作用，实现减灾效益 150 多亿元；水库累计为工农业和城市生活供水 382 亿立方米，发电 8.8 亿千瓦时，每年灌溉农田 161 万亩，总计产生的直接和间接效益达 400 多亿元，为河北省经济、社会的发展做出了巨大贡献。我曾多年主管全省水利工作，并亲自指挥调度抗御 "96·8" 特大洪水，对黄壁庄水库一直非常关注。黄壁庄水库管理局的职工们长期艰苦奋斗在水库管理一线，肩负安危重任，心系兴水富民，创造了突出的管理业绩，取得了可喜可贺的成绩，我深表敬意。

　　当前，正处在实现中华民族伟大复兴的中国梦、全面建设小康社会的关键时期，祖国的各条战线处处呈现出非凡的活力，水利战线也一样，生机盎然。水利走过的历程，是一个不断积累经验的历程，不断创造辉煌的历程，不断造就人才的历程。在这个历史进程中，贯穿整个过程的是水利战线全体干部职工、科技工作者一以贯之的"献身、负责、求实"的水利精神。《黄壁庄水库志》详尽客观地记述了几十年间水利人在水库建设、防汛抗旱、管理创新、科技兴水、水利经济、水环境保护、精神文明建设等方面所作出的有益探索和经验，展现了水利建设者和水库管理者们艰苦奋斗、自强不息、勇于开拓的精神和积极进取、追求卓越的工作风貌，从一个侧面反映了我国水利事业发展的重要节点、重要成果和重要经验。志书观点正确，体例规范，内容丰富，详略得当，具有鲜明的时代特色和水利专业特点。

　　水利是国民经济的基础产业，民生水利、现代水利、可持续发展水利方兴未艾，治水兴利，造福于民，任重而道远。从一个水库的建设发展历程中总结经验，吸取教训，为现实和发展服务，完全符合辩证唯物主义和历史唯物主义观点。我相信，该部志书必将在全省水利建设事业中发挥存史、资政、教化的功效，成为全省水利工作的重要参考。千秋伟业建功于当代，我真诚地期望广大水库管理者，继续弘扬优良传统，与时俱进，开拓创新，再创佳绩，为河北省的经济社会发展做出新的更大的贡献。

陈立友

2015 年 5 月

注：作者曾任河北省省委常委、河北省常务副省长

　　《黄壁庄水库志》的出版，是我局建设发展进程中的一件大喜事，值得庆贺。

　　黄壁庄水库是海河流域子牙河水系滹沱河干流上的重要控制性工程，距河北省省会石家庄市 25 千米，下游是城市集中、人口稠密、经济发达、工业和交通设施密集的华北平原，地理位置十分重要。水库始建于 1958 年，经过改扩建、多次除险加固，已成为以防洪为主，兼有农业灌溉、工业供水、城市生活供水、环境供水、水力发电、养殖等多种功能的大型水利枢纽工程。

　　水库自建成以来，发挥了巨大的经济效益和社会效益。先后抗御较大以上洪水 6 次，其中包括"63·8"和"96·8"2 次特大洪水，"96·8"洪水削减洪峰 71％，保护了水库下游人民群众的生命和财产安全，减免下游经济损失近 150 亿元。建库以来，圆满完成了农业灌溉、城市生活供水、工业供水、生态供水、向首都北京供水等任务，直接或间接效益达 400 多亿元，相当于建库与加固建设静态投资的 30 多倍。

　　《黄壁庄水库志》翔实记述了水库工程的勘测、规划、设计、施工、管理、运用和改建、扩建、除险加固的史实，客观反映了水库发展的光辉历程，展现了水库建设者和管理者们勇于开拓、自强不息、艰苦奋斗的精神和积极进取、追求卓越的工作风貌，希望可以给未来的水库管理工作者提供一个纵览水库历史和发展平台的史实资料，起到"存史、资政、教化"的作用。《黄壁庄水库志》全体编写人员本着认真负责的精神，克服种种困难，历经两年多时间，编写出这本志书，谨以此献给为黄壁庄水库呕心沥血、忘我工作的建设者和管理者，并向他们致以最崇高的敬意！

　　在省水利厅的坚强领导下，一代又一代水库人扎根基层，无私奉献，用辛勤和汗水，用忠诚和智慧，打响了一场又一场艰苦的战役，取得了一场又一场辉煌的胜利，谱写了一篇又一篇华彩的乐章。希望黄壁庄水库人继续以饱满的工作热情，不断开拓进取，努力创新，扎实做好各项工作，为河北水利承前启后、继往开来的发展做出特别的贡献，愿黄壁庄水库的明天更美好！

河北省黄壁庄水库管理局局长

2015 年 5 月

　　黄壁庄水库位于海河流域子牙河水系两大支流之一的滹沱河干流上，距河北省省会石家庄市西北方向 25 千米。水库于 1958 年动工兴建，是一座以防洪为主，兼有农业灌溉、工业供水、城市生活供水、环境供水、水力发电等多种功能的大型水利枢纽工程。

　　在水库的初期建设和后来的续建与历次除险加固中，中央、省、厅各级领导给予了高度的关注和支持。特别是广大水库建设者发扬"战天斗地、无私奉献、艰苦奋斗、建库创业"的精神，冒酷暑、战严寒，披星戴月、自力更生、顽强拼搏，挖土筑坝、开山截流、构闸辟渠，以勤劳的双手、辛勤的汗水和冲天的干劲，创造了一个又一个奇迹，确保了水库建设的顺利进行。

　　水库工程规模宏大，在全省乃至全国的水库建设、管理、除险加固、改革发展中都具有重要意义。建库 50 多年，一路走来，坎坎坷坷，有泪水，有血汗，但更多的是进步。黄壁庄水库建成之后，在半个多世纪的岁月里，充分发挥了水库的潜力，利用库区水土资源优势，实行综合运用，大搞多种经营，发展生态养殖，使水库库区面貌发生了根本性的变化。因此，编写《黄壁庄水库志》具有重要的历史意义。

　　编写《黄壁庄水库志》的目的，一是实事求是地记述黄壁庄水库及其周边地区的历史和现状，从水库实际出发，因地制宜，发挥优势，为水库的综合开发利用提供依据，提高水库综合运用效益；二是通过阅读本书，可以纵览黄壁庄水库的过去和现在，吸取有益的经验和教训，从中受到启发和教益，对进一步科学利用水库资源和把水库建设、管理得更好，提供重要的指导；三是翔实记述水库工程的勘测、规划、设计、施工、管理、运用和改建、扩建、除险加固的史实，客观反映水库全貌，作为今后借鉴之用；四是为未来的水库管理工作者提供比较系统的史实资料，吸取经验教训，发扬优良传统作风，告慰创业先辈，启示激励来者，达到"存史、资政、教化"的目的；五是大力宣传水库的光辉历史和形象，展示水库的新形象新面貌。

　　《黄壁庄水库志》由流域自然地理概况，水库工程初建与扩建，水库除险加固，水库工程运行与调度管理，水源保护、工程保卫与水政执法，综合经营与管理，行政事务管理，党群组织与文化建设，大事记和附录等组成。大事记采用记年体和记事本末体相结合的体裁，以时为经，以事为纬；其他部分按工程建设、经营管理等分门别类，基本做到了纵横兼顾。

　　修志是中华民族延续 2000 多年的优秀文化传统。志书是重要的国情和地情资料，并以其丰富翔实的历史资料传承文明、资政育人、服务当代、垂鉴后世，不仅具有历史文化价值，而且具有"资政、存史、教化"、服务经济社会发展的独特作用。水库志是水库发展的纪实，是水库前进的标志，它是水库兴建、发展和壮大的历史轨迹的真实记录，是水库各方面工作成就精华的浓缩。编写《黄壁庄水库志》，不仅能全面、完整、系统地反映半个多世纪的创业历史，弘扬建库精神，推广先进的管理经验，映射水库传统精神和特色，同时也是水库确定新航向并寻求超越发展的重要指针，有利于团结广大职工，凝聚力量，凝聚人心，具有特殊的历史意义和现实意义。

《黄壁庄水库志》在省水利厅领导的支持下，在原工程建设中老工程技术人员的指导下，从 2012 年 4 月开始筹备启动征集资料进行编写，历经 3 年多的辛勤耕耘，终于付梓出版。因时间紧张，档案资料不全，编者水平有限，遗漏和不妥之处在所难免，敬请读者批评指正。

本书编委会
2015 年 5 月

　　(1) 体例。本志书采用规范的语体文记述，全书以志为主，全志除序、概述、组织机构沿革、附录、编后记外，正志部分分流域自然地理概况，水库工程初建与扩建，水库除险加固，水库工程运行与调度管理，水源保护、工程保卫与水政执法，综合经营与管理，行政事务管理，党群组织与文化建设，大事记等九篇。均以篇、章、节、目为序排列，并辅以记、志、传、图、表、录。采用横分门类，纵记史实的方法，尽量做到纵横兼顾。

　　(2) 时限。上限自 1958 年建库开始，下限至 2013 年年底，重点记述建库以来的史实与现状。

　　(3) 大事记。大事记采用编年体和记事本末体相结合的体裁，以时为经，以事为纬。一般以事件发生的先后按年、月、日顺序排列。同一件事在不同时间发生的，则尽量以追述和补述的办法编排在一个条目中。时间不明确但可以肯定月份的，置于该月最后。一旦发生两个以上事件（或同月而无确定日期的），则从第二个条目起以＊号表示。全年综合事件和大事记年内无明确日期的，放在该年最后，以"—"号表示。

　　(4) 称谓。本志书记述采用第三人称编写。行政区划、机构、地名等均按当时称谓。人物以事发时职务相称或直书其名。按志书习惯，单位名称较长者，采用简称。文中未指名的"水库"均指黄壁庄水库，"新非"指新增非常溢洪道，"非溢"指非常溢洪道，水库管理处（局）均指河北省黄壁庄水库管理处或管理局，省水利厅指河北省水利厅，省委省政府指河北省省委省政府，国家防总、省防分别指国家防汛抗旱总指挥部、河北省防汛抗旱指挥部。局防办为黄壁庄水库防汛抗旱指挥部办公室。

　　(5) 图表。附于各有关章节之中，并力求按入志要求选用。

　　(6) 附录。与本志书密切相关，又不能编入正志的文件，则收录于附录之中。

　　(7) 水准高程系统。本志书采用的地面高程，除注明者外，均采用大沽高程。

　　(8) 注释。本志书采用篇末注和夹注。

　　(9) 数字计量单位与符号。本志书所采用的计量单位、文字符号、数字基本按国家规定的统一规范书写。为保持历史统计口径一致，少数历史资料的计量单位，仍采用了当时的计量单位。

　　(10) 资料来源。主要来自本单位的各类档案，河北省省市水利部门、省市档案馆等有关单位和调查口碑。

目录

概　　述

黄壁庄水库位于海河流域、子牙河水系、滹沱河干流的出太行山处，距河北省省会石家庄市25千米，是滹沱河上一座以防洪为主，融农业灌溉、城市生活和环境供水、工业供水、水力发电等功能为一体的大型水利枢纽工程，总库容12.1亿立方米，与上游的岗南水库联合运用，总控制流域面积23400平方千米，占滹沱河流域面积的95%。

黄壁庄水库是海河流域南系防洪的骨干工程，地理位置十分重要，其设计洪水位较下游25千米处的石家庄市地面高程高出50多米，水库一旦失事，势必打乱海河流域南系的整个防洪部署，不但洪水仅需一个小时就可到达石家庄，使这座具有200多万人口的政治、经济、文化、工业和交通中心城市遭到灭顶之灾，而且还会冲毁京广、京九、京沪三大铁路干线及京珠、京沪、青银、石黄、石张等十余条高速公路和交通通信干线，危及大港油田、华北油田等一大批重要工业设施，危及沧州、衡水两个地级市及下游25个

黄壁庄水库

县市、1000多万人口、1800万亩耕地，并直接威胁北京、天津的安全，后果不堪设想。

滹沱河流域多年平均降雨量约400～600毫米，多集中在6月、7月、8月3个月，特大暴雨多发生在7月下旬、8月上旬。建库前，黄壁庄水文站1956年8月实测最大洪峰流量为13100立方米每秒，多年平均径流量23.3亿立方米，但各年相差悬殊，多则可达63.8亿立方米，少则仅4亿多立方米，加之滹沱河河槽摇摆不定，尾闾不畅，两岸堤防不断决口，洪水灾害频繁而且严重，新中国成立后到1958年的10年间，先后于1949年、1950年、1953年、1954年、1956年发生了5次大洪水。1954年、1956年的洪水使京广、石太铁路被冲，石家庄市区被淹；1956年大水，滹沱河决口243处，造成巨大的人员和财产损失。为解除滹沱河水患，国家和河北省对黄壁庄水库的建设十分重视，国家克服重重困难，投资1.5亿元修建黄壁庄水库，由水利部北京勘测设计院进行勘测设计，规划设计几经变更后，于1958年5月由石家庄地区行政公署成立水库工程局，10月利用古运粮河完成导流工程，10月、11月，主坝、副坝、灵正渠涵管、正常溢洪道、电站等工程相继开工。先后有26个县市的十几万民工和几千名水利工人、技术人员参加了水库建设。

黄壁庄水库的建设和发展历程是曲折的，即1958—1960年的兴建期，1965—1968年的扩建期，1998—2005年的全面除险加固期。

1959年7月20日，主坝、副坝填筑至120.0米拦洪高程，并成功抵御了当年的洪水。1960年加高到124米高程，1963年汛前分别加高到125.0米和125.3米高程。1960年完成石津渠电站施工，1961年完成正常溢洪道施工。1963年海河流域暴发了特大洪水后，1965年开始实施水库扩建工程，1966年汛前完成非常溢洪道工程，1968年汛前将主坝加高到128.7米、副坝加高到129.2米高程，水库工程基本建成。前后经过11年的断续施工，共完成土、石、混凝土2800多万立方米，筑起了长达9000米、高30米的大坝，使滹沱河这条泛滥多年的蛟龙得以驯服，使下游千百万人民的生命、财产安全有了可靠保障，使数百万亩良田有了丰富的灌溉水源。

黄壁庄水库卫星图

但在始建之初，由于受当时经济、技术等诸多因素的影响，造成坝体施工质量差，设计防洪标准偏低，几十年来一直带"病"运行。自1968年水库工程基本建成后，在水电部和省委的关注下，又多次进行除险加固与改建施工，但险情仍频频发生，1984年被列为全国首批43座重点病险水库之一。1968—1998年的30年间，先后多次对水库进行排水沟整治、增打减压井和溢洪道底板处理等加固与改建施工，但未能从根本上解决问题。"96·8"大水后，党中央、国务院、水利部等各级领导一直关注水库险情。省委省政府决定根除这一心腹之患，将黄壁庄水库列为省防洪保安"一号工程"，在做好大量前期调研、设计、论证工作的基础上，于1998年8月经国务院批准正式立项，9月30日在水库召开开工典礼大会，1999年3月1日加固工程全面开工，工程总投资9.94亿元，至2005年年底工程完工。主要工程项目包括：副坝30万平方米的垂直防渗墙，新增五孔非常溢洪道，正常溢洪道加固及闸门机电设备更新，电站重力坝加固补强及闸门机电设备更新，原非常溢洪道改造和闸门机电设备更新，主副坝坝坡整治和防浪墙改建，自动化系统建设和环境治理等。经过广大工程建设者6年多的艰苦奋战，黄壁庄水库除险加固工程于2005年12月21日按设计要求全部完成建设任务，通过终验。工程的防洪标准由100年一遇提高到500年一遇设计、10000年一遇校核，病险问题得到了根治，水库从内在质量到外部形象都发生了质的飞跃，彻底摘除了全国最后一座大型病险水库的帽子，真正成为了海河南系重要的控制性工程，为水库工程安全和下游经济社会发展提供了更加有力的保障。

在进行除险加固的同时，实施自动化系统建设。先后于1996年汛前建成了岗黄两库水情自动测报系统，1997年投资80多万元完成了微波通信和短波、超短波电台设施建设，1999年投资100万元完成了黄壁庄水库洪水调度系统并投入使用，2002年5月对原水库自动测报系统进行合理调整和补充，采用卫星通信和超短波通信混合组网方案，使水情自动测报系统更加完善、科学、先进，经过以上各项软硬件的投入运用，基本实现了水雨情信息的自动采集、传输、处理和洪水实时预报，使数据采集更加准确、完整，基本满足了洪水预报调度的需要，使水库的工程管理水平向着科学化、规范化、现代化不断迈进。

目前，水库枢纽建筑物主要由主坝、副坝、电站重力坝、正常溢洪道、新增非常溢洪道、原非常溢洪道、灵正渠电站等几部分组成。主坝为水中填土均质坝，坝顶长1757.63米，坝顶高程128.7米，最大坝高30.7米；副坝为水中填土均质坝，坝顶长6907.3米，坝顶高程129.2米，最大坝高19.2米，内嵌宽80厘米、均高60米、面积达30万平方米的混凝土防渗墙；正常溢洪道为岸边开敞式实用堰，溢流堰净宽96米，由8孔12米×13米的弧形钢闸门组成，另有泄洪洞2孔，最大泄量共计10867立方米每秒；原非常溢洪道为胸墙式宽顶堰，堰顶净宽85.8米，由7.8米×12米平面定轮钢闸门组成，最大泄量12700立方米每秒；新增非常溢洪道为胸墙式宽顶堰，堰顶净宽60米，由5孔12米×12米潜孔弧形钢闸门组成，最大泄量8980立方米每秒。共计水库的总泄洪能力达到31400立方米每秒。

水库运行50多年来，发挥了显著的社会效益。先后抵御较大以上洪水6次，其中特大洪水2次。面对罕见的洪水，水库人众志成城，义无反顾，坚守战斗在防汛抗洪第一线。在1963年的100年一遇大洪水中，将最大入库洪峰流量由 12000 立方米每秒消减至出库 6150 立方米每秒，减少淹没耕地 73 万亩；特别是 1996 年，将最大入库洪峰流量由 12600 立方米每秒消减至 4890 立方米每秒，拦蓄洪水 3.89 亿立方米，错峰 6 个小时，为保证省会石家庄市的安全和滹沱河南北大堤的安全发挥了巨大作用，减免下游直接经济损失 150 亿元，为维护社会稳定做出了巨大贡献。

水库经济效益显著。建库以来，年均灌溉面积 150 多万亩，年均提供工农业和城市生活用水等 4.5 亿立方米，年均渔业和综合经营总产值 150 万元，为周边地区农民增产增收和下游城镇工农业发展及人民生活用水提供了有力保障。从 2008 年开始，又承担向首都北京供水的重任。据统计，黄壁庄水库自 1963 年一期工程全面投入运行以来，总计产生的直接和间接社会效益、经济效益达 400 多亿元，相当于建库与除险加固工程建设静态总投资的 30 多倍。

黄壁庄水库始终秉承负责、严谨、求实的优良作风，扎实推进水库管理、改革、发展的各项工作，成为河北水利系统中一支璀璨的奇葩。特别是近年来，管理局以"建设文明、美丽、富裕、和谐的现代化新型水库"为总目标，发扬"求实求精求真、创优创效创新"的水库精神，以科学发展观统揽水库管理与建设工作的全局，以防洪保安为重点，以科学调度与管理为核心，以水利部党组和河北省水利厅党组的治水思路为方向，创造性地开展工作，水库管理和改革工作取得了令人瞩目的成绩，确保了水库的度汛安全、工程安全和水质安全，获得全国水利系统先进集体、省级文明单位称号，以及省级卫生先进单位、省级园林式单位、全国水利建设先进集体、全国水利政研先进单位等 20 多项省部级荣誉。

多年来，黄壁庄水库以国家一级水利工程管理标准为目标，不断提升现代化管理水平；推行精细化管理，完善日常运行档案，严格巡查制度，确保工程设施安全运行；走科学管理、科技兴库之路，开展以工程管理标准化、网络化为重点的研究，建立规范、明确、符合水库实际的科学管理模式；千方百计抓好供水这一主业，科学调度，蓄泄结合，保安全多蓄水，最大限度地利用好有限的水资源；提高对用水户的服务水平，加强各方面协调沟通，用足用好政策，及时足额征收水费；坚持依法治水，保护水质；加大水政执法力度，严厉打击不法行为；充分开发利用水土资源，建设生态型花园式水库，盘活水利资产，多渠道筹措资金，发展多种经营；以人为本，开展创建"学习型、和谐型、创新型"单位活动，完善学习的考核和奖惩办法，鼓励职工进行继续教育；加强对干部的教育和管理，努力建设精干高效、善于管理、朝气蓬勃的领导干部队伍。

建库以来，先后有 5 位总理、副总理及数十位省部级领导到水库视察指导工作。1959 年 6 月 7 日，周恩来总理亲临水库建设工地，视察水库工程建设；1963 年 10 月 20 日，中共中央政治局委员、书记处书记彭真视察水库工程情况并听取抗洪情况汇报；1996 年 8 月 27 日，李鹏总理亲临水库视察水库管理与防汛抗洪工作；1996 年 8 月 12 日，姜春云副总理在防汛抗洪关键时刻前来水库视察指导；2001 年 5 月 12 日，国务院副总理温家宝亲临视察水库除险加固与防汛工作；2004 年 6 月 7 日，国务院副总理回良玉前来检查和指导水库防汛工作。水利部及省委省政府领导钱正英、汪恕诚、叶连松、王旭东、白克明、钮茂生、季允石、胡春华、陈全国等 30 多位领导亲临水库检查和指导工作。各级领导的关心和厚爱为黄壁庄水库的建设、管理和工程效益的充分发挥打好了基础，为管理局的管理与发展指明了方向，为坚定广大水库工作者战胜洪魔、造福人民的信心决心提供了精神支撑。

利今惠后世，滹沱流千古。水是生命之源、生产之要、生态之基。水不仅关系到防洪安全、供水安全、粮食安全，而且关系到经济安全、生态安全、国家安全。随着滹沱河沿岸工农业的迅猛发展，生产生活生态用水量的快速增长，黄壁庄水库的地位必将更加重要，使命将更加光荣，责任将更加重大。黄壁庄水库管理局将秉承"献身、负责、求实"的水利行业精神，以"上善若水、海纳百川"的胸怀，以"求实求精求真、创优创效创新"的水库精神，在未来的新征程上，解放思想、实事求是、与时俱进，共同开创水库管理事业蓬勃发展的新局面！

第一篇

流域自然地理概况

第一章 河 流 水 系

黄壁庄水库位于海河流域子牙河系的滹沱河干流上，地处太行山东部的丘陵区，上游群山环抱，下游是冲积平原。因黄壁庄水库紧邻古中山国，而又名"中山湖"。

海河水系东临渤海，南界黄河，西起太行山，北倚内蒙古高原南缘，地跨京、津、冀、晋、鲁、豫、辽、内蒙古八省（自治区、直辖市），流域总面积 26.5 万平方千米，占全国总面积的 3.3%，其中山区约占 54.1%，平原占 45.9%，人口 7000 多万人，耕地 1.8 亿亩。海河干流是子牙河、大清河、南运河、北运河、永定河 5 大水系的入海通道，同时兼有排涝、蓄水、供水、航运、旅游和环境保护等综合功能。

子牙河又名沿河，是海河水系西南支，系海河水系五大河之一，有南北两源：北源为滹沱河，出山西省五台山，沿途接纳牧马河、清水河、冶河等，至黄壁庄出太行山流入平原；南源为滏阳河，出太行东侧，上源支流众多，进入平原后，东行至艾辛庄附近，有老漳河挟小漳河汇入，形成滏阳河干流，流至献县臧家桥与滹沱河汇合后称子牙河。子牙河干流河长 175 千米，于天津大红桥与北运河汇流后入海河干流，地跨山西、河北、天津 3 省（直辖市）8 个地区 71 个县（市）。中华人民共和国成立后，为减轻水患，在献县以下辟子牙新河，经天津市北大港注入渤海。

第一节 干流——滹沱河

滹沱河是一条古老的天然河道，历史久远，名称多异。滹沱河古又作虖池（音同"呼驼"）或滹池，《礼记》中称其为"恶池"或"霍池"，《周礼》称"厚池"。《山海经》云："泰戏之山滹沱之水出焉，尺波寸浪，波涛汹涌，故谓滹沱河矣。"战国时称"呼沲水"（呼池水）。秦称"厚池河"。《史记》称"滹沱"，也称"亚沦"。东汉称"滹沱河"。《水经注》称"滹沱"。曹魏称"呼沱河"。西晋称"滹沱河"。北魏曾一度改称"清宁河"。

滹沱河发源于山西省五台山北麓的繁峙县泰戏山孤山村一带，孤山水库以上称孤山河，以下始称滹沱河。滹沱河干流自孤山水库向西南流经恒山与五台山之间的代县、原平及忻州市，在忻口受阻，急转东流，切穿系舟山和太行山，在盂县活川口下游进入河北省平山县，经岗南、黄壁庄两座大型水库后流出山区，在石家庄市区穿京广铁路，经正定、藁城、无极、深泽入衡水市，途经安平、饶阳等

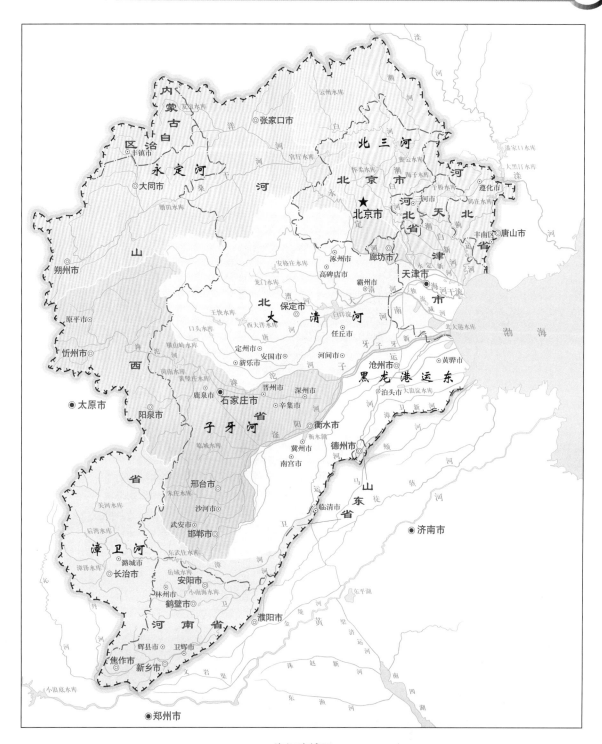

海河流域图

地，在饶阳县大齐村进入献县泛区，东流至献县枢纽与滏阳河及滏阳新河汇流入子牙新河。滹沱河干流河道全长 605 千米，其中山西省境内河长 319 千米，河北省境内河长 286 千米。

一、河道状况

滹沱河干流以泥沙多、善冲、善淤、善徙而闻名全省乃至于北方。它既是河北平原的缔造者之一，长期哺育了沿河人民，又在中下游不断决溢改道，给两岸人民带来了极其深重的灾难。

滹沱河流域位于东经 $112°15'\sim116°6'$，北纬 $37°27'\sim39°25'$。上游山高谷深，流域界限分明，北

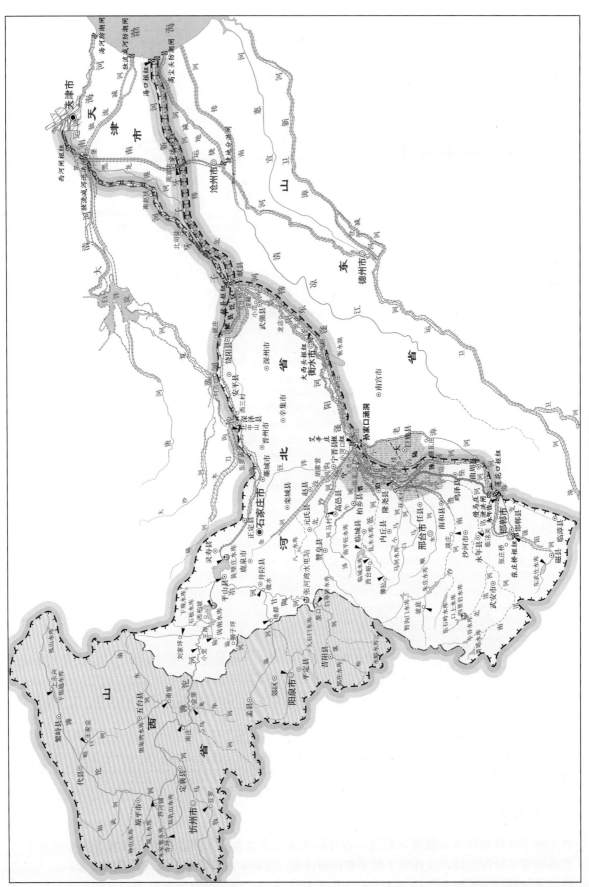

子牙河流域图

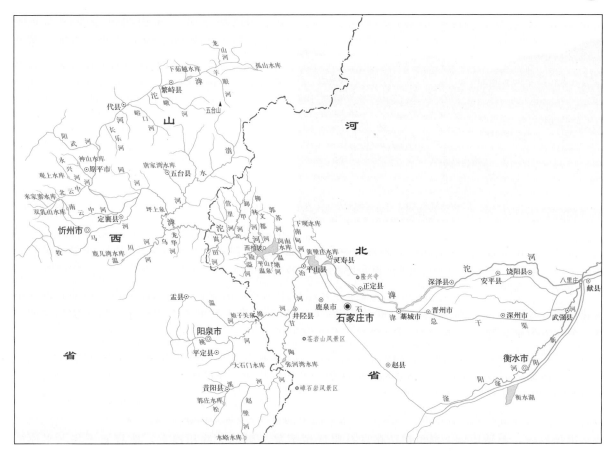

滹沱河水系示意图

界大清河流域，西依云中山与汾河分水，南沿太行山与滏阳河诸支流相邻。汇入滹沱河的支流有72条之多，其中流域面积在100～1000平方千米的有52条。干流左岸主要有峨河、峪口河、清水河、营里河、卸甲河、柳林河、文都河、郭苏河、南甸河；干流右岸有阳武河、云中河、牧马河、南坪河、龙华河、乌河、冶河。各支流呈羽状排列，主要集中在黄壁庄以上。支流以冶河最大，清水河次之。各支流均以干流为主轴，从两岸交互流入。支流分布在岗南水库以上呈羽状，黄壁庄水库以上为扇形，进入平原则呈带状。由于各支流分布呈肋枝状，故俗称"滹沱河有72肋枝河"。各支流除周汉河地处平原，其他支流都集中在山区和丘陵地带。

　　流域内地势自西向东呈阶梯状倾斜，最高山峰五台山海拔高程3058米，最低处献县子牙新河进洪闸闸底高程7.0米。西部地处山西高原东缘山地和盆地，地势高，黄土分布较厚；中部为太行山背斜形成的山地，富煤矿；东部为平原。流域内天然植被稀少，水土流失较重。流经山

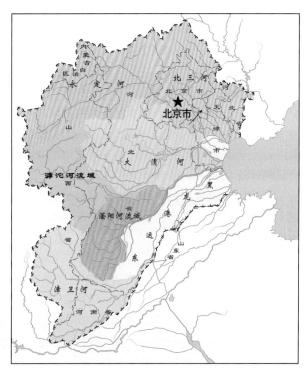

滹沱河所处区域图

潴沱河

区、山地和丘陵的面积约占全流域面积的86％，河流总落差达1800余米。山西省夏县瑶池以上为上游，沿五台山向西南流淌于带状盆地中，河槽宽自一二百米至千米不等，水流缓慢；瑶池至河北省平山县岗南水库为中游，流经太行山区，河谷深切呈 V 形谷，宽度均在 200 米以下，落差大，水流湍急，东冶至王母属山区地形，王母至黄壁庄属丘陵地形；黄壁庄水库以下为下游，流经平原，河道宽阔（最宽可达 6000 米），水流缓慢，泥沙淤积，渐成地上河或半地上河，两岸筑有堤防。

　　流域上游山势巍峨，山峦重叠，地形崎岖复杂。自五台县神喜穿太行山峡谷东行，河道弯曲。地貌以中山、低山、丘陵、盆地、河谷相互交错，在地形地貌上独具特点。基岩山区，海拔高程在1500 米左右，为构造运动长期隆起区，侵蚀和剥蚀作用剧烈，山势陡峻，山体突出，山体岩性大部为花岗岩、片麻岩、灰岩、砂岩和少量石英岩、云母岩等，有丰富的岩溶裂隙水。娘子关与威州一带，分布着大量泉群，20 世纪 60—70 年代，娘子关泉群多年平均泉流量 13.5 立方米每秒，地下水丰富，与地表水的补排关系复杂。山前黄土丘陵区，为山地与平原间的过渡带，近山坡处冲沟发育，但因河道滚动，河谷深切，往往形成高出河床数十米的古阶地。现代地形亦受冲沟切割，形成许多倾向河谷中心平行的长梁状丘陵地形。河谷冲积平原区，主要分布在沿河地带，为宽阔平坦的漫滩，属河谷冲积平原。沿河两岸普遍有一级阶地分布，高出河谷 2～3 米，面积广阔。

　　出山以后，黄壁庄以下河道摆动在自石家庄至辛集一带的大冲积扇上，地貌属于华北平原的一部分，系潴沱河沉积而成，分为山麓平原、倾斜平原及低冲积平原三个较大的地貌单元。山麓平原位于西部、太行山东侧，东至藁城与倾斜平原连接，海拔高程为 90～45 米，坡度平均为 1/850，系山洪及第四纪洪积物堆积而成。倾斜平原西接山麓平原，东部以安平、深县、辛集一线与低冲积平原相临，倾斜平原实为现代冲积扇的交接洼地，冲积扇的主轴在藁城、晋县、辛集旧城及深县，基本上是东西向，海拔高程为 45～30 米，坡度为 1/2000～1/4000，由黄土性洪积冲积物堆积而成。低冲积平原位于东部，系潴沱河近代冲积而成，曾与黄河交错沉积，海拔高程多为 30～18 米，坡度为 1/4000～1/6000。

　　潴沱河自黄壁庄以下，境内有堤防的河段长 100 余千米。两岸堤防总长 142.63 千米，两堤之间的堤距 4～7 千米，最宽达 8 千米。河床为复式河槽，河道面积为 53.82 万亩。当潴沱河发生较大洪水时，由于宽阔槽储蓄洪水，具有明显的削减洪峰作用。但是，也因河槽宽浅平缓，处于堆积状态，造成河床逐年抬高，部分滩面已高于地面。

　　流域内水利事业发展较早。据史料记载，远在东汉时期就开潴沱河蒲吾渠，可通漕船。唐朝时建成太白渠、大唐渠，引河水灌田。北宋天圣年间，曾修筑曹马口堤防。元、明时期，多次"发丁夫滩治潴沱"。清朝时则大量兴办水利营田、修筑堤防，以障潴沱。民国时期，沿河建成兴民、大同、灵正、源泉四处万亩灌区。

　　1949 年后，开始对潴沱河进行全面规划和治理。20 世纪 50 年代，河北省在山区先后修建了岗南、黄壁庄两座大型水库和一批中小型水库，在平原疏浚河道，加固堤岸，巩固河槽，在下游献县泛区开挖行洪道。1966 年后，按照 50 年一遇防洪标准，修筑、加固北堤和南堤，干流黄壁庄以下规划实施 1600 米宽治导线整治工程。通过开挖引河，修建丁坝、堵坝、柳坝、导流排、护坡等控导工程和险工防护工程，使河床大体上趋于稳定。20 世纪 80—90 年代，经过对水库、堤坝除险加固、险工治理、河道清障、蓄滞洪区安全建设等，进一步提高了河道防洪能力。2002 年编制完成的《子牙河流域防洪规划报告》，对潴沱河流域部分防洪工程标准进行了重新规划，其后逐年按规划实施。截至

2013 年，建成岗南、黄壁庄 2 座大型水库，下观、石板、张河湾 3 座中型水库，80 座小型水库，总库容近 30.9 亿立方米；兴建万亩灌区 13 处，灌溉面积 12.8 万公顷；筑堤防 242.63 千米，修护村护岸坝 380 道，建桥、闸、涵 62 座；修水电站 85 座，总装机 7.85 万千瓦。

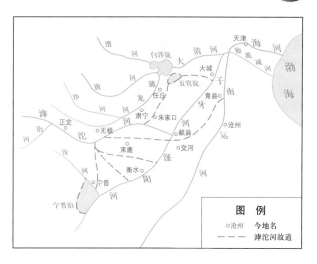

滹沱河河道变迁示意图

二、河道变迁

滹沱河源于山西，归于河北，水性湍悍，土疏善崩，壅决无常，迁徙靡定。上流虽设堤防，但也经常淤漫。在山区穿行峡谷，因囿于地形，很少变动；进入平原则改道频繁。

商周时期，滹沱河河道在藁城以上同今河道，在藁城北纳入西北来的滋水（今磁河），往东至晋县北纳入西北来的沙水（今沙河），又往东经西河庄南、南王庄南，于刘屯附近入黄河。有学者认为，黄河早期都是经河北平原入海。因此可知，今海河水系中大清河系及其以南各水都曾流入黄河，属黄河水系。

自周末期至西汉中期，海河平原水系随着黄河的迁徙又发生了很大的变化。如周定王五年（公元前 602 年）的河徙，西汉元光三年（公元前 132 年）的河徙等。每一次河徙都造成一定的后果，海河水系的下游及其入海之道随之不断南移，留下来的下游入海河道，就变为它的支流入海路线，海河平原水系也逐步由众流归一的局面变成分流入海的局面。

公元 1—6 世纪，随着黄河逐渐向南改道，海河平原上的水系又逐渐由分流入海，向众流归一发展，滹沱河逐渐纳入海河水系。东汉以后，唐代至宋初，滹沱河正干扰潴龙河及大清河，尚未与滏阳河发生关系。三国时汉献帝建安九年（204 年），曹操用筑堰、开渠引洪的方式，使洪水脱离黄河水系，纳入了海河水系的滹沱河系统。建安十一年（206 年），曹操又在下游组织开凿平虏渠，与滹沱河会合后，称清河。至此，沟通了海河平原上两大水系，为海河水系的形成创造了条件，也为后来南北大运河的开凿奠定了地貌基础。直至东西晋、北魏、隋、唐，滹沱河成为主流。宋初之后，滹沱河的中下游逐渐南移至深州、武强一线。因此，滹沱河在深州一带为患最大。北宋后期，滹沱河基本沿正定至深州一线东行。

金代滹沱河的行径大体行北宋道，自晋县往东，过束鹿，行安平、饶阳南东去。

元时，滹沱河自藁城而东，经晋县北、束鹿北、深泽南出境。元后期至明代，河道则南移到冀县、衡水一线。自此，滹沱河与滏阳河的关系开始逐渐密切起来。

明清时期，滹沱河中下游汛前常呈干河，河槽淤积，以致常常改道。由于改道频繁和琐碎，其改道的精确路线亦很难划分。又因滹沱河的冲积扇地形是西南高而东北低，由正定经藁城、晋县、束鹿至冀县、衡水一线，正向西南，沿着冲积扇之脊行走。因此，造成了改道频繁的明显特点。其中晋县和束鹿境内变动最多。据不完全统计，从 1518—1794 年的 276 年中，滹沱河在晋县境内改道 23 次，平均 12 年一次。而清代顺治到乾隆的百余年间，滹沱河在束鹿段变动 25 次，平均约 4 年一次。

清光绪七年（1881 年）迄今，滹沱河一直行现道而无大变。

三、河道特征

滹沱河流域内，崇山峻岭，低谷盆地，山、丘、川各种自然地形分布其间，从西部海拔 2281 米的驼梁，至海拔高程约百米左右的黄壁庄出山口，基流充沛，河床切割明显，纵坡陡，落差大，蕴藏着丰富的水力资源，非常适宜修建水力发电站。

溏沱河干流在今山西省定襄县东冶镇以上流经长达 210 千米的带状黄土盆地,河槽宽浅,坡度平缓,洪水时河槽无定,枯水时水流散乱,沙洲、浅滩罗列。自东冶镇以下始转入太行山峡谷,河道沿山寻道,蜿蜒曲行,东南流入平山县境。自猴刎经大坪、杨家桥、店头、小觉、十里坪、下西峪、唐家沟等 8 个乡镇入岗南水库。又经东岗南、大吾、中石殿、两河等乡镇入黄壁庄水库。自黄壁庄水库坝下入灵寿县境,由忽冻村南,东南流至同下出境入正定界。经胡村、大孙村、南关、塔子口至大丰屯入藁城县境。然后穿过藁城县中部向东北,沿无极、晋县边界,经郝庄、辛庄、两河、龙泉固,从堤北入深泽县境。经耿庄、赵八、西河、城关、高庙,至枣营,入衡水市安平县境。

溏沱河从猴刎东南流绕弓形大湾至讲里,段长约 20 千米,河宽 180~200 米,纵坡 1/220,河床为卵石及砾石构成。两岸峭壁对峙,岩石多石灰岩、页岩。右岸有蒿田河汇入。由讲里曲行经小觉、郯家庄绕 S 形大弯至秘家会,段长 18 千米,河谷宽约 200~400 米,纵坡 1/260,河床为卵石及砾石构成兼有少量粗砂,沿岸滩地、岗地较多。两岸岩石多为片麻岩,左岸有营里河、卸甲河汇入。秘家会以下,山势渐低,河谷开阔,至下槐入岗南水库,段长约 15 千米,河宽 350~400 米,纵坡 1/340,河床为卵石及砾石兼有泥沙组成。自岗南水库坝下至黄壁庄水库区间,河宽为 200~1000 米,两岸为低山丘陵,河床为卵石、砾石兼有细砂层,且有浅滩沙洲,纵坡为 1/460。其间温塘河、南甸河、冶河分别由两岸汇入。黄壁庄坝下至京广铁路桥,河床开宽,宽达 6~7 千米,河床为粗砂组成。松阳河、渭水河、太平河分别从左右岸汇入。铁路桥以下至龙泉固,河床为细砂组成,河宽 3 千米左右,左岸有周汉河汇入。深泽境内河宽不足 1 千米,河床为细砂兼有淤泥。黄壁庄至北中山段河道纵坡 1/1500~1/2310,北中山以下 1/2810 左右。

溏沱河流域内,山地、丘陵面积约占 85% 以上,植被较差,森林覆盖率低。山区大部分岩石裸露,丘陵冲沟密布,调蓄能力很差。因此,部分支流洪水过程常呈陡涨陡落的尖瘦状,只有森林较多的支流及溏沱河干流的洪水涨落比较平缓,并呈复峰状。又因水土流失严重,洪水携带大量泥沙奔流而下,黄壁庄站多年平均输沙量 1960 万吨,侵蚀模数为 2000 吨每平方千米每年,多年平均含沙量 10.4 千克每立方米,1956 年含沙量 142 千克每立方米,是多年的最大值。据统计,1958—1964 年,仅晋县以上坍塌河岸耕地约 9000 亩,1963 年洪水使灵寿县东合村及藁城县西四公村塌岸超过 500 米,深泽乘马、无极牛辛庄均被洪水冲走一半。到 20 世纪 80 年代末,河岸线已超出 1963 年河岸线 300 米。

四、航运

溏沱河原本常年流水,既有河患之苦,亦有舟楫之利,航运事业发展较早。据史书记载,"东汉永平十年(公元 67 年),常山溏沱涨河,蒲吾渠通漕船"。"东汉建初三年(公元 78 年),罢常山溏沱石臼河漕"。正定隆兴寺始建于隋开皇六年(586 年),修寺所需木料,均砍伐于灵寿县东岗原始森林,并由灵寿渭水河漂流至溏沱河,漕运至正定南关码头上岸。民国时期,据 1930 年河北实业公报刊载,当时溏沱河沿河船舶约有 500 余只,多系泊船及小槽船,往来于正定之高家营、深泽之乘马、饶阳之吕汉、献县之新河口闸。平时泊船至南家营止,再上行则水浅不行。高家营距石家庄仅十余里,石家庄货物多自此上下。上行船只多载杂货,下行货物以棉花、煤炭为大宗。由于河水稍大,沿河船舶营业尚属发达,在 1937 年以前,溏沱河均能按季节通航。自正定铁路桥至河口长 167 千米,由柳林铺至吕汉 138 千米,每当汛后流量较大时,可通行 15 吨级民船,吕汉以下可通行 100 吨级民船。平水时藁城至吕汉 102 千米,仍可通行 15 吨级的民船,但藁城以上至高家营仅可通行 6 吨之排子船,一般枯水期仅吕汉以下河道整齐尚可通航较小船只。

自石德铁路修筑之后,溏沱河航运日渐衰退;又加上游沿河中小型水利工程广泛发展,水量减少。从 1948 年后,下游河道淤积日趋严重,河槽变化较多,航运更加困难。1953 年河道勘察时,仅见少数载重六七吨之排子船来往于藁城至深泽、安平及饶阳一带,输送煤炭和杂货,重船吃水约 0.3~0.4 米,船无桅杆,甚为轻便。当时溏沱河内尚有此等船共 101 只,总载重量 450 吨。自 1958 年在上游修建岗南、黄壁庄两大水库之后，河患减少，航运亦随之衰落。1963年大水后，只有少量小渔船来往于藁城、深泽之间。至1965年大旱，河道断流，航运、渔船相继消失。

第二节　滹沱河主要支流

滹沱河流域支流较多，流域面积大于1000平方千米的有冶河、清水河、牧马河、乌河及云中河等5条支流。流域面积在100～1000平方千米之间的河流有16条，其中山西省境内有13条，河北省境内有3条。

（1）蒿田河。发源于山西盂县下响罗村，自西向东流，于店头入滹沱河。流域面积288平方千米，河源高程1729米。

（2）营里河。发源于平山县东沙岭，自北南流，于清水口入滹沱河。流域面积250平方千米，河长36千米，流域平均宽6.9千米，河源高程1930米。

（3）湾子河。又叫扶峪沟，源于平山三贫阳坡，自南向北流，至小觉村西入滹沱河。流域面积49.1平方千米，河长13千米，河源高程1023米。

（4）卸甲河。源于平山后大地，自北南流，河道蜿蜒曲折，至郗家庄入滹沱河。流域面积336平方千米，河源高程2194米，河长60千米。

（5）柳林河。发源于平山骆驼峰，西南流，至建都口入滹沱河。流域面积186平方千米，河道弯曲，支流较少，河源高程1423米。

（6）险溢河。发源于山西石灰沟，东北流，于曹家庄入岗南水库。流域面积425平方千米，有支流6条。河长62.4千米，河源高程1243米。

（7）文都河。发源于平山碾盘，于沙湾入岗南水库。河道坡陡流急，有上冲下淤现象。

（8）古月河。发源于平山沿沟，于古月入岗南水库。流域面积32.2平方千米，河长12.2千米，河源高程780米，河底平均纵坡5.16‰。

（9）甘秋河。发源于平山观南庄，至小米峪入岗南水库。流域面积43.8平方千米，河源高程765米，河长15.4千米。

（10）猴家庄沟。源于平山草房，于苏家庄汇郭苏河后入岗南水库。流域面积20.3平方千米，河长10.2千米。

（11）郭苏河。源于平山两界峰，自北向南流，至苏家庄入岗南水库。流域面积167平方千米，有较大支沟7条。河源高程1040米，河长30千米。

（12）温塘河。源于平山玉皇阁，于霍宾台入岗南水库调节池。流域面积39.7平方千米，河长18.5千米。

（13）南甸河。发源于平山王母观山湾子村，自北南流，至郭村附近入滹沱河。流域面积274平方千米。上游支沟繁多，山势平担；下游河槽均系细砂组成，河槽宽浅，河流高程907米，河长30千米。

（14）冶河。古称绵蔓水，为滹沱河最大支流。流域面积6400平方千米，位于滹沱河流域西南部。冶河在井陉县北横口以上分为两支，一曰甘陶河，二曰绵河。上游均在山西境内。绵河在娘子关以上又分为两支，各源于山西省寿阳县及盂县境内。绵河由山西平定县娘子关向东北流，至地都入井陉县境。经南峪、张家洼、乏驴岭、蔡庄、教场、城关，至庄旺折东南流，经仇西河、北张村，至北横口与西南来之甘陶河相汇。甘陶河源于昔阳县窑上，蜿蜒峡谷之中，其上游称松溪河，入河北井陉改名甘陶河，至北横口与绵河相汇后称冶河。甘陶河流域面积2564平方千米，河长128千米。其中昔阳境内84千米。冶河东北流，经长岗，至井陉接受金良河水，经岩峰、段庄、威州、东西元村、孙庄、南防口，至北防口纳小作河。经七亩、杨西冶、东岗上，至南贾壁汇入滹沱河，河长187千米。冶河的各支流及其参数见表1-1。

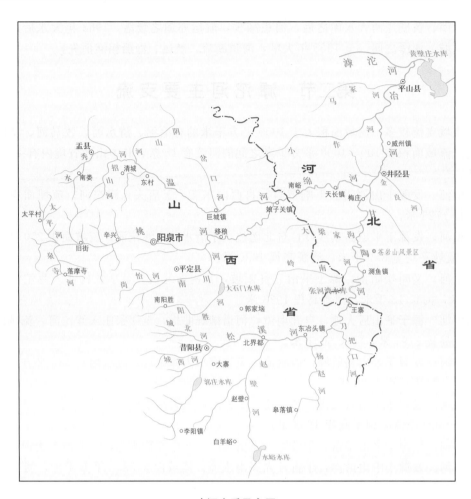

冶河水系示意图

表 1 - 1 　　　　　　　　　冶河各支流河长、流域面积表

支流名	河长/km	流域面积/km²	该支流上的大、中型水库
甘陶河	128	2564.61	张河湾（中）、郭庄水库（中）
绵河	96.4	2747.55	大石门水库（中）
金良河	20	100.5	
小作河	44	414.7	
回舍河	20	108	
割髭河	19.3	98.1	
甘草河	28	109.1	
胡家滩河	15	69.8	
石门沟	34.5	197.8	
三教河	21	103.2	
柑赵河	30	241.4	
沾水河	20	182.9	
温河	71	1188.88	
南河	41.7	532.3	
葫芦河	15.8	31	
山南沟	18	114.4	

支流名	河长/km	流域面积/km²	该支流上的大、中型水库
太平沟	15.5	71.9	
荫营河	17	149	
山底河	16	67.9	
阴山河	34	173.3	
乌玉河	14.8	93.2	
香河	19.5	95.4	
西郊河	25.6		
赵壁河	46	552.1	
南甸河	29	254	下观水库（中）

（15）松阳河。源于灵寿县东柳家庄，于胡庄西入滹沱河，河长 23.4 千米，流域面积 142 平方千米，河源高程 238 米。

（16）渭水河。源于灵寿县马家庄，于木佛入滹沱河，河长 32 千米，流域面积 91 平方千米。

（17）太平河。流域面积 109 平方千米，源于获鹿县水峪西北，至北新城入石家庄市郊区，经康庄，至田庄村北与古运河相汇，经石津总干赵陵铺泄水闸入滹沱河。河源高程 632 米，河长 21.2 千米。

冶河上游景色

（18）周汉河。位居平原，源于正定西汉村，由西汉河与周河汇合而成，下流称柏棠河，又叫清水河，东流入护城河，经西关，折南关木厂、顺城关、朱河，至固营与支流许固排水相汇，至黄庄入藁城，名只照河，经九门，至只照入滹沱河。河道长 39 千米，流域面积 275 平方千米。

第三节　治理沿革

滹沱河流域在新中国成立前几乎没有正规的防洪和供水工程。现状的防洪和供水工程体系是新中国成立后经过 3 个阶段的大规模治理逐步形成的。第一阶段为 1949—1963 年，以水库和灌区建设为主；第二阶段为 1963—1979 年，以河道治理为主；第三阶段为 1980 年至今，以水库除险加固、灌区续建配套与节水改造、河道综合整治为主。

一、第一阶段（1949—1963 年）

1957 年 11 月，水利部北京勘测设计院提出了《海河流域规划（草案）》。该规划涉及滹沱河流域主要是安排建设大型水库和大型灌区。

20 世纪 50 年代末，岗南水库和黄壁庄水库开工兴建，两座大型水库是防洪的骨干工程，承担着保护下游石家庄市以及华北平原、京广铁路等的防洪安全任务，同时还兼顾着供水和灌溉任务。水库建成后，石津灌区的灌溉面积由 1957 年的 33.3 万亩扩建至 383 万亩。

1959 年，献县泛区行洪道开挖，设计标准 5 年一遇，设计流量 400 立方米每秒。

从 50 年代末至 70 年代末，陆续在山西境内滹沱河干支流上兴建了大量的中、小型水库，其中济胜桥以上中型水库5座，总库容7839万立方米，控制流域面积2249平方千米；小型水库54座，总库容6633.8万立方米。同时在干支流主要河段上修建了一些堤防。

二、第二阶段（1963—1979年）

"63·8"洪水后，1966年11月水利电力部海河勘测设计院提出了《海河流域防洪规划》。该规划提出了"上蓄、中疏、下排，适当地滞"的防洪方针。规划确定滹沱河黄壁庄水库以下河段按1963年型洪水安排治理，开挖、扩大中、下游行洪河道，整治蓄滞洪区。

自1967年开始对滹沱河黄壁庄水库以下河道进行了整治，加固了北大堤，其后又实施了外展南堤、险工防护工程等。

三、第三阶段（1980年至今）

1980年，海河水利委员会会同流域内各省（自治区、直辖市）开始编制《海河流域综合规划》，规划工作于1986年基本完成，国务院以国函〔1993〕156号批复。

1. 供水工程

1992—1994年，峨河无调节调水工程建设。1995—1997年，对界河铺闸坝工程进行了改造，增加调蓄库容500万立方米。2009年，坪上应急引水工程建成，自滹沱河的支流清水河引水，向定襄县、忻府区和原平市的供水，近期年设计引水3500万立方米。

1993—1998年，岗黄水库向石家庄市供水工程和向西柏坡电厂供水工程相继建成，年供水量1.93亿立方米。

2008年，横跨滹沱河流域的南水北调中线石家庄段建成，中线石家庄段全长123千米。控制面积6718平方千米，覆盖石家庄市整个平原区，供水目标包括市区、开发区、窦妪工业区和辛集、藁城、晋州、正定、赵县等13个县级城镇。

2009年，南水北调中线京石段应急供水工程建成，2008年、2010年两次从岗南、黄壁庄水库引水3.6亿立方米向北京供水。

2. 灌溉工程

截至2010年，滹沱河流域内山西省有26处大、中型灌区，设计总灌溉面积150.1万亩，有效灌溉面积130.56万亩；河北省有8处大中型灌区，设计总灌溉面积149.34万亩，有效灌溉面积117.16万亩。

石家庄市区滹沱河段整治风光

3. 防洪工程

"96·8"洪水后，山西省对滹沱河干流下茹越水库—济胜桥下游刘家庄一带，长约160千米河道内重点河段按20年一遇标准进行了整治，修筑堤防162.3千米，堤岸防护工程98处，控导工程104处，穿堤建筑物184座，护岸护堤林带长150.6千米。河北省对黄壁庄以下河段的重点工程实施了治理，滹沱河南北大堤复堤83千米、堤防灌浆及防渗处理61.6千米、治理险工27.6千米、修复丁坝43条、护滩4千米、泛区行洪道左右埝复堤66.4千米。

1999—2006年对岗南水库和黄壁庄水库进行了除险加固，除险加固后岗南水库的防洪库容为9.17亿立方米，总库容为17.04亿立方米；黄壁庄水库的防洪库容为7.37亿立方米，总库容为12.1亿立方米，两水库已满足500年一遇设计和10000年一遇校核标准。

截至 2010 年，对流域内的全部大中型水库实施了除险加固。

4. 生态综合整治工程

2000 年以来，流域内部分城镇开始重视生态环境建设，结合防洪工程建设，对河道生态环境与景观进行开发治理与保护。山西省繁峙县、代县、原平市对城区附近的滹沱河进行了河道综合治理、忻州市、昔阳县、阳泉市分别对南云中河、松溪河、桃河进行了整合治理；河北省井陉县、平山县分别对金良河、冶河进行了整合治理；石家庄市对城区段滹沱河进行了综合整治。

第二章 水 文 气 象

第一节 气 象

滹沱河流域地处半湿润半干旱区,属温带大陆性季风气候,冬季干冷而雨量稀少,春季多风而少雨,夏季湿润多雨,秋季天高气爽,流域历年平均气温为11.8~12.9摄氏度。

滹沱河多年平均径流量23.3亿立方米(黄壁庄站),7—9月径流量占全年60%左右。自1980年以来,黄壁庄水库以下河道常年干枯无水,或只在汛期有少量流水。

流域内植被差,水土流失严重,黄壁庄站多年平均输沙量1960万吨,平均含沙量10.4千克每立方米。由于淤大于冲,河道滩地多高于堤外地面。

流域无霜期130~190天,年太阳辐射总能量为548~582千焦每平方厘米,多年平均日照时数2611小时,年有效积温4853.5摄氏度,冻土厚65~90厘米。

流域湿度在地区上变化不大,多年平均相对湿度55%~67%,夏季相对湿度较大,达70%~80%,春秋季较小,为50%~60%。流域蒸发量东部较大,西部较小,多年平均蒸发量599~1239毫米。

第二节 水 文

流域降雨量年内分配很不均匀,流域内多年平均降雨量为400~600毫米,其高值区一是上游的五台山,可达874毫米,另外两个分别在岗南水库上游狮子坪附近,分别为730毫米和622毫米。流域降雨量主要集中在7月、8月,流域降水年际丰枯比达5倍以上。受季风的影响,80%以上的降水量集中在6—9月。最大月降雨量多发生在7月,次大月降雨量发生在8月,特别是7月下旬至8月上旬,雨量最为集中,即所谓的"7下8上",常降暴雨,导致洪水不断发生。

平均降雨量的分布在地区上相差较大,流域中心的狮子坪638.2毫米,从狮子坪向东、向西都逐渐减少,献县542.1毫米,繁峙399.2毫米。降雨量的年际变化也很大,例如狮子坪1956年降雨量1390.1毫米,1972年仅为264.0毫米,相差5倍以上。多年平均水面蒸发量1815.4毫米,年平均干燥度1.38,多年平均风速2.2米每秒,最大风速21.5米每秒。1917—1957年径流量表见表1-2。

表1-2 建库前岗南及黄壁庄1917—1957年径流量统计表

年 份	年径流量/亿 m³		
	岗南坝址	岗黄区间	黄壁庄坝址
1917	45.9	21.29	67.19
1918	6.71	4.27	10.98
1919	9.66	5.76	15.42
1920	3.64	3.23	6.97
1921	7.04	4.61	11.65
1922	5.55	4.15	9.7
1923	9.9	5.93	15.83
1924	14.81	8.15	22.96

续表

年　份	年径流量/亿 m³		
	岗南坝址	岗黄区间	黄壁庄坝址
1925	11.13	6.34	17.47
1926	8.07	4.94	13.01
1927	8.09	5.04	13.13
1928	10.45	6	16.45
1929	10.91	6.22	17.13
1930	6.31	4.28	10.59
1931	5.7	4.05	9.75
1932	10.14	5.91	16.05
1933	17.06	8.84	25.9
1934	12.66	6.8	19.46
1935	11.75	8.22	19.97
1936	10.2	5.38	15.58
1937	12.4	7.33	19.73
1938	11.83	7.19	19.02
1939	27.78	13.67	41.45
1940	12.87	7.42	20.29
1941	7.4	5.31	12.71
1942	16.9	6.84	23.74
1943	20.4	5.81	29.21
1944	22.2	9.9	32.1
1945	7.58	5.41	12.99
1946	16.38	8.87	25.25
1947	13.96	8.26	22.22
1948	14.7	8.47	23.17
1949	27.19	13.36	40.35
1950	20.72	10.21	30.93
1951	9.01	5.24	14.25
1952	12.97	6.61	19.58
1953	15.26	11.31	26.57
1954	46.71	21.32	68.03
1955	22.56	13.55	36.13
1956	36.01	29.59	65.6
1957	9.6	7.95	17.55
年均	14.88	8.37	23.32

第三章 库区工程地质地貌

　　黄壁庄水库是滹沱河山区河流的最后一个梯级。滹沱河自西而东贯穿本区，在两岸形成宽广的堆积地形，除河漫滩外尚有两级阶地、洪积扇及垅岗。河漫滩高出河床1～3米，宽数十米至数百米，主要分布在右岸，左岸分布较少；一级阶地高出河水面5米左右，宽数百米至数千米，上部为全新统的黏性土，下部为上更新统的砂卵石层；二级阶地高出河水面15～25米，顶部平坦而宽广，宽度由数十米至7千米，地层结构各处不一，一般为上部上更新统土层、砂卵砾石层，下部中更新统棕红色黏土或砾岩，局部下部为下更新统红土卵石或古老的基岩；红土卵石垅岗顶面高出河水面30～40米，呈NW-SE向排列；洪积扇分布在本区西南的马山、牛山一带，顶部接山脚为上更新统土层，底部为中更新统红黏土和残积红黏土碎石，前缘与二级阶地相接，以2°～3°坡角自西向东倾斜。

　　滹沱河古代河床摆动于故城与马山之间。在上新世时期，大约位于灵正渠北边，至中更新统时，由于河床被大量红土卵石堵塞，再加上地壳升降作用，河道移向马鞍山以南，并深切第三系岩层（即现在副坝桩号2+800～3+800底部），后来地壳下降，堆积了砾岩及红色土，厚度在20米以上。上更新统初期地壳上升后又复下降，堆积了类黄土类碎石与砂卵石、砂砾石、砂、类黄土等层次，厚度50余米，形成目前副坝坝基覆盖层。全新统时期，地壳不断上升，河道改行马鞍山北，逐步形成现代河床。

一、主坝地质概况

　　主坝桩号0+000～0+300为一级阶地，地面高程约105米；0+300～1+000为河床，河床高程100米左右；1+000以北为二级阶地，地面高程约122米，其中1+200～1+800系一埋藏的第三纪老河谷，切割深度比现代河床还深，高程低达70米左右。灵正渠进水塔以北有一冲沟，距坝脚90～130米，底宽30～40米，高程约107～115米，自坝前向牛城延伸。

二、副坝地质概况

　　副坝修建于古河道之上，兼跨三个地貌单元，即马鞍山侵蚀残丘、二级阶地及洪积扇。马鞍山残丘南坡与副坝相接，坡度较缓，地表高程由135米逐渐降至115米，在桩号0+347附近与二级阶地相连；副坝轴线桩号0+347～5+805段处于二级阶地，地形较为平缓，两端高中间低，自上游至下游略有下降，地面高程110～120米；桩号5+805以西为洪积扇，其前缘在鲍庄、马山村、田都一带与二级阶地相连，地面高程120～135米，自西向东逐渐下降。地表多被第四系地层覆盖，仅在河床及少数冲沟边缘有基岩出露。

第四章 历史水旱地震灾害

滹沱河流域所经过的地区，历史上是一个自然灾害较多的地方，有洪灾、旱灾、雹灾、虫灾及震灾等多种自然灾害，其中以旱灾和洪灾最为普遍，也最为严重。

第一节 洪 灾

一、新中国成立前洪灾情况

据统计，西汉以来，现石家庄市域范围内有记载的洪涝灾害达 283 个年份，连续 2 年有水灾的 39 次，连续 3 年的 16 次，连续 4 年的 7 次，连续 5 年的 3 次，连续 7 年的 1 次。

以下择其几例：

西汉新王莽始建国二年（公元 10 年），常山郡邑大雨雾，水深数丈，流杀数千人（《正定府志》）。

东晋元帝大兴三年（318 年），春雨至夏，六月大水，八月大雨霖，中山、常山尤甚。滹沱河泛滥冲陷山谷（《晋书·五行志》）。

唐德宗建中元年（780 年），幽、镇（今正定）、魏、博大雨，黄河、易水、滹沱（河）横流，自山而下，转石折树，水高丈余，苗稼荡尽（《唐书·五行志》）。

元明清三代，尽力漕运，忽视防洪除涝。元代对隋运河改造后，滹沱河、漳河注入御河北流，使海河南系的子牙、漳卫以及大清等河共以海河一线为尾闾，宣泄不畅的情况更加严重，以致"旱霖雨迭见，饥毁荐臻，民之流移失业者亦已多矣"（《元史·五行志》）。

元武宗至大元年（1308 年）七月，真定（即正定，下同）路霪雨，滹沱大水漂没真定南关百余家。水入南门，下注藁城，死者七十人。冶河口塞，复入滹沱，后岁有溃决（《元史·五行志》）。

明英宗正统元年（1436 年）闰六月，"真定、顺天、保定、彰德、开封、济南俱大水"（《明史》）。

明穆宗隆庆三年（1569 年）闰六月，真定、保定等俱大水。是年夏，大雨连绵，沙河、滹沱、槐河洪水暴发。冶河（滹沱河支流）平山县孟贤壁大水上到观音堂屋顶的兽头，冲出了杨西冶、丁西冶之间的一条沟。据调查估算，洪峰流量达 24800 立方米每秒。

明万历三十二年（1604 年），海河流域六、七月淫雨四十余日。大清、滹沱、滏阳河上游、平山出现特大降雨（《明清海河流域暴雨摘记》）。真定、保定、永平三府俱水，淹男女无算（《明史》）。

清康熙七年（1668 年）七月，大雨七昼夜，暴雨集中在太行山区。滹沱、磁河等诸水皆溢。滹、冶河水涨入平山县城，城郭楼台倾圮殆尽，坏民舍，死亡枕藉。

清乾隆五十九年（1794 年）三月，滹沱河溢（《清史稿》）。夏六月，平山、藁城、晋州、束鹿、灵寿、行唐、新乐、无极、深泽、赵州、高邑均被水淹。灵寿、平山之交，滹沱河大流南徙，平山傍河水田冲刷无算。藁城、无极，六月二十三日至二十五日大雨如注。地内已有沥水，兼之滹沱河、磁河并涨，宣泄不及，藁城被灾 232 村庄，无极被水 80 余村庄。据河北省水利厅《洪水调查资料》，这次特大洪水黄壁庄洪峰流量在 2 万～2.75 万立方米每秒之间，冶河平山站流量达 1.73 万立方米每秒，可能是历史上出现的最大的一次洪量。

清文宗咸丰三年（1853 年）夏，滹沱河上游出现特大降雨（《明清海河流域暴雨摘记》）。河水暴涨，滹沱河黄壁庄洪峰流量 1.6 万～1.83 万立方米每秒，冶河平山约 1.3 万立方米每秒（《河北省洪水调查资料》)。平山县沿河地亩多被淹没。晋州滹沱不溢更甚,城南数十村遂成泽国,为滹沱荡漾之区。尔后,横灌束鹿,再入深州。藁城、灵寿、新乐、无极、深泽河溢伤稼。赵州、高邑、无氏数日大雨,沥涝成灾,井水溢,路旁泉涌,水流月余。

中华民国6年(1917年)春夏较旱。农历六月初六(7月25日)前后海河流域发生一次较大的台风暴雨,整个太行山东侧南起新乡、安阳的卫河,北至大清河及燕山南麓,均被大暴雨笼罩。暴雨倾盆,山水暴发,河道漫决,洪沥汇聚,广大地区顿成泽国。晋县、无极村庄未被淹者无几,水深八九尺不等,房屋倒塌,灾民遍野;高邑全境几成泽国,禾稼灭顶,房屋露天。

附记:民国6年(1917年)大水纪实

据《申报》民国6年(1917年)10月10日报告石家庄水灾详情。本埠红十字会放赈员蔡吉逢报告石家庄水灾详情,并议决急赈办法,照录如下:

石家庄地本高阜,向无水患。农历六月初六晚(7月24日),天忽大雨,三日不止,初八日,街苍已水深三四尺,宣泄无路。房屋地址稍有洼下者,已淹倒数百间。初九,山洪暴发,九里山(又名莲花山)河流泛滥,(滹沱河)每过一小时水涨四五寸。房屋倒塌之声不绝于耳,傍午尤甚。男女扶老携幼争相逃命。

此时马路街衢已水深六七尺不等。其有逃避不及者,多淹毙水中。并有拴系长绳全家遭劫者,尸身浮沉蔽流而下。坟墓并遭漂泊,棺木纵横水中,白骨零星随波逐浪。而妇孺啼哭声、房屋倒塌声、呼号求救声,以及风声飒飒、雨声淙淙、水声潺潺。当时,人虽铁石亦不能不闻之泣下也。北后街水势稍浅,逃难者络绎其间。

又正太、京津两车站地址较高,人为之洪,并经正太铁路公司腾出货房数十间,容纳数百人。妇孺则占据该公司俱乐部,楼上楼下亦约数百人。而两站旁露宿者尚有数千余人。是晚,水势更猛,风雨交加,商民已腹内无令,身上无衣,兼这大水滔天,一白无际,惊恐之余,相视而哭。幸初十早,雨霁天晴,灾民始获出险,争往邻村被灾稍轻这新友家投觅衣食。

两日间,共坍塌房屋一万数千间,淹没家具货物无数,受灾者1400户。仅于西北一隅,地势稍高,尚存灾民四五百户,此皆铁路以西被灾之大略情形也。铁路东,系七月初五之大雨,又复坍塌民房殆尽。至今合镇所存在者除各大机关、大公司外(此数处楼房墙址纯系砖砌,异常坚固,故免于灾),其余民房几天数椽整饬也。斯时,上中之家变为贫户,穷民更无论矣!沿街两廊多有支搭席蓬暂为栖息者(指上中之户而言),而铁路桥下麇集以蔽风雨者,奚止数百余人。迄来天气已寒,既嗟无食又叹无衣,来日方长,其不成为饿莩也!几希本地既无公款官赈,又复无多义赈之米,亦属车薪杯水。哀哀蒸黎,奚以生存,唯有叹苍苍之不德也已。

二、新中国成立后洪灾情况

新中国成立后发生特大洪水(1954年、1956年、1963年、1996年)4次,较大洪水(1959年、1966年、1967年、1975年、1988年)5次。

(一)1954年大洪水

1954年,雨量大,雨区广,暴雨次数多。年降雨量1071.6毫米,汛期降雨942.7毫米。山洪、沥水相继为灾,洪水冲决石宁堤,淹了石家庄市。滹沱河流域4次暴雨,黄壁庄总洪量49.64亿立方米,最大洪峰流量4070立方米每秒。7月13日,京广铁路滹沱河大桥被冲毁,中断行车10多天。藁城梨园庄、尚书庄、东四公等处决口,与周汉河汇成一片。无极牛辛庄堤段被冲毁,一夜之间塌村基166米,一些院落陷进河里。深泽赵八庄左岸19处堤决口,长910米,最大流量586立方米每秒,决口总量1.092亿立方米。

(二)1956年特大洪水

1956年7—8月,西太平洋副热带高气压位于日本海上空,稳定少动,7月29—31日受高空低压槽东移的影响,地面有冷锋南下,造成7月29—31日暴雨过程。8月2日受12号台风外围天气系统——辐合线的影响,同时台风与西太平洋副高之间形成较强的东南冷空气流,向华北一带输送大量水汽,造成8月2—6日的沿太行山、燕山东南一侧自南向北、向东移动的一场大暴雨。

1956年7月底至8月上旬,全省连续出现大暴雨。主要暴雨过程有两次:7月29—31日,全省大部分地区降雨在60～100毫米;8月2—6日,滹沱河上游平山县狮子坪是暴雨中心,8月3日一日降雨量达385毫米,2—4日三日降雨量为746.9毫米。

"56·8"暴雨的特点是强度大,范围广,暴雨中心深入山区。降雨量在300毫米以上的笼罩面积为4000平方千米。黄壁庄8月4日最大洪峰流量13100立方米每秒;滏阳河各支流8月3—4日洪峰流量2000～4000立方米每秒;子牙河献县8月6日流量超过1000立方米每秒,突破河道保证水位。

1956年7—8月,海滦河洪水总量256亿立方米,其中滦河占12.9%,海河北系占20.5%,海河南系占66.6%。各水系中子牙河比重最大占25.9%,各大支流中滹沱河洪水最大占13.1%。

1956年是新中国成立以来海河流域第2位洪水,以子牙河、大清河、南运河为最。子牙河系滹沱河岗南流量6930立方米每秒,是20世纪第2位大洪水。滹沱河北堤决口入大清河磁河故道,漳河洪水决口入子牙河系,南运、子牙、大清3河系相连一片汪洋。东淀、白洋淀、文安洼、贾口洼连成一片。永定河左堤西麻各庄决口,京山铁路漫水,廊坊市南门外街道行船。据统计,1956年洪水淹地面积6030万亩,受灾人口1500万人。

(三)1963年特大洪水

8月上旬,海河流域南部地区发生了一场历史上罕见特大暴雨,暴雨中心位于河北省内邱县,7天降雨量达2050毫米,雨量之大为我国大陆地区7天累计雨量的最大记录。而且这场大暴雨强度大、范围广、持续时间长,海河南系大清、子牙、南运等河都暴发特大洪水,简称"63·8"洪水。

大暴雨从8月2日开始,8日结束,雨区主要分布在漳卫、子牙、大清河流域的太行山迎风山麓,呈南北向分布。7天累计雨量超过1000毫米,笼罩面积达15.3万平方千米,相应总降水量约600亿立方米。这场大暴雨的时空分布有三个特点:一是大暴雨落区与流域分水岭配合紧密,暴雨200毫米以上的笼罩范围10.28万平方千米,相应降水量525亿立方米,其中90%以上的雨区在南系三条河流12.7万平方千米的流域之内,因此,造成流域汇流异常集中;二是暴雨中心区所在的地面高程为200～500米,暴雨中心区位置均在山区水库坝址以下,水库对洪水拦蓄调节作用有限;三是暴雨期间,雨区位置自南逐渐向北移动,滏阳河和大清河两个暴雨中心出现的时间错开。据海河水利委员会分析,大清河水系越过京广铁路线(断面)最大洪峰流量出现的时间比滏阳河洪峰出现的时间滞后33小时,而滏阳河洪水流程比大清河长,暴雨中心出现的时间差,增加了两河洪水遭遇机会。

此次暴雨的天气特点是,8月初贝加尔湖附近一个稳定高压区,在暴雨期内从日本海到西太平洋一直维持着高压区,形成明显的阻塞形势。同时西藏高原也维持一个稳定高压脊,另外在我国东南沿海也有一个高压区,在四周稳定高压系统包围之中,从华北经华中到云贵,构成一条很深的稳定低压槽,华北地区处在冷暖气流交锋的辐合带内。环流形势稳定,有利于辐合流场的维持,加上低涡、切变等天气系统的连续叠加,以及地形的影响,促成了这次持久的特大暴雨。

据计算,海河三水系8月总水量301.29亿立方米,远远超过1939年和1956年,大清河、子牙河洪水越过京广线泄入平原后,冀中、冀南、天津市南部等广大地区一片汪洋。滹沱河黄壁庄最大入库流量12000立方米每秒,最大下泄量5670立方米每秒。洪水主要来自区间支流冶河,平山站8月5日最大洪峰流量8900立方米每秒。京广线以东滹沱河左堤在无极县附近漫溢,深泽、安平县三处决口,溃口水量约4.49亿立方米,进入文安洼。

这场洪水主要发生在河北省境内,据邯郸、邢台、石家庄、保定、衡水、沧州和天津7个专区统计,共淹没农田357.3万公顷,占7个地区耕地总面积的71%,其中13余万公顷良田由于水冲沙压,失去耕种条件。粮棉作物大幅度减产,粮食减产25亿公斤,棉花减产1.3亿公斤;受灾人口约2200余万人,房屋倒塌1265万间,约有1000万人失去住所,5030人死亡;水利工程遭到严重破坏,有 5 座中型水库、330 座小型水库被冲垮、62％的灌溉工程、99％排涝工程被冲毁，大清、子牙、漳卫、南运河干流堤防决口 2396 处，滏阳河全长 350 千米全线漫溢，溃不成堤；铁路、公路破坏也很严重。京广、石太、石德、津浦铁路及支线铁路冲毁 822 处，累计长度 116.4 千米，干支线中断行车总计 372 天，京广铁路 27 天不能通车。7 个专区 84％的公路被冲毁，淹没公路里程长达 6700 千米。海河全流域受灾农田达 486 万公顷，成灾 401 万公顷，直接经济损失 60 亿元，用于救灾及恢复水毁工程等增加开支约 10 亿元。

（四）1996 年特大洪水

暴雨从 8 月 2 日 0 时开始，6 日 12 时结束，历时 4 天半。主要降雨集中在 3 日下午至 5 日凌晨。8 月 1 日"9608 号"台风在福建福清登陆，经江西、湖南、湖北，8 月 3 日到达河南，在林县附近形成一个暴雨中心，随后中心移至河北漳河一带，后迅速向北推移，4 日凌晨，暴雨区扩展到滏阳河和滹沱河上游，且降雨强度增大，4 日 7 时中心移至大清河水系，强度有所减弱，后雨区转向东北方向，沿燕山迎风区移至北京、河北迁西一带，雨势继续减弱，6 日雨区移出河北省境内。此次暴雨，黄壁庄水库上游的南西焦村降雨 652 毫米，是一个暴雨中心。"96·8"暴雨特点为：降雨强度大，雨区集中，暴雨梯度大，持续时间短，降雨总量较小。降雨量在 300 毫米以上的笼罩面积为 9280 平方千米，降雨量在 500 毫米以上的笼罩面积为 1100 平方千米。

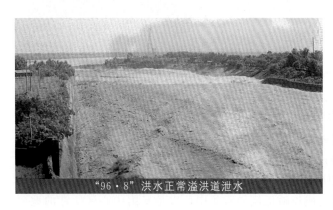
"96·8"洪水正常溢洪道泄水

受降雨影响，滹沱河上游各支流于 8 月 4 日早晨开始涨水，洪水来势很猛，到 4 日 14 时，小觉洪峰流量 2370 立方米每秒，岗南 4 日 21 时最大入库流量达到 7010 立方米每秒，岗南 5 日 20 时最大泄量 2280 立方米每秒，最高洪水位达到 203.13 米。支流冶河的洪水来势更猛，冶河平山水文站 4 日 23 时洪峰流量达到 12600 立方米每秒，为建站以来最大值。黄壁庄库水位 5 日 5 时达到最高库水位 122.97 米，推算黄壁庄天然洪峰流量 18200 立方米每秒，超过 100 年一遇设计洪峰流量（17160 立方米每秒）。水库最大泄量 3650 立方米每秒，南大堤饶阳段溃决。多年未启用的宁晋泊、大陆泽、献县泛区、东淀行滞洪区滞洪。

1996 年特大洪水灾害造成的直接和间接损失达 450 多亿元。

三、200 年来大洪水及历史洪水情况

200 年来，黄壁庄、岗南、平山共有 1794 年、1853 年、1872 年、1883 年、1892 年、1917 年、1939 年 7 场历史洪水和 1956 年、1963 年、1996 年 3 场实测大洪水，具体情况见表 1-3。

表 1-3　　　　　　　　　黄壁庄、岗南、平山古洪水及历史洪水成果表

洪水年份	站 名	最大洪峰/(m³/s)	3 日洪量/亿 m³	6 日洪量/亿 m³
1794	岗南	13300	16.5	20.2
	平山	17300	18.7	20.8
	黄壁庄	20000～27500	28.0～38.0	33.0～44.9
1853	岗南	9700	12.0	14.7
	平山	13000	14.0	15.6
	黄壁庄	16000～18300	22.0～26.0	26.0～30.3
1872	岗南	7530	9.32	11.41
1883	平山	11000	11.87	13.2

洪水年份	站　名	最大洪峰/(m³/s)	3日洪量/亿 m³	6日洪量/亿 m³
1892	岗南	6930	8.58	10.5
1917	岗南	6930	9.16	13.1
	平山	8200	10.6	12.93
	黄壁庄	13500	22.16	29.22
1939	岗南	4250	5.62	8.1
	平山	6000	6.47	7.2
	黄壁庄	8300	12.55	15.76
1956	岗南	6930	8.58	10.5
	平山	8750	9.44	10.5
	黄壁庄	13100	18.1	21.4
1963	岗南	4390	5.81	8.29
	平山	8900	11.5	14.03
	黄壁庄	12000	19.7	25.97
1996	岗南	7010	6.37	7.36（5日）
	平山	12600	4.9	5.12（5日）
	黄壁庄	18200	11.27	12.48（5日）

第二节　旱　灾

干旱主要是自然条件形成的，但也受人为因素的影响。据《正定府志》记载："周以前井田与沟洫并行，旱干蓄水，霪潦泄水。当时民无水旱之忧，非遇大灾变不至捐瘠也。"随着人口的增加及其社会活动对自然生态环境的影响，旱灾有所变化。据《石家庄地区水利志》记载，西汉至今，现石家庄市域有记载的旱灾有 261 年次，涉及 3 县以上的较大干旱 52 次，其中明代至新中国成立前 31 次。而且连年干旱也不断出现，连旱 2 年 18 次，连旱 3 年 14 次，连旱 4 年的 4 次，连旱 5 年 1 次，连旱 6 年 1 次，连旱 7 年 2 次，连旱 8 年 1 次，连旱 11 年 1 次。

新中国成立后，1949—1985 年期间，海河流域受灾范围大、灾情严重的典型干旱年有 1965 年、1972 年和 1981 年，受旱面积分别达 6487 万亩、6118 万亩和 5492 万亩，成灾面积分别达 3644 万亩、3597 万亩和 3170 万亩。

第三节　震　灾

黄壁庄水库建成后周边发生了多起特大地震，特别是 1966 年 3 月 22 日 16 时 19 分 46 秒，河北省邢台专区宁晋县发生震级为 7.2 级的大地震，黄壁庄水库也受到一定影响。

黄壁庄水库处在该次地震的Ⅶ度异常区，正常溢洪道与大坝连接处出现 19 条裂缝，缝宽 2～8 毫米，上宽下窄，深 1.0～1.6 米，主坝下游河道 200～1000 米范围内多处裂缝冒砂，缝宽一般在 10 毫米以内，缝长数米到数十米，副坝古运粮河段，坝下游 800 米处产生环状缝，缝宽 2～3 厘米，有冒砂，厚浸没区内地面多处裂缝，最大缝宽 10～18 厘米，最长 80 米，有涌砂，水注涌高 30 厘米以上。

第五章　水库上下游水利工程基本情况

第一节　上　游　水　库

岗黄流域共有大型水库2座、中型水库12座。大型水库为岗南、黄壁庄水库，均在河北省境内。中型水库中，山西有9座，河北有3座，具体见表1-4。

表1-4　　　　　　　　　黄壁庄水库上游已建成中型水库基本情况表

水库名称	所在地点	所在河流	控制面积/km²	总库容/万 m³	建成年份
岗南水库	河北省平山县岗南镇	滹沱河	15900	170400	1969
黄壁庄水库	河北省鹿泉市黄壁庄镇	滹沱河	23400	121000	1968
孤山水库	山西省繁峙县东庄村	滹沱河	108	1100	1973
下茹越水库	山西省繁峙县下茹越村	滹沱河	1029	2869	1973
神山水库	山西省原平县神山村	北岗河		1070	1974
观上水库	山西省原平县观上村	永兴河	150	1560	1983
米家寨水库	山西省忻州市米家寨村	云中河	305	1025	1976
双乳山水库	山西省忻州市王家庄村	云中河		1285	1962
唐家湾水库	山西省五台县	滤泗河	160	1598	1978
郭庄水库	山西省昔阳县郭庄村	松溪河	173	2165	1960
大石门水库	山西省平定石门口乡大石门村	阳胜河	143	1254	1960
石板水库	河北省平山县孟家庄乡石板村	文都河	86.4	1680	1972
下观水库	河北省平山县王坡乡下观村	南甸河	45	1846	1970
张河湾水库	河北省井陉县测渔镇张河湾村	甘陶河	1879	9647（设）	1979

位于河北境内的4座水库基本情况如下所述。

一、岗南水库

岗南水库位于河北省平山县岗南镇附近的滹沱河干流上，距省会石家庄市58千米，是海河流域子牙河水系两大支流之一滹沱河中下游重要的大（1）型水利枢纽工程，控制流域面积15900平方千米，总库容17.04亿立方米，水库以防洪、供水、灌溉为主，结合发电，与下游28千米处的黄壁庄水库联合控制流域面积23400平方千米。

岗南水库由水电部北京勘测设计院设计，工程于1958年3月开始兴建，1962年停工待建。1966年续建，1969年年底基本按设计竣工。洪水按100年一遇设计，1000年一遇洪水加10%作为校核，校核洪水位207.7米。

岗南水库

河南"75·8"暴雨后，经水文复核，岗南水库保坝标准偏低，1978年进行除险加固，按5000年一遇标准，新建8孔溢洪道一座，并加固了原正常溢洪道和非常溢洪道，全部工程于1990年4月完工。2003年水利部批准《岗南水库除险加固工程初步设计》，水库实施了以加高大坝为主的除险加固工程。

二、张河湾水库

张河湾水库位于滹沱河二级支流甘陶河上，控制流域面积1879平方千米，设计总库容0.9647亿立方米，坝顶高程495米。建后坝顶高程490米，坝高70米，总库容0.833亿立方米，兴利库容0.3769亿立方米，防洪标准100年一遇设计，1000年一遇校核，设计最大泄量为8150立方米每秒。

三、石板水库

石板水库修建在平山县孟家庄乡石板村附近的滹沱河支流文都河上，控制流域面积86.4平方千米。水库于1970年11月开工，1971年6月拦洪，1972年10月主体工程完工，总库容1680万立方米。坝体为土石混合坝，坝长245米，最大坝高38米；圆形压力输水洞，洞径1.8米，洞长109米，最大泄水能力28立方米每秒。开敞式溢洪道位于左岸，净宽46米，泄水能力1966立方米每秒。初建时按

张河湾水库

100年一遇洪水设计，500年一遇洪水校核。1977年加固后校核标准为1000年一遇。水库设计灌溉面积为0.3万亩，每年还可向滹北灌区输水800万立方米左右。

四、下观水库

下观水库位于滹沱河支流南甸河上游，坝址在平山县王坡乡下观村。水库控制流域面积45平方千米，总库容1846万立方米。主副坝都为均质土坝。水库灌区设计灌溉面积2.2万亩，实灌1.8万亩。从1978年起，灌区纳入滹北渠控制范围。

第二节　下游河道枢纽工程和蓄滞洪区

滹沱河自黄壁庄水库至献县枢纽长194千米，防洪标准为50年一遇，相应流量黄壁庄水库至北中山为3300立方米每秒，北中山以下为3000立方米每秒。

一、滹沱河堤防

滹沱河主要堤防有北堤、南堤、新南堤、北大堤，总长度142.63千米。

（1）北堤。滹沱河北堤，自无极东罗尚至献县枢纽长110.2千米，为河北省分区防守、分流入海的第二防线，是全省4条重要堤防之一，达到100年一遇防洪标准，相应流量13700立方米每秒。堤顶宽一般为3～5米，最宽8米，高2～3米，最高段4米。

（2）南堤。滹沱河南堤，自正定塔子口起，经藁城至晋县龙泉固止，全长43.02千米。其中正定塔子口至中丰3千米，藁城大丰屯至西里村23.82千米，晋县教公至龙泉固16.2千米。

（3）新南堤。新南堤系滹沱河中下游治理南堤后展工程。自深泽西三庄起至武强庞町止，全长84千米。

（4）北大堤。北大堤系滹沱河左岸之遥堤，全长109.5千米。原自无极县安城村起，至深泽县枣营，长37.7千米。1967—1968年改建后，西起无极县东朱村，沿正（定）、深（泽）公路，经无极

东罗尚接旧堤，至深泽县枣营村止，全长 38.7 千米。其中无极段 17 千米，深泽段 21.7 千米（北大堤从枣营出本境后，经安平、饶阳、武强直达沧州地区的献县枢纽）。民国 34 年（1945 年），由冀东行政公署工务处组织当地群众修筑的顶宽 1.5～2.5 米、高 1.5～2.5 米的堤埝，形成北大堤的雏形。

二、献县枢纽

献县枢纽是承接滹沱河、滏阳新河来水的大型控制工程，位于河北省沧州市献县城西北 3 千米，在子牙新河和子牙河的上口，由子牙新河深槽进洪闸、子牙河节制闸和子牙新河滩地溢洪堰组成。献县枢纽始建于 1966 年，1967 年完工，于 2000 年进行了工程改建，主要担负子牙河系的防洪任务。

献县枢纽

献县枢纽建成后，曾在"96·8"大水泄洪过程中发挥过重要的作用。"96·8"洪水献县泛区滞洪，献县枢纽子牙新河进洪闸 8 月 1 日 8 时全开，洪水从子牙新河下泄，8 月 9 日 11 时，闸上水位达到 13.56 米，溢洪堰开始溢流，子牙新河流量为 680 立方米每秒，到 8 月 10 日 17 时达到最大流量 1090 立方米每秒，水位为 14.49 米，8 月 12 日 14 时坝上水位达到最大值 14.97 米，子牙新河泄量为 825 立方米每秒，然后泄量逐日减少，到 8 月 17 日 8 时，闸上水位 13.59 米时，坝上停止过流，洪水由子牙新河主槽继续下泄，到 9 月 6 日 9 时，闸门关闭蓄水，汛期总泄水 13.72 亿立方米。献县枢纽节制闸 8 月 7 日 22 时，闸上水位 11.58 米时控制泄量 87 立方米每秒，到 8 月 10 日 23 时闸上水位 13.15 米时，控制泄量达到最大 106 立方米每秒，8 日 11 时至 13 日 8 时控制泄量 85～90 立方米每秒，汛期总泄水量 1.48 亿立方米。

三、献县泛区

位于滹沱河下游，西起饶阳县大齐村，东至献县枢纽，南北以滹沱河南堤、北大堤为界，设计标准为 50 年一遇设计，"63·8"洪水校核，5 年一遇洪水启用。设计滞洪水位 16.37 米，相应滞洪量 5.0 亿立方米，面积 312 平方千米，人口 15.5 万人，耕地 43.3 万亩。

第三节　上下游灌区工程和生态用水工程

黄壁庄水库上下游已建成主要灌区基本情况见表 1-5。

表 1-5　　　　　　　黄壁庄水库上下游已建成主要灌区基本情况表

灌区名称	灌溉受益范围	水源地	设计灌溉面积/万亩	有效灌溉面积/万亩	设计引水流量/(m³/s)	备　注
石津灌区	石家庄、衡水、邢台三个市的 14 个市（县）	岗黄水库	250	140	100	在原"石津运河"和"晋藁渠（1942 年兴建）的基础上发展，1958 年进行扩建
冶河灌区	平山、鹿泉和元氏三县	岗南水库、冶河	42.54	39.9		包括引岗、源泉、南跃、大同、兴民 5 个灌区

灌区名称	灌溉受益范围	水源地	设计灌溉面积/万亩	有效灌溉面积/万亩	设计引水流量/(m³/s)	备　注
绵河灌区	井陉、平山、鹿泉和石家庄市井陉矿区	绵河、甘陶河	38.5	32.5	24	包括绵右渠、人民渠、西跃渠
滹北灌区	平山县滹沱河北岸	滹沱河	10.8	7.8		1976年建成通水
大川灌区	平山县	岗南水库	2.5	2.2		1944年修建
北跃灌区	平山县滹沱河左岸	岗南水库二坝	3.5	3		1959年建成
计三灌区	鹿泉市东部	黄壁庄水库	11.4	8.9	7.1	1974年从黄壁庄取水
灵正灌区	灵寿县南部	黄壁庄水库	12.5	12.5		

以下对水库下游的主要灌区和生态用水工程予以简要介绍。

一、石津灌区

石津灌区位于河北省中南部平原的滹沱河与滏阳河之间的冲积平原上，以输水灌溉为主，兼顾分洪、发电。渠首位于黄壁庄水库重力坝，至深州大田庄，长134千米，以下经退水渠再入滏阳河。受益范围包括石家庄、邢台、衡水3个市14个县（市、区）。

石津灌区是在日伪时期开挖的"石津运河"的基础上发展起来的，由侵华日军于1942年兴建，1946年中国政府接管。1948年灌区灌溉面积12万亩，引水流量22立方米每秒，1950年正式浇地。1953年与"晋藁渠"合并，称为石津灌区。截至1957年年初，实际灌溉面积33万亩，干渠引水流量22立方米每秒。

1958年兴建岗南水库和黄壁庄水库后，灌区进行了大规模扩建，灌溉区域由初期的石家庄附近，扩大到华北平原中南部的滹沱河以南、滏阳河以北及以西的广大地区。总

石津灌渠

干渠引水量由20立方米每秒增大到114立方米每秒，骨干工程控制面积4144平方千米，耕地面积29万公顷，设计灌溉面积250万亩，最多年效益面积达140万亩，20世纪60—70年代，灌区东部开挖了明渠排水系统，共有排水干沟、分干沟、支沟443条，全长612千米，有效解决了排水不畅造成的沥涝及次生盐碱化的问题。

灌区渠道工程分总干渠、干渠、分干渠、支渠、斗渠、农渠6级。其中斗渠以上5级渠道和渠系建筑物为固定工程，农渠一般不固定。总干渠沿程有5条干渠、30条分干渠、221条支渠、1.2万多条农渠、1.38万座闸、涵建筑物，以及两座电站和5座大型节制闸、进水闸。总干渠量测水设施齐全、配套，2002年建成管理自动化系统。

1960—1984年，灌区平均年农业供水6.52亿立方米。2000年以来，由于市区工业和生活用水增加，灌区年均农业供水减至3.35亿立方米。

二、灵正灌区

引黄壁庄水库之水灌溉灵寿县南部及正定县西北部部分耕地。该渠始建于1933年10月，1935年

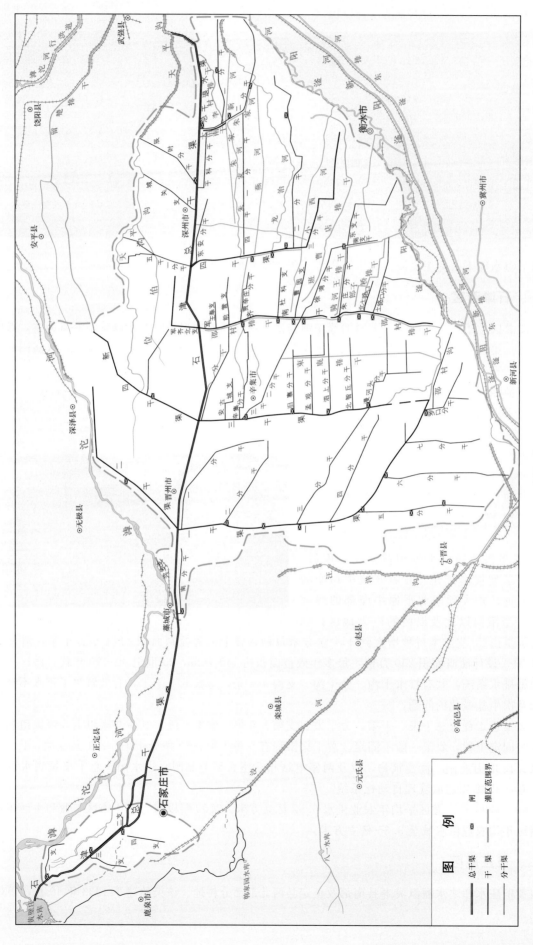

石津灌区渠系图

9月初建成。当时从滹沱河（黄壁庄村附近）拦坝引水，至灵寿县岗头村，取名"仁寿渠"。1945年10月扩建，渠道延伸至正定县西北部，于1947年竣工，改名灵正渠。1948年春，全渠通水，引水流量5立方米每秒，灌溉面积4万亩。1960年3月，黄壁庄水库大坝建成后，从水库自流引水，过水流量达13立方米每秒。1961年，重新规划渠系，把原干渠改为总干渠，原二支渠改为南干渠，原三支渠改为东干渠，设计灌溉面积12.5万亩，实际灌溉面积12.5万亩。

灵正灌渠渠首

三、计三灌区

计三渠筹备于1945年，渠首在平山县东冶村，以冶河为源头，1946年正式动工兴建，由于国民党地方军队（民众称其为"顽固军"）骚扰破坏，工程难以进行。1947年，获鹿全县解放，建渠工作才恢复起来，并于当年夏季通水。由于施工缺乏经验，渠道质量较差，灌溉效益很小。1948年灌区管理机构改组，重点对渠道进行维修、加固，并丈量落实亩数，施行调水配水，渠道真正起了水利作用，灌溉面积达到3.5万亩。1951年至1952年6月，完成了计三渠扩建工程，引水流量达到4.5立方米每秒，灌溉面积扩大到5.7万亩。

1958年，黄壁庄水库兴建，切断了计三渠干渠，为此改线9332米。1974年，经河北省水利厅批准，计三渠从黄壁庄水库引水。

1988年，县水利局提议，县政府批准，实施计三渠延伸工程。截至1990年，干渠延伸至上庄镇境内，总长达到33.4千米，设计引水流

向石家庄市民心河供水

量7.1立方米每秒，灌溉面积11.4万亩。

四、石家庄市民心河

民心河于1997年9月动工，1999年9月通水。截至2012年，河长达56.9千米，平均宽20米，总水面面积250万平方米，水源为黄壁庄水库、岗南水库地表水和石家庄市污水处理厂中水，年引水量约3000万立方米。2012年由于中水用量逐渐加大，岗黄地表水用量逐渐减小。

五、滹沱河及其他环境供水

滹沱河综合整治工程西起黄壁庄水库，东至藁城市东界，全长70千米。整体工程分三期实施：一期工程为南水北调中线至太行大街，全长16千米；二期工程为京珠高速至藁城东界，全长30千米；三期工程为黄壁庄水库至南水北调中线，全长24千米。共分四大功能段，黄壁庄水库至张石高速为湿地景观段，张石高速至南水北调为地下水库入渗场和生态森林区，南水北调至塔子口为水面景观段，塔子口至藁城东界为湿地景观段及采砂区。在现状主河槽内，部分河段形成蓄水子槽，子槽外是沙滩、草地和滨水步行道。主河槽至两堤间，分段建设主题鲜明的生态和文化景观走廊，两堤形成滨河快速通道，堤外建设100～500米防护林带。综合整治工程用水主要包括水面景观用水、湿地用

水和绿地用水。水源主要利用岗黄两库水、南水北调弃水、冶河水和中水。

石家庄滹沱河综合整治工程示意图

第二篇

水库工程初建与扩建

黄壁庄水库建设是在边勘测、边设计、边施工的情况下进行的。当时由于前期工作做得不充分，规划设计中所依据的水文资料系列短或不完整，计算的水库防洪标准偏低，施工质量也存在一些问题，故以后又多次补充和修改设计，对枢纽建筑物也多次进行加固改建。由于滹沱河流域规划的变更和水文分析计算成果的修订，以及设计标准的不同等原因，在水库修建规模上也经历了数次变动。

第一章 规 划 设 计

1956年5月，在水利部指示北京勘测设计院（以下简称"北京院"）编制的《滹沱河规划要点》中阐述了滹沱河流域综合水利开发的重要性及其全部规划方案。开发方案分三段实施，其中第三段的内容是："干流岗南以下，治河七亩以下，包括小部分山区，河道经黄壁庄流入华北平原，流域面积5400平方千米，洪水灾害最为严重，威胁着广大平原地区的农业生产。黄壁庄水文站1956年最大洪峰流量13100立方米每秒，下游子牙河的保证流量仅500立方米每秒，因此，滹沱河的治理与水资源开发，以防洪、除涝、灌溉为主。"为调节滹沱河全部洪水和径流，规划中选择近期内适于修水库的位置，包括黄壁庄。在水库的修建方案中，经过坝址地质条件、调节洪水能力、工程量、投资、施工期及效益等优缺点综合分析比较，认为以修岗南、黄壁庄水库联合运用方案为宜。

1957年10月，北京院编制的《滹沱河岗南水库初步设计书》中对滹沱河下游规划：防洪标准为100年一遇洪水，修建岗南、黄壁庄两水库，岗黄两库坝顶高程分别为205米及134米，近期先修岗南水库，将黄壁庄水库列为远景工程。1958年4月，北京院编制《滹沱河岗南水库补充初步设计书》中提出提前修建黄壁庄水库，坝顶高程121米，利用岗、黄两库结合泛区，并考虑水土保持及中小型水库的作用，共同防御100年一遇洪水。经水电部审查，同意黄壁庄水库坝顶高程确定为121米。

1958年3月27日，省委农工部部长、副省长阮泊生，省委委员、省水利厅副厅长丁廷馨及石家庄地委书记处书记阎健等到岗南检查工作，听取汇报并进行座谈后，阮泊生向岗南水库全体职工做了关于"大跃进"的报告，传达了省委提出的"二年突击，一年扫尾，三年实现水利化"的要求，和省召开的沙河会议确定的"以小型为基础，以中型为骨干，结合必要的大型"的治水方针及对全省各主要河流的治理中采取分河流、分专区包干的办法。根据上述指导思想和措施，他要求岗南水库4年工程3年完成，能否更快一些，并要求用岗南一个水库的人力、物力、财力，从中挤出一部分建一个黄壁庄水库。通过这次动员报告，水库职工响应形势要求，展开了献新计、破陈规、扫除保守浪费的大讨论，着重对黄壁庄水库进行了分析。职工们认为：在水电部北京院1956年5月编制的《滹沱河规划要点》和1957年10月、11月编制的《滹沱河岗南水库初步设计》及《海河流域规划》中，均把修建岗南、黄壁庄水库联合运用列入推荐方案。根据中央及省的指示精神，综合考虑职工群众意见，确定了以一座水库的人力、物力、财力增修一座黄壁庄水库、"一库变二库，四年工程三年完成"的计划。

根据《滹沱河岗南水库补充初步设计书》和水电部审查意见，黄壁庄水库工程局于1958年5月着手编制《黄壁庄水库工程初步设计书》。在设计中对滹沱河以往水文分析及规划作了局部调整，并拟订了黄壁庄水库规模：坝顶高程122米，3孔正常溢洪道，其右侧为非常溢洪道，电站工程布置于古运粮河，灵正渠涵管于主坝左端坝下穿过。

1958年11月，黄壁庄水库工程局编制了《黄壁庄水库设计说明书》报河北省海河委员会。1959年2月27日，河北省海河委员会以（59）海工字第15号文批复："同意坝顶高程122米、库容规划和工程规划"。1958年12月河北省滹沱河治理指挥部编制的《滹沱河流域防洪规划修正说明书》中，防洪标准确定采用1956年洪水（1956年洪水相当于原水文资料300年一遇），黄壁庄水库坝顶高程为122米。1959年4月初，河北省委根据电站基础地质复杂情况，决定将原布置于古运粮河的电站工程改至马鞍山右侧。

1959年9月，黄壁庄水库工程局编制《黄壁庄水库工程设计书》，设计防洪标准按100年一遇洪水计算，300年一遇洪水校核，洪水大于300年一遇时，采取临时防洪措施。黄壁庄水库工程包括土坝、溢洪道、电站、灵正渠涵管等工程。土坝又分主坝和副坝两段，主坝起自滹沱河左岸正定县牛城村，穿过河床与右岸正常溢洪道边墩相接，长1370米，坝顶宽6米，坝高24米；副坝自马鞍山经古贤村、永乐至马山村西止，长5950米，其中碾压式土坝5649米，坝顶宽5米，一般坝高12米，最大坝高在古运粮河段24米。

正常溢洪道建于河道右侧马鞍山北岸，共3孔，每孔净宽12米，拟安设9.3米的弧形闸门，闸后接500米长陡槽。紧靠正常溢洪道，开挖一条宽50米的非常溢洪道，在溢洪道的尾端设消能设备。灵正渠涵管靠近左边坝肩，为了浇地方便，在原灵正渠道基础上修建涵管，直径1.8米，最大泄量39.9立方米每秒，全长183米。

水库全景

电站原设计在副坝古运粮河右岸，基坑开挖已经动工，经过现场会议讨论后，经河北省委进一步研究认为，电站建筑在细砂软基础上不安全，决定移至马鞍山南侧。该处为矽质灰岩，夹有泥灰质岩，岩石节理发育溶蚀现象不严重，比较安全可靠。

1960 年 10 月，河北省水利厅设计院编制的《黄壁庄水库扩建工程初步设计书》中拟定防洪标准为 100 年一遇洪水设计，1000 年一遇洪水校核，下游防洪标准 50 年一遇，灌溉用水保证率 50％。并提出七亩水库近期不能修建，上游水土保持及中小型水库尚不能

正常溢洪道施工场面

发挥预期作用，因而拟定岗南、黄壁庄水库坝顶高程依次加至 212 米及 128 米。

黄壁庄水库工程在 1962 年以前历次设计文件中所采用的水文数据，均利用北京院编制的《海河流域规划》及《岗南水库初步设计书》中的水文分析成果。北京院于 1961 年对原水文分析成果重新进行了分析研究和补充修订工作，1962 年 6 月提出《滹沱河黄壁庄水库设计洪水修改计算补充报告》，1963 年 1 月经水电部批准。这次审定的水文成果数据与 1962 年以前的水文成果数据比较，有显著的变动，如 1956 年洪水按原水文分析成果对照相当于 300 年一遇洪水，与新修订成果相比仅相当于 100 年一遇洪水。

第二章 水 库 初 建

黄壁庄水库工程建设的特点是边筹备、边设计、边施工，流水作业法。1958年5月开始筹备，秋末零星动工。1958年5月5日成立黄壁庄水库工程局，张健任局长，魏华任副局长。随即由张健带领少数职工进驻工地，进行施工前的坝址勘探、地形测量、土砂场调查、建工棚及技术设计等工作。1958年8月8日成立黄壁庄水库工程指挥部，崔民生任党委书记，王文清任副书记，张健任指挥，魏华任副指挥。同年10月7日利用古运粮河完成导流工程。

黄壁庄水库于1958年10月正式开工后，先后有26个县市、十几万民工、几千名工人和技术人员参加水库建设。广大干部、工人、技术人员及解放军官兵，在自力更生、勤俭建国治水方针指引下，发扬"一不怕苦、二不怕死"的精神，披星戴月，度过五个严寒酷暑而建成黄壁庄水库。由于滹沱河流域规划的变更、水文分析计算成果的修订以及设计标准的不同等原因，在修建规模上经历了数次较大的变动。

水库建设者奔赴工地

主坝施工场面

一、主体工程建设

黄壁庄水库主坝、副坝、灵正渠涵管、正常溢洪道、电站等工程分别于10月、11月相继开工。黄壁庄水库党委为了贯彻执行省委提出的"大干一冬一春，基本根治海河"的决议，在没有机械、劳

副坝施工场面

力不足，气候逐渐寒冷的情况下，提出"大干一冬完成主副坝，明春扫尾"的口号，后根据情况发展，又提出"大干60天，争取50天，完成主副坝土方工程"的口号。经过艰苦努力，于1959年汛前，水库主副坝分别加高到120米拦洪高程，1965年后实施扩建工程，到1968年前工程建设基本完成，并完成了灵正渠涵管施工，正常溢洪道完成了堰体闸墩及一级消力池以上底板混凝土。

在两库未正式扩建前，1960年汛前，为了防洪需要，黄壁庄水库坝顶加筑子埝至124米高程，并扩建黄壁庄水库正常溢洪道，增加6孔；1960年汛前，正常溢洪道一级消力池工程和电站重力坝按128米高程施工完成；1961年汛前，完成了正常溢洪道二级挑坎消能工程。

1961 年 2—3 月间，水库试行蓄水至 115 米高程时，副坝下游坝脚以外发生管涌流土及局部滑坡现象，随即采取压坡处理措施，问题未致扩大。1962 年 8 月原水利电力部指示：黄壁庄水库工程 1962 年度汛应以防御 1956 年洪水为标准进行加固，3 年内完成水库扩建工程，以保证工程安全，充分发挥水库拦洪蓄水的作用。同年 10 月原水利电力部审查副坝基础处理方案时指示：基础处理应做到双保险，从长远讲以垂直处理为主，但工程量大，工期长，1962 年度汛要靠水平处理，不仅压坡，对已有铺盖还要加固，做好

正常溢洪道施工

减压井。1962 年 10 月至 1963 年春，于水库工地进行了较大规模的垂直处理施工试样。1962 年 2 月由原水利电力部北京勘测设计院完成了《1962 年度汛工程设计说明书》，工程设施主要为副坝上游填筑铺盖及夯板处理，坝后增设减压井，坝体加固及压坡填筑，以及在正常溢洪道一级消力池抛物线段以锚筋桩加固。以上各项工程于同年汛前完成。

二、水库扩建前加固工程建设

1962 年 7 月原水利电力部指示，黄壁庄水库工程 1963 年度汛工程按修订水文资料 500 年一遇洪水标准进行加固，根据原水利电力部北京勘测设计院提出的《1963 年度汛工程设计》规定，工程内容主要有副坝坝顶高程加高至 125.3 米，坝前继续填筑铺盖，坝后续打减压井，正常溢洪道一级消力池新建排水沟并增设锚筋桩等多项工程。

艰苦创业

（1）副坝坝前铺盖工程。副坝建筑在第四纪覆盖层二级阶地的前缘，坝基透水砂层及砂砾、砂卵石层厚约 40 米左右，并在砂砾与砂卵石接触处有集中渗漏带存在，为副坝主要渗漏地段。为了坝体和坝基的安全，除在坝上游利用天然土进行防渗外，在 1959 年汛前完成了古运粮河坝段 160 米长的铺盖填筑，1960 年在桩号 0＋663.4～4＋360 范围内进行铺盖填筑，1961 年 6—8 月完成桩号 0＋500～4＋520 坝段的 60 米长铺盖补强加厚。1962—1963 年汛前继续对铺盖进行补强加厚加长，有些地段还进行夯板处理。铺盖长度最长达 400 余米，铺盖厚度一般为 1 米。1958—1963 年完成副坝坝前铺盖工程量 219.9 万立方米。铺盖工程施工方法，一般采用羊角碾压实。

（2）排水沟工程。副坝坝后排水沟主要排除坝体坝基（减压井）渗压水和坝面雨水，坝后排水沟在 1960 年前仅挖成临时排水沟，到 1961 年 3 月排水沟正式开工，同年 9 月完成桩号 0＋420～4＋780 纵向排水沟及古运粮河以东和以西横向排水沟，古运粮河东岸、西岸两个跌水工程。1962 年 3—11 月完成桩号 4＋780～5＋330.94 延长排水沟的开挖与铺垫层，干砌块石在 1962 年 11 月基本完成。桩号 5＋330.94～5＋750 排水暗管于 1963 年 9 月竣工，5＋330～5＋874.8 排水沟于 11 月竣

工。1959—1963 年坝后排水沟（包括暗管）工程量共计土石方 44.68 万立方米，铺管 570 米。

（3）减压井工程。1960 年汛前开始在副坝下游用人工凿井的方法打减压井，截至 1961 年年底完成 286 眼。1962—1963 年用乌克斯凿井完成 255 眼。四年时间共打减压井 541 眼，旧井处理 216 眼。

（4）副坝坝体填筑和坝后压坡工程。副坝坝体填筑先从永乐沟以西开始，1959 年筑到高程 121.5 米，1960 年汛前又加筑子埝到高程 124 米，顶宽 2.5 米。1961 年汛前进行部分压贴坡填筑，以保证汛期安全。1962 年汛前按照 125 米高程的设计断面加固下游坝坡至 121.5 米，汛后将坝顶子埝 1：1.5 上游坡削成 1：2.75，下游坝坡填至 124 米高程，同时进行部分压坡填筑。1963 年汛前除桩号 6＋400～6＋762 间坝顶的尚差 0.2 米左右不到设计高程以外，其他部位都填筑到 125.4 米。

副坝坝后压坡贴坡是坝体填筑的一部分，副坝采用铺盖及减压井等防渗措施之后，坝基压力线仍高于地面，不能完全避免管涌流土之危险，且已成断面下游坝坡较陡，故仍需进行压坡贴坡加固工程，放缓坝坡增加盖重，以保坝体安全稳定。1958—1963 年坝体填筑 635.72 万立方米，其中坝坡压贴 129.68 万立方米。

（5）正常溢洪道一级消力池底板锚筋桩加固工程。正常溢洪道于 1959 年开工，1961 年基本完成，包括进口段、陡槽段、消力池及二级消能工程总长 891 米。在设计施工过程中，设计洪水曾修正增大，设计洪水位亦有提高，按 1956 年典型洪水，水库水位 121.5 米运行条件进行校核，不能满足安全要求，需进行加固处理。加固措施采取增加排水系统与锚筋桩锚固相结合的方法，特别是锚筋桩加固。1962—1963 年进行了两期度汛施工加固，第一、第二段护坦及右岸护坡等混凝土板 27 块，总面积 8600 平方米，共打锚筋桩 363 根。

（6）灵正渠涵管加固工程。涵管工程完成后，1960 年汛前检查时，发现在中部顶侧有发丝状裂缝，1961 年 7 月及 1962 年 1 月间曾再次检查，裂缝略有增加，其宽度无发展，顶部裂缝最长的达 20 米，约在桩号 0＋915～1＋015 范围内。经几次研究后，最终决定按北京设计院于 1962 年 2 月提出的钢板衬砌方案进行处理，于 1962 年汛前开始施工。

第三章　水　库　扩　建

　　1963 年 8 月上旬海河流域南系发生特大洪水，推算黄壁庄天然流量 12000 立方米每秒，6 日最大洪量 26 亿立方米，其中 69.2% 来自区间冶河，水库水位于 8 月 4 日开始猛涨。初期为了保护下游、减轻灾害，水库控制下泄流量为 400～2500 立方米每秒，坚持一日余，当库水位涨至 121 米时，为了保坝安全，以免对上下游造成更大危害，此时开启水库全部泄洪设施，并破除非常溢洪道临时挡水埝，库水位最高达 121.74 米，距坝顶仅有 2 多米，情况极为紧张。在此次特大洪水期间，水库拦蓄洪量 6.6 亿立方米，将洪峰削减至 6150 立方米每秒，起到了一定的削减洪峰的作用。经过此次特大洪水检验，发现以前洪水分析成果偏小，汛后有关部门即对滹沱河水文进行了复查，海河勘测设计院于 1964 年 9 月提出了《黄壁庄水库扩建初步设计水文复查报告》，同年 8 月又提出了《黄壁庄水库扩建工程水文复查补充报告（修订稿）》。通过 1963 年特大洪水的实际考验，说明黄壁庄水库库容偏小，泄洪能力亦低，与滹沱河洪水极不

水库扩建后面貌

相称。根据最后修正的水文成果对照，1963 年洪水仅相当于 59 年一遇，水库安全标准不过 70 年一遇，说明黄壁庄水库必须进行扩建。

　　1965 年 6 月，国家计委批复原水利电力部提出的《黄壁庄水库扩建工程设计任务书》，同意黄壁庄水库按 128 米高程进行扩建。海河勘测设计院据此并根据河北省委《关于河北省海河工程"三五"期间投资的安排》、海河院的《海河流域规划轮廓意见》及《子牙河流域防洪规划（草案）》作为《黄

大会战场面

壁庄水库扩建工程初步设计》的规划、设计依据。于 1965 年 7 月编制了《黄壁庄水库扩建工程初步设计》，同年 10 月，根据水文分析最后修正成果，又提出了《黄壁庄水库扩建工程初步设计补充说明书》，经水利电力部研究决定，黄壁庄水库扩建工程采用 1000 年一遇洪水作为水库安全标准，汛后兴利蓄水以平水年不弃水为原则。对下游河道及泛区的防洪标准，应配合下游整治及献县减河泄量要求，采用两级控制下泄。第一级 5 年一遇洪水控制下泄 400 立方米每秒，以保饶阳泛区不受淹；第二级按 50 年一遇控制，最大下泄不超过 3300 立方米每秒，以保下游河道不漫溢。水库扩建工程规模主要有新建非常溢洪道一座，主坝加高到 128.5 米高程，副坝加高到 129.0 米高程。

一、新建非常溢洪道工程

　　非常溢洪道位于主坝北端，闸室基础置于千枚岩、石英片岩、千枚岩互层及大理岩岩脉上，堰顶

高程 108.00 米，共 11 孔，闸门净宽 7.80 米。闸室设检修闸门和工作闸门。检修闸门为混凝土叠梁门，启闭设备为简易移动式单向门机；工作闸门为潜孔预应力钢筋混凝土定轮闸门，每扇分上、中、下 3 节，采用销轴铰接联成整体，启闭设备为两台台车式启闭机，闸门设计水位 126.10 米，操作条件为动水启闭。该工程自 1965 年汛后开工，到 1966 年汛前基本完成。共计开挖土石方 287.3 万立方米，回填土方 6.8 万立方米，混凝土浇筑 6.45 万立方米。

二、主坝扩建工程

1965 年以前已成主坝，坝顶高程为 124.4 米，浆砌石防浪墙墙顶高程为 125.5 米，坝体全长约 2 千米，坝前设有长约 180 米、厚 1～3 米黏土铺盖，下游设有褥垫排水与排水沟。此次坝体扩建施工中，主要内容：一是向下游加大断面，为了与原有正常溢洪道及非常溢洪道裹头相接，两端坝线形成转折；二是加高坝顶高程为 128.7 米，坝顶路面净宽 7.5 米，坝顶上游筑有浆砌石防浪墙，墙顶高程至 129.9 米，下游有路沿石。共计填筑土方 58.6 万立方米，削坡 1.06 万立方米，清基 0.66 万立方米。

溢洪道施工

坝后排水设备方面，由于 1＋000 以北左岸二级阶地（特别是桩号 1＋000～1＋200 段）地下水位较高，1963 年当库水位为 118 米高程时，桩号 1＋100 附近已成坝体后面局部有潮湿现象，为防止对坝产生不利影响。1964 年后，在桩号 1＋020～1＋200 段已成坝体下游坡脚处设置有排水暗管，扩建中在桩号 1＋050～1＋300 段做了红土卵石压坡，压坡坡顶高程 118～121 米，压坡段顶宽 20 米。为排除坝面雨水及部分褥垫排水，沿桩号 1＋900～1＋050 设有排水明沟，沟深 0.7～1.2 米，边坡 1∶1.5，底宽 0.6 米，内铺碎石及块石，排水引入灵正渠。总计开挖土方 1.47 万立方米，排水沟护面石及碎石 2320 立方米。

连接建筑物及其他工程方面，主坝南北端与正常溢洪道及非常溢洪道均以裹头形式相连接。上游坝坡在 125～128.7 米高程，相应桩号 0＋200～1＋400 范围内为预制混凝土块护坡，混凝土块以下铺有 0.5 米厚的砂石垫层与坝体黏土相接。坝的两端与溢洪道连接处附近上游护坡为浆砌块石，下游护坡为碎石或大卵石，碎石或卵石厚度一般为 0.3 米。设测压管 28 个，浸润线管 11 个，沉降管 3 个。共计护坡块石及垫层 2.6 万立方米，碎石及石渣 2.54 万立方米。

主坝扩建工程自 1965 年 8 月开始施工，总计完成土方 61.79 万立方米，块石及碎石 5.372 万立方米。

三、副坝扩建工程

扩建以前副坝坝顶高程为 125.3 米，坝顶净宽 6.18 米，防浪墙顶高程 125.8 米，宽 0.4 米。坝后建有排水沟，沟内用块石及垫层砌护，另外，桩号 5＋330.94～5＋874.8 除有明排水沟外，还建有直径 1.25 米混凝土排水暗管。此次扩建工程的内容主要如下。

干劲冲天，苦干实干

一是坝体扩建。扩建以后的副坝坝顶高程为129.2米，宽6米，铺碎石路面，坝顶上游筑有浆砌石防浪墙，下游砌有路沿石。下游120米高程处设有2米宽的马道，马道上下游边坡各为1∶2.75、1∶3及1∶3.25。上游坝坡原碾压坡段（桩号1＋157.3～2＋821）经调整后平均坝坡坡度为1∶3。上游坝坡在125.5米高程以上护0.3米厚的干砌块石及0.4米厚的反滤料，下游护坡为0.3米厚石渣。总计填筑土方202万立方米，削坡2.64万立方米，清基3.96万立方米，护坡块石及垫层8.89万立方米，碎石及石渣10.16万立方米，钢筋混凝土110立方米。

可敬的建库功臣

二是零星铺盖。总计填筑土方6万立方米，开挖土方2万立方米。

三是坝后排水设备。在扩建工程中，原有坝面排水设备不受扩建工程影响的保持不动，重点改建了永乐沟段（3＋800一带）的纵横排水沟。该段排水沟坡降由原来的1‰～2‰改为3‰，边坡为1∶1.5，平均加深1～1.5米。其他马山段坝后排水沟也作了相应的改建。总计开挖土方4.35万立方米，护面石及垫层1.27万立方米。

副坝扩建工程自1965年8月开始施工，总计完成土方220.95万立方米，石方20.32万立方米，混凝土110立方米。

第四章　历次工程发生的事故与分析

一、历年发生的渗流变形

1959年汛期,坝后古运粮河内发生流土,涌出物为砂粒及小碎石,其中有两三处较严重,塌坑直径达0.7~0.8米,下游影响范围达1千米,至计三渠九孔桥附近仍有坍塌现象。

1960年11月,古运粮河发生管涌,贴坡排水反滤层外有细砂淤积。

1961年1—3月,库水位达115米,在副坝上游铺盖发现裂缝和陷坑多处,坝后渗水及管涌较多。

1962年10—12月,副坝上游铺盖桩号1+300~3+000段发现裂缝52条,长度大于5米的约48条。

1963年汛期,库水位达121.74米,副坝坝顶断续发现纵向裂缝,一般长数米,最长达50米,宽0.005~0.01米,深度多在1米以内,个别地段有横向小缝。减压井四周有沉陷的44眼,井管倾斜的5眼,倒塌的4眼。电站下游石津渠两侧出现泉水,多数是新发生的,少数流量加大。

1964年,因库水位稳定在118米长达6个月之久,在6月检查中发现副坝上游,0+300~5+560范围内铺盖上有许多裂缝,多分布在坝脚上游500米以内。

1968—1984年,副坝铺盖裂缝数量较1964年少,其发生部位多为原来裂缝。1970年副坝马山段排水暗管处管涌塌坑。1973年马山段改建的明排水沟管涌塌坑。1974年当库水位上升至116.5米时,在5+240处排水沟内发生管涌,管涌部位处于1974年汛前改建的新排水沟与旧排水沟接头处,几处管涌均发生在未翻修的旧排水沟内。1977年12月,库水位118米左右,仅在排水沟沟头发现3处小的管涌。

2003年11月,当库水位高于117.5米时,重力坝下游坡施工分缝有多处渗水。

二、工程发生的事故及分析处理

(一) 主坝

1966年11月,扩建工程中桩号0+600~0+625新填下游坝坡,在121.5~117.5米高程处发现裂缝脱坡事故,脱坡体宽1.5~2米,缝宽2~3厘米,体积约200立方米。在桩号0+975~1+018新填下游坝坡,在高程123.5~116.8米处发生了滑坡事故,滑坡体宽6.5米,滑距1.7米,有明显裂缝5条,最宽裂缝0.3米,滑坡方量约1800立方米。主要原因是含水量太大,密实度太小。当时决定不予处理,待其含水量消减后再进行施工。1967年3月间才进行处理,处理方法是:滑坡段坝坡暂不消坡,滑坡段上土前将坝面整平,陡坎削成1:3坡,仍以壤土填筑,用水中填土法施工,并设排水砂沟以利排水。滑坡后取试样的试坑周围削成1:0.5坡分层回填壤土,每层填土厚25~30厘米,夯实两遍。

在扩建施工中发现老坝坝顶有较多裂缝,缝宽有几毫米至几厘米。均加以彻底开挖,挖至缝宽不大于2毫米为止,再回填壤土夯实,个别的用水中填土法施工。

大坝右端即正常溢洪道北裹头附近因地震原因,曾发生较大的裂缝一条,由坝的下游坡面通至坝的上游坡面。由于裂缝较深,开挖量大,仍用灌浆法处理,采用灌浆孔两个,一个在上游,另一个在下游,用纯压法施灌。以水泥及岳城黏土浆灌注,达到吸浆量为零为止。

（二）副坝

古运粮河在 2＋710 穿过副坝，河底高程 98 米左右，1958 年 10 月水库施工导流，将原滹沱河水由此流泄，1959 年 5 月 6 日，在坝脚上游 100 米处修围堰，将水截住，5 月 30 日古运粮河河槽段开始填筑，汛前达到 121.5 米高程。在汛期中下游地下水位较高，曾发生较大管涌，当时用砂石料压住。1960 年汛前将古运粮河用水中填土法填平 300 米，并在下游做贴坡排水。

永乐沟（3＋600）坝段下游原地面高程在 105～106 米左右，后因上坝取土，个别地段曾挖至高程 102 米，1959 年汛期下游坝脚渗水，曾用砂石压盖，60 年汛前做压坡时将砂石清除，坑内采用深水填土法填平，铺砂和碎石，碎石上砌块石，并打减压井降低地下水位。1963 年修成明排水沟，排除坝面雨水和减压井渗水。

在施工过程中发生数次滑坡事故。1959 年 4 月 7 日，在桩号 2＋952～3＋106 和 3＋225～3＋347 两处上游坡发生塌滑，当时坝顶已填到 121 米高程左右，滑移土体约 10000 立方米。滑坡原因主要有两种：一是施工质量低，含水量大，滑坡后在滑动土体内进行质量检查，含水量为 20％～30％，平均 28％，超过了土体的流限 27.3％；二是受冻层影响，1959 年 2 月因气候变冷停工，坝面冻层厚约 70 厘米，复工时没有进行充分处理。

1968 年 4 月 2—10 日，因滑体含水量大，在桩号 4＋210～4＋534 段先后发生坝后滑坡四次，滑体土方共约 4358 立方米。第一次是 4 月 2 日 13 时，在桩号 4＋210～4＋260 坝后发生滑坡，滑体长 50 米，当时坝面已填到 124～125 米高程，滑至 120 米高程，滑体方量约 300 立方米。第二次是 4 月 9 日 22 时，在桩号 4＋310～4＋350 坝后发生滑体长 40 米，当时坝面已填筑到 125～126 米高程，滑至 121.5 米高程，滑体方量约 1138 立方米。第三次是 4 月 10 日 3 时，在桩号 4＋120～4＋180 坝后发生滑坡，滑体长 60 米，当时坝面已填到 128 米高程，滑至 123 米高程，滑体方量约 1792 立方米。第四次是 4 月 10 日 18 时，在桩号 4＋490～4＋534 坝后发生滑坡，滑体长 40 米，当时坝面已填筑到 126 米高程，滑至 121.5 米高程，滑体方量约 1128 立方米。滑体的处理方法是，滑动停止两三日后，待表面土稍为晒干，将设计断面内滑体部分平整，严格按照水中填土施工规范继续上土，每层用拖拉机碾压两遍，同时在滑体部分每隔 10 米做排沙沟 1 条，排走滑体内多余的水。

副坝上游护坡块石与垫层于 1959 年 3 月开工，1960 年汛前护到 121.5 米高程（桩号约在 1＋157～2＋280 为双层块石），1963 年汛前护到 125.4 米，1963 年汛后检查，发现护坡块石及垫层有翻离松动、沉陷等破坏现象，之后采用翻修卡缝及混凝土灌浆方法进行加固处理。

（三）电站重力坝

电站重力坝混凝土工程，多为冬季施工，采用热水机械和小车运输，由于振捣器缺少，大部分人工浇捣，暖棚配合蒸汽养护。在坝身 110 米高程以下抛入块石量较多，局部块石集中，浇捣不密实，出现了露筋及严重漏水现象，以后采用风钻打孔水泥灌浆补强，共打孔 12 个，处理后混凝土的密实性已得到较大的改善。

（四）正常溢洪道工程

溢洪道混凝土工程量非常大，主要工程于 1959—1961 年施工。1959 年一级消力池兴建，经过汛期放水，在桩号 1＋440 处左侧掏刷一大坑，后来采用了浆砌石回填。

溢洪道在不同部位均设有不同形式的排水工程，在溢流堰底桩号 1＋027.5～1＋040 设有褥垫排水，分为三层，砂料回填 24 厘米，干容重 1.7 吨每立方米，小石及中石均为 22 厘米，采用木夯夯实，在 1＋060 处的排水井排出，老三孔系碎石及缸瓦管排水引入排水井，1959 年泄洪后被堵塞，1960 年汛前进行了清理，用风钻打通，表面做拦污栅条，排入溢洪道内。1962 年将排水井用沥青堵塞，水引到左边墙外与主坝暗管相通。

（五）非常溢洪道

非常溢洪道左岸反折墙在施工中多次发生塌滑，其原因是岩层层面、片理面、断层面均与反折墙面一致，数组节理与缝隙互相切割造成。处理方法是，清理滑动面以上的不稳定岩体，沿坡脚打了 6

根深 10 米的锚筋桩及小锚筋，表面做了铅丝网喷浆处理。

此外出现了混凝土质量事故。闸室底板大体积混凝土每块 1100 余立方米，于 1966 年 4 月 2 日开始浇筑。经拆模检查发现，开始浇筑的 3 号、5 号、7 号、9 号底板有蜂窝、狗洞现象，尤以 3 号、5 号为严重。为了解混凝土内部密实情况，又做了钻孔压水及超声波检查，从中又发现混凝土有空洞、架空及压水串孔等现象。质量较差的部位多在 2+096～2+101 主闸门槽及闸墩两侧，高程多在表层以下 1.5 米范围内。随即对此进行了处理，方法是表面蜂窝、狗洞处，将不密实的混凝土全部凿除干净，再补浇混凝土或用砂浆填平，并对 3 号、5 号、7 号、9 号底板进行了灌浆处理。

（六）灵正渠涵管及灵正渠电站工程

灵正渠涵管按设计完成后，1960 年汛前检查发现中部顶侧均有发丝状裂缝，1961 年 7 月及 1962 年 1 月曾再次检查，裂缝略有增加，其宽度无发展，顶部裂缝最长的达 20 米，均在 0+915～1+015 范围内，采用钢板衬砌方案处理。

第五章　库　区　移　民

　　为解决滹沱河洪水问题，水利部北京设计院先于 1956 年即对滹沱河流域进行踏勘，并提出规划设计任务书。1957 年 7 月，全国人大正式审议了修建岗南水库的议案。因为有革命圣地西柏坡的淹没问题，去请示周恩来总理，周总理又去请示毛泽东主席。毛主席说："人民大众乐意牺牲自己的利益，我毛泽东有什么权力不尊重他们的意愿呢？根治水患，造福后代，其乐无穷么！"毛主席当场拍板："就在平山县西岗南村筑坝建水库。"

　　1958 年 2 月经国务院批准，1958 年 3 月 10 日岗南水库工程正式开工。当时的石家庄地区决定，用修建岗南水库的工程款增修黄壁庄水库。1958 年 7 月，石家庄地区决定以岗南 1 个水库的经费建成岗南、黄壁庄、七亩、清水口 4 座水库，而且都要在 1959 年汛期拦洪，移民任务由原来岗南水库 29635 人也增加到 4 个水库共约 8 万人。

　　1957 年 11 月 28 日，石家庄专署组建岗南水库迁建委员会，地委常委、副专员崔民生兼迁建委员会主任，制定了岗南水库淹没区赔偿方案。1958 年 5 月中旬，岗黄水库移民迁建委员会在平山县洪子店召开会议，崔民生主任要求本着移民不出县的原则，7 月底前确定移民地点。1958 年 5 月成立建屏县移民办公室和平山县移民办公室，同年 9 月两县合并为平山县，移民委员会也合并，工作人员有 80 多名。有移民任务的公社和大队在县委直接领导下也分别成立移民委员会，由一名副职主抓移民工作。

一、平山县移民

　　专区和县迁建委成立后，立即组成联合工作组，进驻位居岗南水库大坝右岸输水洞开挖工作区的霍宾台公社木山崖、良河峪村，与村党支部一起组织党团员讨论修建岗南水库重大意义。在统一认识和党团员干部带动下，两村 541 间房屋等拆迁顺利，准备用一个月时间将两村迁至 5 千米外的大吾公社邾坊村，由此拉开了平山县 8 万人大搬迁的帷幕。

移民搬迁

1959年1月10日，平山县委根据地委"岗黄两库均在4月底拦洪蓄水"的紧急指示，下达了两个库区立即行动，大搞搬迁的紧急通知，要求库区移民在3月底全部完成搬迁。1月11日，县委党委、书记、县长一齐出动，分包公社，12日在有任务的公社同时召开动员大会。行署副专员崔民生在洪子店镇大礼堂、县委第一书记梁雨晴在县城大礼堂、县委常委许桂林在郭苏镇万金隆大院，分别向群众讲解了毛主席批准修建岗南水库、造福万代的重大意义，号召大家要发扬共产主义风格，迅速拆房搬迁，以实际行动支援社会主义建设。

当时，县移民工作的总原则是社办国助，安置好移民不出县，发展多种经济。在生产、建房统一安排的情况下，采取义务工方式，以公社为单位包干到底，凡出义务工的由本社记工分。有些村群众顾虑重重，一是不相信这么大一条滹沱河用人工能把水拦住；二是存有侥幸心理，说水库里的水再大也淹不到咱们村里，持观望态度，迟迟不搬迁，能拖一天是一天。黄壁庄库区蒲吾、永乐两村有些人不积极拆迁，结果有200多间房子的木料被水淹没，造成一定损失。

平山县的移民重迁涉及平山、栾城、元氏、获鹿4个县，重点是选点调工作，任务重，难度大。在各级党委大力支持下，移民工作部门不辞劳苦，经过两年时间才基本完成。平山县涉及黄壁庄水库的移民迁建村有5个乡镇47个村庄，移民33092人。大吾乡有东小齐村；两河乡有新水碾、西李坡、东李坡、西岳村、东岳村、西庙头、胡村、郭村；南甸镇有水碾村；平山镇有西水碾、西村庄、南石桥、西石桥、东义羊、西义羊、河村、川坊、郑家庄、东水碾、胜伏、北石桥、北庄头、蒲吾、西曲堤、北义羊、中义羊、东曲堤、沿庄、南义羊；三汲乡有川坊、上三汲、坡底、北白岸、赵家岸、郎家、康家、张家庙、田营、后街、东白岸、大康街、河曲、东庙头、单杨村、刘杨村、下三汲（平山县夹峪、木枣园等8个村137户556名老移民迁到栾城县柳林屯公社建立新建村，川坊村111户451人迁到元氏县姬村公社建立红旗村，水碾村68户394人迁往获鹿县黄壁庄公社建立东升村）。仍在平山县内安置的涉及川坊、郭苏、东黄泥、西黄泥、西沟、下寨等33个重新移民村2125户9175人，原计划按人均1.5亩耕地调地，其中水浇地0.5亩，旱地1亩，实际调8000多亩，重迁移民人均0.75亩。

二、获鹿县移民

黄壁庄水库的修建，涉及获鹿县5个乡21个村庄，计有5000户2万余人需搬迁移居。

在黄壁庄水库修建过程中，移民搬迁分三期进行。1958年建库时，第一次确定从库内搬迁的村庄有庄头、西邱陵、永乐、古贤、黄壁庄、中王角、西王角7个村。第二次搬迁在1963年洪水后，水库蓄水位加高至118米，确定搬迁的有孟岭、北鲍庄、南鲍庄、牛城、东鲍庄5个村庄。因水库蓄水位加高，库底渗漏严重，使秦庄乡各村下湿，影响群众生活、生产，同年9月，上级确定秦庄乡孟庄、小壁、灰壁、邓村、秦庄、郑村、前东毗、后东毗、邓庄9个村全部搬迁。第三次在1969年，水库蓄水位加高到120线，上级确定在125线以下的西鲍庄、南鲍庄、中王角3个村搬迁，同时确定庄头村重迁。以上三期实际搬迁21个村庄。迁出后新建26个村庄，新增加的5个村是向阳、东邱陵、新庄头、邓村、东王角。三次搬迁共涉及马山、黄壁庄、王角、李村、秦庄5个乡21个村庄，共计4988户，21328人。

1967年，平山县水碾村部分移民迁入境内黄壁庄乡东部，建东升村。1975年，东王角、中王角、西王角、牛城4个村划归灵寿县管辖。1981年，由于水库蓄水位逐年增高，库底渗漏，马山村内下湿严重，为此也进行了南移搬迁。随之秦庄小壁村又分为东小壁、西小壁两个新村。1982年以后，获鹿县水库迁建村实有25个。

当时移民搬迁工作首要解决的问题是住房。根据当时有关政策规定，分别确定了移民住房标准和建房费标准。第一期搬迁户，按国家政策规定，每间房发给拆迁费145元（包括期票在内），由集体统一建房分配到户。由于当时处于困难时期，个别村庄房屋没有建够，部分群众没有房住。1962年，国家为了将移民群众住房安置好，重新规定：凡属1961年前用拆迁费建房的乡村，每人平均住房按一间安置，并发给每间修盖费 30 元。对 1961 年前搬迁盖房问题进行清理结算，停止再用拆迁费建房，所余下的拆迁建房费国家收回。对没有房住的移民群众，按新的住房标准和建房费标准进行安置，同时每发一间建房费相应收回期票 145 元。属于第二、第三期搬迁和重迁的乡村，住房标准和建房费标准，都按上级新规定执行。

1958—1969 年，移民村三次搬迁共建房 18939 间，人均住房 0.9 间（包括公占房）。

三、总体情况

截至 1969 年年底，岗黄水库移民历经 10 载，平山县搬迁 91 个行政村（大队），其中 20 个较大的村每村分成 2～5 个小村，所以县内移民村形成 128 个，加上到石市郊区、元氏、获鹿、栾城县建村各 1 个，合计 132 个村。属黄壁庄水库的移民村，在平山县境内后靠 39 个村，县内远迁 8 个村，共 47 个村；在获鹿境内后靠 14 个村（包括划归灵寿县的 4 个村），远迁 15 个村（包括由平山县庄头迁至获鹿县东升村），共 29 个村；加上远迁到石市郊区和元氏县的两个红旗村，黄壁庄水库共迁出移民村 78 个村。岗黄两库共迁出移民村 160 个。

黄壁庄水库共迁移人口 40397 人，使用移民资金 1394.38 万元。对移民高程 125 米以下的房屋 66698 间，120 米征地高程以下耕地 35990 亩，其中水浇地 31521 亩，以及石岗公路、通信线路和计三渠改线等费用均给予补偿，并调给移民村土地 13069 亩。黄壁庄水库库区位于平原丘陵交接地带，库区淹没和移民迁建任务较大，赔偿费在水库投资中占有相当大的比例。

建库到 1962 年年底以前，迁移 120 米高程以下居民 33214 人，征收 112 米高程以下耕地总计 21613 亩，共迁移 48 个村庄，其中 42 个村庄就近后靠，6 个村庄集体外迁。移民迁建费用 1040.57 万元。

扩建工程建设中，水库移民迁建分两期进行。第一期于 1966 年完成，移民高程 122 米，征地高程 118 米，赔偿费用 278.34 万元。扩建第二期移民高程由 122 米提高到 125 米，征地高程由 118 米提高到 120 米。迁平山、获鹿两县 27 个村庄、1495 户、6220 人，房屋 10706 间，耕地 4940 亩。赔偿费用统一拨石家庄地区，由地区负责移民迁建，赔偿 986.62 万元。水库总共赔偿费用 2381 万元。

1958 年 9 月至 1969 年，国家对水库移民的扶持主要表现在住房问题上。根据当时相关政策，分别确定了移民住房标准和建房补助标准。当时规定，每间房发给拆迁费 145 元（包括期票在内），然后由集体统一建房分配到户。1961 年，又发给每间修改费 30 元。截至 1969 年年底，移民村三次搬迁共建房 18939 间，人均住房 0.9 间（包括公占房）。黄壁庄水库库区淹没及迁建情况及扩建工程库区淹没、迁建赔偿情况见表 2-1 和表 2-2。

表 2-1　　　　　　　　黄壁庄水库库区淹没及迁建情况表

项　　目	总计	平山	获鹿	移民高程120米以下、征地高程112米以下			移民高程120~122米、征地高程112~118米		
				小计	平山	获鹿	小计	平山	获鹿
居民点/个	72	48	24	48	30	18	24	18	6
户数/户	9028	4263	4765	7324	3618	3706	1704	645	1059
人口/人	40397	18788	21609	33214	16006	17208	7183	2782	4401
房屋/间	66698	34469	32229	53661	29000	24661	13073	5469	7568
耕地/亩	35990	25230	10760	21613	13880	7733	14377	11350	3027
水地/亩	31521	32731	8790	20881	13631	7250	10640	9100	1540
旱地/亩	4469	2499	1970	732	249	483	3737	2250	1487

表 2-2　　　　　　　　　　　　　黄壁庄水库库区淹没及迁建赔偿表

项　目	赔　偿　内　容		金额/万元
一	1962 年年底以前移民迁建费		1040.57
	1962 年年底以前石岗通信线、石岗公路、计三渠改线		68.72
	小计		1109.29
	其中	由水库工程费开支	415.96
		退赔费由石家庄地区直接付款	693.33
二	扩建工程第一期赔偿（1963—1966 年）		278.34
三	1967—1969 年的零星赔偿（仍属第一期赔偿范围内）		6.7
合计	已赔偿开支		1394.38
	其中	石岗高压线、石岗通信线	3.2
		1958 年至完工工程占地 15800 亩	70.97
		1958 年至完工工程占地青苗赔偿费（1485 亩）	1.69
		其他迁坟、建筑物迁建等	6.90

第六章　竣工验收及预决算

黄壁庄水库工程自 1958 年开工修建，初建及扩建工程共投资 15958.44 万元，实际开支 15274.32 万元，完成工程量 2826.71 万立方米，其中土方 2588.30 万立方米，石方 209.16 万立方米，混凝土方 29.25 万立方米，使用钢材 8.184 吨，木材 33685 万立方米，水泥 85870 吨，用工 3160.80 万工日。具体情况见表 2-3。

表 2-3　　黄壁庄水库工程完成工程量、投资及使用人力、材料表

年份	工程项目	工程量						投资/万元				实际开支/万元	主要材料			使用工日/万工日
		土方、石方、混凝土小计/万m³	土方/万m³	石方/万m³	混凝土/万m³	金属结构/t	灌浆/m	小计	建筑工程	安装工程	设备价值		木材/m³	钢材/t	水泥/t	
	合计	2826.71	2588.30	209.16	29.25	822.87	6589	15958.44	12524.99	128.89	1855.90	15274.32	33685	8184	85870	3160.80
1958—1971	主坝工程	404.50	378.16	26.03	0.31			1019.35	1019.35							463.13
	灵正渠涵管工程	6.52	4.67	1.50	0.35	104.41		115.23	73.69	4.05	37.49					10.15
	副坝工程	1249.59	1175.47	73.80	0.32		457	3965.74	3965.74							1281.43
	正常溢洪道工程	221.55	185.62	20.52	15.41	625.42	1873	2596.64	2222.57	53.58	320.49					409.02
	电站工程	61.69	28.17	28.15	5.37	91.78	4088	1349.37	646.93	68.05	634.39					184.13
	非常溢洪道工程	393.08	334.06	51.77	7.25		171	1301.09	1259.47	2.49	39.13					456.55
	计三渠改线工程	1.76	1.44	0.16	0.16	1.26		27.22	26.47	0.05	0.70					4.26
	附属工程	1.46	1.08	0.33	0.05			41.57	32.98	0.67	7.92					1.75
	大型临建工程	62.75	56.78	5.94	0.03			1733.21	1733.21							123.05
	其他工作及费用	1.61	1.31	0.30				1878.42	425.78		3.98					
	施工用设备购置							811.80			811.80					
	管理费							522.86	522.86							
	石津渠扩建工程	413.70	413.70					538.59	538.59							219.86
	恢复工程	8.50	7.84	0.66				57.35	57.35							7.47

第三篇　水库除险加固

黄壁庄水库工程竣工后，在运行过程中屡屡发生问题，副坝铺盖裂缝、坝顶裂缝、坝后渗透破坏和沼泽化及减压井排水沟淤堵等事故连续发生，电站重力坝、正常溢洪道经复核，抗滑稳定也不能满足现行规范的要求，加上原设计防洪标准仅为 100 年一遇设计、1000 年一遇校核，距后期颁布的防洪标准规定的要求差距较大以及工程管理设施落后等，所以，在 20 世纪 80 年代初，黄壁庄水库就被列为全国首批 43 座重点病险库之一。

工程存在的主要问题：一是防洪标准偏低，仅为 30 年一遇，校核标准不到 2000 年一遇，远低于规范要求的 10000 年一遇洪水标准；二是副坝坝顶及水库铺盖不断产生裂缝，坝基存在管涌、坝后冒砂等严重的渗透破坏现象；三是重力坝等建筑物在稳定上存在诸多不安全因素。另外，闸门等金属结构年久失修、坝体观测及管理系统不完善等问题也影响正常运用。其中，副坝是存在问题最多、最严重、危险性最大的一座建筑物，建库后的几十年中，问题不断发生，加固处理也从未停止过，有些问题反而越来越严重，呈逐渐恶化的趋势。历年仅对副坝出现的问题进行处理，就耗资 7406 万元。

虽然建库以来曾进行过多次除险加固处理，但基本上都属于应急抢险和维修性质，未能从根本上解决水库工程所存在的问题。1998—2004 年对水库工程进行了彻底的除险加固，才从根本上解决了病险问题，使水库的防洪标准有了实质性的提高，为保护下游人民生命财产安全打好了基础。

第一章　1999 年前的历次应急加固工程

第一节　铺盖裂缝处理工程

黄壁庄水库副坝位于右岸二级阶地上，坝基覆盖层厚达 40 米以上，上部 6～8 米为黏性土层，以下为细砂、中砂、粗砂，下部 15～20 米为砂砾卵石层。渗流控制措施采用上游铺盖和下游排水沟及减压井。1961 年蓄水位达 115 米以后，即在上游铺盖发现裂缝和塌坑多处。特别是经过 1963 年汛期大水，于 1964 年检查，铺盖发生很多裂缝，总长达 6355 米，虽经过处理，但之后历年仍不断发生裂缝。据统计共发生铺盖裂缝 11 次。几十年来，对已发现的裂缝绝大部分都进行了开挖回填处理，对部分接近坝脚的裂缝进行了灌浆处理等。

一、1964 年副坝铺盖裂缝处理情况

遭遇 1963 年大洪水后，1964 年汛前库水位下降到 110 米以下时，大批裂缝出露，裂缝在桩号 0＋300～5＋560 范围内均有分布，发现裂缝总长 6355 米，多在上游坝脚 500 米范围内，自此开始第一次对副坝坝前铺盖裂缝进行处理。当时依其重要性，分三批进行了处理。第一批为坝前 60 米范围以内的，主要集中在桩号 1＋000～3＋500 范围内；第二批为坝前 200 米范围以内的；第三批为坝前 200 米范围以外的。对垂直坝轴线或近似垂直坝轴线的裂缝，除进行一般处理外，还每隔 30 米挖一个 3.0 米深的截渗槽，将空缝截断以防串流冲刷。回填伸入坝体的裂缝时，预埋 1.5 英寸的灌浆管，进行灌浆处理，灌浆材料为 1∶4 水泥黏土浆，共计裂缝灌浆 6 处，灌入浆液 9625 立方米。

二、1990 年副坝铺盖裂缝处理工程

1988 年 11 月至 1989 年 3 月，最高库水位达到 119.55 米，库水位持续超过 119 米的天数达 130 天，是建库以来高水位持续时间最长的一年。1990 年 5 月，为给下游减压沟翻修创造条件，经省水利厅同意，决定将库水位降低。当库水位降到 110 米以下时，铺盖表面又发现了大量裂缝。在桩号 0＋830～4＋320 范围内有较大裂缝 164 条，总长达 5220 米。裂缝方向与坝轴线平行、垂直或斜交，大部分裂缝互相连通，相交处铺盖表面有塌陷，有 44 条裂缝延伸至坝脚，有的已深入坝体。多处裂缝为过去处理过的老缝，裂缝顶部覆盖的松土下沉并充填有淤泥。裂缝表面宽 10～40 厘米不等，最宽达 60 厘米。为数较少的新缝，宽 2～15 厘米，缝深大于 1 米，无淤积物。此外，在桩号 1＋600、坝轴上游 280 米附近还有一个直径 1.1 米、深 5.88 米的塌坑和一个上口为 1.6 米×2 米、深 1.8 米的塌坑。

根据专家意见，此次仍采用传统的开挖回填、灌浆方法。所不同的是，截流土塞仅设在垂直坝轴裂缝的靠近坝脚处，而不再沿缝设置，灌浆材料仅采用黏土浆，而不再掺和水泥。为了进一步对铺盖防渗进行研究，结合本次裂缝处理，在裂缝密集区（桩号 1＋555～1＋631）15 条裂缝两侧共埋设沉陷标点 30 个。

共完成开挖回填裂缝处理 134 条，总长 4475 米，开挖土方 10069 立方米，回填土方 12083 立方米。铺松土裂缝处理 36 条，总长 1259 米。裂缝灌浆 34 条，共完成深孔灌浆 29

副坝铺盖裂缝处理

孔，浅层灌浆 111 孔，埋管灌浆 191 孔，总计 331 孔，总进尺 639 米，共灌入泥浆 143.87 立方米。拆除恢复上游护坡石料 451.8 立方米，塑料薄膜试验处理裂缝 60 米。

三、1992 年副坝铺盖裂缝处理工程

1992 年由于气候干旱，水库下游用水量较大，当库水位降到 109 米以下时，发现铺盖有大量裂缝，坝前桩号 0＋830～4＋320 共有裂缝 109 条，总长度 2528 米，并有串珠状塌坑 123 个，其中 1990 年处理过的旧缝重新开裂的有 65 条，其长度为 1885 米，占 1990 年裂缝总长的 36％，伸入坝脚的裂缝 19 条，占 1990 年处理总数 44 条的 31％，伸入坝脚的 5 条新缝长度较短，其中 2 条位于桩号 2＋300 附近，3 条位于 3＋800 以西。

为分析裂缝和塌坑产生的原因和危害，研究处理措施和今后对策，河北省水利厅邀请水利部、全

国大坝安全监测中心、水利水电科学研究院、水利部海委等单位专家于5月5—7日在黄壁庄水库管理处召开了铺盖裂缝处理研讨会。会议认为，铺盖虽然仍有裂缝产生，但与1990年相比，情况有了很大改善，说明1990年的各种处理措施有一定成效，结合副坝坝基的地层结构综合分析，总的来看，产生的裂缝主要原因并不是渗流破坏，不致影响大坝的安全运用，但由于裂缝的产生削弱了铺盖的防渗功能，同时副坝所处地层结构复杂，坝线很长，尚不能排除铺盖和坝体地基下面有个别渗漏通道或防渗薄弱地带的存在。建议根据裂缝不同部位和分布情况区别对待，争取多种不同方法进行处理，重点是伸入坝体和接近坝脚的裂缝。

裂缝处理工程自5月8日开工，7月10日完工。此次处理，对一般裂缝和伸入坝脚的裂缝，处理方法与1990年相同，对于远离坝脚的裂缝，仅采用沿缝铺松土的方法。此外，选择裂缝较少的Ⅰ区，继续进行铺松土，促进自然愈合试验。共完成裂缝处理53条，总长850.5米，土方开挖1293.8立方米，回填1293.8立方米，盖帽填筑1390.5立方米。铺松土面积5250平方米，土方填筑1575立方米，裂缝灌浆38条，灌浆孔127个，灌注泥浆64.48立方米。埋设渗压计6支，测缝计2支，电缆2000米，开挖电缆沟563米，土方开挖506.7立方米，回填506.7立方米，钢筋混凝土电缆管66米，钢筋混凝土浇筑25立方米，观测室一间14平方米，浆砌石27立方米。总计完成土方8521.8立方米，外购土方3900立方米。

四、1997年副坝铺盖裂缝处理工程

副坝铺盖裂缝虽然经过了多次处理，但始终没有得到彻底改善，"96·8"大洪水后，1997年汛前再次对副坝铺盖进行检查，发现有很多裂缝。当库水位在110米时发现裂缝116条，总长度2963米；当库水位降至109米时，在几个区内共发现裂缝220余条，总长度为4982米，其中有32条入坝缝，裂缝上口最宽处达0.7米，单缝最长达190米，部分缝口表面有串珠状塌坑196个。这些缝大多为交叉缝，但也有出叉缝、平行缝，形状各异。

1997年成立副坝铺盖裂缝指挥部

水库管理处于3月份组织水库有关人员配合省水利厅聘请的专家对水库副坝铺盖进行了水下电视监测，经检查发现，铺盖上有明显裂缝，有的是旧缝重开，有的是新缝，大小长短不一。"96·8"大水后，经省水利厅研究并报省政府批准，请水利部和海委组织专家来现场检查，大家一致认为副坝铺盖裂缝严重，单靠水平铺盖解决不了水库的渗漏管涌问题，决定由设计部门进一步研究加固处理方案，今年汛前先作应急处理。随后将库水位降低到109米左右，对铺盖裂缝进一步检查研究，并决定在汛前完成铺盖裂缝的处理工作。

此次处理，对于入坝缝采取开挖、回填、灌浆、覆盖和加截水土塞的方法，开挖深度3.0米，回填与原铺盖相同性质的土料分层夯实。对开挖槽底部仍有空缝的，进行灌黏土浆处理，上覆土厚0.4米，对冲入坝脚的缝，另加一道深3.0米的截水土塞；对于坝脚90米以内的近坝区缝，采用开挖、回填、灌浆、覆盖的方法处理。

此次副坝铺盖裂缝处理，于5月18日开工，6月6日完工。共完成裂缝处理5469米，完成土方挖填54699立方米，完成灌浆781米，砌石反滤926立方米。在Ⅱ区埋设2支渗压计、5支测缝计和20个沉陷标点。

第二节　铺盖加固及坝后排水设施处理

一、1971 年副坝马山段铺盖加固工程

黄壁庄水库副坝马山段（桩号 5+300 以西）坝后排水暗管工程，曾于 1970 年春库水位上升至 120.4 米时发生塌坑，经分析是由于库水位的升高，地下水位也升高，上游防渗措施及下游排水措施不足，造成塌坑。提出的处理措施方案是在上游做防渗铺盖，下游暗管改建成排水沟。1971 年汛前经海河指挥部批准，先做坝前铺盖，暗管暂按原设计临时恢复。铺盖桩号 5+300~6+340，铺盖长度 857 米，厚度为前端 0.5 米，末端 2 米。

工程于 1971 年 1 月 1 日开工，1971 年 8 月 11 日完工，共完成土方约 13 万立方米，砂石料 0.37 万立方米，完成投资 25.99 万元。此次工程施工中，为防止铺盖冲刷，在计三渠渡槽处做浆砌石跌水一座，在旧计三渠缺口处做堆石溢流坝一座。

二、1972 年副坝马山段暗管改建排水沟工程

1971 年汛前，经海河指挥部批准在坝前做了铺盖，汛后经分析铺盖效果，当库水位较低时，对降低地下水位稍有作用，但随着库水位的升高，效果渐不显著，到库水位升到 116 米高程时，做铺盖前后的地下水位已接近一致。因此，在 1971 年汛后，水库管理处建议将暗管改建成明排水沟和迁移马山村。

其后又经数次向省领导请示，省领导意见是在保证大坝安全的前提下，又不要为降低地下水位而迁移很多居民。因此，可暂时按原暗管长度，改建排水沟。据此，在计三渠暗管的下游，开挖明排水沟，排水沟的长度与深度均与原暗管相同，对原暗管上的减压井进行回填处理，在新排水沟上，新打减压井 29 眼并对计三渠及坝后公路做相应改线，跨过新排水沟，在新排水沟后与之平行，复入原计三渠；计三渠跨过新排水沟，建渡槽一座。坝后公路经几次研究后，决定在新排水沟后向西延长，至马山村与马山上坝道相接。

1972 年 5 月 25 日正式开工，同年 10 月 11 日告一段落，历时 137 天。总计完成暗管开挖 375 米，挖土方 13924 立方米，铺反滤料 1425 立方米，拆除护坡石及碎石垫层 1747 立方米，拆除混凝土管 363 节。计三渠改线 360 米，开挖土方 8464 立方米，浆砌石 700 立方米，浇混凝土 7.6 立方米。开挖新排水沟 357.62 米，挖土方 26352.6 立方米，铺反滤料 3230.7 立方米，干砌石 1031.2 立方米，公路改线 258 米，暗管、旧排水沟回填及坝后培土 48740 立方米，挡水小埝填筑 477 米，填土 1190 立方米，修建溢流口 3 座，浆砌块石 30 立方米。

三、1974 年副坝马山段排水沟和坝后压坡工程

1973 年 9 月 17 日库水位上升到 117.22 米时，在新排水沟桩号 5+500 附近发生了管涌，并带出一些细颗粒土料，管涌堆土直径达 60 厘米，当时采取了反滤料压盖措施，制止了管涌扩大，但流出的水中仍夹带一些细颗粒土料。9 月 23 日库水位达 117.75 米时，桩号 5+600（计三渠渡槽穿过排水沟处）附近，以及 9 月 25 日在桩号 5+550 附近，相继发生管涌，经多次压盖反滤料才被制止。10 月 1 日库水位 118.09 米时，在桩号 5+620 处沟底发生管涌，10 月 2 日管涌处堆沙直径 2.0 米，10 月 3 日堆沙直径达 3.0 米，10 月 4 日排水沟上游坡发现直径 1.0 米塌坑，10 月 8 日计三渠渡槽西端（桩号 5+600 左右）排水沟护坡块石发生变形，于 9 日上午渡槽发生沉陷至中午渡槽坍塌，当日库水位 119.31 米，渡槽处发生沉陷，直径 3.0 米，深 1.0 米左右。问题发生后，省委及各级领导非常重视，立即采取以下措施进行抢险。一是降低库水位至 117.2 米；二是清除排水沟中淤泥，管涌处用反滤料压盖；三是在原减压井中抽水，强迫降低地下水位。采取上述措施后险情虽有好转，但根本问题

并未解决,小的管涌仍不断发生。

1974 年 4 月河北省根治海河指挥部勘测设计院和黄壁庄水库管理处共同编制出《黄壁庄水库1974 年度汛工程设计》。经省根治海河指挥部批复,1974 年黄壁庄水库开始实施度汛工程,包括副坝马山段原排水沟改建、坝后压坡、上游修建拦淤坝、铺盖加固及裂缝处理、石浪涧沟截弯取直、新建排水沟、副坝上游块石护坡混凝土灌缝、非常溢洪道尾渠局部开挖等项目。该项工程分两期进行,前期从 5 月 1 日至 6 月 20 日,完成了除新排水沟以外的全部任务,后期 6 月 30 日至 7 月 16 日全部竣工。共完成土石方开挖 88.24 万立方米,土方填筑 11.78 万立方米,反滤料及碎石垫层 1.69 万立方米,石渣护坡 0.50 万立方米,干砌块石 0.29 万立方米,护坡混凝土灌浆 0.11 万立方米,铺盖夯实1.59 万平方米,总投资 105.62 万元。

四、1981 年副坝加固工程

黄壁庄水库副坝漏水严重,虽经多次处理,始终未得到解决,多年来一直带病运用,对水库安全影响很大。1981 年经水利部批准、省委同意,将这项工程列为大型水库加固工程。主要项目:石浪涧沟改建(包括新道上的 1 座桥,2 座跌水),马山铺盖加固,马鞍山坝段铺盖加固,马山坝后集水坑排水管理设等。

马山铺盖位于副坝 A 轴桩号 4+520~6+120 范围内,共填筑铺盖 31 块,拆除副坝护坡 3 段(系填筑铺盖占压位置),拆除干砌块石护岸一段(系填筑铺盖占压位置),在铺盖填筑完成后重新进行了砌护,并在桩号 5+965~6+120 新做一段干砌块石护岸。

左坝头铺盖位置在桩号 0+417~1+027、1+416~1+476 范围内,共填筑铺盖 18 块。

石浪涧沟改建工程包括新沟开挖、小堤填筑及砌护、公路桥及上下游跌水和沟坡局部护砌五项工程。

上述几项工程共完成土石方、混凝土方量 102.9 万立方米,投资 400 万元。

五、副坝坝后排水设施恢复及更新工程

副坝坝后平台下游侧设有减压井和减压沟等排水设施,原有减压井 262 眼,减压沟 5500 余米。减压沟下游侧为坝后防汛公路,东起京获公路与其交叉处,西至马山上坝公路止,全长 5944 米。1975 年前坝后防汛公路为土路,1975 年翻修为 5.5 米宽的沥青路面。副坝有坝基渗流观测断面 22个,坝体渗流观测断面 6 个,断面间距一般为 500 米,最大间距在 600 米以上。

副坝工程设施经建库以后的 20 多年运用,工程老化严重。由于种种原因所致,部分排水设施已损坏和失效,坝顶路面和坝后防汛公路损坏严重,严重影响副坝工程安全运用。为此拟对副坝坝后排水设施等进行恢复和更新,此项目于 1988 年经水利部批准实施。

副坝排水沟整治

省水利厅 1989 年 10 月下达设计预算审批意见后,黄壁庄水库管理处根据省厅授权,组建了水库加固工程指挥部。根据工程设计和水库的具体情况,工程分二期招标施工。第一期工程为减压井、减压沟及压坡平台等项。以副坝上坝公路(桩号 2+681)为分界,上坝公路以东为东段,上坝公路以西称西段。东段工程主要工程项目为新建减压井 62 眼,旧井翻修 61 眼,减压沟(桩号 0+800~0+900)全断面翻修 100 米,平整压坡平台 100米,以及新建排水沟 212.5 米等。西段工程主要工程项目有新建减压井 61 眼,旧井翻修

66 眼，减压沟翻修（桩号 3＋640～4＋710）1070 米以及平整压坡平台 1000 延米等。工程于 1990 年 2 月 15 日开工，9 月底完成全部工程。

二期工程主要为坝后防汛公路和坝顶路面翻修工作。主要工程量有坝后防汛公路翻修 5769 米，坝顶路面翻修 5890 米，按原计划要求，二期工程应于 9 月 15 日开工，11 月底全部竣工。由于工程附近群众秋收秋种等原因，工程未能如期开工，工期有所调整。经省厅同意，坝后防汛公路于 12 月上旬完成混凝土浇筑任务。坝顶路面翻修工程于 1991 年 6 月上旬完成沥青路面铺设工作，全部工作内容基本于 1991 年汛前完成。

观测设施完善及配套等工程，新打测压管 9 眼，掏堵修复测压管 24 眼，新修观测台阶 7 条，封堵废减压井 98 眼，掏淤减压井 25 眼以及种草皮 21400 平方米等，于 1991 年 9 月底前全部完成。

第三节　1966—1978 年正常溢洪道帷幕灌浆加固工程

黄壁庄水库正常溢洪道于 1959 年兴建，初建时为 3 孔溢流堰。后来由于水库规划变更，由 3 孔扩建为 8 孔。根据施工前后地质勘探资料分析，北裹头及老三孔一带分布有大理岩地层，大理岩的溶融现象明显，愈近马鞍山愈显好些，但也多系大理岩与千枚岩互层，存有不同程度的风化裂隙现象。1961 年汛后北京勘测设计院对正常溢洪道进行了勘察，曾提出了帷幕灌浆的加固方案。1966 年水电部海河设计院对新 6 孔堰体进行了稳定分析，分析成果是当正常溢洪道在库水位 125.3 米，关门挡水时，新堰抗滑稳定系数仅为 0.785，提出在上游进行帷幕灌浆，以减少坝基扬压力。但由于当时施工力量不足，在 1966 年汛前仅对北裹头及老三孔地段部分孔（下游排）进行了帷幕灌浆。

1976 年紧接老三孔在新 6 孔前钻灌 4 孔，共钻进 109 米（灌浆 97.14 米），其中一孔未完。1977 年钻灌 36 孔，其中有 5 孔没钻完，共进尺 1008 米。1978 年钻灌 18 孔（包括 4 个检查孔及 1977 年未完的 5 个孔，共进尺 447.31 米）。

此项帷幕灌浆施工从 1966 年开始到 1978 年完成。经历了 4 个工期，先后相隔 12 年之久，总钻灌 85 个孔。总钻深为 2634.12 米，灌浆段总长 2458.6 米。

第四节　1976 年非常溢洪道混凝土闸门改钢闸门工程

1973 年汛前，在库水位 118.0 米时非常溢洪道提闸放水，发现启门力大，对设计水位时启门力是否会超出其启闭机的允许容量提出了疑问。因此，于 1976 年 3 月邀请了水电部第十一工程局协作，进行了闸门自重及在库水位 117.68～117.84 米情况下的启门力实测工作，结果闸门自重平均为 172 吨，比原设计自重 149 吨超重 23 吨左右，实测的主轮及水封的摩阻力也比原设计大。根据此实测成果，推算在设计水位 126.1 米时启门力约为 235 吨，超出启闭机的容量 35 吨左右。为确保水库安全运用，省领导决定将该闸门的上节门叶改为钢闸门，以减轻闸门自重，使启门力控制在 200 吨左右。

由于此项任务急、时间紧，河北省根治海河指挥部勘测设计院本着多快好省的方针，对修改设计方案进行了讨论，取得了一致意见。新钢闸门采用 A3F 焊接结构，其外形尺寸基本与原混凝土闸门相同，每扇仍设四个主轮，与闸门用螺栓连接，上、下吊耳，反向滑块及顶侧水封也用原闸门的部件，其位置及与门叶的连接型式均同原闸门，闸门制作完成后，以上各件可在工地安装。根据管理部门的建议，上、中节闸门接缝处，增设了一道迎水面的节间水封，以克服过去在提门时接缝漏水的现象。

第五节　1982 年非常溢洪道一门一机改建工程

非常溢洪道共 11 孔闸门，原设计应用 2 台 2×100 吨行走式启闭机，其轨道安设在由墩柱支承的预应力钢筋混凝土梁上，由于在非常情况下启门太慢，不符合安全运行的要求，根据上级领导指示，决定将原闸门启闭机改为一门一机，固定在钢筋混凝土机架桥上。

工程于1982年汛前开工，1984年汛前完成安装施工，并进行了发电试车和带负荷启闭闸门试运转。主要建设项目包括桥墩加固，新建钢筋混凝土机架桥启闭机房，备用发电机房、操作室及其他附属设施。安装了8台2×100吨新启闭机，改装了2台2×100吨原行走式启闭机与一台2×125吨启闭机及其电器设备安装，并进行了11孔闸门吊耳改装，安装了一台160千瓦备用柴油发电机组。该项工程总投资275万元。

第六节　1988年正常溢洪道陡槽底板加固工程

正常溢洪道始建于1959年，1961年扩建。由于陡槽底板混凝土质量较差，并长期浸于浅水中，冻融频繁，致使混凝土表层剥蚀严重，部分底板钢筋裸露，危及运用安全，因此，于1988年开始进行加固处理。

10月10日开始混凝土凿除，10月24日混凝土开盘浇筑，因气温下降，混凝土浇筑、锚筋埋设分别于11月22日、12月3日停工，混凝土凿除仍继续进行。1989年3月5日，混凝土浇筑及锚筋埋设复工，6月2日主体工程完成，混凝土表面清理至8月上旬完毕。总计该工程实际完成混凝土凿除52487平方米，锚筋埋设26321根，钢筋混凝土浇筑15409立方米。

第七节　1992年电站重力坝发电洞改供水洞工程

该工程分两期施工，一期工程自1992年9月至1993年8月；二期工程自1994年10月至1995年8月。将重力坝右端的1孔发电洞改建为4孔供水洞，供水洞分上下两层：上层2孔向石家庄市地表水厂供水，下层2孔向西柏坡电厂供水。

石家庄市地表水厂供水洞设置检修闸门2扇，闸门型式为平面钢闸门，闸门宽1.65米，高1.75米，底坎高程105.9米；设置启闭机2台，启闭机型式为固定卷扬式，启闭机容量2×250千牛。

西柏坡电厂供水洞设置检修闸门2扇，闸门型式为平面钢闸门，闸门宽1.5米，高1.5米，底坎高程104米；两扇闸门共用1台电动葫芦。

第二章　1999—2005年水库除险加固工程

第一节　水库除险加固缘由

　　1996年8月，河北省中南部发生特大洪水，部分市县受灾，给工农业生产和群众生活造成了重大损失。水库位于暴雨中心地带，入库洪峰流量为12600立方米每秒，最高库水位为122.97米，均为建库以来的最大值，洪水入库调蓄后，削减洪峰71%，拦蓄洪水3.89亿立方米，错峰6个小时，为下游防洪抢险赢得了时间。然而由于水库本身存在诸多病险问题没有解决，无法按正常的防洪调度运行，不能充分发挥水库的防洪作用，因此这场洪水仍给下游带来了严重灾害，也进一步说明了水库除险加固的必要性和紧迫性。

　　黄壁庄水库地理位置十分重要，是海河流域南系的防洪骨干工程，党中央、国务院、水利部等各级领导一直关注水库险情，多次到现场指导工作，并一再指示把水库的除险加固工程搞好。在做好大量前期调研、设计、论证工作的基础上，1998年8月经国务院批准正式立项，同年9月30日在水库召开开工典礼大会，1999年3月1日工程全面建设，工程总投资9.94亿元。经过广大工程建设者6年多的艰苦奋战，圆满完成了各项除险加固任务，2005年12月24日通过终验，不但使工程的防洪标准由100年一遇提高到500年一

1999—2005年水库除险加固工程开工仪式

遇设计、10000年一遇校核，病险问题得到根治，消除了对下游的洪水威胁，而且从内在质量到外部形象、管理手段都发生了质的飞跃，使大型病险水库的帽子得以摘除。

第二节　除险加固工程的基本情况

　　本次除险加固工程的基本情况为以下几项：

　　一是副坝垂直防渗工程。包括混凝土防渗墙4860米、高压旋喷墙585.73米、高压摆喷墙200米、基岩灌浆1079.5米等。

　　二是新增5孔非常溢洪道工程。包括土石方开挖、基础处理、混凝土、砌石、土方回填等土建工程及金属结构制作安装与机电工程等。

　　三是正常溢洪道加固改建。主要包括8扇表孔弧形闸门和2扇底孔平面闸门及启闭设备改造，机电设施更新，表孔混凝土堰面加固处理，堰体预应力锚索加固，陡槽护坦加固，堰基渗水排水系统恢复，一级消力池右岸躺坡改造，二级消力池右岸出口防冲刷抛石处理及交通桥改建等。

　　四是电站重力坝加固改建。主要包括2孔发电洞及1孔灌溉洞闸门（含工作门和检修门）及启闭设备更换和启闭机室改建，坝基帷幕灌浆和坝体补强灌浆，上游引渠护砌等。

　　五是原非常溢洪道闸门及启闭设备改建。主要包括改建启闭机室、桥头堡及柴油发电机房，检修门及工作门埋件更新，更换11扇平面工作闸门和2扇叠梁检修门，更换3台卷扬启闭机和1台移动

式门机，8 台启闭机的检修与维护，启闭机室内电动葫芦购置及安装，排架柱外装修，消力池抛石，安全监测设备埋设，机电设施更新及完善等项目。

六是主、副坝坝坡整治及副坝坝体恢复。主坝主要包括下游护坡全面翻修，上游护坡局部翻修，防浪墙加固改建，坝坡、坝脚及坝后排水沟翻新，灵正渠工作桥修建及进水塔加高和进出口闸门及启闭机改建，安全监测设备埋设等项目；副坝包括高程 127 米以上土方回填，上游护坡局部翻修，下游护坡全面翻修，修建混凝土防浪墙、测控室及管理房屋建造，安全监测设备安装埋设，电器设备安装及埋设等项目。

七是新建工程管理自动化系统。包括水情自动测报系统、大坝安全监测系统、闸门监控系统、水库监控中心及水利厅监控中心等。

八是环境治理与水土保持工程。

九是管理设施工程。主要内容包括主副坝坝顶、坝脚坝后路面改建及主副坝坝顶照明等项目。

十是副坝下游用水补偿工程。主要包括计三渠改、扩建及险工段改建，源泉渠二支渠维修及部分重建，新建斗渠，修建暗涵、水闸、道桥、生活用水井等。

第三节　主要工程项目施工情况

一、主坝加固工程

主坝加固工程包括坝坡整治、灵正渠进水塔接高与新建工作桥、灵正渠涵管金属结构更新、观测设施更新以及坝后交通桥修建等。

（1）主坝坝坡整治工程。主坝坝坡整治全长 1600.505 米，加固后主坝南端起自正常溢洪道左边墩，北跨过滹沱河河床与新增非常溢洪道右边墙相接，坝顶轴线全长 1757.63 米。工程于 2002 年 1 月 29 日正式开工，2003 年 9 月 4 日坝坡整治单位工程全部完工。

（2）灵正渠工作桥及进水塔接高。灵正渠涵管进水塔位于主坝上游约 100 米的库区内，原塔顶高程 122.00 米，位于设计洪水位 125.84 米以下。施工中结合闸门、启闭机更换，将进水塔接高至 126.0 米，其上设平面尺寸 5.0 米×5.0 米的轻型结构启闭机室。为便于管理，在灵正渠渠首增设一座 L 形工作桥，工作桥总长 90.0 米，垂直坝轴线方向为 5 孔单桩Ⅱ形梁结构，每孔长 17.0 米。

（3）坝后交通桥。该桥是通往生态园的一座交通桥，是一座小型拱桥，净跨 12 米，桥面宽 7 米，桥面高程 107.50 米。

（4）观测设施。观测设施包括渗压计 41 支（个）（其中坝基渗压计 17 支，坝体渗压计 24 支）、渗流测站 1 个，水平位移与竖向位移为一体的观测测点各 27 个，坝脚、坝后排水沟更新。

除险加固后的主坝新貌

（5）防浪墙更新工程。将原有浆砌石防浪墙拆除，更新为 50 厘米×25 厘米×23 厘米粗料石砌筑的防浪墙。防浪墙（桩号 0＋156.038～1＋916.6）长 1760.56 米、宽 0.5 米、高 1.2 米，弧形钢筋混凝土墙帽。为防止混凝土出现裂缝每 13 米设柏油板一道。

（6）灵正渠涵管金属结构更新工程。更换灵正渠涵管进水闸 1 扇闸门、1 孔埋件和 1 台启闭机。

（7）灵正渠涵管电气工程。灵正渠涵管进、出口闸供电电源以一回路低压电缆引自灵正渠电站低压配电系统，与启闭机室内动力控制屏及照明配电相连接，构成扩大单元接线方式。由动力控制屏供给电动机、闸门检修等用电负荷。动力电源设备与控制设备选择一台低压屏作为现地电源与控制操作之用。电源敷设采用电气一次电缆敷设和电气二次电缆敷设，照明系统采用380/220伏三相五线制系统。

二、副坝加固工程

副坝是当时水库建筑物中加固前存在问题最多、最严重，危险性最大的一座建筑物，主要存在四个方面的问题。一是坝体施工质量差，坝顶裂缝发展严重；二是铺盖裂缝问题严重，久治不愈；三是坝后存在减压井、排水沟涌砂淤堵等渗透破坏；四是观测设备损坏严重，也亟待修复和更新。

经多方案综合技术经济比较后，采用"坝顶组合垂直防渗方案"对副坝进行加固处理，即结合坝顶裂缝处理，将坝顶临时下挖一定深度形成足够宽度的工作面（施工平台高程127.00米），然后向下做一道混凝土防渗墙，墙体材料采用普通混凝土，墙顶高程为125.5米。垂直贯穿坝体和坝基覆盖层进入基岩一定深度（全风化基岩，墙底嵌入岩层2.0米；强风化基岩，墙底嵌入岩层1.5米；弱风化基岩，墙底嵌入岩层1.0米），并对基岩浅层存在溶洞和破碎带发育的部位进行灌浆处理，改副坝水平防渗为垂直防渗，避免坝基和坝后渗透破坏，消除铺盖裂缝、坝顶裂缝对坝体自身安全的威胁，以解决副坝存在的安全隐患。

副坝垂直防渗施工

副坝加固工程包括混凝土防渗墙工程、基岩灌浆、高压喷射防渗墙工程和副坝坝坡整治工程。

一是混凝土防渗墙工程。混凝土防渗墙划分5个标段实施，分别是4个混凝土防渗墙和1个高喷防渗墙标段。其处理范围为左起桩号0+120.50，右至桩号5+700.00，总长度5443米（桩号0+130.50～0+267.00段为电站重力坝，未做防渗墙）。其中桩号0+117.85～0+128.05和0+264.47～0+840.0段，为高压旋喷防渗墙，旋喷墙总长度585.73米。桩号0+840.00～5+700.00段为混凝土防渗墙，混凝土防渗墙长度4860米，厚80厘米，墙体材料采用普通混凝土，截渗面积27.15万平方米，属同类工程世界第一。自1999年3月1日防渗墙开始施工，2003年7月10日成功实现合龙，工期共计4年122天。

副坝防渗墙合拢仪式

二是高压喷射防渗墙工程，包括旋喷段和摆喷段。其中旋喷段位于副坝桩号0+117.85～0+128.05及0+264.47～0+840.0，于2000年8月22日开工，2001年6月1日完工。摆喷防渗墙位于桩号6+550.0～6+750.0，于2001年11月11日开工，2002年3月21日完工。以上范围的副坝坝高较低，承受水头较小，固采用高压喷射灌浆进行加固，解决副坝坝基渗透稳定等问题。

三是防渗墙基岩灌浆工程。为避免副坝混凝土防渗墙成墙后水力梯度过大而造成地质条件不良地段的基岩渗透破坏和侵蚀加剧，对混凝土防渗墙基岩中岩溶发育段、裂隙破碎带及渗漏严重的地段进行灌浆处理。该项目自 2003 年 3 月 28 日正式开工，2003 年 9 月 17 日最后一个分部工程验收。基岩灌浆为单排孔，灌浆范围为防渗墙未穿透溶洞和破碎带的地段，总长度约 1079.5 米，灌浆孔轴线在防渗墙轴线上游 1.0 米处，灌浆孔间距为 2.0 米，灌浆深度为岩面下 1～13 米。另外，在桩号 2+367 断面埋设了 2 支基岩渗压计，在桩号 3+122 断面埋设了 4 支基岩渗压计，在桩号 4+129 断面布设了 4 支基岩测压管，在桩号 4+314 断面埋设了 4 支基岩渗压计，在桩号 5+200 断面埋设了 4 支基岩渗压计。

四是坝体恢复和坝坡整治工程。坝体恢复和坝坡整治工程实施桩号为 0+255～7+065 米，长度 6810 米，于 2000 年 5 月 10 日开工，2004 年 4 月 4 日完工，2004 年 5 月 25 日完成了最后一个分部工程验收。垂直防渗墙施工完后，按均质土坝要求回填坝体至高程 129.20 米，坝顶路面为沥青混凝土路面；防浪墙为钢筋混凝土防浪墙，墙顶高程为 130.40 米。

副坝上游护坡为干砌石护坡，下游护坡分别采用预制混凝土块（桩号 0+255～1+555.771）、

副坝上游新貌

浆砌块石框格填碎石（桩号 1+555.771～4+800）、碎石（桩号 4+800～7+065）等形式。浆砌石框格尺寸为 5.0 米×5.0 米，与坝轴线成 45°角布置，肋条断面尺寸为 40 厘米×40 厘米。肋条砌筑完毕后，在框格先填筑 5 厘米厚石灰再填筑 10 厘米厚砂砾石垫层，垫层上填筑 25 厘米厚的碎石，碎石粒径 6～8 厘米。

三、电站重力坝加固改建

重力坝位于副坝左端与马鞍山之间，是农业供水、城市供水、发电和西柏坡电厂引水的渠首建筑物，电站重力坝坝段长 136.5 米，坝顶高程 128 米。电站重力坝始建于 1958 年，发电洞和灌溉洞的

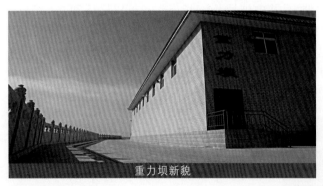

重力坝新貌

工作闸门、检修闸门及其埋件同期制造安装，经过 40 多年的运行，存在基岩渗漏和坝体裂缝隐患，闸门及埋件均严重锈蚀，启闭机和电器设备老化，从重力坝建成后的多年运行分析，重力坝虽进行两次帷幕灌浆处理，但帷幕效果较差，且范围较小，只限于重力坝段。坝体混凝土质量较差，施工时漏振现象严重，致使混凝土形成蜂窝鼠洞及收缩裂缝，发生渗漏。因此，为避免坝基向不利方向发展，降低坝基扬压力，增加坝体的稳定性和安全度，决定对坝基采用帷幕灌浆进行加固处理，对坝体混凝土进行补强灌浆处理，且加深灌浆孔，并延长至左右坝肩延长段。

工程分两期招标实施：第一期为电站重力坝灌浆工程，于 2000 年 6 月 3 日开工，2000 年 10 月 27 日完工；第二期为电站重力坝金属结构设备制造、安装及相关工程与引渠土建工程。其中金属结构设备制造、安装及相关工程于 2001 年 3 月 11 日工程正式开工，2003 年 6 月 30 日全部完工，2003 年 5 月 1 日至 6 月 26 日完成上游引渠护砌工程。

电站重力坝加固处理措施主要如下所述。

一是坝基帷幕灌浆。坝基帷幕灌浆的目的是降低坝基的扬压力和解决基岩溶蚀渗漏问题。灌浆孔为单排，孔距 2.0～2.5 米，分为三段。左、右坝段建基高程分别为 110.00 米和 108.00 米，灌浆孔

底高程左段由 52 米过渡到 65 米；右段由 60 米过渡到 75 米。左、右坝段灌浆孔口设在坝顶高程 128.00 米，钻孔中心距上游坝肩 1.5 米。中间坝段位于Ⅳ、Ⅴ坝段。孔口设在上游坝坡高程 103.50 米处，为水下帷幕灌浆段。此坝段建基面高程为 100.00 米，灌浆底高程为 60～52 米，入岩深度 40～48 米。为减少电站重力坝坝肩绕渗给坝基造成的不利影响，在左、右坝端延长段各增加 20 米的灌浆段，灌浆孔底高程分别为 65 米和 75 米，灌浆深度为 33～45.6 米，此段只对基岩灌浆。

二是坝体混凝土补强灌浆。原坝体混凝土质量较差，施工时漏振现象严重，致使混凝土发生裂隙和渗漏，需对坝体进行灌浆处理。坝体补强灌浆分为两部分，即上游坝体补强灌浆和下游坝体补强灌浆。上游坝体混凝土补强灌浆是由过渡坝段和边坡坝段的坝顶帷幕灌浆孔，并结合帷幕灌浆进行的，以处理上游坝面裂缝造成的渗漏问题，提高坝体上游部位的防渗效果。中间Ⅳ、Ⅴ电站坝段建筑物孔口较多，坝体结构复杂，故在下游坝面沿坝轴线方向布置 3 排（48 个）灌浆孔，孔排距 2.0 米×2.4 米，孔底高程均为 109.00 米，孔口顶高程分别为 120.00 米、117.50 米和 114.50 米。

三是上游坝面处理。主要是对混凝土表面裂缝、剥蚀、麻面等缺陷进行处理，将高程 118.00 米以上坝面凿毛，凿除深度不小于 1 厘米，清洗干净后涂抹一层丙乳净浆，然后分层（厚度约 1 厘米）涂抹丙乳砂浆。

四是施工缝灌浆。针对重力坝下游面 116 米高程处施工缝的渗水问题，采用灌浆处理的方法：首先对裂缝表面进行封闭处理，即沿缝凿成 U 形槽。

五是金属结构和电气设备更新改造。金属结构设备方面，重力坝从北向南依次布置有 1 孔灌溉洞和出口计三渠节制闸、2 孔发电洞、2 孔西柏坡供水洞和 2 孔石市地表水厂供水洞。其中前两项是除险加固工程的改建项目。金属结构设备主要包括：电站进口拦污栅、检修闸门、灌溉洞检修闸门及电动葫芦，电站进口快速闸门及卷扬启闭机，计三渠节制闸工作闸门及螺杆启闭机，灌溉洞工作闸门及卷扬启闭机。2 孔西柏坡供水洞和 2 孔石市地表水厂供水洞是在除险加固工程前，由南端的 1 孔发电洞改建而成。供电方式方面：重力坝采用双电源供电方式，两路电源分别来自 10 千伏网电与 110 千伏电厂的厂用电。网电配置了降压箱式变电站，在低压进线处，二路电源设自动切换装置。配电系统 0.4 千伏侧采用单母线接线，经低压配电屏分别向灌溉洞及发电洞闸门等用电负荷供电。

六是其他工程。①重力坝坝顶新做混凝土路面，路面高程为 128.20 米；②对防浪墙进行表面装修；③上游引渠原为土质边坡，为防止边坡土体的冲刷、坍塌而影响发电、供水，对左右两岸边坡进行浆砌石护砌；④因重力坝上下游左右岸裹头年久失修，表面破损，进行了砂浆勾缝处理或局部翻修；⑤对原有的启闭机室拆除重建，对原有观测设施增补完善；⑥在坝基帷幕灌浆后设 1 个纵向扬压力观测断面，沿上下游方向设 2 个横向扬压力观测断面，共计 10 支坝基渗压计，在两端共布设 6 支绕坝渗流计及 6 个竖向位移测点。

四、正常溢洪道加固改建

正常溢洪道主要存在堰体稳定不足、下游护坦混凝土强度偏低、基础排水系统堵塞、一级消力池水流流态紊乱、二级消力池出口冲刷、闸室段公路和启闭机室破损以及闸墩和堰面剥蚀及碳化等问题。本次加固改建主要项目有堰体预应力锚索加固和堰面处理，一级消力池右岸躺坡改造，护坦加固和下游排水系统修复，二级消力池出口右岸冲刷处理，闸门、启闭机更新改造及配套的土建工程（包括闸墩加高、闸墩表面修补、启闭机室改建和公路桥改建）等。

该工程分三期招标实施：第一期为正常溢洪道金属结构设备制造、安装及相关土建工程，包括闸墩加高、闸墩表面修补、启闭机室改建和公路桥改建，及液压启闭机设备制造工程等，于 1999 年 5 月 14 日正式开工，2000 年 10 月 15 日完工；第二期为正常溢洪道堰面、闸墩处理及堰体预应力锚索加固工程，于 2000 年 10 月 26 日开工，2001 年 4 月 30 日完工；第三期为正常溢洪道排水恢复、躺坡改造及护坦加固工程、交通桥改建及安全监测工程和右岸进出口护坡加固等工程，于 2002 年 10 月 8 日开工，2003 年 11 月 28 日完工。

加固内容具体有以下几项：

一是堰体预应力锚索加固和堰面处理。锚孔位置位于桩号 1＋025.37、堰面高程 112.11 米处，采用的锚索型式为黏结预应力锚索，单孔张拉吨位为 2000 千牛，锚索材料选用高强度低松弛钢绞线，单根锚索为 12×7φ5 钢绞线。

6 孔新堰除 6 号孔布置 2 个锚孔外，其余 5 孔各布置 4 个锚孔；2 孔老堰每孔布置 1 个锚孔。共计布置的预应力锚孔总数为 24 个，单孔张拉吨位为 2000 千牛，总锚固吨位为 48000 千牛。此外，根据堰顶下游堰面检测结果，溢流堰面表面不平整现象严重，实测与设计堰面曲线相比，差值在－26.2～20.0 厘米之间，因此对新、老堰的堰面进行凿除补强处理。施工中将堰面混凝土凿除至比原设计堰面曲线低 40 厘米，重新铺设钢筋网，补打锚筋，最后浇筑高标号混凝土。

二是一级消力池右岸躺坡改造。考虑一级消力池右岸躺坡与上、下游形成较大程度突变的特点，采用了混凝土填坡空腔加固处理方案，即在一级消力池右岸用混凝土填坡，使一级消力池右岸边坡与下游尾渠段右岸边坡保持平顺连接。混凝土填坡以一级消力池右岸边坡坡脚线为基线，以下游尾渠段右岸边坡断面为基面，将一级消力池护坡用混凝土回填至高程 100.00 米，再按 1∶2.0 坡比向右岸起坡，起坡顶高程按 100 年一遇洪水时相应一级消力池水位 107.00 米控制。为减少填坡混凝土工程量，在填坡内部设置 4.0 米×4.0 米空腔，空腔顶部设半径 2.5 米、矢高比 4∶1 圆拱，以改善应力条件；空腔之间以厚 1.25 米立墙间隔。立墙与老混凝土面连接时，先将原护坡面层混凝土凿除 5 厘米至新鲜混凝土面，并布设直径 20 毫米、间距 1 米、长 80 厘米的锚筋。为加强填坡混凝土的整体性，填坡纵向不分缝，横向分缝按原护坡分缝位置控制，缝距 16.5 米。

三是护坦加固和排水系统修复。为充分利用修补材料的优点，对陡槽段桩号 1＋040.00～1＋070.00 之间的全部护坦、桩号 1＋070.00～1＋440.00 之间剥蚀较为严重的护坦以及二级挑坎阻滑板采用不锈钢纤维混凝土加固。排水系统修复采用了改变出溢点，并降低出溢点高程的自动抽排系统，工程措施为在桩号 1＋070.00 断面设置碎石排水体和排水孔，拦截地下渗水，将其集中到桩号 1＋120.00 左岸集水井中，利用自动抽排系统，将渗水排至主坝下游坝脚排水沟中。在距离左岸坡脚 11.40 米位置设宽 1.4 米、高 2.1 米的城门洞型纵向排水廊道，至桩号 1＋120.00 后，沿垂直左边墙方向设同样断面型式和尺寸的横向排水廊道与边墙下的集水平洞相连，穿过边墙 12.8 米处与直径 2 米排水竖井连接。竖井内安装 2 台 QS100－15－7.5 型潜水泵，1 台工作，1 台备用。设计抽排启动水位为 105.00 米，抽排死水位为 102.29 米。为便于管理，在竖井上方设 5.0 米×5.0 米的控制管理室。

四是二级消力池右岸出口冲刷处理。二级消力池右岸出口冲刷采用抛石防护处理。处理方法：以正常溢洪道右岸出口轮廓线为基线，将右岸出口 95.00～100.00 米高程冲刷部位用块石抛护，块石单块重量要求大于 300 千克。

五是与闸门、启闭机更新改造配套的土建工程。主要工程有闸墩加高、启闭机室改建和公路桥改建。闸墩加高是将桩号 1＋020.00～1＋032.00 之间的闸墩顶部由高程 125.00 加高至 129.00 米，桩号 1＋032.00～1＋033.10 之间的闸墩顶部由高程 125.00 米加高至 127.70 米，以适应新建启闭机室和工作便桥的需要。加高的闸墩共有 9 个，包括新堰的 1 个 1.5 米厚边墩、5 个 2.8 米厚的中墩、新、老堰之间的 1 个 5 米厚中墩、老堰的 1 个 2.8 米厚中墩和 1 个 1.8 米厚边墩。启闭机室改建是将原启闭机室全部拆除重建，新建表孔启闭机室位于加高后的闸墩顶部，共有 7 间，其中 6 间各宽 2.6 米，1 间宽 4.8 米，表孔启闭机室长度均为 7.14 米，高 4.4 米，为砖混结构。新建底孔启闭机室 1 间，位于新建底孔机架桥上，长 14.25 米，宽 6.88 米，高 4.2 米，为轻型钢结构。另外，在正常溢洪道右侧新建 1 座柴油机房，新建柴油机房为两层小楼，一层为柴油机室，二层为管理用房。公路桥改建是将原汽-13 级的 T 梁结构钢筋混凝土桥全部拆除，在原位置重建 1 座荷载标准为汽-20 级设计、挂-100 级校核的简支 T 梁结构钢筋混凝土桥。新建公路桥按双车道布置，桥宽为净 10 米，桥面采用混凝土铺装，上下游设混凝土栏杆。全桥共 8 孔，每孔净跨度 12 米，全长 130 米。

六是正常溢洪道金属结构设备制造与安装。正常溢洪道金属结构设备主要包括溢洪道弧形工作闸门和液压启闭机、泄洪底孔工作闸门和固定卷扬机及底孔事故检修闸门和固定卷扬机。表孔启闭设备为 2×1000 千牛后拉式液压启闭机。该启闭机与闸门布置为一门一机，8 孔闸门配置 8 台启闭机。6～7 号启闭机共用 1 套液压泵站，其他各台启闭机均设独立液压泵站，每个泵站设 2 套电动机油泵组，互为备用。闸门操作方式为动水启闭。表孔弧形闸门用于水库泄洪，为防止冬季水库结冰对闸门造成危害，在弧形闸门前设有潜水泵防冰冻装置。底孔坝段共 2 孔，设有平面工作闸门及事故检修闸门各 2 扇，闸门采用

正常溢洪道弧形钢闸门

平面定轮钢闸门。平面工作闸门启闭机及事故检修闸门启闭机均采用固定卷扬式机，平面工作闸门启闭机 2 台，容量为 2×400 千牛，闸门与启闭机由拉杆连接，操作条件为动水启闭。事故检修闸门启闭机 2 台，容量为 2×250 千牛，操作条件为动闭静启，门上设充水阀平压。

七是正常溢洪道供电系统更新。正常溢洪道设置两个 10 千伏进线电源，该电源引自黄壁庄变电站的 432 号与 433 号出线回路。在正常溢洪道配电室设置 2 台 S9-200kVA-10/0.4kV 的电力变压器与电源进线组成单元接线，并将 2×120 千瓦柴油发电机组作为应急备用电源，三个电源构成"工作—备用—应急备用"的供电方式。两台变压器互为备用。在 0.4 千伏低压母线进线侧，三路电源设置自动切换装置，当工作变压器事故跳闸时，自动投入备用变压器，而当两台变压器均事故退出时，备用柴油发电机组自动投入运行。0.4 千伏采用单母线不分段结线，低压配电屏出线回路以一对一的供电方式向用电负荷供电。正常溢洪道设置照明专用高压开关柜，柜内设有变压器，供室内外照明。照明采用 380 伏/220 伏三相四线制供电系统，根据设备照明要求选用灯具及照明方式，以满足运行及操作的要求。在正常溢洪道工作桥旁安装高度为 25 米的圆球形高杆灯，作为室外及闸门监控的照明。

加固后的正常溢洪道上游

八是观测设施。正常溢洪道共布设渗压计 19 支，其中 12 支扬压渗压计、7 支绕堰渗压计，在闸室上下游布设竖向位移和水平位移测点各 9 个。

九是堰面及闸墩缺陷处理。堰面及闸墩缺陷处理主要是上游堰面、闸墩及底孔三部分的剥蚀和裂缝处理，共计处理剥蚀面积 380.32 平方米，裂缝 7 条，剥蚀深度一般在 20～50 毫米，局部达到 60 毫米，裂缝深度在 30～50 毫米之间。施工时采用人工结合风镐凿除松动混凝土至新鲜混凝土面，周边凿 3 厘米深嵌固槽。基层用高压水冲洗干净，涂丙乳净浆一道（0.2 毫米），丙乳砂浆分层涂层间刷净浆增加黏结性，并在面层砂浆抹完后

抹，分层厚度 1～2 毫米，分层施工间隔时间 2～3 天，涂面层浆一道。每层施工后及时覆盖塑料薄膜保湿，24 小时后洒水养护。裂缝处理采用常规方法，凿成 V 形槽，丙乳砂浆添缝。

五、非常溢洪道闸门改建

1998 年开始进行的除险加固工程项目中未包括非常溢洪道部分，2001 年 7 月，水利部水工金属结构安全检测中心通过检测认为，非常溢洪道工作闸门和部分启闭机已不能正常运行，建议更换全部闸门，并更新左边 3 台启闭机，对其他启闭机进行检修保养。考虑本工程的重要性和实际情况，不仅影响水库泄洪，而且会危及大坝安全，2001 年，黄壁庄水库除险加固工程进行了调概，非常溢洪道工作闸门和部分启闭机的改建列入调概项目，随除险加固工程一并实施完成。

该工程实施分 3 个标段。其中因度汛需要检修门槽改建，包含在新增非常溢洪道土石方开挖及非常溢洪道检修门槽改建标中，于 1999 年 2 月 28 日开工，1999 年 6 月 8 日完成检修门槽改建工程；检修叠梁门、门机制安及安全监测包含在非常溢洪道金属结构设备制造、安装及相关工程，于 2001 年 6 月 30 日开工，2003 年 10 月 26 日完工；其他施工项目如 11 孔工作闸门改建，3 台启闭机更新，启闭机室、桥头堡、柴油机房改建，机电设备更新及完善，消力池抛石、排架柱装修等项目均包含在非常溢洪道闸门改建工程中，2001 年 12 月 30 日工程正式开工，2003 年 11 月 15 日完工。完成的主要工程量为：混凝土浇筑 2023.21 立方米，钢筋制按 34.616 吨，闸门及埋件制按 1137.976 吨，启闭机制按 99.867 吨，渗压计安装 15 支，下游抛石 530 立方米。

非常溢洪道闸门改建的主要内容：

一是金属结构改建。金属结构设备主要包括溢洪道平面工作闸门及固定卷扬式启闭机、叠梁检修闸门及单向门式启闭机。原非常溢洪道 11 扇工作闸门及部分埋件得到更新改建。改建后工作闸门仍采用平面定轮钢闸门，闸门尺寸为 7.8 米×12 米－17.84 米（宽×高－水头），共 11 扇。闸门分 3 节，每节设置 4 个简支轮，闸门采用前封水型式，门叶结构材料为 16Mn 钢。工作闸门主轨埋件为铸钢轨道，锈蚀轻微，质量较好，强度能够满足使用要求，未进行更换，仅对底坎、门楣、上游埋件进行了更换。对 9 号孔、10 号孔、11 号孔 3 台 2×1000 千牛固定卷扬机进行了更新，更新后的 3 台固定卷扬机容量为 2×800 千牛，扬程为 18 米。未更换的 8 台启闭机增设了闸门开度仪，对已经损坏的机械式荷载限制器行程开关予以更新，传动系统进行了检修保养。为防止冬季冰冻使闸门承受冰压力，工作闸门前设置吹冰设备。采用潜水泵，用高压水流扰动法防止闸门前结冰。

对检修闸门及启闭设备进行改建，改建后检修闸门采用露顶式平面滑动叠梁钢闸门，闸门尺寸为 7.8 米×10.5 米－10 米（宽×高－水头），共 2 扇，11 孔共用，每扇闸门分 5 节，每节高 2.1 米，材料均为 Q235B 钢。启闭设备采用 1 台 2×100 千牛单向门机，扬程 22.00 米，门机与闸门通过机械自动抓梁连接，闸门操作条件为静水启闭，平压方式为小开度节间充水平压。

二是配套土建工程。新建启闭机室为 11 孔联通的"一"字形建筑，单形框架结构，建筑面积共 630 平方米。基础为下部机架桥平台梁，利用旧启闭机室拆除后留下的构造柱钢筋作为新建启闭机室框架柱的锚筋，外墙为砌块砌体围护墙。外墙装修为面砖和玻璃幕墙隔间设置，左侧与桥头堡相连，右侧有配电室相衬。新建桥头堡为七层框架结构，建筑面积共 170 平方米。在五层设一连廊与新建启闭机室相接，作为进入启闭机室的交通走廊。基础为原桥头堡的桩基础，外墙为砌块砌体围护墙，外墙装修为面砖。新建柴油机房、值班室及办公室为二层砖混结构，建筑面积共 120 平方米。一层为柴油机房和值班室，二层为办公室，内外装修与新建桥头堡相同，二层屋面为上人屋面，且与桥头堡有交通联系。

三是其他工程。①机电设备更新。非常溢洪道与新增非常溢洪道共用 1 套供电系统及 1 个配电室。两个 10 千伏进线电源分别引自黄壁庄变电站的 432 号与 433 号出线回路。在配电室设置 2 台 S9－400kVA－10/0.4kV 的电力变压器与电源进线组成单元接线，并将 2×160 千瓦柴油发电机组作为应急备用电源，3 个电源构成工作—备用—应急备用的供电方式。两台变压器互为备用，在 0.4 千伏低压母线进线侧，三路电源设置自动切换装置，当工作变压器事故跳闸时，自动投入备用变压器，而当 2 台变压器均事故退出时，备用柴发电机组自动投入运行。0.4 千伏出线回路采用一对一的供电方式，启闭机室内每台启闭机旁设有现地控制屏，对各自的启闭机进行操作和控制。设置照明专用高压开关柜，柜内设有变压器，供室内外照明。照明采用380/220伏三相四线制供电系统，根据设备照明要求选用灯具及照明方式，以满足运行及操作的要求。在工作桥旁安装高度为30米的飞碟形高杆灯，作为两个建筑物的室外及闸门监控的照明。②消力池抛石。为增加闸室下游的抗冲刷能力，将拆除的旧混凝土闸门进行分解后分块抛投至挑坎后消力池中。③安全监测布设。在闸墩上沿排水廊道下游（桩号A2+092）设1排纵向扬压力观测断面，沿上、下游方向（Z0+025、Y0+025）设2个横向扬压力观测断面9支渗压计，在左岸共布设6个绕坝渗流观测点6支渗压计，共设15个渗压计。在上游侧每隔一个闸墩各设1个水平位移观测点，共6个测点。原22个垂直位移标点由于新增非常溢洪道施工，将右边第一个闸墩上游垂直位移测点损坏，故现有垂直位移测点21个。

六、新增非常溢洪道

黄壁庄水库除险加固前的防洪标准为2000年一遇（审定批准的古洪水成果），根据当时的防洪标准，要达到可能最大洪水的防洪保坝标准，需新建非常溢洪道1座。

新增非常溢洪道是黄壁庄水库除险加固工程中唯——座新建的Ⅰ级水工建筑物，由进水渠（包括进口段上游防渗板、翼墙）、闸室（包括出口段消能防冲工程）、护坦和尾渠四部分组成。新增非常溢洪道设计洪水标准500年一遇，设计洪水位125.84米；校核洪水标准10000年一遇，校核洪水位128.0米；正常蓄水位120.00米。主要建设内容：土石方开挖、基础处理、混凝土浇筑、砌石、土方回填、金属结构制作安装和防腐、机电安装及房建工程等。

新增非常溢洪道施工

新增非常溢洪道位于原非常溢洪道右侧，两者相距20米。1998年8月31日，进入施工前期准备。1999年1月14日开工，2002年6月3日完工。完成的主要工程量见表3-1。

表3-1   新增非常溢洪道完成工程量表

序号	项目名称	完成工程量	合同工程量	序号	项目名称	完成工程量	合同工程量
1	土方开挖/m³	2305895.0	2489740.0	5	钢筋制安/t	1624.2	1875.9
2	石方开挖/m³	306250.0	221050.0	6	基础灌浆/m	1767.0	1767.0
3	土方回填/m³	110443.0	98600.0	7	基础排水孔钻设/m	1146.0	910.0
4	混凝土浇筑/m³	106218.0	103197.9	8	观测仪器安装/个	49.0	71

根据初步设计审查意见和整体水工模型试验成果，以及施工开挖中地质条件的变化情况，新增非常溢洪道在技施阶段作了一些设计变更，主要在工程总体和结构设计两个方面。

一是工程总体布置方面。新增非常溢洪道与老非常溢洪道之间的距离初步设计布置方案中定为40米。两者采用椭圆裹头连接。由于新增非常溢洪道位于进水渠弯道段的右侧凸岸，经水工模型试验发现，过堰水流流态较差，因此将两非常溢洪道之间的距离缩小至20米，过堰水流流态有所改善，闸前横向水位差有所减小，改善了闸孔胸墙处明满流交替的状态。

新增非常溢洪道纵向围堰原设计基坑施工为重力式浆砌石结构，由于新老非溢之间距离由40米缩为20米，纵向围堰断面相应缩小。经优化设计，将临时性的基坑纵向围堰改为永久性的导水墩，纵向围堰的建筑材料由浆砌石改为混凝土，省去了围堰的拆除时间及建裹头的时间和费用，简化了施工工序，并使闸前的水流形态进一步改善。

由于新增非常溢洪道闸室向原非常溢洪道闸室方向移动了 20 米，因而新增非常溢洪道闸室段坐落在石英片岩、千枚岩和石英片岩互层上的范围增大了，坐落在千枚岩破碎带上的范围减小了，基岩风化线略有提高，基岩总体情况略有好转，据此闸室段新增非常溢洪道中心线以左部分建基面抬高了1米，以右部分的齿槽抬高了2米，挑坎及护坦段的建基面也抬高了1米，减少了工程量，由于齿槽千枚岩前部破碎带的存在，基础岩石较差，在开挖时将破碎带局部深挖了 1～1.5 米；新增非常溢洪道进口右侧圆弧形翼墙优化后的起弧点向老非常溢洪道方向移动了 20 米，向上游方向移动了 25 米，同时新、老非溢两深槽之间的夹角由 15°调整为 10°；尾渠布置也作了相应修改，即将尾渠的后半部形成弧形段，与原非常溢洪道尾渠右岸的老河沟连接，以利用老河沟，减少尾渠的开挖工程量。

为防止下游右岸岸坡遭受水流淘刷，在桩号 2+126.00 处设置垂直水流方向的横挡墙，后移至桩号 2+137.50 处修建；在高程 105.00 米以上采用混凝土护坡，对混凝土护坡以上部分的边坡采用混凝土块护砌。

二是在结构设计方面。新增非常溢洪道闸室堰体长度为 37 米，在岩体和闸墩中间部位设置了施工宽缝，宽缝内设键槽和插筋；由于闸室基岩较破碎，因此采用挂网喷浆予以加固，防止塌滑现象；为减少对基岩的单位压力，将高程 105.00 米以下的右边墩底宽由 15 米增大到 16.5 米，同时对高程 101.5 米以下的墩体外侧用混凝土满槽回填，以减少侧向土压力，增强右边墩的整体稳定性。

将主坝改为与新增非常溢洪道右岸直翼墙相接，且将直翼墙插入主坝内 6.5 米，减少了主坝坝体填筑量及翼墙的混凝土工程量。

新增非常溢洪道公路下游边坡，施工中改为 15 厘米厚的正六边形预制混凝土块护面，并在路边设置了栏杆，改善了安全保护和外观条件。

工程施工方面主要包括以下几项：

一是土石方开挖。土石方开挖包括进水渠开挖、尾水渠开挖、闸室段开挖三部分。进水渠开挖包括土方开挖与石方开挖。土方开挖按先下游后上游的顺序由上而下分层实施，平均挖深约 14 米，最大 18.7 米，最小 0.5 米。以机械为主，人工为辅，划分成多个作业面自上而下分层开挖，层厚 2.5～3.0 米。各层开挖中或完成后，均用 1.0 米挖掘机配合人工及时削坡，做到开挖面和坡比满足设计要求。石方开挖集中在桩号 1+180.00～1+725.00 之间。施工中根据岩层厚度、岩性，人机配合分层开挖。千枚岩岩性较弱，由挖掘机直接开挖；大理岩致密坚硬，先钻爆，再用挖掘机配合自卸汽车完成。尾水渠开挖施工方法同进水渠。闸室段开挖包括一般石方开挖和保护层开挖。一般石方开挖采用毫秒微差技术和梯段爆破、分层开挖的方法，并进行了爆破试验。采用导爆管非电起爆系统，即在孔内用高段位毫秒级导爆管、雷管起爆炸药，孔外用低段位毫秒级导爆管、雷管控制单响药量及起爆顺序。保护层开挖，在建基面上留 2 米厚的保护层，保护层开挖采用分层开挖方法，共分三层，第一层、第二层均采用手风钻钻孔，毫秒微差梯段爆破法爆破。

二是混凝土工程。主要项目有混凝土导水墙（兼作纵向围堰）、闸室底板、溢流面、防渗板、闸墩、圆弧翼墙和下游左右挡墙等部位的混凝土。特点是溢流面以下为大体积混凝土，过流面表层有约 0.8 米厚为相对较高标号混凝土，其余部分均相应较低，即在同一仓内要求有两个标号的混凝土。混凝土施工主要采用拌和站搅拌、皮带机运输，缓降漏斗直接入仓的方案。为避免混凝土内外温差过大，不同部位采取了不同的养护方法。防渗板采用已浇混凝土面上保持 5 厘米左右的注水养护，斜坡面及二期混凝土采用塑料管钻小孔长流水养护，溢流面采用喷洒养护剂再加草帘喷水养护。

三是金属结构及机电设备方面。金属结构设备主要包括溢洪道弧形工作门及液压启闭机、叠梁检修门及单向门式启闭机。新增非常溢洪道单孔尺寸为 12 米×12 米，闸墩顶高程 127.50 米，闸墩厚度为 4 米，闸室宽度为 76 米，堰顶高程 108.00 米。设有潜孔式弧形工作钢闸门，闸门尺寸为 12 米×12 米－17.84 米（宽×高－水头），共 5 扇。弧形闸门面板外缘半径 16 米，设计水位 125.84 米，闸门总水压力约 2040 吨，弧形支绞采用球绞型式。

启闭机为 2×1600 千牛后拉式液压启闭机，该启闭机与闸门布置为一门一机，5 孔闸门配置 5 台启闭机。选用进口密封件，每台启闭机配有一个泵站，每个泵站设有2套泵组，互为备用。检修闸门为露顶式平面滑动叠梁钢闸门，闸门尺寸为12米×10.5米－10米（宽×高－水头），共一扇，5孔使用，闸门分5节，每节高2.1米。材料均为Q235B钢。检修闸门平时锁定在其门槽上方。启闭设备采用一台2×100千牛单向门机，扬程22.0米，轨距3.0米，门机与闸门通过机械式自动抓梁连接。闸门操作条件为静水启闭，平压方式采用潜水泵充水平压。闸门操作方式为动水启闭。启闭机采用双电源动力保证措施。

四是观测设施方面。新增非常溢洪道于2002年4月埋设12支坝基扬压渗压计；2000年3月至2001年2月在右岸埋设7支绕坝渗压计；在桩号H0＋088.9、H0＋136.9处设2个温度和宽缝监测断面，每个断面设5支温度计和4支测缝计；在每个闸墩下游设1个水平位移测点，共6个测点，每个闸墩上游设1个竖向位移测点，共6个测点。

七、工程管理自动化系统

工程管理自动化系统包含了闸门监控系统、大坝安全监测系统、水情自动测报系统、水库监控中心、河北省水利厅监控中心与岗、黄之间的数据语音综合通信系统。闸门监控系统以实现正常溢洪道、非常溢洪道、新增非常溢洪道和重力坝灌溉洞的集中控制和远方控制；大坝安全监测系统实施采集大坝及溢洪道水位、应力应变等参量，提供测值预报，进行视图分析，描绘趋势曲线；水情自动化系统实施采集和处理黄壁庄—岗南流域范围内遥测水文数据，提供预报调度方案；黄壁庄水库监控中心将各子系统连接成局域网，以实现资源共享、数据共享、功能互补、综合管理；通信系统以完成水库的调度通信和行政通信。

自动化管理设施

一是闸门监控系统。闸门监控系统采用计算机集中控制与远方监控组成的分层分布开放式系统，由闸门监控中心、闸门集中监控单元组成。闸门监控系统的范围为水库枢纽所属几个闸门组的集中控制和远方控制，包括8个正常溢洪道表孔及2个底孔、11孔非常溢洪道及5孔新增非常溢洪道、1孔重力坝灌溉洞等闸门控制、信号检测。闸门监控系统共设置1个闸门监控中心，3个闸门集中监控单元（连接26个现地控制单元）。闸门监控系统主要工程量见表3－2。

表3－2　　　　闸门监控系统主要工程量统计表

序号	项 目 名 称	合同量	完成量	序号	项 目 名 称	合同量	完成量
1	卫星C站/套	28	28	12	摄像机/台	13	13
2	超短波电台/台	14	14	13	硬盘录像机/台	1	1
3	超声波流速仪/套	1	1	14	视频采集器/台	2	2
4	超声波及其他水位计/套	13	13	15	视频终端/台	2	2
5	翻斗式遥测雨量计/台	30	31	16	投影视频墙/块	1	1
6	现地监测单元/台	16	18	17	软件/套	13	13
7	服务器/套	7	10	18	UPS/台	9	9
8	工作站/套	8	8	19	光端机/套	20	24
9	控制台/台	3	3	20	光缆敷设/km	13.5	13.5
10	工业级计算机/套	5	5	21	电缆埋管φ40/km	7.0	7.0
11	激光打印机/台	9	9	22	沟槽开挖及回填 （断面0.6米×0.5米）/（km×km）	2×7	2×7

二是大坝安全监测系统。大坝安全监测系统的监测内容：主坝、副坝、重力坝、正常溢洪道、新增非常溢洪道等处的坝基渗水压力、绕渗、坝体渗水压力、应力应变等与大坝安全密切相关的参量。系统共设置16个现地监测单元，一个大坝安全测控站。具体情况如下：1个大坝安全测控站，位于黄壁庄水库监控中心；16个现地监测单元：副坝9个，重力坝1个，正常溢洪道1个，主坝2个，非常溢洪道1个，新增非常溢洪道1个，监控中心1个，通信连接，采用光纤传输方式。

三是水情自动测报系统。水情自动测报系统由3个中心站、1个维护管理中心站和34个遥测站组成，采用超短波 Inmarsat－C 混合组网通信方式。遥测站包括14个卫星遥测雨量站、10个卫星遥测水文站、2个超短波遥测雨量站、7个超短波水文站和1个超短波水位站。此外，在水情测报系统的基础上，开发了洪水预报调度子系统，系统能自动提取遥测数据库中实时降雨，根据洪水预报模型制作入库洪水预报。洪水预报模型有常规模型、新安江三水源模型和河北雨洪模型3种，预报作业后对预报成果进行分析比较。根据洪水预报成果制作洪水调度方案，调度方案有2种生成方式：①规划调度方案，按系统默认的调度方案生成；②交互式调度方案，根据调度人员的经验，按泄常量、不同闸门的开启组合生成调度方案，还可以对不同的调度方案按模糊优选原理进行优选。

水库监控中心

四是水库监控中心系统。监控中心将工程管理自动化3个子系统连接成局域网，并通过数据语音综合通信系统与岗南水库和省水利厅连接成滹沱河流域远程监控系统，实现资源共享、数据共享、功能互补、综合管理及优化调度。水库监控中心实现了管理自动化系统的各个子系统的连接，达到了各个子系统独立运行，联合运用、数据共享的目标，形成了水库工程管理自动化系统和办公管理信息系统联网，系统的可靠性、可利用率、可操作性、可伸展性和系统安全等性能指标优良，能基本满足水库防洪调度及正常管理运用的要求。

五是通信系统。通信系统由外部通信和内部通信构成。外部通信以中继线形式接入市话网络，利用微波、超短波设备完成对省防汛抗旱指挥部的防汛通信。内部通信采用音频电缆传输方式，设置一部数字程控调度机，经过配线箱，以通信电缆连接至分布在各个枢纽建筑物的分线盒，由分线盒连至各个用户分机。

八、管理设施更新

管理设施更新工程的主要建设内容为主坝路面、副坝路面、副坝坝后路面改建，主副坝供水管路及泵房，主副坝坝顶照明，副坝管理房等项目。其中主坝坝顶路、坝脚路、坝顶至新非下坝路、进养殖场路以及水库管理局至正常溢洪道之间的路面，长3562.8米；副坝坝顶路、坝脚路及水库管理局至电站重力坝北端路面，长12833米；副坝坝后路面改建包括副坝坝后减压沟下游侧及桩号6＋135～7＋065坝脚路，总长6810米；副坝供水管路及泵房工程的管道位于桩号0＋425～5＋800坝脚路下游平台，两座加压泵房分别位于桩号4＋220及桩号2＋718处；主副坝坝顶照明工程主要包括223套高压钠柱灯、18套投光灯、2套高杆灯、98110米照明通信电缆及导线敷设、7台变压器安装等。此工程于2003年1月8日开工，2004年6月30日完工。主要工程量见表3－3。

表 3 - 3　　　　　　　　　　　　管理设施工程主要工程量表

序号	工 程 项 目	合同工程量	实际完成工程量
1	土方开挖/m³	5885	9977
2	土方回填/m³	6871	7161
3	二八灰土基层填筑/m³	28900	42031
4	沥青混凝土面层铺设/m²	111780	109904
5	沥青混凝土基层和面板铺设/m²	28594	42177
6	PVC供水管/m	7026	7026
7	泵房/m²	40	93
8	高压钠柱灯/套	188	223
9	投光灯/个	12	18
10	高杆灯/套	2	2
11	照明、通信电缆及导线敷设/m	98110	98110
12	箱式变电站/座	7	7

施工情况如下所述。

一是主坝路面。水库除险加固前，由于防洪标准低，在主坝左端桩号 1+150～1+350 坝体内设置的 16 个砖砌炸药室，直径 1.2～1.3 米，如遇超标准洪水炸开此段坝体泄洪，保证副坝度汛安全。水库除险加固工程实施后，新增非常溢洪道增加了泄洪能力，水库达到了 10000 年一遇校核防洪标准。为彻底消除可能存在的隐患，确保大坝运用安全，经设计单位论证，并上报水利厅批准，结合 2003 年汛前坝顶路面施工，将药室采用低标号混凝土进行回填封堵。主坝坝顶公路起点桩号 0+156.038，终点桩号 1+916.6，全长 1760.56 米，路面净宽 7.0 米，路面高程 128.7 米。下游侧设有间隔式浆砌石路缘石。坝脚公路桩号 0+537～1+500，全长 963 米，路面净宽 6 米，路面高程 110～124 米。坝顶公路和坝脚公路的路面结构为下铺 30 厘米厚"二八"灰土，上铺 6 厘米厚沥青混凝土路面。为连接坝顶与坝脚路，分别在桩号 0+245.68 和 1+730 处设有下坝路，进生态园路全长 212.63 米。

二是副坝路面。副坝坝顶公路起点位于重力坝南端，终点与石闫公路连接（桩号 0+264～7+078），全长 6814 米，路面宽度为 6 米，塌坑段（3+994.58～4+178.82）渐变加宽路面。在坝顶公路下游侧设置防护墩。坝脚公路起点桩号为 0+320，终点桩号 6+132，全长 5812 米，路面宽度 7 米。坝顶公路和坝脚公路的路面结构为下铺 25～35 厘米不等厚度石灰稳定土基层，上铺 2 厘米细粒式沥青混凝土，最后铺 4 厘米中粒式沥青混凝土面层。上坝路是坝脚公路通往坝顶公路的连接路，全线共有 5 条宽度为 4 米，长度不

副坝坝顶路面

等，为 26 厘米厚水泥混凝土路面。电站路（管理局门口至电站重力坝北端）路面结构为 20 厘米厚水泥碎石垫层，22 厘米水泥混凝土面层。

坝后公路桩号 0+000～6+810，全长 6810 米，路面厚度 20 厘米。其中将基础破坏严重的 1706 米全部挖除，从路基处理至基层混凝土和混凝土路面全部改建，损坏较轻的路面，在原路基上增建混凝土新路面，从 0+000～5+767 全路段浇筑混凝土新路面，5+767～6+000 由于原混凝土路面较

好，只进行了表面清理，对道路两侧进行了回填夯实，上游侧每隔 30 米设一干砌石排水槽。坝后公路桩号 6＋000～6＋350 下游侧设直径 50 厘米排水管，将路面和坝坡雨水汇集后送入副坝坝后排水沟。沿排水管每 50 米设一个 600 毫米×800 毫米砖砌集水井，井内抹水泥砂浆，井口设铁篦子，并与井壁连接牢固，共设六个集水井。

三是副坝供水管路及泵房。在桩号 0＋425～5＋800 坝脚公路下游压坡平台上埋设一条主供水管道，每隔 50 米布设一个阀门井，从主管路分支一定数量灌溉井。同时在桩号 2＋718、4＋220 处建造两座加压泵房。

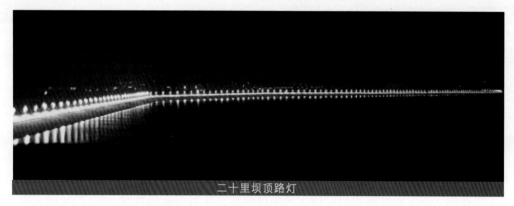
二十里坝顶路灯

四是坝顶照明。坝顶照明灯具装设在防浪墙的混凝土基座上，间距 40 米。主坝桩号 0＋156～1＋913 防浪墙上设海鸥灯 45 套，照明灯具功率为 2×250 瓦。在桩号 1＋050 坝脚处设置 1 台 80 千伏安箱式变电站。副坝桩号 0＋270～6＋131 防浪墙上设双叉高压钠灯 148 套，每盏功率为 250 瓦。在坝脚、坝顶处共设置 80 千伏安箱式变电站 6 个，自左至右桩号依次为 0＋598、1＋655、2＋610、3＋620、4＋660、5＋625。箱式变电站外形为仿古建筑式，壁板采用 2 毫米厚铝合金喷漆彩板。2 套高杆灯分别安装在正常溢洪道、非常溢洪道等处。

水库文化墙

五是副坝弧形彩钢大棚。在桩号 2＋067.017 和 3＋760 处，利用原混凝土拌和站改建成 2 个弧形彩钢大棚。

六是副坝绿化带护栏。为便于管理使用，桩号 0＋255～5＋660 区间长 5405 米，由单孔长 3.0 米、高 1.6 米铁丝网围栏连接而成，桩号 5＋660～6＋135 区间长 525 米为砖围墙。

七是管理房、值班室。副坝平台桩号 2＋744（管理处 2）和 4＋213（管理处 1）处设管理房两个，桩号 1＋043、2＋198、6＋100 处设值班室 3 个。

八是下游压坡平台整治工程。下游压坡平台工程主要包括绿化带、平台平整施工。绿化带填筑施工包括绿化带顶宽 4.0 米。施工时，用推土机将绿化带部位的杂草、乱石等清除并压实。采用挖掘机挖取土料，分层铺料，分层碾压。坡面采用机械粗削，人工修整。平台平整施工采用推土机按设计高程将平台整平。表层含石量高的土料运至平台低洼处填埋并压实，剩余土料集中堆放。

九、环境治理与水土保持

由于副坝防渗墙的施工、新增非常溢洪道的开挖、原有建筑物的加固处理和修建临时工程等，扰动了表土结构，形成了大量弃土弃渣，破坏了水库工程区域原有的地貌和植被，导致土体抗蚀指数降低，土壤侵蚀加剧。因此，在国家发改委批复的黄壁庄水库除险加固工程概算中，增加了环境保护与水土保持工程项目。

环境治理与水土保持工程分一期和二期工程。主要工程内容：主坝、副坝及管理处（马鞍山）的土方整理回填、苗木种植、马鞍山瀑布工程及主坝下游压坡平台、新增非常溢洪道道路外侧弃渣场、副坝弃渣场、新增非常溢洪道下游岸坡防护、正常溢洪道右岸弃渣场水土保持项目和副坝压坡平台、新增非常溢洪道引渠右岸护坡水土保持项目的种植工程等项目。其中一期工程于2003年3月24日开工，2004年6月22日完工。完成工程量见表3-4和表3-5。

副坝下游坡绿化

表3-4　　　　　　　　黄壁庄水库除险加固工程水土保持工程主要工程量（一）

工程名称	主　要　工　程　量												
	弃渣外运/m³	平整/m²	挖方/m³	土石方回填/m³	浆砌石/m³	干砌石/m³	灰土/m³	缘石埋设/m	彩砖/m²	砖/m²	钻孔/m	花岗岩面板/m²	钢管或PVC管/m
主坝下游环境治理	35002.75	48400	10943	41204.8	848.28	61.89	1730.9		3741.6	19.822	54	88.62	2032.7
副坝下游环境治理			783.5			4.1	303.3	3895					2804.5
管理处环境整治	37979.31	52830	16096	45083.8	881.28	114.59	2209.4	4275	3756.6	739.69	54	88.62	5267.2
主体工程中具有水保功能的工程量			131934.7	312325.4	30960.74	33145.4	10	520	1723	73			
合计	72982.06	101230	159757.2	398614	32690.3	33325.98	4253.6	8690	9221.2	832.512	108	177.24	10104.4

表3-5　　　　　　　　黄壁庄水库除险加固工程水土保持工程主要工程量（二）

工程名称	主　要　工　程　量											
	钢筋/kg	混凝土/m³	天然石材/m³	卵石路面/m²	喷石漆/m²	假山/t	木材/m³	铺设卵石/m²	防水毯/m²	碎石路面铺设/m³	塑料或混凝土排水管/m	水泥砂浆抹面/m²
主坝下游环境治理	4584.7	847.15										
副坝下游环境治理			2870	2020								
管理处环境整治	4584.7	866.98	2870	2020	154.6	93.5	6.434	6600	223.7			
主体工程中具有水保功能的工程量			27716.2							961.1	6767.1	362126
合计	9169.4	29430.33	5740	4040	154.6	93.5	6.434	6600	223.7	961.1	6767.1	36126

生态花园 绿草茵茵

花草相依 水天相长

由于受到种植季节影响，副坝压坡平台绿化（桩号 1+650～6+000）、新增非常溢洪道引渠右岸护坡种植未能及时实施，因此将此项工程列入二期水土保持工程项目。二期水土保持项目由水库管理局负责实施和管理，管理局于 2005 年 10 月底完成了土地平整，2006 年 4 月上旬完成苗木栽植。在二期水土保持项目施工中，管理局从土地翻整、树苗选购、树坑开挖到植树、浇水管护等，各个工序都严把质量关。其中副坝平台共翻整土地 320.5 亩；副坝种植各种树苗 26106 株，其中乔木 15030 株，花灌木 11076 株；新非引渠右岸种植乔灌木 520 株，机械、人工挖树坑 26176 个。工程投资 404535.55 元，其中土地翻整 105000 元，购置苗木款 176458 元，挖树坑、种植、管护等费用 123080.55 元。

十、水库下游用水补偿工程

由于黄壁庄水库副坝基础渗漏是水库副坝下游地区地下水的重要补给来源之一，除险加固工程中副坝垂直防渗墙工程的实施，对副坝下游地区的地下水补给产生了一定的影响，造成地下水位下降，水量减少，影响到附近的工农业生产，为此需对地下水受影响地区进行补水。

通过分析，确定了黄壁庄水库副坝防渗墙的影响范围，分为严重区、较严重区及较弱区。补偿范围为严重区和较严重区。严重区位于副坝坝后 7 千米范围内，石津渠以西、闫同村以北，区内地下水在截渗 1 年后埋深降幅都大于 3 米，靠近副坝处最大可达 20 米；较严重区位于坝后 7～14 千米，地下水降落漏斗西北边缘以外，滹沱河以西，地下水降幅 0.5～3 米。影响区范围内包括 40 个村镇（其中严重区 22 个，较严重区 18 个），人口 74852 人（其中严重区 38438 人、较严重区 36414 人），耕地 68652 亩（其中严重区 26882 亩，较严重区 41770 亩），影响区用水大户是农业。

黄壁庄水库除险加固下游用水补水工程：计三渠渠首灌溉节制闸更新改造，计三渠引水口段位于重力坝下，计三渠引水口至计三渠进口闸之间的引水洞，施工中对渠底浆砌石进行了改建，由浆砌石改为了混凝土，对进口闸进行了重建；计三渠干渠扩挖 4260 米；新建暗涵 318.5 米；计三渠干渠险工段衬砌加固 4000 米；建渡槽 6 座，更新及改造水闸 6 座，增加闸 23 座，建设道桥 16 座；源泉渠二支渠扩建 1273 米和斗渠新建 2948 米；打生活用水井 40 眼；打观测井 20 眼。

第四节 副坝塌坑处理

1999 年 10 月至 2002 年 11 月期间，在副坝防渗墙施工中先后共发生过 7 次塌坑，除 5 号塌坑位于桩号 2+848～2+861 外，其余塌坑均发生在桩号 4+026～4+360 之间，长度约 330 米的范围内。历次塌坑情况见表 3-6。

1 号塌坑：1999 年 10 月 22 日，中心桩号 4+316.3 发生塌坑。地表塌坑大小：顺坝轴线方向长度 30.5 米，垂直坝轴线方向长度 22.5 米（导向槽轴线上游 11.5 米，下游 11 米）。塌坑影响范围：

顺坝轴线方向长度 83.5 米，垂直坝轴线方向长度 33.2 米。地表塌陷深度 5.2 米，坍陷方量 732 立方米。

2 号塌坑：2000 年 5 月 22 日，中心桩号 4＋130.7 发生塌坑。地表塌坑顺坝轴线方向长度 40 米，塌坑影响范围：顺坝轴线方向长度 100 米，地表塌陷深度 5.8 米。

3 号塌坑：2000 年 9 月 3 日，中心桩号 4＋062.7 发生塌坑。地表塌坑顺坝轴线方向长度 10.5 米，垂直坝轴线方向宽度 10.3 米（防渗墙轴线上游 5 米，下游 5.3 米）。塌坑影响

副坝塌坑处理

范围：顺坝轴线方向长度 50.8 米，垂直坝轴线方向宽度 31.5 米。地表塌陷深度 7.3 米，塌陷方量 700 立方米。

4 号塌坑：2001 年 5 月 1 日，中心桩号 4＋126.7 发生塌坑。地表塌坑顺坝轴线方向长度 34.8 米，垂直坝轴线方向宽度 30.6 米（导向槽轴线上游 14.4 米，下游 16.2 米）。塌坑影响范围：顺坝轴线方向长度 96.8 米，垂直坝轴线方向宽度 66.9 米。（导向槽轴线上游 26 米，下游 40.9 米）。地表塌陷深度 8.78 米，坍塌方量 2500 立方米。

5 号塌坑：2001 年 10 月 5 日，中心桩号 2＋848（02 槽）和 2＋861（04 槽）发生塌坑。02 槽孔和 04 槽孔彼此相邻，地表坍塌轮廓线虽不相连，但底部砂层相互影响贯通，因此根据坍塌部位划分为一体，称为 5 号塌坑。地表塌坑大小：02 槽孔处的塌坑顺坝轴线方向长度 13.3 米，垂直坝轴线方向宽度 15.5 米，塌陷可见深度 3.5 米，04 槽孔处的塌坑顺坝轴线方向长度 9 米，垂直坝轴线方向宽度 6 米，塌陷可见深度 3 米。

6 号塌坑：2002 年 3 月 4 日，中心桩号 4＋088.7 发生塌坑。地表塌坑顺坝轴线方向长度 46.2 米，垂直坝轴线方向长度 53.5 米，地表塌陷深度 12.1 米，坍陷方量 3900 立方米。

7 号塌坑：2002 年 11 月 11 日，中心桩号 4＋050.7 发生塌坑。地表塌坑顺坝轴线方向长度 5.4 米，垂直坝轴线方向长度 4.7 米，地表塌陷深度 1.28 米，坍陷方量 320 立方米。

副坝防渗墙施工过程中塌坑的发生，引起了各级领导、专家和有关部门的高度重视，从 1 号塌坑开始，先后召开过十余次不同级别和规模的专家咨询论证会，分析讨论产生塌坑的原因和机理，研究预防塌坑的方法和塌坑处理措施。根据有关专家意见和对地质、施工情况的分析，认为产生塌坑的原因主要有以下几个方面：

一是地层中存在浆液和细颗粒流失的通道。副坝地层地质条件非常复杂，不良工程地质问题较多，其中卵石层、卵石层与碎石层接触带、含碎石黏土层与基岩接触带以及裂隙和岩溶发育的基岩部位为严重漏浆层位，卵石层局部疏松或有架空现象，卵石层下部与基岩顶部有集中强渗漏带，基岩节理裂隙发育并有溶隙、溶槽、溶洞等。塌坑坝段基岩以大理岩为主，大理岩和千枚岩互层为辅，在塌坑段进入岩层的 56 个钻孔中，发现溶洞的孔数占总孔数的 28.57%，钻孔岩溶发育率 4.6%，表明该段属岩溶发育地段。地质勘查资料亦表明，溶洞或溶蚀裂隙分布高程不等，局部连通较好。钻孔揭露基岩内溶洞发育，最大洞径 6.5 米，钻探及物探均未发现地下暗河，但钻探及物探均表明基岩水与上部孔隙水有良好的水力联系。在防渗墙施工过程中，当槽孔与强渗漏带或溶洞连通时，会导致突发漏浆和细颗粒流失，形成一定范围的坍塌。从几次塌坑发生的过程来看，每次塌坑发生前均有严重漏浆现象，尽管漏浆的部位有所不同，严重漏浆是产生塌坑的主要原因之一。

副坝地基中分布的含碎石土层，在施工中漏浆情况较为少见，而在 6 号塌坑施工中，该层位漏浆较为严重，勘探中亦多见漏浆现象，推测在该范围内碎石黏土层下部疏松，而基岩顶部溶蚀或裂隙发育，并在一定范围内形成渗漏通道，造成含碎石黏土层局部漏浆，并逐渐扩大破坏范围，形成一定范

围的软土。施工资料反映，在碎石黏土层与基岩接触带漏浆过程中，反复漏浆的位置会随着堵漏向上发展，也可间接说明集中渗漏对碎石黏土层的破坏。

二是存在易失稳的地层。塌坑段地层结构从上至下依次为坝体土、坝基土、砂层、卵石层、含碎石黏土层和基岩。砂层层厚在20米左右，多呈稍密～中密状态，局部呈疏松状态，稳定性较差，在发生严重漏浆时，极易随泥浆和渗流由渗漏通道流失，造成地层脱空失稳发生坍塌；坝体土和坝基土质量不均，局部软弱，长时间浆液析水浸泡会发生抗剪强度降低、性能恶化、孔壁失稳等情况。勘探表明，卵石层在塌坑后层位基本上没有变化，流失的土层主要是卵石层上覆的砂层和土层。

三是施工工艺与地质条件不相适应。首先，由于副坝地层地质条件的复杂性，防渗墙施工采用冲击钻造孔成槽的施工工艺，在施工过程中持续强烈的震动，使地层遭到破坏，易引起槽孔壁坍塌。防渗墙造槽施工采用膨润土泥浆护壁，泥浆顶面与地下水面高差20多米，且泥浆比重大于水，故形成了较大的压力差，当冲击造孔至强渗漏地层，护壁泥浆在高压作用下大量流失，将槽内坍塌物及失稳层细颗粒带走。其次，由于对塌坑机理的认识有一个过程，对塌坑产生的原因有不同的理解，客观上造成了思想上虽重视了，工艺上也改了又改，却还是与地质条件不相适应，还是没有避免塌坑的再次发生。

四是防渗墙合拢段水流流态恶化。副坝地基存在有强渗漏层，后几次的塌坑段实际成为防渗墙的合龙口，过水断面缩窄，地下水流速加大，恶化了水文、地质条件，因此施工中成槽的难度和发现漏浆后的堵漏难度都相当大，这可能是后几次塌坑以及塌坑规模较前几次大的原因之一。

副坝历次塌坑情况、副坝防渗墙施工塌坑处理主要工程量详见表3－6、表3－7。

表3－6　　　　　　　　　　　　　　副坝历次塌坑情况简表

塌坑编号	发生日期/(年.月.日)	中心桩号	塌坑面积/m²	最大塌陷深度/m	影响范围/m²	估计塌陷方量/m³
1	1999.10.22	4＋316.30	30×22.5	5.2	83.5×33.2	732
2	2000.5.22	4＋130.70	40×18	5.8	长100	
3	2000.9.3	4＋062.70	10.5×10.3	7.3	50.8×31.5	700
4	2001.5.1	4＋126.70	34.8×30.6	8.78	96.8×66.9	2500
5	2000.9.1	2＋848.00	13.3×15.5	3.5	—	
	2001.10.5	2＋861.00	9.0×6.0	3.0		
6	2002.3.4	4＋088.70	46.2×53.5	12.1	127×79.5	3900
7	2002.11.11	4＋050.70	5.4×4.7	1.28	52.6×57	320

表3－7　　　　　　　　　　　　　　副坝防渗墙施工塌坑处理主要工程量

项目	塌坑编号							合计
	1	2	3	4	5	6	7	
土石方开挖/m³	24465	2741	1514	77106	5800	98280		223541
土石方回填/m³	19750	112	13537	67953	5800	151167		258319
旋喷桩/m	3611	5010						3965
振冲桩/m			4214	15498		11727		31439
振冲桩灌浆/m						2590		2590
深搅墙/m²				1380				1380
充填桩/m³						3934		3934
坝基堵漏灌浆/m	364		1000			8213		8213
坝体灌浆/m							2192	2192
砌石护坡/m³	787	1135	817	2716		8603		14058
反滤料/m³	2047	932	676	4172		12903		20730

注　1.6号塌坑处理坝基预灌浆工程量中包括了7号塌坑发生后的增加量。

　　2.表中数值为施工单位提供。

塌坑处理从 1999 年 11 月 8 日开始，至 2003 年 9 月 4 日结束。对每一次塌坑处理的施工质量，各项工程均进行了检查和检测，根据检查结果，塌坑处理 170 个单元工程，经施工单位初评，合格率 100%。优良率 83.5%。经监理复评，质监站核定，各个塌坑处理单元工程质量等级评为合格。

第五节 除险加固工程安全鉴定

根据水利部颁发的《水利水电建设工程蓄水安全鉴定暂行办法》，原河北省黄壁庄水库除险加固工程建设局委托水规总院进行了竣工前安全鉴定。安全鉴定分 3 个阶段进行。2003 年 9 月至 2004 年 1 月下旬为准备工作阶段，主要是了解和熟悉工程有关设计、施工文件，拟定竣工前安全鉴定工作大纲等。2004 年 2 月中旬至 2004 年 4 月上旬为第二阶段，在加固工程现场进一步了解工程建设实际情况的基础上，提出安全鉴定初稿。2004 年 4 月 2 日至 5 月 20 日为第三阶段，进一步对安全鉴定进行修改补充，最终正式提出黄壁庄水库除险加固工程竣工前安全鉴定报告。主要鉴定意见如下：

（1）黄壁庄水库主要除险加固项目于 2003 年 7 月完工，由于岗南水库除险加固工程下泄库水，使黄壁庄水库最高蓄水位达 119.55 米（接近正常蓄水位 120.00 米），各建筑物经历了数月较高蓄水位的考验，根据工程安全监测资料分析，各建筑物运行状态基本正常，水库继续蓄水运用不影响工程安全，即黄壁庄水库除险加固后，水库可按设计正常运行。但岗南水库除险加固期间，黄壁庄水库汛期运用水位应符合有关主管部门确认的防汛方案要求。

（2）副坝加固工程设计基本合理，塌坑段的处理措施是有效的，工程施工质量基本满足设计要求。现有的安全监测资料表明，除旋喷墙坝段外，加固后副坝垂直防渗墙效果显著，目前坝体与坝基渗透稳定安全，副坝可以投入正常运用。鉴于副坝工程尚未遭遇更高库水位、水位骤降及地震工况考验，运用过程中，须加强监测并及时整理分析，遇异常情况应立即分析原因，必要时采取有效处理措施。

（3）主坝、正常溢洪道、非常溢洪道除险加固设计合理，在各种运用工况下，建筑物稳定安全系数满足现行规范要求，各混凝土建筑物满足结构要求，土建工程总体施工质量满足设计要求。

（4）新增非常溢洪道总体布置和结构设计合理，符合有关规范要求，土建工程总体施工质量满足设计要求，具备正常运用条件。

（5）除险加固和新建项目中各类闸门、启闭机等金属结构设备布置及选型基本合理，针对除险加固工程和具体情况采取的措施是合理的，设计符合现行有关技术规范。各类闸门和启闭机制造、安装和联调监测记录满足有关规范和技术要求。金属结构设施基本满足水库蓄水和安全运用要求。

综上所述，经安全鉴定与评价，黄壁庄水库除险加固工程设计基本合理，施工总体质量良好，工程具备正常运用条件。

第六节 工 程 验 收 情 况

一、阶段验收

1999 年 9 月 28—29 日，由河北省水利厅主持对新增非常溢洪道闸室段基础开挖进行了阶段验收。1999 年 10 月 27 日，由原建设局主持对新增非常溢洪道挑坎段土石方开挖进行了阶段验收。

二、单位工程验收

黄壁庄水库除险加固工程共划分为 16 个单位工程，由于下游用水补偿单位工程受地方征占地等影响至今尚未完工验收已作为遗留问题，故只对 15 个单位工程进行验收。

按照《水利水电建设工程验收规程》有关规定，黄壁庄水库除险加固工程单位工程完工验收由黄壁庄水库除险加固工程建设局主持（表中简称为建设局），工程投入使用验收由省水利厅主持。各单位工程验收情况见表3-8。

表3-8 工 程 验 收 情 况 表

单位工程名称	主持单位	验收日期/(年．月．日)	质量等级	移交日期/(年．月．日)
△副坝混凝土防渗墙Ⅰ标段	建设局	2003.7.29	优良	2005.5.21
△副坝混凝土防渗墙Ⅱ标段	建设局	2003.7.30	优良	2005.5.21
△副坝混凝土防渗墙Ⅲ标段	建设局	2003.7.30	优良	2005.5.21
△副坝混凝土防渗墙Ⅳ标段	省水利厅	2004.3.15	优良	2005.5.21
副坝高压喷射防渗墙	建设局	2003.7.30	优良	2005.5.21
副坝坝体恢复和坝坡整治	省水利厅	2004.6.3	优良	2005.5.21
副坝防渗墙墙底基岩灌浆	省水利厅	2003.9.25	合格	2005.5.21
△新增非常溢洪道	省水利厅	2003.9.25	优良	2004.4.30
△正常溢洪道加固改建	省水利厅	2004.6.3	优良	2004.6.15
电站重力坝加固改建	省水利厅	2003.9.24	优良	2003.11.7
主坝坝坡整治	省水利厅	2004.3.16	合格	2004.4.30
△非常溢洪道闸门改建	省水利厅	2003.12.18	优良	2004.5.25
工程管理自动化系统	省水利厅	2004.12.23	优良	2005.5.21
环境治理与水土保持	建设局	2005.4.1	合格	2005.4.19
管理设施	省水利厅	2004.9.27	优良	2004.9.30

注 单位工程名称前"△"符号表示为主要单位工程。

三、专项验收

2004年9月17日，河北省鹿泉市公安局消防大队对本工程进行了消防设施专项验收，验收意见为该工程符合《建筑设计防火规范》和《水利水电工程设计防火规范》的要求。2004年11月29日，河北省环境保护局主持并通过了黄壁庄水库除险加固环境保护竣工验收。2005年5月17日，河北省水利厅主持并通过了黄壁庄水库除险加固工程水土保持设施竣工验收。2005年6月22日，省档案局、省水利厅组成档案专项验收组，主持并通过了黄壁庄水库除险加固工程档案专项验收。2005年12月5日，河北省安全生产监督局委托河北省安全生产宣教中心，依据水利部水规总院编制的《黄壁庄水库除险加固工程蓄水安全鉴定报告》，组织并通过了安全专项验收。

四、工程初步验收

2005年6月22—25日，水利部、水利部海委、省水利厅、省重点建设领导小组办公室、省环保局、省档案局、黄壁庄水库除险加固工程建设局、水利部水利工程质量监督站黄壁庄项目站、河北省水利水电工程监理中心、水利部河北水利水电勘测设计研究院、各施工单位、黄壁庄水库管理局等单位及有关专家共同对工程进行了初步验收。验收结论：工程已按批准的设计规模、建设内容如期完建；同意工程质量监督单位的评定意见，工程质量等级评定为优良；工程档案资料比较齐

除险加固工程验收会

全；同意通过初步验收。

五、工程竣工验收

2005 年 12 月 23—24 日，河北省发展和改革委员会、水利部、水利部海委、省水利厅、省重点建设领导小组办公室、省环保局、省财政厅、省审计厅、省档案局、省消防局、省安全生产监督管理局、省总工会、省财政评审中心、省防汛抗旱指挥部办公室、水利部水利工程质量监督站黄壁庄项目站、石家庄市人民政府、市发展和改革委员会、市重点建设领导小组办公室、市水利局，鹿泉市人民政府，灵寿县人民政府等单位及有关专家组成验收委员会对工程进行了竣工验收。验收结论：黄壁庄水库除险加固工程已按批准的设计内容和标准完成；施工质量总体优良；工程档案资料基本齐全，管理规范；工程投资全部到位；竣工财务决算已通过审计，资金使用基本合理，财务管理基本规范；工程运行正常，已初步发挥效益。竣工验收委员会一致同意黄壁庄水库除险加固工程通过竣工验收，交付管理单位投入运行。

六、工程遗留问题及完成情况

一是副坝下游压坡平台（桩号 1+650～6+000）与新非引渠右岸的水土保持工程中的绿化项目，应于 2006 年春季完成。由水库管理单位继续负责实施，省水利厅组织验收。水库管理局于 2006 年 4 月完成了该水保项目，水利厅于 2006 年 6 月组织并通过了验收。二是正常溢洪道表孔闸门自动化系统现场调试，应于 2006 年汛期完成。由水库管理单位组织实施，省水利厅组织验收。水库管理局于 2006 年 6 月组织原施工单位完成了该项遗留工程。2006 年 6 月省水利厅组织通过了验收。三是下游用水补偿工程计三渠 193 米渠段、源泉渠二支渠中段 273 米及新建斗渠等未完工程由石家庄市水利局负责实施，应于 2006 年 1 日前完成，由省水利厅会同省环保局组织验收。

第三章　除险加固后各建筑物基本情况

第一节　除险加固后各建筑物总体指标情况

1998—2004 年除险加固后与水库初建、扩建后指标情况产生了较大变化，具体情况见表 3-9，现状技术指标情况见表 3-10。

表 3-9　　　　　　　　　　　　　黄壁庄水库工程技术指标变化表

工程技术指标			1965 年扩建前	1965 年扩建后	1998 年加固后
标准		设计		1000 年一遇	500 年一遇
		校核		1000 年一遇	10000 年一遇
水库特征		调节性能	年调节	年调节	年调节
		校核洪水位/m		127.6	128
		设计洪水位/m		127.6	125.84
		正常蓄水位/m		120	120
		汛限水位/m	113	114	115
		死水位/m		110	111.5
		总库容/亿 m³	8.5	12.1	12.1
		防洪库容/亿 m³		8.68	6.97
		兴利库容/亿 m³		4.64	3.77
		死库容/亿 m³		0.82	0.69
主副坝		主坝顶高程/m	125	128.7	128.7
		主坝坝长/m		1843	1757.63
		副坝顶高程/m	125.3	129.2	129.2
		副坝坝长/m		6907.3	6907.3
正常溢洪道	表孔	型式		开敞式实用堰	开敞式实用堰
		堰顶高程/m	113	113	113
		堰顶净宽/m	12×8 孔	12×8 孔	12×8 孔
		最大泄量/(m³/s)	6600（包括底孔）	10867	10867
	底孔	进口底高程/m	107	107	107
		洞径	2 孔，3.5m×3.5m	2 孔，3.5m×3.5m	2 孔，3.5m×3.5m
		最大泄量/(m³/s)	400	400	400
非常溢洪道		型式		胸墙式宽顶堰	胸墙式宽顶堰
		堰顶高程/m		108	108
		堰顶净宽/m	约 50	7.8×11 孔	7.8×11 孔
		闸门型式		钢筋混凝土平板门	平板钢闸门
		最大泄量/(m³/s)	1500	12700	12700

续表

工程技术指标			1965 年扩建前	1965 年扩建后	1998 年加固后
重力坝	灌溉洞	进口底高程/m		103	103
		洞径		1孔，4.5m×4.5m	1孔，4.5m×4.5m
		最大泄量/(m³/s)		110	110
	发电洞	进口底高程/m		104	104
		洞径		3孔，3.5m×3.5m	2孔，3.5m×3.5m
		装机容量/kW		16000	16000
新非		型式			胸墙式宽顶堰
		堰顶高程/m			108
		堰顶净宽/m			12×5孔
		闸门型式			平板钢闸门
		最大泄量/(m³/s)			8980

表 3-10　　　　　　　　　　　黄壁庄水库工程技术指标表

建设地点：河北省鹿泉市黄壁庄镇		所在河流：子牙河系滹沱河干流
水库类型：大（1）型 水库等级：一级		高程系统：大沽
地震设防烈度：Ⅶ度		
水库特性	调节性能	年调节
	校核洪水位/m	128.0
	设计洪水位/m	125.84
	正常蓄水位/m	120.0
	汛限水位/m	115.0
	死水位/m	111.5
	总库容/亿 m³	12.1
	防洪库容/亿 m³	6.97
	兴利库容/亿 m³	3.77
	死库容/亿 m³	0.69
主坝	坝型	水中填土均质坝
	坝顶长度/m	1757.63
	坝顶高程/m	128.7
	最大坝高/m	30.7
	坝顶宽度/m	7.5
	防浪墙顶高程/m	129.9
副坝	坝型	水中填土均质坝（混凝土防渗墙加固）
	坝顶长度/m	6907.3
	坝顶高程/m	129.2
	最大坝高/m	19.2
	坝顶宽度/m	6.0
	防浪墙顶高程/m	130.4

续表

重力坝		坝型	混凝土坝
		坝顶长度/m	136.5
		坝顶高程/m	128.0
		最大坝高/m	28.0
	灌溉洞	进口底高程/m	103.0
		洞径	1孔，4.5m×4.5m
		闸门型式	平板钢闸门
		最大流量/(m³/s)	110
	发电洞	进口底高程/m	104.0
		洞径	2孔，3.5m×3.5m
		闸门型式	平板钢闸门
		最大流量/(m³/s)	120
		装机容量/kW	16000
	西柏坡电厂	进口底高程/m	104.0
		洞径	2孔，直径1.4m
		闸门型式	平板钢闸门
		最大流量/(m³/s)	1.90
	石市地表水厂	进口底高程/m	105.9
		洞径	2孔，1.5m×1.5m
		闸门型式	潜孔式平板钢闸门
		设计引水流量/(m³/s)	3.2
		校核引水流量/(m³/s)	4.42
		引水方式	埋管自流
正常溢洪道		型式	开敞式实用堰
		堰顶高程/m	113.0
		堰顶净宽	12m×8孔
		闸门型式	弧型钢闸门
		闸门尺寸	高13m，宽12m
		最大泄量/(m³/s)	10867
	泄洪洞	进口底高程/m	107.0
		洞径	2孔，3.5m×3.5m
		闸门型式	平板钢闸门
		最大泄量/(m³/s)	400
非常溢洪道		型式	胸墙式宽顶堰
		堰顶高程/m	108.0
		堰顶净宽	7.8m×11孔
		闸门型式	平板钢闸门
		闸门尺寸	高12m，宽7.8m
		最大泄量/(m³/s)	12700（20950）
新增非常溢洪道		型式	胸墙式宽顶堰
		堰顶高程/m	108.0
		堰顶净宽	12m×5孔
		闸门型式	弧型钢闸门
		闸门尺寸	高12m，宽12m
		最大泄量/(m³/s)	8980（20950）

灵正渠涵管	型式		主坝内圆形埋管
	进口底高程/m		100.5
	洞径		1 孔，直径 1.45m
	装机容量/kW		800
	设计流量/(m³/s)		8
	最大流量/(m³/s)		11
下游情况	重要城镇		25 个市县
	人口数量/万人		1245
	耕地面积/万亩		1800
	重要工矿区		华北油田、大港油田
	重要铁路		石德、石太、京广、京九、津浦
	重要公路		京深、京开、107 国道
	河道安全泄量/(m³/s)		3300
	距京广铁路距离/km		27
	距石家庄市距离/km		25
移民征地	移民高程/m		125
	征地高程/m		120
	管理保护范围/亩		151228
	确权土地面积/亩		98881.2
水文特征	流域面积/km²	全流域	24690
		坝址以上	23400
		岗南以上	15900
		岗黄区间	7500
	防洪标准	设计标准	500 年一遇
		校核标准	10000 年一遇
	利用的水文年限/年		57
	多年平均降水量/mm		529
	多年平均径流量/亿 m³		21.5（含岗南）
	流量/(m³/s)	多年平均流量	69.8（含岗南）
		实测最大流量	18200（1996 年）
		调查历史最大流量	35000（古洪水）
		设计标准洪峰流量	26400
		校核标准洪峰流量	44680
	洪量/亿 m³	实测洪水流量（6 日）	25.97（1963 年）
		设计洪水流量（6 日）	47.08
		校核洪水流量（6 日）	79.16
	泥沙	多年平均输沙量/万 t	1785
		岗黄区间/万 t	691
		多年平均含沙量/(kg/m³)	8.1
	泄量/(m³/s)	5 年一遇洪水下泄	400
		10 年一遇洪水下泄	800
		50 年一遇洪水下泄	3300
		设计洪水位时最大泄量	19700
		校核洪水位时最大泄量	32270

续表

工程运用	最高洪水位/m		122.97
	发生日期		1996 年 8 月 5 日 5 时
	最高蓄水位/m		120.42
	发生日期		1970 年 3 月 9 日
	年最大供水量/万 m³		145200
	发生年份		1979
	水质情况		Ⅱ类水
管理情况	管理职工人数/人		176
	固定资产原值/万元		122310
	运行管理费/万元		4281
	大修理费/万元		1835
	折旧费/万元		901
	水费收入/万元		1490
	电费收入/万元		25.4
	多种经营纯收入/万元		61
工程效益	防洪保护	省辖市区	2
		市县个数	25
		人口/万人	1245
		耕地/万亩	1800
		保献县泛区	5 年一遇
		保河滩地	10 年一遇
		滹沱河南大堤	50 年一遇
		滹沱河北大堤	100 年一遇
	灌溉	设计/万亩	273.7
		有效/万亩	187
		年均供水量/(万 m³/年)	70000
	水力发电	设计装机/kW	1×16000/1×800
		实际装机/kW	1×16000/1×800
		设计发电/(万 kW·h)	4275/110
		实际发电/(万 kW·h)	2164/104
	城市供水	设计/(万 m³/年)	10000
		实际/(万 m³/年)	6000
	环境用水	设计/(万 m³/年)	3000
		实际/(万 m³/年)	2000
	工业用水	设计/(万 m³/年)	6300
		实际/(万 m³/年)	2000
	养鱼	养鱼水面/万亩	7.4
		最高总产/万 kg	280
		最高单产/(kg/亩)	37.9
		年份	1995

续表

库区迁淹	赔偿高程/m	120
	移民高程/m	125
	淹没耕地/万亩	4.09
	迁移人口/人	40397
绿化	应绿化面积/亩	1000
	已绿化面积/亩	900
大坝安全状况	除险加固情况	水利部1999年2月批复初设，1999年3月正式开工。工程项目主要包括：副坝垂直防渗墙工程、重力坝和溢洪道加固、新增非常溢洪道、机电及金属结构设备更新改造、水情自动测报及建筑物监控自动化系统工程、环境整治等，总投资9.94亿元。2005年12月通过验收
	安全鉴定	2006年3月黄壁庄水库大坝安全鉴定结论：除险加固工程完工后，黄壁庄水库具备正常运用条件，黄壁庄水库鉴定为一类坝

注 1. 非常溢洪道最大泄量括号内数据为新旧非常溢洪道联泄流量。
　　2. 大沽高程−1.509m＝85国家高程。

第二节　主　坝

主坝型式为水中填土均质坝。坝顶高程128.7米，最大坝高30.7米，南端起自正常溢洪道左边墩，迄北跨过滹沱河床与新增非常溢洪道右边墙相接，坝顶轴线全长1757.63米（桩号0＋156.038～1＋913.67），主坝零点位于主坝轴线与正常溢洪道右边墙交点处。

坝顶宽度8.0米（包括0.5米路缘宽度），沥青混凝土路面厚6厘米，坝顶上游设有0.5米厚料石防浪墙，墙顶高程129.9米，下游设有间隔式浆砌石路缘石；坝体上游护坡为干砌石、混凝土预制块护坡，坡比为1∶2.75、1∶4.5，桩号0＋200～1＋400范围内125.0～128.7米上游护坡为混凝土预制块护坡，下铺0.5米厚砂石反滤层，其余范围护坡为0.4米厚干砌石，下铺0.5米厚砂石反滤层；下游护坡全部改为厚30厘米干砌石护坡，下铺15厘米厚碎石垫层，在117.5米高程设有宽2米的马道，马道以上坝坡坡比为1∶2.5，马道以下坝坡坡比为1∶3.5。坝的两端与正常溢洪道及新增非常溢洪道连接部位上游护坡为浆砌块石，浆砌石厚度为0.5米。

主坝全景

坝下路路面高程为110.00～124.00米，路面净宽6米，沥青混凝土路面厚6厘米，下铺30厘米厚"二八"灰土。坝下路上游设有浆砌石坝坡排水沟，坝坡排水沟为梯形断面，底宽1.0米，深0.7米，边坡坡比为1∶0.5。坝下路下游至102.00米高程边坡坡比为1∶3.5。

为连接坝顶与坝下路，分别在桩号0＋245.55和1＋725.00处设有下坝路。桩号0＋245.55处下坝路全长297.09米，桩号1＋725.00处下坝路路面净宽5.0米。

1964年后，在1＋020～1＋200段已成坝体下游坡脚处设置有排水暗管，扩建中在桩号1＋050～1＋300段做了红土卵石压坡，压坡坡顶高程118～121米，压坡段顶宽20米。为排除坝坡雨水，在桩号0+560、0+637、0+730、0+855处设有泄水口，将坝坡雨水通过排水管、排水渡槽流入坝后排水沟，由坝后排水沟将坝坡水排入滹沱河。

由于主坝修建在主河床上，坝基渗流产生的承压水头较大，为了坝体和坝基的安全，在主坝桩号0+150~0+925坝前设有长约180米、厚1~3米的黏土铺盖，下游设有褥垫排水（桩号0+450~0+989）与排水沟。坝体下游桩号0+195~0+425及1+020~1+200两处设有预制混凝土排水暗管，管周围填有反滤料。坝坡排水沟分两段，桩号分别为0+266.5~0+561.5和0+558.7~1+700，全长1436.3米，用于汇集坝坡雨水，经排水沟、排水渡槽流入坝后排水沟；坝脚排水沟桩号0+470~0+955，全长525米，将主坝坝基渗流汇集后经量水堰流入坝后排水沟，起到减压排水的作用；坝后排水沟桩号0+610~0+955，全长345米，用于将坝坡排水沟雨水、坝脚排水沟渗水及正常溢洪道左岸桩号1+120处集水井内汇集的正常溢洪道底板渗水全部汇集后，经灵正渠电站发电尾渠排入滹沱河内。

坝轴桩号0+989.24处有灵正渠涵管穿过坝基。灵正渠涵管进水塔位于主坝上游约100米的库区内，在2001—2003年加固中将进水塔由122米接高至126米高程，其上设启闭机室。为便于管理，在灵正渠渠首设L形工作桥1座，工作桥总长90米，垂直坝轴线方向为5孔单桩Ⅱ形梁结构，每孔长17米；拐弯处轴线长5.0米，与进水塔相连接，井柱桩直径1.2米。

主坝桩号0+156.038~1+913.67防浪墙上设海鸥灯45套，照明灯具功率为2×250瓦，灯具间距约40米。在桩号1+050坝脚处设置一台80千伏安箱式变电站，箱式变电站外形为仿古建筑式，壁板采用2毫米厚铝合金喷漆彩板。

主坝现有监测设施96个（支），其中渗压计41支，水平位移及垂直位移标点各27个，量水堰1个。

第三节 副 坝

副坝由马鞍山开始，向南经石津渠电站古贤村折向西南，跨越古贤三沟、古运粮河和永乐沟、计三渠至马山村西，桩号为0+027.20~7+071.00，中间跨越电站重力坝（长136.5米），全长6907.30米。副坝是黄壁庄水库的主要建筑物之一，建筑物级别为Ⅰ级，地震设计烈度为Ⅷ度。坝型大部分为水中填土均质坝，局部为碾压式均质土坝，坝顶高程为129.2米，最大坝高19.2米，坝顶宽6.5米，坝顶铺设6厘米厚沥青混凝土路面。副坝零点位于重力坝左侧马鞍山区内，桩号0+200米为石津渠电站中心线。坝顶上游设有1.2米高防浪墙，其中桩号0+264~5+700为钢筋混凝土防浪墙，墙厚0.3米；桩号5+700~6+139为钢筋混凝土防浪墙，墙厚0.5米；桩号6+139~6+983.3为浆砌石防浪墙，墙厚0.5米，每10~20米设一道伸缩缝，墙顶高程为130.40米，坝顶下游设有间隔式砖砌体路缘石。上游护坡为干砌块石护坡，125米以上坡比为1:3.0，铺设0.3米厚的干砌石及0.4米厚的反滤料，125米以下坡比为1:4.5，铺设0.4米厚的干砌石及0.5米厚的反滤料；下游护坡分别采用混凝土预制块护坡（桩号0+255~1+555.771）、浆砌块石框格填碎石护坡（桩号1+555.771~4+800）、碎石护坡（桩号4+800~7+065）等型式，在120米高程处设有2.0米宽马道，马道上下边坡各为1:3.0、1:3.5。预制块护坡采用边长为0.35米的正六边形，厚0.1米，下铺0.2米厚碎石垫层；浆砌块石框格填碎石护坡的框格尺寸为$5.0米\times5.0米$，浆砌石肋条高0.4米，框格内充填物自下而上分别为石灰（5厘米）、粗砂（10厘米）、4~6厘米碎石（厚25厘米）；碎石护坡厚0.4米，其中碎石厚0.25米，砂砾石垫层厚0.15米。

副坝平台桩号2+744.518和4+213.60处设管理房2个，桩号1+043、2+198、6+100处设值班室3个，桩号2+100、3+700处设置2个弧形彩钢棚。

坝顶公路北起桩号0+264，南端与石闫公路在桩号7+078处交接，全长6814米，宽6.0米。坝后公路长6810米，宽4.0米，采用C30混凝土，厚0.2米，北接京获公路，南部在桩号6+903.5

副坝全景

处与坝顶公路交接。坝脚路北起桩号 0＋320，南端与坝顶公路在桩号 6＋132 处交接，全长 5812 米，路面高程为 116～129.2 米，路面净宽 7.0 米，沥青混凝土路面厚 6 厘米，下铺 30 厘米厚"二八"灰土，路两侧设有 0.5 米宽砂浆抹面路肩。坝脚路上游设有浆砌石坝脚排水沟，坝脚排水沟为矩形断面，宽 0.6 米，深 0.6 米。坝脚路下游护坡为干砌石护坡，坡比为 1：2。为连接坝顶路与坝脚路，分别在桩号 0＋340、2＋067.017、3＋038、3＋700、4＋913 处设有上坝路 5 条，为连接坝脚路与坝后公路，分别在桩号 1＋043、2＋198、2＋750、4＋200 处设有交通桥 4 座。

副坝坝后排水沟与坝顶之间受雨面积达 751837 平方米，为排除坝坡及平台雨水，自桩号 0＋500～5＋620 共建有浆砌石横向排水沟 29 条，自桩号 0＋192～5＋874.8 间坝后段建有排水沟，沟内用块石及垫层护砌。

黄壁庄水库副坝排水沟及排水支渠设施于 1961 年 3 月正式开工，1962 年 11 月基本完成。该工程包括 0＋420～5＋330.94 段的副坝纵向排水沟以及古运粮河以西和以东横向排水沟，古运粮河东岸、西岸 2 个跌水工程。其中，古运粮河以东的横向排水工程即为现在的一支渠工程，与副坝排水沟中心线交点桩号为 2＋483.02，一支渠桩号 0＋379～1＋053.65，

副坝坝脚公路

全长 674.65 米；古运粮河以西的横向排水工程即为现在的二支渠、三支渠，二支渠桩号 0＋000～0＋222，全长 222 米，三支渠桩号 0＋000～1＋033.45 全长 1033.45 米；二支渠与副坝排水沟中心线交点桩号为 3＋336.07，三支渠与副坝排水沟中心线交点桩号为 3＋629.44。在 1965 年的扩建工程中永乐段横向排水沟（即二支渠、三支渠）进行了重点改建。该段排水沟坡降由原来的 1：1000～2：1000 改为 3：1000，边坡改为 1：1.5，深度平均加深了 1～1.5 米。以古运粮河为界，分别经由东西跌水将副坝下游的雨水及坝基渗水经过一支渠、二支渠、三支渠排至古运粮河内。桩号 5＋330.94～5＋874.8 除有明排水沟外，还建有混凝土排水暗管，全长 377 米，暗管内径为 1.25 米，纵坡 1：5000，用于排除附近 16 眼减压井的溢水。1999—2005 年除险加固工程中，为改善交通条件，在副坝坝脚桩号 6＋000～6＋903.5 段新建混凝土路面，并在路面下设置排水暗管，路面中间有 6 个集水井用于将雨水集中排到排水暗管，然后沿排水暗管排至坝后排水沟。

由于坝基渗流产生的承压水头较大，为了坝体和坝基的安全，在副坝桩号 0＋360～6＋340 上游

范围内填筑铺盖防渗，厚度一般在 1 米左右，个别冲沟地段最厚达 5 米，铺盖长度最长处达 400 米，采用碾压法施工，仅在古贤沟、古运粮河、永乐沟的 107 米高程以下部分因水位较高，采用水中填土法施工。副坝坝后压坡平台是坝体填筑的一部分，副坝在除险加固工程前采用铺盖、减压井及减压沟等水平防渗措施，建库初期坝后坝基渗水压力线仍高于地面，不能完全避免管涌流土等险情的发生，因此采用放缓坝坡增加盖重，修建压坡平台，以保证坝体稳定。为排出坝基渗水，在坝后排水沟附近先后共打减压井 800 多眼，目前尚存 200 多眼。除险加固后，由于混凝土防渗墙截渗效果明显，除高喷段减压井（相应桩号 0＋400～0＋840.00）在高水位下有水溢出外，其余减压井目前已不再出水。

副坝桩号 5＋640～5＋920 库区内距坝轴线平均距离约 60 米有一圆弧形天然陡坎，全长约 400 米，垂直高度 4～8 米，地质情况比较复杂，为防止风浪冲蚀，在该段建有护岸工程，设计为黏土贴坡砂、石护坡，自桩号 5＋640～5＋660 补填黏土边坡坡比为 1∶7，其他部位边坡坡比为 1∶7，干砌石厚度为 30 厘米，下设有防冲槽，深 0.9 米，下底宽 0.2 米。

副坝坝后排水沟上下游共有 3 条向西柏坡电厂供水压力管道，分别在桩号 5＋871（三期管道，钢管直径 0.8 米）、5＋865（一期管道，混凝土管道直径 0.8 米）、6＋947.1（二期管道，钢管直径 0.8 米）处横穿坝体。

副坝桩号 0＋270～6＋131.75 防浪墙上设双叉高压钠灯 148 套，每盏功率为 250 瓦，灯具间距为 40 米。在坝脚及坝顶处共设置 80 千伏安箱式变电站 6 个，供电半径约 0.5 千米，自左至右桩号依次为 0＋598、1＋655、2＋610、3＋620、4＋660、5＋625（坝顶）。箱式变电站外形为仿古建筑式，壁板采用 2 米厚铝合金喷漆彩板。

副坝混凝土防渗墙轴线平面位置距副坝轴线 A 轴上游 2.9 米，即防浪墙位置。起止桩号为 0＋840～5＋700 米，长度为 4860 米，防渗墙顶高程 125.5 米，墙底嵌入岩石：深入弱风化基岩 1.0 米，深入强风化基岩 1.5 米，深入全风化基岩 2.0 米；断层破碎带部位入岩 3 米，溶蚀部位穿过溶洞后入岩 0.5 米。防渗墙最大墙深 68 米，墙体厚度 80 厘米，采用普通混凝土，标号为 C10W8，截渗面积达 27.15 万平方米。

副坝桩号 0＋117.85～0＋840.00 米为高压喷射旋喷墙，墙顶高程 125.50 米，采用三重管法，孔距不大于 0.9 米，单孔成桩直径：砂层不小于 1.3 米，土层不小于 1.1 米，旋喷墙厚度为 0.6 米，总面积约为 17660 平方米。其中桩号 0＋835～0＋840 段长 5 米的混凝土防渗墙与旋喷墙接头，采用双排孔旋喷墙的形式。桩号 6＋550.00～6＋750.00 为高压喷射摆喷墙，墙顶高程 119.00 米，平面长度 200 米，两种成墙工艺入岩均为 0.5 米。

混凝土防渗墙建成后，为避免因成墙后所承受的水力梯度过大造成地质条件不良地段的基岩渗透破坏和侵蚀加剧，在防渗墙上游（距离轴线 1 米）部分地段的墙底进行基岩灌浆处理，即在基岩下 1.0～13.0 米分两段进行灌浆。灌浆范围为防渗墙未穿透溶洞和破碎带的地段，总长度约 1079.5 米。

副坝现有监测设施 334 个（支），其中渗压计 85 支，内部水平位移计 7 个，内部垂直位移 11 个，外部垂直位移与水平位移各 33 个，防渗墙应力计、土压力仪器 120 支，测压管 45 个。

第四节　正常溢洪道

正常溢洪道位于马鞍山北侧，介于马鞍山与主坝桩号 0＋156.038 之间，由重力坝段的泄洪底孔、2 孔老溢流堰和 6 孔新溢流堰组成。正常溢洪道自溢流堰前阻滑板前端桩号 0＋987.00 起到二级消力池末端桩号 1＋878.87 止，全长 891.87 米，分为进口闸室段、陡槽段、一级消力池段、尾渠段和二级消力池挑坎段五部分。

1. 进口闸室段

进口闸室段自溢洪道桩号 0＋987.00 起至 1＋100.00 止，长 113 米。闸室段长 29.00 米（1＋011～1＋040），前沿总宽度 130.60 米，包括开敞式溢流堰段和泄洪底孔重力坝段。溢流堰段共 8 孔，每孔净宽 12 米，堰顶高程 113.00 米。相邻两孔溢流堰之间设闸墩，共 9 个，包括新堰的 1 个 1.5 米厚边墩、5 个 2.8 米厚的中墩、新老堰之间的 1 个 5 米厚的中墩、老堰的 1 个 2.8 米厚中墩和 1 个 1.8 米厚边墩。右 6 孔新溢流堰前设有长 20.0 米、厚 0.5 米的防渗阻滑板，板面高程 109.50 米，左 2 孔老溢流堰前在堰底板上设有 1.0 米厚的阻滑板，板面高程 107.00 米，并有黏土压重。两个泄洪底孔断面尺寸均为 3.5 米×3.5 米，孔底高程 107.00 米，上部为重力坝段。左岸边墙共 6 块，其中 1 号、2 号、5 号、6 号四块是按坝顶高程

正常溢洪道

122.00 米设计，3 号和 4 号是按坝顶高程 128.00 米设计。支墩上前部有公路桥，桥面高程 128.30 米，宽 7.0 米，后部有机架桥和启闭机房，机架桥桥面高 129.00 米。溢流堰下游设有 60.00 米长的护坦，厚度由 2.0 米渐变为 1.0 米。进口右边墙以弧形翼墙与马鞍山连接，均为重力式混凝土挡土墙，墙顶高程 128.00 米，防浪墙顶高程 129.00 米，墙后回填黏土。

2. 陡槽段

陡槽段自溢洪道桩号 1+040.00～1+440.00，全长 400 米，底高程由 107.00 米降至 104.61 米，底宽 129.4 米。底板采用 0.7 米厚水泥浆砌石及 0.3 米厚钢筋混凝土护面，两岸为水泥浆砌石重力式挡土墙，左岸边墙护有 0.3～0.5 米厚的混凝土，陡槽段桩号 1+040.00～1+070.00 之间的全部护坦、桩号 1+070.00～1+440.00 之间剥蚀较严重的护坦采用不锈钢纤维混凝土进行了加固，加固厚度为 10 厘米。

原基础排水系统分为两个部分，第一部分包括闸室底板基础排水系统和泄槽底板基础排水系统，第二部分为一级消力池的基础排水系统。第一部分排水系统在桩号 1+027～1+060 段设置了 3 层碎石、总厚为 60 厘米的整片排水反滤。桩号 1+060 以后在混凝土护坦纵、横缝下铺设了 40 厘米×50 厘米的纵、横向碎石排水沟，排水沟至 1+435 米与直径 1.25 米横向排水管相接，横向排水管中心高程 102.55 米，然后通过左岸边墙外侧排水暗管排至下游河道。左岸排水暗管长约 210 米，暗管中心高程 100.5 米，管径 1.0 米，其上设置 6 个观测竖井，排水管下接明渠。桩号 1+435 米断面右岸设 1 个观测竖井。泄槽底板之间采用沥青木板分缝，未设置止水。一级消力池基础排水设施：护坦纵横分缝下设置 40 厘米×50 厘米的横、纵向碎石排水沟，排水沟与下游桩号 1+526.75 米的廊道连接，廊道底高程 93.3 米，宽 1.5 米，高 1.4 米，该廊道与左岸排水暗管相接。在左边墙内侧高程 95.5 米处设置了 3 个直径 5 厘米的排水管。该排水管与护坦下碎石排水沟相连，在以后的加固中被堵塞。右岸 1∶2 躺坡在高程 97.0 米设置了直径 1.25 米的排水管，与下游廊道连接；上游渥奇段在桩号 1+453.7、高程 99.15 米设置直径 34 厘米的排水管，与左岸排水暗管连接。一级消力地排水系统的渗水均通过左岸暗管排至下游河道。经检查发现原有基础排水系统已大部分堵塞，不能正常排水。为此在本次除险加固工程中采用了改变出溢点，并降低出溢高程的自动抽排系统，其工程措施为：在桩号 1+070.00 断面设置碎石排水体和排水孔，拦截地下水，并将其集中到桩号 1+120.00 左岸集水井中，再利用自动抽排系统，将下渗水排至主坝下游坝脚排水沟中。碎石排水沟断面 1.5 米×1.5 米，排水孔直径 130 毫米，间距 1 米，深 10 米，共两排，交错布置。在距离左岸坡脚 11.40 米位置设宽 1.4 米、高 2.1 米的城门洞型纵向排水廊道，至桩号 1+120.00 后，沿垂直左边墙方向设同样断面型式和尺寸的横向排水廊道与边墙下的集水平洞相连，集水平洞断面 2 米×2 米，穿过边墙 12.8 米处与排水竖井连接。竖井内安装 2 台 QS100-15-7.5 型潜水泵，1 台工作 1 台备用，潜水泵由浮球液位开关自动控制运行。设计抽排启动水位 105.00 米。为便于管理，在竖井上方设建筑面积 25 平方米的控

制管理室。潜水泵电缆引自正常溢洪道配电室，经交通桥到左岸主坝坝头，沿左边墙埋线至控制管理室内。

3. 一级消力池

一级消力池段桩号为 1+440.00～1+550.00，长 110 米，宽 129.40 米，前部为抛物线段，中部为池身段，消力池深 5 米，底长 66 米，底高程 95.00 米。底板分四段，前两段有消力墩 2 排，高1.80 米和 1.20 米。后部为反坡段，反坡段左岸为直立重力式混凝土边墙，右岸原为坡度 1∶2.0 的

正常溢洪道消力池及挑坝段

躺坡（钢筋混凝土衬护），后在加固工程中改为直墙。一级消力池右岸躺坡改造采用混凝土填坡空腔加固处理方案，即在一级消力池右岸用混凝土填坡，使一级消力池右岸边坡与下游尾渠段右岸边坡保持平顺连接。混凝土填坡以一级消力池右岸边坡坡脚线为基线，以下游尾渠段右岸边坡断面为基面，将一级消力池护坡用混凝土回填至高程 100.00 米，再按 1∶2.0 向右岸起坡，起坡顶高程按 100年一遇洪水时相应一级消力池水位 107.00 米控制。为减少填坡混凝土工程量，在填坡内部设置 4.0 米×4.0 米空腔，空腔顶部设半径2.5 米，矢高比 4∶1 圆拱，以改善应力条件；

空腔之间以厚 1.25 米立墙间隔。立墙与老混凝土连接时，先将原护坡面层混凝土凿除至新鲜混凝土面、厚 5 厘米，并布设直径 20 毫米、间距 1 米、长 80 毫米的锚筋。为加强填坡混凝土的整体性，填坡纵向不分缝，横向分缝按原护坡分缝位置控制，缝距 16.5 米。

4. 尾渠段

尾渠段桩号为 1+550.00～1+828.87，长 278.87 米，底高程 100.40～100.20 米，坡降0.000718，底宽 129.4 米，在桩号 1+725.00 处尾渠段轴线向左侧偏转 10°，底宽逐渐增至 145.91米。底板为 0.5～0.7 米厚浆砌石，采用 0.2～0.3 米厚钢筋混凝土护面。右岸为 1∶2.0 躺坡，采用0.5～0.7 米厚浆砌石护坡。左岸为重力式边墙，顶高程 112.00～113.00 米，桩号 1+550.00～1+670.00 段墙下部迎水面高程 100.40 米以下采用 0.5 米厚混凝土护面。

5. 二级消力池挑坎段

二级消力池挑坎段桩号为 1+828.87～1+878.87，长 50 米，前 25 米为厚 1.0 米的混凝土防渗阻滑板，板面高程为 100.80 米。后 25 米为挑坎段，坎顶高程 94.50 米。左岸为重力式边墙，建在旧石津渠引水闸上，右岸边墙亦为重力式挡土墙，高程由 109.50 米降至 103.00 米。加固工程中，混凝土防渗阻滑板采用不锈钢纤维混凝土进行了处理，处理厚度 10 厘米。

6. 金属结构

金属结构包括溢洪道弧形工作闸门及液压启闭机、泄洪底孔工作闸门和固定卷扬式启闭机及底孔事故检修闸门和固定卷扬机等。

一是正常溢洪道表孔弧形工作闸门及液压启闭机。每孔设 12.00 米×13.00 米弧形工作闸门 1扇，共 8 扇，用于水库汛期开启泄洪。闸门设计水头 12.71 米，底槛高程 112.96 米，支铰中心高程121.46 米，曲率半径 15.00 米，总水压力约 10611 千牛。闸门为双主横梁斜支臂弧形钢闸门，门重量约 88.53 吨（不含支铰重量），门叶材料为 Q235B，主梁和支臂材料为 16Mn（16 锰钢）。上主梁为"工"字形截面，下主梁为箱形截面，支臂为箱形截面结构。闸门设两个吊点，吊点距 10.70 米。在闸门两侧设有 3 个间距不等的油尼龙侧挡块，侧挡块与侧轨之间间隙为 8 毫米。该弧形工作闸门由液压启闭机操作，启闭机容量为 2×1000 千牛，每扇弧门配置一套。液压启闭机上端悬挂安装在高程

127.186 米的铰轴上，活塞杆下端与弧门吊耳连接，连接轴承采用复合材料自润滑轴承。油缸工作额定压力 18.2 兆帕，系统最大压力 20 兆帕，行程 6.54 米，启闭速度约 0.5 米每分，启闭机设有开度指示、行程限制等控制设备，当液压系统渗漏闸门下降后可自动启动油泵使闸门复位，并设有自动纠偏装置，但在运用中，自动纠偏未投入，利用闸门刚度进行纠偏。6 号、7 号启闭机共用 1 套液压泵站，其他各台启闭机均设独立液压泵站，每个泵站设 2 套电动机油泵组，互为备用。为防止冬季水库结冰对闸门造成危害，在工作门前有潜水泵防冰冻设备。

二是泄水底孔工作闸门、事故检修闸门及固定卷扬式启闭机。在正常溢洪道左侧设有 2 孔泄水底孔，主要用于水库泄水和汛期泄洪。每孔设 3.5 米×3.5 米工作闸门 1 扇，共 2 扇，闸门底槛高程 107.00 米，设计水头 18.67 米，总水压力约 2186 千牛。闸门重 6.89 吨，动水启闭，下游止水，利用水柱闭门，水柱作用力约 310 千牛。闸门为潜孔平面定轮闸门，门叶为多主横梁结构，整节制造，门叶材料为 Q235B。该闸门通过拉杆由 2×400 千牛固定卷扬启闭机操作，启闭机扬程 12.00 米，启升速度 1.45 米每分，启闭机上装有数字开度控制和指示、电子荷载控制装置。

每个底孔工作闸门前设事故检修门，其尺寸为 3.5 米×3.5 米，共 2 扇。底槛高程 107.00 米，设计水头 18.67 米，总水压力约 2186 千牛。闸门重 6.45 吨，动水下门，静水启门，门顶设充水阀。闸门为下游止水，利用水柱闭门，水柱作用力约 377 千牛。闸门为潜孔平面定轮闸门，门叶为多主横梁结构，整节制造，门叶材料为 Q235B。该闸门门后未设通气孔，事故情况动水下门时由于通气不畅易造成闸门振动。在运行中应加强观测，若闸门振动严重影响安全运行时应加开通气孔。该闸门通过拉杆由 2×250 千牛固定卷扬式启闭机操作，扬程 12.00 米，启升速度 1.45 米每分，启闭机上装设有数字开度控制和指示、电子荷载控制装置。

三是正常溢洪道电气设备。正常溢洪道设置两个 10 千伏进线电源，该电源引自黄壁庄变电站的 432 号与 433 号出线回路。在正常溢洪道配电室设置 2 台 S9-200kV-10/0.4kV 的电力变压器与电源进线组成单元接线，并将 2×120 千瓦柴油发电机组作为应急备用电源，3 个电源构成工作-备用-应急备用的供电方式，两台变压器互为备用。在 0.4 千伏低压母线进线侧，三路电源设置自动切换装置，当工作变压器事故跳闸时，自动投入备用变压器，而当两台变压器均事故退出时，备用柴油发电机组自动投入运行。

0.4 千伏侧采用单母线不分段结线，低压配电屏出线回路以一对一的供电方式向用电负荷供电。

正常溢洪道设置照明专用高压开关柜，柜内设有变压器，供室内外照明。照明采用 380/220 伏三相四线制供电系统，根据设备照度要求选用照明灯具及照明方式，以满足运行及操作的要求。

在正常溢洪道工作桥旁边安装高度为 25 米的圆球形高杆灯，作为室外照明及闸门监控的照明。

第五节 非 常 溢 洪 道

非常溢洪道堰顶高程 108.00 米，共 11 孔，闸门净宽 7.80 米，孔口高度 12.00 米，闸室为带胸墙的宽顶堰，闸室总宽度 109.80 米，闸室底板高程 108.00 米，胸墙底高程 120.00 米，闸墩顶高程 124.50 米。闸室设检修闸门和工作闸门。检修闸门为混凝土叠梁门，启闭设备为简易移动式单向门机；工作闸门为潜孔预应力钢筋混凝土定轮闸门，每扇分上、中、下 3 节，采用销轴铰接联成整体，启闭设备为两台 2×1000 千伏台车式启闭机，闸门设计水位 126.10 米，操作条件为动水启闭。非常溢洪道投入运行后，在 1973 年汛前库水位 118.00 米提闸放水时发现启门力偏大，为确保水库安全，1976 年对非常溢洪道工作闸门进行了改造，将原闸门的上节门叶（高 5.60 米）改为钢闸门。由于非常溢洪道 11 孔工作闸门的启闭操作设备为 2 台活动式台车，在非常情况下启门速度太慢，不符合安全运用的要求，1982—1984 年将工作闸门启闭机改为一门一机，左边第一孔的启闭机为 1982 年从朱庄水库调来的旧设备，容量为 2×1250 千牛，左边第二、三孔的启闭设备为改装的原两台台车式启闭机，容量为 2×1000 千牛，其余八孔的启闭设备为新购置的固定卷扬式启闭机，容量为 2×1000 千牛。其土建部分进行了相应改建。2001 年 7 月，水利部水工金属结构安全检测中心对溢洪道工作闸门和启闭机进行检测并提出了安检报告，报告认为非常溢洪道工作闸门和部分启闭机已不能正常运行，同年黄壁庄水库加固工程进行了调概，将非常溢洪道工作闸门和部分启闭机的改建列入调概项目随除险加固工程一并实施完成。

非常溢洪道加固后上游面

非常溢洪道位于主坝端、新增非常溢洪道的左侧，是水库主要的泄洪建筑物之一。闸室基础置于千枚岩、石英片岩与千枚岩互层及大理岩上，由进口引渠段、导水防渗段、闸室段、挑坎段及下游尾渠段五部分组成。非常溢洪道最大泄量 12700 立方米每秒，与新增非常溢洪道联合运用最大泄量 20950 立方米每秒。

（1）进口引渠段。桩号为 0＋000.00～1＋640.00，全长 1640 米。其中桩号 0＋100.00～1＋640.00 段为小引渠，长 1540 米，底宽 30 米，底高程 108.00 米；桩号 1＋150.00～1＋640.00 开挖呈簸箕段，该段长 490 米，前端宽 500 米，高程由 122.00 米渐变至 108.00 米；桩号 1＋640.00～2＋056.00 长 416 米为进口段，底部高程 108.00 米，在此范围内，为防冲要求依不同部位分别做了干砌石护坡、护脚及混凝土护面等工程，至桩号 2＋056.00 处与防渗板连接处底宽为 113.80 米。

（2）导水渠段。导水渠段前接进口引渠段，后与闸室段连接，桩号 2＋056.00～2＋081.00，长 25 米。为满足防渗要求，导水渠底面设钢筋混凝土防渗面板，板顶高程 108.00 米，宽 109.8 米，防渗板下部桩号 2＋021.00～2＋081.00 段设有 1.0～2.0 米厚的黏土铺盖，铺盖与混凝土连接处设沥青麻袋止水。导水渠左侧边坡亦采用钢筋混凝土防渗板护砌，防渗板护至 128.50 米高程，与重力式混凝土导水墙相连接。导水渠右侧为混凝土导流墩。混凝土防渗板分缝处及与闸室底板和两侧导水墙连接处均做沥青柱，铁皮止水。左侧导水墙接牛城小坝。

（3）闸室段。闸室段前接导水渠段，下设挑坎段，桩号 2＋081.00～2＋110.00，长 29 米，为胸墙式宽顶堰，胸墙底高程 120.00 米，闸室总宽度 109.8 米。堰顶高程 108.00 米，堰顶总净宽 85.8 米，分 11 孔布置，单孔净宽 7.8 米，孔口高度 12.0 米。闸底板分缝设在闸孔中间，分缝处均设沥青柱，铁片止水；闸墩顶高程 124.50 米，中墩厚 2.4 米，两侧为混凝土重力式边墩；胸墙顶高程 128.50 米，底高程 120.00 米胸墙上游设防浪墙，墙顶高程 129.70 米；闸墩顶部设有公路桥，桥面高程 124.50 米。闸室段设工作闸门 11 扇，采用平面定轮钢闸门，采用固定卷扬式启闭机启闭，工作门槽桩号 2＋097.50，工作门上游设检修门槽，检修门桩号 2＋085.90，检修闸门共 2 扇，11 孔共用，为露顶式平面滑动叠梁钢闸门，采用单向门机启闭。

（4）挑坎段。挑坎段前接闸室段，后与尾渠段相连，桩号 2＋110.00～2＋135.50，长 25.5 米，挑坎采用抛物线曲面，挑坎末端高程 98.00 米。为保证挑坎稳定，下部设有排水系统和锚筋，并设有孔径 170.0～186.1 毫米，深 6 米、8 米、10 米的锚筋桩 103 根（合计 904.5 米）及孔径 40 毫米的防护顶柱 88 根（合计 1539 米）。混凝土分块伸缩缝处均设有止水铁片。挑坎两侧设重力式混凝土导水墙，墙外做重力式混凝土反折墙，右侧反折墙长 80 米，左侧反折墙长 27.85 米，墙顶高程 116.00 米。

（5）下游尾渠段。尾渠段前接挑坎段，下与灵正渠相连，桩号 2＋135.50～2＋680.00，长 544.5 米。为防止回流冲刷，对挑坎两侧开挖的岩面进行了铅丝网喷浆处理，处理面积 1862 平方米。桩号

2+135.50 以下在挑坎开挖基础 95.00 米高程处设有厚 0.5 米、长 1.5 米的混凝土盖板。

（6）排水系统及观测设备。分别在桩号 2+089.00（横向）及两侧边墩（纵向）设排水廊道，桩号 2+104.00 处设直径为 125 厘米的横向排水管，排水廊道及排水管内设机钻排水孔共计 110 个；桩号 2+113.00 处设直径为 40 厘米的横向排水管，设风钻排水孔 43 个。闸室下沿分缝设有砾石排水沟与桩号 2+104.00 及桩号 2+113.00 横向排水联通，通向墙外排水廊道集水井内排至下游。

非常溢洪道原设沉陷标点 22 个及深浅层观测管 40 根，经多年运行，沉陷标点基本完好，但测压管大部分已损坏。2001 年非常溢洪道除险加固中，新增水平位移观测标点 6 个，渗压计 15 支。

（7）金属结构及机电设备。

1）定轮平面工作闸门及固定卷扬式启闭机。非常溢洪道每孔设 1 扇 7.80 米×12.00 米的平面定轮工作钢闸门，共 11 扇。设计水头 17.84 米，底槛高程 108.00 米，总水压力约为 11270 千牛，闸门重 16.50 吨，动水启闭，上游止水。闸门为潜孔平面定轮闸门，门叶为多主横梁结构，分 3 节制造，每节设置 4 个简支轮，简支轮布置在边柱后翼缘上。闸门主轨为起重机钢轨 U120。该闸门用于水库泄洪，闸门冬季不开启。为防止冬季水库结冰对闸门造成危害，在工作门前设潜水泵防冰冻装置。

非常溢洪道设有 11 台固定卷扬式启闭机，其中 3 台在黄壁庄水库除险加固工程中进行了更新，位于 9 号、10 号、11 号孔，容量为 2×800 千牛，扬程 18 米，启闭机上装设有数字开度仪和荷载限制装置。对其他 8 台 2×1000 千牛启闭机进行了检修维护，恢复了荷载限制装置，增设了数字式开度仪。

非常溢洪道加固后下游面

2）叠梁检修闸门及单向门式启闭机。叠梁检修钢闸门共 2 扇，11 孔共用，其尺寸为 7.80 米×10.50 米，设计水头为 10.00 米，底槛高程 108.00 米，总水压力约 3970 千牛。每扇分 5 节叠梁，每节为变截面多主横梁结构，材料为 Q235B，每扇重 31.44 吨。闸门静水启闭，启门时水头差按 3.00 米设计，采用油尼龙滑块支承，设 2 个吊点，吊点距 4.20 米。该闸门由安装在启闭机平台上的 2×100 千牛单向门式启闭机通过机械自动抓梁操作，门机扬程 22.00 米，轨距 2.50 米。

3）非常溢洪道电气设备。非常溢洪道与新增非常溢洪道共用 1 套供电系统及 1 个配电室。两个 10 千伏进线电源分别引自黄壁庄变电站的 432 号与 433 号出线回路。在配电室设置两台 S9-400kVA-10/0.4kV 的电力变压器与电源进线组成单元接线，并将 2×160 千瓦柴油发电机组作为应急备用电源，3 个电源构成工作—备用—应急备用的供电方式。两台变压器互为备用。在 0.4 千伏低压母线进线侧，三路电源设置自动切换装置，当工作变压器事故跳闸时，自动投入备用变压器，而当 2 台变压器事故退出时，备用柴油发电机组自动投入运行。

0.4 千伏出线回路采用一对一的供电方式，启闭机室内每台启闭机旁设有现地控制屏，对各自的启闭机进行操作及控制。

非常溢洪道设置照明专用高压开关柜，柜内设有变压器，供室内外照明。照明灯采用 380/220 伏三相四线制供电系统，并根据设备照明度要求选用灯具及照明方式，以满足运行及操作的要求。

在新老非常溢洪道之间安装高度为 30 米的飞碟形高杆灯，作为两个建筑物的室外照明及闸门监控的照明。

第六节　新增非常溢洪道

新增非常溢洪道是黄壁庄水库除险加固工程中唯一的新建水工建筑物，坐落于千枚岩、石英片岩夹千枚岩、石英片岩、千枚岩与大理岩互层的岩石地基上，由上游引渠段、闸室段（包括宽顶溢流堰和挑坎）、护坦段和尾渠段四部分组成。

1. 上游引渠段（桩号 0+230.00~2+081.00）

新增非常溢洪道上游进水渠是由老非常溢洪道上游进水渠向右侧拓宽而成。桩号 1+124.00 以前的老深槽向右侧拓宽至 70 米，槽底高程 108.00 米，作为两个非常溢洪道共用进水深槽。桩号 1+124.00~1+640.0 的大簸箕进口的右侧为新开挖底宽为 40 米的深槽，槽底高程亦为 108.00 米，新槽与老槽夹角为 10°。大簸箕段顺水流向纵坡为 2.75%，上口底高程为 120.00 米，下口底高程为 108.00 米。桩号 1+640.00~1+931.00 为拓宽后的两非常溢洪道共用进水渠弯道段，弯道底宽由 247 米渐缩至 241 米，底高程 108.00 米，老非常溢洪道中心线的转弯半径为 410 米，中心角 37°52′12″。桩号 1+931.00~2+056.00 为护砌段，包括长 50 米的干砌石护底和长 75 米的浆砌石护底。桩号 2+056.00~2+081.00 为长 25 米的混凝土防渗板，防渗板厚度 1 米。上游引渠段轴线总长 1851 米。两非常溢洪道之间用全长 103 米的进口导水墩分隔，导水墩共分四块，前面一块为实体潜水墩，顶高程 120.0 米；后面三块为扶臂式挡墙的封闭式结构，顶高程 128.70 米。导水墩与新、老非常溢洪道相邻的迎水面平顺连接。

新增非常溢洪道进口右侧用半径 20 米的 1/4 圆弧形翼墙和直翼墙以及混凝土护坡与主坝连接。翼墙为半重力式结构，顶高程为 128.70 米，顶宽 1.5 米，总长 67.4 米。

2. 闸室段（桩号 2+081.00~2+137.50）

新增非常溢洪道共设 5 孔，孔口尺寸为 12 米×12 米，堰型为带胸墙的宽顶溢流堰，堰顶高程 108.00 米，堰底高程 98.00~101.00 米，胸墙底高程 120.00 米，底部轮廓采用三次抛物线曲线型式，曲线方程为 $Y=0.0035x_3-0.0745x_2+0.925x$。闸墩顶设检修桥，检修桥桥面高程 128.70 米，人行便桥桥面高程 125.00 米，公路桥桥面高程 124.50 米。闸墩厚度 4 米，闸墩顶高程 127.50 米，闸室总宽度 76 米。堰后设半径 28.078 米、中心角 20°22′43″的圆弧段与 1:2.692 陡坡段连接，其后再与半径 15.3 米、中心角 40°22′43″的挑坎段连接，挑坎末端高程 98.12 米，挑角 20°。挑坎下设防冲抗滑墙，墙顶高程 94.00 米，墙高 12 米，底宽 3 米。在每一闸孔内沿堰体中心线设纵向永久缝 1 道，缝距为 16 米，闸室段（包括宽顶溢流堰和挑坎）总长 56.5 米。

3. 护坦段（桩号 2+137.50~2+142.61）

挑坎下游设长 5.11 米、宽 126 米的混凝土水平护坦，护坦厚 1 米，顶高程 95.00 米，其后以 1:2 反坡与尾渠连接。护坦段两侧设防护式结构，包括横挡墙及其上混凝土护坡。

4. 尾渠段（桩号 2+142.61~2+650.00）

新增非常溢道尾渠与老非常溢洪道尾渠大体平行布置，两者之间留出开挖后宽度不一的自然分隔带。桩号 2+142.61~2+156.61 为与护坦连接的 1:2.0 反坡连接段，桩号 2+156.61~2+249.00 与桩号 2+389.00~2+650.00 均为平直段，其间为半径 380 米、中心角 22°10′28″的弯道段。新开尾渠渠底高程为 102.00 米，渠底宽度 76.50 米，轴线总长 507.39 米，尾渠两侧开挖边坡均为 1:1。尾渠末端与灵正渠基本呈正交后入滹沱河。

5. 新非金属结构及机电设备

新增非常溢洪道金属结构设备主要包括溢洪道弧形工作门及液压启闭机、叠梁检修门及单向门机。新增非常溢洪道单孔尺寸为 12 米×12 米，闸墩顶高程 127.50 米，闸墩厚度为 4 米，闸室宽度为 76 米，堰顶高程为 108.00 米。

一是弧形工作闸门及液压启闭机。新增非常溢洪道共五孔，每孔设 12.00 米×12.149 米（宽×

高，下同）潜孔式弧形钢闸门1扇，用于水库
遇校核洪水时开启泄洪。闸门设计水头
17.989米，底槛高程107.851米，支铰中心
高程117.00米，曲率半径16.00米，总水压
力约18127千牛。闸门为双主梁斜支臂弧形钢
闸门，门重约126吨，门叶和支臂材料均为
16Mn。主梁为箱形截面，支臂为箱形截面桁
架结构，各结构计算应力均在规范之内。门
叶分四节制造，工地拼装。支铰轴承采用球
面自润滑关节轴承，型号为GEW460FE2，顶
水封采用2道P形橡塑水封，1道设置在门叶
上，1道设置在门楣埋件上。闸门设两个吊
点，吊点距10.6米。在闸门两侧设有2个间

新增非常溢洪道闸门

距不等的油尼龙侧档块，档块下面设20毫米厚橡胶垫，侧档块与侧轨之间间隙为2毫米。为防止
冬季水库结冰时对闸门造成危害，在弧形工作门前设有潜水泵防冰冻装置。该工作闸门由2×1600
千牛液压启闭机启闭，每扇弧门配置1套。液压启闭机上端悬挂安装在高程123.294米的铰轴上，
活塞杆下端与吊耳相连接，连接轴承采用复合材料自润滑轴承。油缸工作额定压力18.2兆帕，系
统最大压力20兆帕，工作行程6.90米，启闭速度0.5米每分。动密封件采用进口产品，油缸用
无缝钢管制造，启闭机设有开度指示、行程限制等控制设备，当液压系统渗漏闸门下降后可自动
启动油泵使闸门复位，并设有自动同步纠偏装置，启闭过程中2吊点不同步误差不大于10毫米。
每台启闭机设独立液压泵站，每个泵站设2套电动机油泵组，互为备用。

　　二是叠梁检修闸门及单向门机。为了检修弧形工作闸门，在上游侧设12.00米×10.50米叠梁
检修钢闸门1扇，5孔共用。设计水头10.00米，底槛高程108.00米，总水压力约6500千牛。分
5节叠梁，每节为变截面多主梁结构，材料为Q235B，总重62.95吨。闸门静水启闭，启门时水
头差按3.00米设计，采用油尼龙滑块支承，设2个吊点，吊点间距6.20米。闸门顶水封采用双
道P形止水，一道为活动止水，布置在门叶上，另一道为固定止水，固定在门楣埋件上。该闸门
由安装有启闭平台上的2×100千牛单向门式启闭机通过机械自动抓梁操作，门机扬程22.00米，
轴距3.00米。

　　现有观测设施49个，其中渗压计19支，裂缝计8支，温度计14支，水平位移与竖向位移各
6个。

第七节　重　力　坝

　　电站重力坝工程于1959年10月4日正式动工，1960年2月28日放水灌溉，4月6日浇筑到高
程122.00米后暂时停工，8月10日复工，11月15日前后完成重力坝及灌溉洞消力池工程。共计完
成土石方开挖514315立方米，其中石方145000立方米，混凝土38385立方米。坝顶公路桥面、栏杆
及灯柱等零星工程于1963年冬至1964年春陆续完成。1968年11月电站厂房及机组安装工程开工，
1970年3月发电。1960年以来石津渠引水主要靠灌溉洞放水，但在低水位时，当灌溉洞不能满足灌
溉要求时，则加入发电洞放水。

　　重力坝位于副坝北端、马鞍山斜坡与二级阶地接触部位，是石津渠及城市供水、西柏坡电厂引水
的渠首建筑物。电站重力坝枢纽由电站引水渠、重力坝段及灌溉洞消力池3部分组成，起止桩号0+
310～1+200.00（顺水流方向），全长890米，下接石津灌渠。

1. 电站引水渠

电站引水渠段桩号为 0+310.00～1+002.00（顺水流方向），全长 682.00 米。渠底宽 10.00 米至重力坝前扩大至 31.0 米，底高程 103.00 米。左边坡遇土坡为 1：3.0，石坡为 1：1.0；右边坡遇土坡为 1：3.0，石坡为 1：0.5。桩号 0+938.50～1+002.00 段采用混凝土衬砌。

2. 重力坝段

重力坝段桩号为 1+002.00～1+027.00（顺水流方向），坝顶高程 128.0 米，最大坝高 28.0 米，大坝起始桩号 0+130.50，终止桩号 0+267.00，全长 136.5 米，坝体迎水面铅直，下游面坡度 1：0.45～1：0.8。重力坝段由 8 个坝块组成，自左至右坝块编号依次为 Ⅰ～Ⅷ，其中Ⅳ坝块、Ⅴ坝块建基高程 100.00 米；Ⅰ坝块、Ⅱ坝块及Ⅶ坝块、Ⅷ坝块建基高程分别为 100.00 米、108.00 米；Ⅲ坝块、Ⅵ坝块建基高程由 100.00 米分别过渡到 110.00 米、108.00 米。Ⅰ～Ⅲ坝块组成左连接坝段，Ⅵ～Ⅷ坝块组成右连接坝段，连接坝段上游设有防浪墙，防浪墙顶高程 129.30 米。重力坝自左至右布置有 1 个灌溉洞、2 个发电洞和供水洞。灌溉引水洞洞径尺寸 4.5 米×4.5 米，进口底高程 103.00 米，最大泄量 110 立方米每秒，两孔发电洞洞径尺寸 3.5 米×3.5 米，进口底高程 104 米，最大泄量 120 立方米每秒，洞后接发电厂房，安装发电机 1 台，装机容量 16000 千瓦。西柏坡电厂供水洞进口底高程 104.00 米，共 2 孔，洞径 1.4 米，最大泄量 1.90 立方米每秒；石家庄市地表水厂供水洞位于西柏坡电厂供水洞上方，进口底高程 105.90，共 2 孔，洞径为 1.5 米×1.5 米，设计引水量 3.2 立方米每秒，校核引水流量 4.42 立方米每秒，引水方式为埋管自流。

重力坝下游面

石津渠电站

3. 灌溉洞消力池

灌溉洞消力池段桩号为 1+027.00～1+113.65 米，全长 76.65 米。其中抛物线段长 27.00 米，由高程 103.00 米下降至 92.00 米，两侧设有导水翼墙，底宽由 4.5 米扩散至 7.5 米。池身由桩号 1+054.00～1+090.00，底宽 7.5 米，左岸边坡为 1：0.5，采用混凝土衬护。右岸为重力式混凝土墙，墙顶高程 100.00 米，尾渠由桩号 1+090.00～1+113.65，底宽由 7.5 米渐变至 8.5 米，渠底高程 95.5 米，下接石津灌渠。

4. 电站重力坝金属结构设备

电站重力坝金属结构包括发电洞进口快速闸门及启闭机、检修闸门和拦污栅及启闭设备，灌溉洞取水口工作闸门及启闭机、检修闸门等。

一是发电洞快速闸门。发电洞共 2 孔，每孔设 3.50 米×3.50 米快速事故钢闸门 1 扇，共 2 扇。底槛高程 104.00 米，设计水头 21.84 米，总水压力约 2623 千牛。闸门重约 9.91 吨，动水闭门，小开度提门充水后启门，下游止水，利用水柱闭门，水柱作用力约 394 千牛，闭门时利用门后进人孔通气，进人孔尺寸为 0.60 米×0.80 米。闸门为潜孔平面定轮闸门，门叶为多主横梁结构，整节制造，门叶材料为 Q235B。启闭机为 2 台 2×400 千牛快速固定卷扬式启闭机，扬程 9.00 米，启升速度

1.45 米每分，启闭机上装有数字开度控制和指示、荷载控制装置。

二是发电洞进口检修闸门、拦污栅及启闭设备。两孔发电洞进水口均为 3.50 米×3.50 米，共设平面检修钢闸门 1 扇，底槛高程 104.00 米，设计水头 14.00 米，总水压力约 1110 千牛。闸门重 5.06 吨，静水启闭，门顶设充水阀，下游止水。闸门为潜孔平面滑动闸门，油尼龙滑块支承，门叶为多主横梁结构，整节制造，门叶材料为 Q235B。拦污栅共 2 扇，为潜孔式，拦污栅尺寸为 3.5 米×3.5 米，设计水头差 4.00 米，材料为 Q235B，尼龙滑块支承。检修闸门和拦污栅共用 1 个门槽，并由 2×100 千牛移动式电动葫芦操作，电动葫芦扬程为 27 米。

三是灌溉洞进口工作闸门、检修闸门及启闭设备。灌溉洞工作闸门尺寸为 4.70 米×4.70 米，共 1 扇，底槛高程 103.00 米，设计水头 22.84 米，总水压力约 4709 千牛。闸门重 14.27 吨，动水闭门，小开度提门充水后启门，下游止水利用水柱闭门。闸门型式为潜孔式平面定轮闸门，门叶为多主横梁结构，整节制造，门叶材料为 Q235B。该闸门通过拉杆由 2×630 千牛固定卷扬式启闭机操作，扬程 20.00 米，启闭机上设有数字开度控制和指示、荷载控制装置。

灌溉洞进口检修闸门尺寸为 4.70 米×4.70 米，共 1 扇，底槛高程为 103 米，设计水头为 15.00 米，总水压力约 2800 千牛。闸门重 5.06 吨，静水启闭，门顶设充水阀，下游设止水。闸门为潜孔式平面滑动闸门，由尼龙滑块支承，门叶为多主横梁结构，整节制造，门叶材料为 Q235B。该闸门启闭设备与发电洞进口检修闸门启闭设备共用，即共用一台 2×100 千牛电动葫芦。

四是供水洞进口闸门及启闭设备和计三渠节制闸及启闭设备。供水洞原为重力坝发电洞，1993 年将其改造为供水洞口。供水洞分为两层，上部分为 2 孔地表水供水口，安装有 2 扇平板钢闸门，其尺寸为 1.65 米×1.75 米，启闭设备为 QPQ-25 固定卷扬式单吊点型启闭机。供水洞下部为 2 孔西柏坡电厂供水口，装有 2 扇平板钢闸门，闸门尺寸为 1.5 米×1.95 米，启闭设备为电动葫芦。

计三渠节制闸及启闭设备在除险加固工程中进行了更新。节制闸为平面滑动铸铁门，尺寸为 4.50 米×4.50 米，启闭机型号为 QL

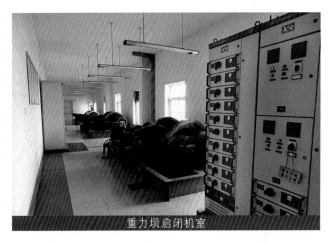
重力坝启闭机室

螺杆式启闭机。该启闭机采用双吊点的型式，启门力为 2×400 千牛，闭门力为 2×200 千牛，启门速度为 0.235 米每分。

5. 重力坝电气设备

重力坝采用双电源供电方式，两路电源分别来自 433 线路 10 千伏网电与 110 千伏电厂的厂用电网，配置了降压箱式变电站，在低压进线处，两路电源设有自动切换装置。配电系统 0.4 千伏侧采用单母线接线，经低压配电屏分别向灌溉洞及发电洞负荷供电。

第八节 灵正渠电站

灵正渠电站系利用黄壁庄水库主坝下埋设的灵正渠涵管所通过的水流能量发电，涵管直径 1.45 米，长度 235 米。涵管末端与灵正渠渠道相接，供灌溉用水。灌溉引水流量约为 7～8 立方米每秒，枯水年份为 2.5 立方米每秒，渠道最大过水能力为 10 立方米每秒。灵正渠电站是水库工程的备用电源，装机容量为 800 千瓦，整个电站工程包括进水塔及涵管工程和电站厂房工程两部分。

1. 灵正渠进水塔及涵管

灵正渠进水塔位于主坝上游 100 米的库区内，通过坝内埋涵管引水，进口设 1 孔，在出口处分

灵正渠电站

岔，分别引水至水库自备电站和灵正渠。进水塔塔顶高程 126.00 米，其上设启闭机室，启闭机室为轻型结构，平面尺寸 5.0 米×5.0 米。为便于管理在灵正渠渠首设 L 形工作桥一座，工作桥总长 90.0 米，垂直坝轴线方向为 5 孔单桩 T 形梁结构，每孔长 17.0 米；拐弯处轴线长 5.0 米与进水塔相接，进水塔进口设 1.5 米×1.7 米事故检修闸门 1 扇，底槛高程为 100.5 米，设计水头 25.34 米。闸门重 15.46 吨，动水闭门，小开度提门充水后启门，闸门下游设止水，利用水柱闭门，门后设通气孔，通气孔尺寸 0.25 米×0.5 米。闸门为潜孔平面定轮闸门，门叶为多主横梁结构，整节制造。该闸门由 400 千牛固定卷扬式启闭机操作，启闭机扬程 22.00 米，设有数字开度控制和指示、荷载控制装置。

灵正渠涵管埋设在主坝北端（桩号 0+989.24），管轴线与原坝轴线成 68°58′58″ 交角，并在主坝坝轴线附近涵管桩号 1+002.85 与 1+029.7 处顺时针方向分别旋转 3°02′59″ 角和 5°45′21″ 角。涵管工程于 1958 年 10 月动工，1959 年 3 月完成。涵管前端自桩号 0+910 开始至 0+914 处设长 4.0 米、宽 3～3.4 米的竖井 1 个。基础高程为 99.5 米，基础为千枚岩，底板厚 1.0 米，井壁厚 0.5～0.95 米，122 米高程以上为启闭机平台。竖井上游桩号 0+903～0+910 为浆砌块石进口渐变段，0+903 处宽 5.0 米，至 0+910 处洞口渐变为 1.5 米。两侧由护坡式渐变为重力式挡土墙，墙顶高程 105 米，顶宽 0.5 米。竖井以下由桩号 0+914～0+919 为管身渐变段，壁厚 0.4 米。渐变段与竖井间以沉降缝相连接，渐变段以下为均匀管身段，长 174 米，内径 1.8 米，管壁厚 0.25 米，外形为高 2.3 米、宽 2.3 米的马蹄形断面，顶部宽 1.33 米。基础为风化千枚岩，上面铺 0.15 米厚的混凝土垫层，全部管身段未留伸缩缝，施工时每隔 2 米浇筑 14 米，凝固后再浇筑 2 米段。管周每隔 15 米设置截流环 1 道，截流环断面为 0.25 米×0.25 米，沿管外壁布置，基础以下未设，涵管混凝土标号为 150 号。

灵正渠出口为方涵，底宽 1.45 米，高 1.1 米，底高程 100.50 米，启闭机室为轻型结构，平面尺寸为 4.0 米×4.0 米，底高程 105.4 米。出口设 1 扇 1.5 米×1.1 米弧形工作闸门，由 1 台 250/125 千牛（启门力/闭门力）螺杆式启闭机操作。该闸门设计水头 25.30 米，底槛高程 100.50 米，支铰中心高程 102.30 米。

2. 灵正渠电站总体布置

电站枢纽由压力引水岔管、厂房、尾水渠及退水闸 4 部分组成。发电引水岔管在灵正渠涵管的右侧与涵管交于桩号 1+112.70。岔管从桩号 1-0.5 处开始至桩号 1+012.763 为止，全长 13.263 米，为钢筋混凝土压力管道，其直径为 1.75 米。引水岔管后接厂房蝴蝶阀室钢管段。厂房位于桩号 1+012.763～1+034.413 之间，包括蝴蝶阀室、副厂房、主厂房 3 部分，全长 21.65 米。电站装有 DJ661-LH-120 型水轮发电机 1 台，装机容量为 800 千瓦，装机高程为 97.8 米，水轮机层高程为 99.3 米，厂房楼板高程为 102.88 米。厂房以下接尾水渠，尾水渠高程由 95.29 米沿 1:4 反坡抬高至 100.30 米，底宽由 2.86 米扩散至 5.00 米，桩号 1+034.413～1+053.153 段为钢筋混凝土槽形断面，桩号 1+053.153 以后为扭坡段及梯形断面，梯形断面渠道的护底、护坡均采用混凝土面板进行护砌，尾水渠至桩号 1+084.026 之后即与灵正渠灌溉洞连接。在尾水渠 1+053.153 处设有检修叠梁槽，以便于灌溉放水时对尾水管进行检修。另外当在库水位较高的情况下发电时，为弥补机组运用水头偏低的缺陷，可放下叠梁抬高尾水进行发电，以保证机组安全运行。退水闸位于尾水渠右侧，孔口尺寸 1.4 米×1.4 米（宽×高），底坎高程为 96.74 米，其作用是在灵正渠非灌溉期间水库进行弃水发电时时，把电站的尾水不经灵正渠而直接泄至滹沱河中。退水闸包括有压涵管、闸室、消力池、退水渠 4 部分。其中心线与电站尾水渠呈 45°角交于桩号 1+039.013 处。退水闸的设计流量为 8 立方米每分，相应水位为 99.50 米。出口闸室设有平面钢闸门 1 扇，由 1 台 5 吨的螺杆式启闭机进行操作，启闭机架平台高程为 101.54 米。

3. 灵正渠电站厂房

灵正渠电站厂房由蝶阀室、爆破膜室、主厂房、副厂房 4 部分组成。

蝶阀室设在主厂房上游，紧接压力引水管之后。蝶阀室的上游部分主要为蝶阀及其操作机构，蝶阀中心桩号为 1+015.498，其高程为 97.80 米。蝶阀室下游部分左侧为水泵房，其地面高程为 97.80 米，水泵房内设两台水泵作为检修排水和平时排除厂内渗漏水之用。水泵房以上部分为空压机房，以下部分为集水井，集水井底部高程为 93.8 米。蝶阀下游与直径 1.75 米的三岔钢管相接，三岔钢管的支管与主管垂直相交并通至爆破膜室，在分岔管上装有 2 台 Dg600 的安全阀，作电站突然关机时防止引水系统压力提高的主要设备。

爆破膜是电站突然关机时防止电站引水系统压力提高的备用措施，在安全阀未装前作为保证电站临时发电时引水系统及机组安全的主要措施。爆破膜每次爆破后须停机关闭引水道进行更换，所以设在蝶阀之后。为了缩短排水管的长度，把主坝坝后排水沟作为排水出路同时也作为安全阀的排水出路。排水管直径根据爆破膜破裂后的最大流量 4.0 立方米每秒的排水要求确定为 1.25 米。根据在最大泄水情况下爆破膜室的水位不超过室顶高程的要求，爆破膜室的地面高程确定为 99.70 米，略高于排水沟底高程。

主厂房位于蝶阀室下游，包括 6.50 米的机组段及 6.50 米长的安装间。主厂房分上、下两层，上层为发电机层，下层为水轮机层。发电机采用下埋式布置，主机为 1 台 DJ661-LH-120 型水轮发电机，发电机地面高程为 102.88 米。调速器布置在机组左侧，在机组的上游侧布置有电气盘柜。发电机层下侧有通向水轮机层的楼梯间，楼梯间旁并有 1.24 米×1.24 米的吊物孔。为了便于机组的安装及检修，厂内选用了 1 台 10 吨的双梁手动吊车，吊车的跨度为 10 米。水轮机层的地面高程为 99.30 米。在水轮机层的上游侧布置有厂变压器，为防止变压器发生事故时影响到厂房及其他设备特设有变压器间，并采用了防火门。为防止事故时油漫延到小间外，特将变压器室的地面设为倾斜地面，并布置有事故油管，通向集水井内。水轮机层中部为检修转子用的转子支承台，右侧是由立柱和圈梁组成的机墩。机组段水轮机层以下为钢筋混凝土蜗壳及扩散段，蜗壳段进口断面为 2.98 米×2.98 米。扩散段长 4.65 米，是由 ϕ1.75 米的圆形断面到 1.75 米×1.75 米的方形断面的过渡段，其平面扩散角为 7°05′30″。厂房通风采用自然通风方式。发电机的散热为利用空气冷却，冷空气由水轮机层进入发电机内，热空气由专门的风道送出厂外。

副厂房布置在厂房上游，分为值班人员休息室和工具室两部分，其建筑面积分别为 11.50 平方米和 17.50 平方米。

4. 压力引水道

灵正渠坝下埋管预留为直径为 1.45 米的发电岔管，而蝶阀进口断面直径为 1.75 米，为了减少水头损失，引水道直径采用 1.75 米。引水管与原岔管之间采用渐变段相接，渐变段长 1 米，其桩号为 1+000～1+001。由于原岔管末端中心高程为 101.242 米，而蝶阀进口断面高程为 97.80 米，故在渐变段后设竖曲线段将引水管中心高程由 101.242 米变至 97.80 米。竖曲线段长 8.412 米，桩号为 1+001～1+009.412。竖曲线段由两个半径为 6.0 米、圆心角为 44°30′25″的圆弧组成。竖曲线段的末端即为平曲线的起点，桩号由 1+009.412～1+012.763。平曲线的圆弧半径为 6.0 米，圆心角为 32°。整个压力引水管均设在千枚岩基础上。压力管道 1+001.00～1+001.30 段内布置有临时拦污栅。混凝土压力管与厂房间设有伸缩、沉陷缝，缝宽 1 厘米，用柏油板充填，周围用塑料止水封闭防止漏水。

第九节 牛 城 小 坝

　　牛城小坝位于非常溢洪道北岸，长 492 米，坝顶宽 6.0 米，上游坝坡坡比为 1：3，下游坝坡坡比为 1：2.75，坝顶高程 128.4 米。东段与非常溢洪道上游左边墙相接。桩号 0＋000～0＋050 段为壤土填筑，用碾压法施工。0＋050～0＋140 段按红土卵石填土法施工。0＋000～0＋140 段筑有防浪墙。0＋140 以西分层回填红土卵石虚土，坝顶高程 129.0 米，回填虚土用土中灌水法压实，并在顶部用水中填土法加高至 129.9 米，不再作防浪墙。0＋492 以西坝体结合牛城村扬水站灌溉渠道由牛城村修建渠道建于坝顶，坝身延至地面高程 128.5 米为止。

第四篇 水库工程运行与调度管理

第一章 枢 纽 工 程 管 理

兴建水库的目的就是为了发挥防洪、灌溉、供水、发电等工程效益，建是基础，管是关键，发挥效益才是目的。水库管理好，就能维护工程的正常功能，保证工程安全，延长工程寿命，充分发挥水库的综合效益。几十年来，水库管理局以安全为前提，积极做好组织、运行、安全、库区管理等工作，加强防洪与兴利调度、工程检查监测、维修养护、防汛抢险、信息管理等；实施水资源保护及开发利用、水质管理，加强环境保护，保障水资源的可持续利用；同时兼顾水库的社会效益及经济效益，管理水平不断提高。

第一节 工 程 安 全 监 测

为保障水库工程的安全运行，自水库建设伊始，水库建设与管理人员即开展了工程安全监测工作，通过定期或不定期的巡视检查和仪器监测，对大坝安全监测，监视工程的状态变化和工作情况，掌握工程变化的规律，为管理运用提供科学依据。同时，及时发现工程异常迹象，分析原因，及时争取相关措施。

一、1998 年除险加固前的观测

黄壁庄水库在 1998 年除险加固前开展的主要观测项目，土坝有坝基渗压、浸润线、渗流量、减压井水位、出闭水、淤积及出水量、垂直位移等；混凝土建筑物有基础渗压、绕渗及垂直位移、库区淤积测量等。

观测设备的安装情况分别为：

（1）测压管。土坝于 1959 年开始，结合地质勘探安装测压管，1962 年设置永久性观测断面，主坝一般每隔 50～250 米设一断面，共布设 28 个测压管。副坝一般 600 米左右设一断面，共布设 265 个测压管。正常溢洪道设有 8 行 5 排测压管，另在左右边墙、进口、一级、二级消力池亦设有测压管，共布设 57 个测压管。非常溢洪道设有 4 行 6 排测压管，左右端及上游边墙各设有测压管，共布设 40 个测压管。重力坝设有 30 个测压管。马鞍山共布设 3 个测压管。水库各建筑物共布设 433 个测压管。

（2）渗流测站。坝基渗流量主要是测主、副坝基础渗流量。测站均设在坝下游排水沟内。主坝1处，副坝6处。

（3）减压井。水库副坝减压井均设在排水沟沿线，是保证坝基渗透稳定的重要措施之一。1962年以前，由人工打设263眼，但由于结构不合理不耐用，深度不够，大部分淤堵报废。在1962年以后，由机械打设了262眼。运行至1990年，损坏率达46％，1990年对副坝减压井排水沟进行了更新改造，共恢复和新打274眼减压井。

（4）垂直位移。由于水库几经续建扩建，垂直位移直至1974年、1975年才开始安设观测标点进行观测，观测断面一般与测压管断面一致。主坝设7个断面，31个测点。副坝设12个断面，43个测点。正常溢洪道、非常溢洪道、重力坝分别设有8个、22个、10个测点。

测压管、浸润线管、减压井等水位观测，采用电测水位器人工施测。渗流量观测，采用固定断面，用流速仪测流。减压井单井出水量观测采用容积法。以上观测一般每5天一次。垂直位移观测采用一般水准线法。

黄壁庄水库工程竣工后，在运行过程中屡屡发生问题，铺盖和坝顶裂缝，坝后渗水破坏和沼泽化等等，特别是经历了"63·8"和"96·8"两次大洪水，问题更为突出。工程监测为水库安全运行及水库除险加固设计、施工提供了第一手可靠的资料依据。

二、1998年除险加固后的观测

1999年3月，黄壁庄水库除险加固工程全面开工，为了解水库枢纽建筑物除险加固施工过程及加固完成后的运行情况和处理效果，在各建筑物上设置了安全监测设施。观测设施及其分布统计表见表4-1。

表4-1　　　　　　　　　　　　　观 测 项 目 统 计 表

建筑物	观测仪器名称	单位	数量	备注
主　坝	渗压计	支	41	
	量水堰	座	1	
	表面水平位移标点	个	27	
	表面竖向位移标点	个	27	
	测压管	个	11	
副　坝	渗压计	支	85	
	表面水平位移标点	个	33	
	表面竖向位移标点	个	42	
	内部水平位移点	孔	7	
	内部竖向位移点	孔	11	
	防渗墙应变计	支	64	损坏7支
	防渗墙无应力计	支	18	损坏1支
	防渗墙土压力计	支	38	损坏9支
	测压管	个	57	堵3个
	减压井	眼	28	
	铺盖上渗压计	支	8	损坏1支
	铺盖上裂缝计	支	7	
正常溢洪道	渗压计	支	19	
	表面水平位移标点	个	9	
	表面竖向位移标点	个	9	

续表

建筑物	观测仪器名称	单位	数量	备注
非常溢洪道	渗压计	支	15	
	表面水平位移标点	个	6	
	表面竖向位移标点	个	21	
新增非常溢洪道	渗压计	支	19	
	表面水平位移标点	个	6	
	表面竖向位移标点	个	6	
	温度计	支	10	损坏 2 支
	裂缝计	支	8	损坏 1 支
电站重力坝	渗压计	支	16	
	表面竖向位移标点	个	6	
	水位计	支	1	
	气温计	支	1	设在办公楼顶
	雨量计	支	1	
	测压管	个	7	

根据现行规范并结合各建筑物的实际情况，大坝安全监测项目以渗流观测和外部变形观测为主，土坝设置的观测项目包括坝基渗流观测、坝体渗流观测、渗流量观测、外部水平位移观测及垂直位移观测；混凝土建筑物设置的观测项目包括扬压力观测、绕渗观测、垂直位移观测和水平位移观测；设置了混凝土防渗墙应力状态和防渗效果观测。随着工程施工的进行，出现了一些新的问题，尤其是副坝防渗墙施工时因坝基多次严重漏浆，先后出现了 7 次塌坑。为了满足度汛要求、检验塌坑处理的效果，并结合永久观测的需要，观测项目随之进行了增补。

一是结合副坝严重漏浆段和基岩破碎段的灌浆处理，增设了基岩渗流压力观测点，用于观测防渗墙底的渗流情况及帷幕的防渗效果。二是在副坝塌坑中心附近增设坝基渗流压力观测断面和坝体表面变形观测断面。三是在副坝 6 号塌坑中心附近增设 1 个防渗墙应力观测断面。四是在副坝塌坑和严重漏浆段增设内部变形设施，包括沉降管和测斜管，用于观测防渗墙、坝体及坝基内部变形情况。五是新增非常溢洪道设置 2 个宽缝监测断面为施工服务。另外在副坝塌坑段内增设了临时沉降点，用于观测塌坑处理后及防渗墙施工过程的沉降情况，之后此临时沉降点作为永久垂直位移观测测点进行观测。

到 2012 年，黄壁庄水库观测项目有渗流观测、变形观测、压力（应力）观测、环境量观测四部分。渗流观测包括坝基渗流压力、坝体渗流压力、绕坝渗流、渗流量、减压井水位观测等。变形观测包括坝体表面变形及内部变形观测。压力（应力）观测包括防渗墙应力应变观测和土压力观测。环境量观测包括温度及降雨量观测。

各建筑物共埋设渗压计 195 支。副坝在 13 个断面共埋设渗压计 85 支，其中坝基渗压计 71 支、基岩渗压计 14 支；主坝共埋设渗压计 41 支，其中坝基渗压计 17 支，坝体渗压计 24 支；正常溢洪道埋设渗压计 19 支，其中扬压力计 12 支，绕渗计 7 支，用于监测闸室扬压力和两岸绕渗情况；非常溢洪道埋设渗压计 15 支，其中扬压力计 6 支，绕渗计 9 支，用于监测闸室扬压力和左岸绕渗情况；新增非常溢洪道埋设渗压计 19 支，其中扬压力计 12 支，绕渗计 7 支，用于监测闸室扬压力和右岸绕渗情况；电站重力坝埋设渗压计 16 支，其中扬压力计 10 支，绕渗计 6 支，用于监测闸室扬压力和两岸绕渗情况。

主坝坝后设置量水堰 1 个，用于监测坝基渗流量，还保留 11 个测压管。副坝在 6 个观测断面上分别埋设土压力计 38 支、应变计 64 支和无应力计 18 支，共计 120 支，以监测防渗墙的受力情况。副坝埋设测压管 57 个，其中 8 个为加固前旧测压管，49 个为新布设测压管。副坝坝后共有 274 眼减压井，目前正常观测的有 28 眼。坝前铺盖设置有 8 支渗压计，7 支裂缝计。

新增非常溢洪道埋设温度计 10 支，裂缝计 8 支。电站重力坝保留原有测压管 7 个。另外，坝体表面变形位移点共 192 个，包括水平位移标点 81 个，垂直位移标点 111 个（水平和竖向标点共用一点的有 60 个标点）。内部变形测斜孔 7 个，沉降孔 11 个。环境量包括 1 个气温计，1 个雨量计。

（一）观测方法和测次

渗流压力观测采用振弦式渗压计，用基康读数仪五天观测 1 次；防渗墙受力状态观测仪器均采用差动电阻式，SQ 系列数字式电桥五天观测 1 次；渗流压力观测、防渗墙受力状态观测及环境量观测采用自动化观测，观测仪器的数据采集及传输纳入黄壁庄水库自动化系统中。大坝安全监测自动化系统平时采用自报方式运行，即由 MCU（现地监测单元）每天定时测量，定时采集，储存数据。CCU（采集软件）自动读取各 MCU 的自报数据。每周保证一次系统巡回测量，并记录系统运行情况。对有问题的测点，采用选点测量的方式测量该点。如果仍有问题，及时派出人员到现场进行检查，排除故障。

土石坝表面水平位移采用 GPS 全球定位系统观测，混凝土建筑物表面水平位移采用视准线法与 GPS 全球定位系统同时观测的方法，即工作基点用 GPS 观测，同时，用视准线进行测点的观测。表面垂直位移采用精密电子水准仪，混凝土建筑物按一等水准测量精度观测，土坝按二等水准测量精度观测。外部变形每年观测 1 次；内部分层沉降采用沉降管，用沉降仪观测，内部分层水平位移采用测斜管，用测斜仪观测。内部变形每月观测 1 次；渗流量观测采用固定断面，用量水堰观测，每 10 天 1 次；测压管水位采用电测水位器人工观测，10 天观测 1 次；减压井水位采用电测水位器人工观测，每月观测 2 次。当库水位较高时，所有观测项目加密测次。

（二）各建筑物观测项目情况

（1）主坝。主坝观测项目有坝体渗流压力观测、坝基渗流压力观测、渗流量观测、表面水平位移观测和表面垂直位移观测。

工程观测

1）渗流压力观测。加固工程在主坝坝体基本沿 3 个断面共埋设 24 支渗压计，其中桩号 0+450、0+700 两个断面各有 7 支渗压计沿垂直坝轴线方向布设，桩号 1+000 附近布置 10 支渗压计与坝轴线斜交。渗压计安设在 98.5～112 米高程，其中多数在 100～105 米高程。主坝坝基 5 个断面共埋设 17 支渗压计，右坝头观测断面与坝轴线斜交，其余断面渗压计垂直坝轴线方向布设，其中斜交断面（0+258、0+280、0+300）布设 3 支，0+450、0+705、0+850 断面各布设 4 支，1+050 断面布设 2 支。坝基渗压计埋设断面基本与坝体渗压计相对应，布设在 89.7～105 米高程，较坝体渗压计低 10 米左右。在坝后排水沟设有 1 个渗流量观测点，为梯形量水堰。

主坝渗压计于 2002 年 5—9 月埋设，截至 2013 年，大多数渗压计工作正常。除了加固工程布设的渗流观测点外，主坝原有测压管还保留 11 个，其中坝基管 10 个，坝体管 1 个。

2）表面变形观测。在主坝桩号 0+300、0+455、0+710、0+855、1+000、1+055、1+200 处，布设 7 个表面变形观测断面，1+200 断面设有 3 个观测测点，其余 6 个断面均设 4 个观测测点，分别在上游距坝轴线 15 米的部位设 1 个测点，在下游距坝轴线 3.8 米、下游马道各设 1 个测点，下游距坝轴线 50.5～69 米范围内设 1 个测点，共计 27 个测点。测点采用综合标点，同时观测水平位移和垂直位移。

（2）副坝。副坝观测项目有坝体渗流压力观测、坝基渗流压力观测、防渗墙应力观测、表面水平位移观测和表面垂直位移观测、内部水平位移观测和内部垂直位移观测。

1）副坝渗流压力观测。除险加固工程中在副坝桩号 A0+526.8、1+765.6、2+367、2+824、3+118、3+870、4+064、4+088.7、4+127、4+316、4+498.5、5+200 和 5+364.8 布置 13 个坝基渗流压力观测断面，共 85 支渗压计；在 0+425、0+531、0+726、1+126.8、2+360、3+886.5、4+129、4+469、5+362.1 和 6+039 布置 10 个坝基渗流压力观测断面，共 39 个测压管；在桩号 0+256、0+465 和 0+760 布置 3 个坝体浸润线观测断面，共 10 个测压管。此外，还有一部分原有完好的测压管和减压井，零星分布在坝后。

2）防渗墙应力观测。为监测混凝土防渗墙应力应变状态，沿副坝防渗墙轴线方向设有 6 个应力观测断面，在各断面防渗墙上下游侧沿高程方向设有 64 支应变计、18 支无应力计。为了解防渗墙上、下游两侧作用的土压力，且便于与应变计监测成果对比分析，在与混凝土应变监测断面接近的桩号布设 6 个土压力监测断面，38 支土压力计均成对布置在防渗墙两侧不同高程。混凝土防渗墙受力状态观测仪器随仪器埋设部位混凝土浇筑进行了埋设，大部分观测仪器于 2000 年 4—9 月埋设，目前大多数仪器工作正常。

3）表面变形观测。在副坝桩号 0+520、1+240、1+755、2+380、2+826、3+860、4+088、4+129、4+314、4+462、5+353 等处布设 11 个表面变形监测断面，在每个监测断面的上游坡 125.3 米高程、坝顶下游坝肩及下游 120 米高程马道上各设 1 个测点，共计 33 个测点。测点采用综合标点，同时观测水平位移和垂直位移。另外，在塌坑段布设施工期临时沉降观测点，共布设 3 个监测断面，每个断面 3 个测点，共 9 个测点，以观测施工期塌坑部位的沉降变形。现临时沉降点已作为永久垂直位移观测测点进行观测。

4）内部变形观测。为了解防渗墙和坝体、坝基的内部变形状态，在桩号 1+245、1+770、2+848、3+130、4+312 处布设 5 个监测断面，每个断面防渗墙内设 1 个测斜管，坝轴下 3.25 米处设 1 个沉降管，在桩号 5+198 处布设 1 个监测断面，设 1 个沉降管，共计 5 个测斜管和 6 个沉降管。在塌坑中心附近，桩号 4+140、4+118、4+088.7、4+064.7 处布设 4 个内部变形监测断面，共设 2 个测斜管、5 个沉降管。其中在桩号 4+088.7 断面设 2 个测斜管和 2 个沉降管，沉降管均布设在防渗墙上游侧，距坝轴线分别为 5.4 米、16.4 米，测斜管 1 个设在防渗墙内，1 个设在上游距坝轴线 16.4 米的部位；在桩号 4+140、4+118、4+064.7 断面上游侧各布设 1 个沉降管，距坝轴线分别为 5.4 米、6.2 米、5.4 米。测斜管的管底高程为防渗墙的墙底高程，沉降管的管底入卵石层 3 米。

（3）电站重力坝。重力坝观测项目有坝基渗流压力观测、绕坝渗流观测、表面垂直位移观测。

1）渗流压力观测。重力坝坝基帷幕后设 1 纵向扬压力观测断面，沿上下游方向设 2 个横向扬压力观测断面，共计 10 支渗压计，在重力坝左右两端共布设 6 个绕坝渗流测点，共 6 支渗压计。重力坝渗压计于 2002 年 5—7 月埋设，目前大多数渗压计工作正常。另外，保留原有坝基测压管 7 个。

2）表面变形观测。重力坝表面变形观测只设有垂直位移观测。在坝顶距防浪墙下游面 30 厘米处，除中间 2 个最高坝块外，其余每个坝块各设 1 个垂直位移位移测点，共 6 个垂直位移位移测点。

（4）正常溢洪道。正常溢洪道观测项目有堰基扬压力观测、绕渗压力观测、表面水平位移观测和表面垂直位移观测。

1）渗流压力观测。正常溢洪道共埋设 19 支渗压计，其中在闸墩上共布设 4 个扬压力观测断面，共计 12 支渗压计，在溢洪道两侧共布设 7 个绕堰渗流测点，共 7 支渗压计。正常溢洪道大部分绕渗渗压计于 2002 年 3 月埋设，堰基扬压力观测的渗压计于 2003 年 11—12 月埋设，截至 2012 年年底大多数渗压计工作正常。

2）表面变形观测。正常溢洪道每个闸墩上设 1 个垂直位移标点和 1 个水平位移测点，共计 9 个垂直位移位移测点，9 个水平位移测点。

（5）非常溢洪道。非常溢洪道观测项目有堰基扬压力观测、绕渗压力观测、表面水平位移观测和表面垂直位移观测。

1）渗流压力观测。非常溢洪道共埋设 15 支渗压计，其中在闸墩上共布设 2 个扬压力观测断面，共计 6 支渗压计，在溢洪道左侧共布设 9 个绕堰渗压计。截至 2012 年年底，大多数渗压计工作正常。

2）表面变形观测。非常溢洪道上下游共计有 21 个垂直位移测点，此垂直位移测点均为原有测点，加固工程中在上游又布设了 6 个水平位移测点。

（6）新增非常溢洪道。新增非常溢洪道观测项目有堰基扬压力观测、绕渗压力观测、表面水平位移观测和表面垂直位移观测、温度观测、裂缝观测。

1）渗流压力观测。非常溢洪道共埋设 19 支渗压计，其中在闸墩上共布设 2 个扬压力观测断面，共计 12 支渗压计，在溢洪道右侧共布设 7 个绕堰渗压计。目前大多数渗压计工作正常。

2）表面变形观测。新增非常溢洪道上游共计有 6 个垂直位移测点，下游有 6 个水平位移测点。

3）闸墩温度观测。新增非常溢洪道在 2 号和 5 号闸墩上共布设 2 个温度观测断面，共计 10 支温度计。

4）闸墩裂缝观测。在新增非常溢洪道 2 号和 5 号闸墩上分别布设 2 个裂缝观测断面，共计 8 支测缝计。

三、观测资料的分析

水库建成以来，水库检查观测人员自始至终发扬不怕苦和累的精神，精益求精，认真细致，严格按规定的时间、项目、部位对工程进行全面、系统和连续的检查观测，保证观测资料的真实性、完整性、连续性和准确性。对每次检查与观测的现场记录、测值，都及时进行整理分析、绘制图表。

水库建成伊始，现观测资料主要是随测随记，经计算写到观测统计上，年终进行总结、整理，一式三份，并汇编成册。1980 年前后，由于对各水工建筑物进行加固、岁修时，观测资料来回交换，使用时间较长，加之技术资料档案管理不规范，手续不健全，造成了部分观测资料的丢失。

为此，1996 年引入了水利部大坝管理中心的"大坝观测资料整编与分析系统"。此系统是在 Windows 环境下运行，对水库和大坝观测资料进行整编与分析的软件，该系统的使用使观测资料的整编标准化、规范化和系统化，观测人员做到了随观测、随校核、随入机、随分析。

观测资料的分析

1998—2005 年除险加固工程完工后，通过对各建筑物观测资料统计分析，可以得出以下结论，一是大坝渗流监测基本反映了坝体及坝基的渗流规律，坝基渗压与库水位有明显的相关性。除险加固后，在正常蓄水位情况下，副坝坝后减压沟无明流渗出，除旋喷段外副坝垂直防渗墙防渗效果显著，混凝土防渗墙上、下游测点水位差比较明显，加固前后的测压管水位差较大，一般在 12 米以上，对渗流水头的消减起到了很大作用。经计算分析，各建筑物渗流性态安全。二是防渗墙应力和土压力测值大部分在允许范围，防渗墙墙体随时间推移，压应力有增大发展趋势，但变化趋势很缓慢，防渗墙两侧土压力变化过程线较平稳，总体分布遵循下大上小的规律，防渗墙墙体较安全。三是各建筑物表面位移最大在副坝塌坝段，垂直位移最大测点 EM01，为 45.92 毫米，水平位移最大测点为 S8-1，合力位移为 16.41 毫米，表面位移测点虽有位移，但不存在显著性变形，大坝整体上处于稳定状态。四是新增非常溢洪道温度计温度随气温进行周期性波动变化，裂缝开合度随温度周期性变化，且整体向减小的方向发展。

通过观测资料分析，目前水库各建筑物运行正常，状态良好。

第二节　工程检查与维护养护

一、工程检查

为排除水库工程安全隐患，确保汛期工程各部位正常安全运行，建库以来，工程巡查人员始终严格按照《水库工程管理通例》《水库工程巡查细则》等有关规定，对主副坝、溢洪道、重力坝及附属工程开展经常性的常规检查工作；由水库管理处（局）有关部门人员组成，对工程汛前、汛后运用情况开展了安全定期检查，由水库管理处（局）领导和有关工程技术人员等，必要时邀请上级主管部门和设计施工部门人员参加，对工程非常情况或发生重大事故时，如暴风袭击、库水位骤变等情况下，进行重点巡查，及时发现工程存在问题，并提出意见及时汇总上报，为消除大坝安全隐患提供可靠依据和宝贵时机。

汛前检查布置

每年进行如下系统检查：①每年汛前汛后、农灌放水前后、冰冻期，定时对大坝工程进行工程检查；②当发生特大洪水、暴雨、地震、重大事故、库水位骤降及工程非常运行时，进行特别检查观测；③对大坝背水坡、重力坝两岸接头和坝脚带，观察有无各种破坏现象发生；④检查土坝表面有无滑坡、块石隆起、松动、塌陷、塌坑和坝脚突起现象；⑤观察坝顶路面及防浪墙是否完好，有无塌

工程巡查

陷、裂缝及倾斜现象；⑥监视大坝浸润线自动化系统的运行状况，掌握测压管水位变化情况，按规范要求进行观测，随时掌握坝体运行是否安全。

二、养护维修

为保证水利工程安全运行，根据工程管理规范要求，定期对工程设施进行维修和养护是工程管理工作的重要组成部分。黄壁庄水库投入运行以来，通过对水工建筑物的检查观测及资料分析所把握的

工程的养护维修处理

工程运行状况，参照《水库工程管理通则》及管理单位制定的养护维修制度，坚持对工程进行经常性的维修、岁修、大修和抢修。对土、石、混凝土建筑物经常性的养护维修、岁修，由水库工程管理部门负责组织实施。其岁修工程是根据每年汛后所发现的问题，编制下年度岁修计划，报请上级主管部门批准后按质按量完成。由于大修工程工作量大、技术性较强，一般由黄壁庄水库管理处（局）邀请设计部门等有关单位共同制定专门修复计划，报批后进行大修。

土坝经常性的养护维修主要是对背坡纵横排水沟清淤，保持畅通；坝体坡面整修整治、坝顶坝后公路维修、保护各种观测设备的完好等。

溢洪道的维修主要是对引水渠、闸体、堰后消力池等涉及的土、石、混凝土工程的养护维修；闸门启闭机、机电动力设备养护维修、溢洪道边墩混凝土建筑物及钢闸门的防冻维护等。

重力坝的维修主要是对混凝土工程、岸坡护砌工程、迎水坡面修复等的养护维修。

三、建库以来的主要维修情况

（一）主副坝工程

1976年4月，铺设副坝坝后公路柏油路路面，投资11.1万元。

1977年11月，完成120米高程以下几个断面20个端点的交会测量和标点埋设，并加固了10个尚存的标点和两个测量控制点。

1989年，完成副坝长5500米、路面宽5.5米、厚度0.15米坝后公路路面的维修工程，其中浇筑混凝土4540立方米，投资45.4万元。

1991年，针对坝后排水沟多次发生塌陷、管涌、淤堵等问题，完成坝后排水沟长5400米的翻修任务，其中砂石土127100立方米，投资305.1万元。

1991年3月，副坝坝顶公路开工，至7月完工，共铺沥青路面5890米。

1990年10月至1991年12月，副坝坝后公路开工并完成。

2003年，对水库水情自动测报系统、洪水调度系统进行更新、调试和完善，完成副坝432线高压线路的改造任务，对37台大小启闭机实行维修保养分工负责制，建立运行检修档案；完成水库高程120米征地线、125米迁建线共92个界桩的埋设和库淤测量工作。

2004年，完成副坝3000多平方米防护墩刷漆、副坝0+470下游护坡渗水开挖与恢复、副坝原2号拌和站电缆铺设和马鞍山泵房电源线路铺设、机电维修养护、等工程的维修工作。增设减压沟上游长近6千米、高2米的浆砌石墙，使水库工程增加了一道防护屏障。

2005年，主要对主副坝排水沟、正常溢洪道消力池右岸塌陷护坡、主坝坝顶破损路面、管理房顶翻修、主副坝部分观测台阶等进行了处理，保证了工程正常运行。

2006年，对主坝下坝路损坏部位及1+400下游护坡塌陷、副坝下游框格碎石护坡涌沙及碎石沉陷、副坝坝脚路路面裂缝进行了处理。

2007年，对副坝2+100处损坏的公路桥进行了恢复处理、新老非下游结合部位沉陷的六棱块护坡、副坝公路裂缝进行了封堵处理。

2008年，对各建筑物坝坡翻动的护坡、排水沟、正常溢洪道底板漏水进行了处理。

2009年，利用55万元岁修经费，11月底前完成了副坝公路裂缝的封堵处理工作，共计完成裂缝封堵4万多米；完成主副坝及各溢洪道护坡、六棱块护坡的整修；完成排水沟的清淤工作。

2010年，利用省厅下达我局岁修经费30万元，由维养中心组织了坝坡维修施工，保证了副坝工程安全。

2011年，利用岁修经费20万元，对正溢广场路面、正溢闸门管道、非溢启闭机室屋面檐瓦等进行了翻修、更新和改造。对副坝坝顶公路（马山段）进行了翻修。

2012年，完成副坝六棱块坝坡排水沟加固、副坝左坝端坝脚排水沟的修复。

2013年，全面完成副班上游坡砌石护坡缝的水泥灌封工作。

（二）溢洪道工程

主要维修养护有以下项目，1962年，正常溢洪道消力池新建排水沟并增设锚筋桩等。完成正常溢洪道锚筋加固1823米，使水库防洪标准由100年一遇提高到300年一遇。

1969年2月，进行水库工程建设尾工项目，主要有重力坝及正常溢洪道帷幕灌浆、正常溢洪道锚筋桩、接缝处理、测压管、非常溢洪道闸门主轮处理、廊道水泵安装、小电站建设等。

1974年4月，非常溢洪道尾渠施工。完成副坝坝后压坡、排水沟改建、护坡混凝土灌缝等工程。

副坝上游坡灌缝处理

1975年，对正常溢洪道基础进行帷幕灌浆，1976年开工，每年利用低水位时施工，至1987年竣工。1976年，完成副坝坝后公路柏油路面的铺设工程。1977年6月，完成11扇闸门11000平方米的防锈喷漆任务及穿销工作。并处理减压井12个，冲洗测压管44根。

1982年7月，非常溢洪道改建加固工程开工，主要项目：建启闭机房700平方米，建备用电源机房及操作室100平方米，闸墩增高、建机架桥主次梁及桥面板，启闭机改造3台，启闭机安装11台，总用工1.47万工日，总投资254.57万元。

1982—1983年，完成非常溢洪道1～12号桥墩加高改建工程；1982年10—12月，1～6孔新建机架桥施工完成。

1983年4—6月，完成非常溢洪道启闭机安装和闸门吊耳改装工程及永久电器设备和永久避雷防护系统，新建非常溢洪道启闭机房。

1984年6月，非常溢洪道启闭机二次电气设备安装，采用KXQ型电线代用KVV20型线。

1987—1988年，针对正常溢洪道陡槽底板冻融剥蚀破损严重情况，完成清除破碎层，凿毛5厘米，新浇30厘米钢筋混凝土的陡槽段混凝土底板剥蚀处理工程，工程量13199立方米，总投资462万元。

1988年正常溢洪道底板加固工程开工，投资300多万元。1989年8月陡槽底板加固工程竣工并验收。

1997年完成对208线路更新改造、非常溢洪道电气闭锁设备的更新改造。

第三节　闸门及电气设备管理

　　黄壁庄水库投入运行以来，水库的管理人员对闸门及电气设备等进行了有效的管理，逐步完善了各种规章制度，充分发挥了水库的防洪、灌溉、发电、供水效益。2005年水库除险加固工程完工后，针对机电、闸门等变动大、管理要求高的情况，进一步完善各项操作规程、管理制度。目前，各建筑物基本情况见表4-2。

仔细检查闸门启闭设施运行状况，确保水量调整，保证水流通畅

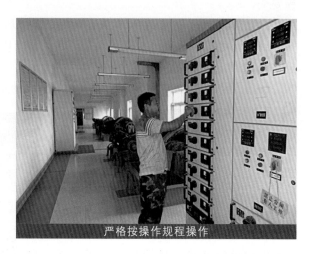

严格按操作规程操作

表4-2　　　　　　　　　　　黄壁庄水库各建筑物及启闭机情况统计表

建筑物名称	闸门名称	孔口尺寸	孔口水头/m	孔口数量/孔	闸门数量/扇	支承型式	平压方式	启闭机数量/台	型式及容量/kN
新增非常溢洪道	叠梁检修闸门	宽×高 12.0m×10.5m	10.0	5	1	滑块	小开度充水	1	单向门机2×100
	弧形工作闸门	宽×高 12.0m×12.0m	17.99	5	5	球铰		5	液压启闭机2×1600
非常溢洪道	叠梁检修闸门	宽×高 7.8m×10.5m	10.0	11	2	滑块	小开度充水	1	单向门机2×100
	定轮工作闸门	宽×高 7.8m×12m	17.84	11	11	滚轮		11	卷扬机2×800共3台、2×1000共8台
正常溢洪道	弧形工作闸门	宽×高 12.0m×13.0m	12.71	8	8	圆锥铰		8	液压启闭机2×1000
	底孔检修闸门	宽×高 3.5m×3.5m	18.84	2	2	滚轮	充水阀	2	固定卷扬机2×250
	底孔工作闸门	宽×高 3.5m×3.5m	13.0	2	2	滚轮		2	固定卷扬机2×400

续表

建筑物名称	闸门名称	孔口尺寸	孔口水头/m	孔口数量/孔	闸门			启闭机	
					数量/扇	支承型式	平压方式	数量/台	型式及容量/kN
电站重力坝	西柏坡输水洞进口拦污栅			1	1			1	清污机
	西柏坡输水洞进口检修闸门	直径1.4m		2	2		小开度充水	1	电动葫芦2×100
	地表水输水洞进口检修闸门	直径1.5m		2	2		小开度充水	2	固定卷扬机2×400
	电站进口拦污栅	宽×高3.5m×3.5m	4.0	2	2			1	电动葫芦2×100
	电站进口检修闸门	宽×高3.5m×3.5m	14.0	2	2	滑块	充水阀	共用	电动葫芦2×100
	电站进口快速闸门	宽×高3.5m×3.5m	21.84	2	2	滚轮	小开度提门	2	固定卷扬机2×400
	灌溉洞检修闸门	宽×高4.7m×4.7m	15.0	1	1	滑块	充水阀	共用	电动葫芦2×100
	灌溉洞工作闸门	宽×高4.7m×4.7m	22.84	1	1	滚轮		1	固定卷扬机2×630
	计三渠节制闸工作闸门	4.5×4.5		1	1	滚轮		1	螺杆启闭机2×400
主坝灵正渠涵管	进口平面事故检修闸门	宽×高1.5m×1.7m	25.34	1	1	滚轮	小开度提门	1	固定卷扬机400
	出口弧形工作闸门	宽×高1.5m×1.1m	25.34	1	1	圆柱铰		1	螺杆启闭机130/110

闸门及电气设备的管理工作包括操作、检查、养护维修。设备操作包括闸门的启闭操作、电气设备的倒闸操作、备用电源的投入运行。设备检查包括经常检查、定期检查、特别检查、安全鉴定。养护修理包括养护维修、岁修、抢修、大修。养护修理工作本着"经常养护、随时维修、养重于修、修重于抢"的原则。为了规范设备管理工作，制订了《岗位责任制》《安全生产责任制》、各种设备的《操作规程》等各种规章制度，并且每隔若干年，对规章制度进行修订。黄壁庄水库历年在12月底结冰，次年3月初解冻，冰冻期长达3个月，溢洪道的闸墩及钢闸门是防冰冻的重点部位，建库后多采用人工破冰、空压机破冰措施，自2005年起，采用潜水泵破冰。

第四节　工程确权划界

水利工程管护范围确权划界工作是加强工程管理的一项基础工作。一是为依法管好工程奠定了基础，保证了工程的完好性，使得管理保护范围内的资源开发和建设项目管理得到加强，提高了工程的管理水平，从而为管理工作规范化、制度化创造了良好的环境和条件。二是许多历史遗留问题得到解决，避免了因权属不清而引起的水事纠纷和管理混乱。三是为工程管理单位进行水土资源的综合开发利用创造了有利条件。

　　建库几十年来，由于长期工程界权不明确而导致的土地争议、用地纠纷等问题时有发生，一定程度上影响了水库的正常管理秩序，影响了依法管理和水资源的保护工作，对水库工程安全运行也带来许多不利因素。因此，水库历届班子领导始终把黄壁庄水库的确权划界工作摆在重要位置，多次专门组织治理工作，并取得了一定进展。1993年，管理处组织开展了一次土地划界工作，于1994年与灵寿县牛城乡的牛城村和忽冻村、鹿泉市马山乡的永乐村和马山村签订协议，实现部分区域的划界，并埋设界桩43个。但与黄壁庄村、古贤村、下黄壁村等的划界由于情况复杂，未能完成。2000年，管理处领导班子把划界作为一项百年大计的事业来抓，专门成立了水库确权划界领导小组，本着尊重历史、正视现实的原则，以政策法规为依据，在大量前期工作的基础上，与周边村镇认真协商，耐心工作，艰苦谈判，克服困难，求同存异，几经曲折和反复，终于使问题得到圆满解决，并抓住机遇，积极与永乐、马山、古贤、牛城等村进行协调，使1992年未完成的土地证办理工作也得到解决。从此使黄壁庄水库工程范围内的土地基本实现了界权清晰、产权明确、面积准确的3条标准，完成了几十年来水库人的一个夙愿。具体完成情况为：

确权划界明晰权属

　　1999年4月，黄壁庄水库除险加固建设局与灵寿县牛城村签订新增非常溢洪道引渠征地手续，并办理国有土地使用证。

　　2000年8月，黄壁庄水库与灵寿县牛城村签订非常溢洪道尾渠部分工程管理范围和安全保护范围协议书，并办理国有土地使用证。

　　2002年3月，黄壁庄水库与鹿泉市古贤村签订副坝、主副坝连接体马鞍山、原生产科渔场等部分工程管理范围和安全保护范围协议书，并办理国有土地使用证。

　　2002年11月，在黄壁庄水库与获鹿县马山村签订副坝部分及黄壁庄水库与灵寿县牛城村、忽冻村签订非常溢洪道及主坝部分工程管理范围和安全保护范围协议书的基础上分别补办了国有土地使用证。

　　2004年6月，在黄壁庄水库与获鹿县永乐村签订副坝部分工程管理范围和安全保护范围协议书的基础上，补办了国有土地使用证。

　　2005年6月，黄壁庄水库与鹿泉市黄壁庄村签订正常溢洪道及生活、生产区部分工程管理范围和安全保护范围协议书，并办理国有土地使用证。

　　2005年，为满足水库管理需要，提高管理工作效率，黄壁庄水库管理局委托河北省水利水电勘测设计研究院，自2003年3月19日至7月30日，进行了黄壁庄水库库区界桩的埋设及测量，120米淹没线界桩、125米迁建线界桩布设，间距原则上每1000米埋设1座永久性界桩，村庄附近、河道拐弯处、沟岔交汇处适当加密。共埋设界桩92座，其中125米迁建线界桩54座，120米淹没线界桩38座。

　　界桩测设方法：首先，在1∶10000地形图上进行界桩位置设计、施测等基本高程控制；然后，按界线高程实地放样界桩位置，现场浇筑界桩埋石，标石埋设完成后，实测界桩高程及平面位置。界桩平面位置以五等电磁波测距导线施测，高程采用五等水准测量。库区界桩成果见表4-3和表4-4。

表 4-3　　　　　　　　　　黄壁庄水库库区 120 米界桩成果表

点号	坐标 X	坐标 Y	点号	坐标 X	坐标 Y
120-01	4237012.830	525192.370	120-20	4240383.972	513950.679
120-02	4237806.700	524974.210	120-21	4239880.100	514955.970
120-03	4238500.110	524343.320	120-22	4239325.630	515778.820
120-04	4239688.990	523345.610	120-23	4239178.660	517075.170
120-05	4240574.730	523514.140	120-24	4237904.136	516716.802
120-06	4240546.566	522718.323	120-25	4237299.020	516659.660
120-07	4241825.280	523149.130	120-26	4238215.480	517544.480
120-08	4242769.640	522161.890	120-27	4237698.821	518559.868
120-09	4243668.510	522719.690	120-28	4237560.600	519580.380
120-10	4242694.380	521305.900	120-29	4236855.549	520194.906
120-11	4241289.718	522040.244	120-30	4235994.610	520871.110
120-12	4241861.820	521194.620	120-31	4235484.480	521260.260
120-13	4242020.880	520420.100	120-32	4234614.290	521215.210
120-14	4242230.310	519475.450	120-33	4234038.311	521975.785
120-15	4241612.500	518448.390	120-34	4232958.685	521753.242
120-16	4241630.640	517449.430	120-35	4232454.965	521703.231
120-17	4240893.360	516527.050	120-36	4231771.897	522144.895
120-18	4241028.630	515294.860	120-37	4231400.996	522388.142
120-19	4241502.460	514574.330	120-38	4231244.170	523314.300

表 4-4　　　　　　　　　　黄壁庄水库库区 125 米界桩成果表

点号	坐标 X	坐标 Y	点号	坐标 X	坐标 Y
125-01	4237745.017	525814.529	125-28	4238351.530	515968.060
125-02	4238261.610	524895.170	125-29	4237617.200	516562.480
125-03	4239022.440	524224.990	125-30	4236865.550	516499.850
125-04	4239547.920	523984.910	125-31	4235889.350	515995.450
125-05	4240851.858	523629.190	125-32	4235311.060	515738.870
125-06	4241557.090	522993.670	125-33	4235764.450	516322.590
125-07	4242375.810	523079.080	125-34	4236429.990	516733.700
125-08	4242396.700	522182.420	125-35	4237136.870	517301.640
125-09	4242948.360	522338.400	125-36	4237360.480	518266.570
125-10	4244563.770	523049.050	125-37	4237562.970	518977.000
125-11	4243910.650	522275.300	125-38	4237583.590	519726.920
125-12	4243363.760	521297.770	125-39	4236672.890	520013.800
125-13	4242966.094	520603.748	125-40	4236017.560	520320.850
125-14	4243158.210	519475.860	125-41	4235549.340	520726.870
125-15	4242354.132	519205.925	125-42	4235157.722	520119.610
125-16	4241654.560	518000.500	125-43	4234746.373	521148.050
125-17	4242158.630	517443.140	125-44	4234582.500	519864.700
125-18	4241105.320	515978.620	125-45	4233984.624	518994.038
125-19	4242392.292	515965.255	125-46	4234145.236	519753.196
125-20	4243431.650	515009.100	125-47	4234213.940	520878.070
125-21	4243709.350	514420.210	125-48	4233588.764	521748.408
125-22	4243125.450	514061.130	125-49	4233116.190	521104.970
125-23	4242566.090	513130.980	125-50	4232405.796	521140.323
125-24	4240589.560	511943.810	125-51	4231652.790	521655.820
125-25	4240343.651	512805.851	125-52	4230971.580	522200.593
125-26	4239692.742	515045.499	125-53	4230748.662	522740.102
125-27	4239238.630	515691.600	125-54	4230248.490	523385.870

第五节　水库库区测淤

黄壁庄水库上游丘陵起伏，群山重迭，植被很差，一经暴雨水流挟砂入库，极易造成库区淤积。由于岗南以上干、支流来砂均由岗南水库拦存，下泄泥砂甚微，因此黄壁庄水库泥砂来源主要为冶河，其次是南甸河等支流，另外岗南流下的清水也会冲刷河道，将土、砂推入库区范围内。

库区淤积是水库观测的重要项目之一，黄壁庄水库上游来水含砂量较大，泥砂问题尤属重要。建库以来，分别于1964—1965年、1978年、1989年、1997年、2004年进行了五次库区淤积测量，测量中按照基本垂直水流的主流方向、均匀布置间距的原则，在干流滹沱河、冶河布设库淤测量断面。1964年在干流滹沱河布设17个断面，支流冶河布设4个断面，南甸河布设2个断面，断面间距1000米。1989年在干流滹沱河布设13个断面，支流冶河4个断面，断面间距1000米。1997年、2003年在库区布设22个断面、支流冶河4个断面，断面间距500米。

1964年、1989年陆上部分采用视距测量断面及水准测量断面，水下地形测量采用断面法，测深使用测深仪或测深锤测量。1997年陆上部分采用视距与电磁波两种方法，水下地形测量采用断面法，测深使用SDH-13D测深仪测量。2004年陆上数据采集采用极坐标法，使用全站仪观测。水下地形测量采用橡皮船安置双频GPS接收机，配合回声测深仪，按断面法或散点法施测，断面间距最大100米。

1965年、1978年、1989年、1997年均采用断面法计算库区淤积量，2004年采用积分法计算库区淤积量。经计算，1958—1965年大沽高程124米以下总的淤积量为4500万立方米；1965—1978年大沽高程124米以下总的淤积量为1亿立方米；1978—1989年大沽高程126米以下总的淤积量为106万立方米；1989—2003年大沽高程128米以下总的淤积量为2810万立方米。

通过淤积测量，可以得出以下结论：

（1）黄壁庄水库1997年库区淤积从平面看，主要集中在水库坝前12.2千米范围内，该范围淤积量为2531万立方米，占库区淤积总量的96.5%。冶河入库汇合处冲刷较多，共42万立方米，为"96·8"冶河洪水所致，冶河上游稍有淤积。

（2）从高程上看，2003年库区主要淤积量在大沽高程118.0米以下，118.0米高程以下共淤积2640万立方米，占库区淤积总量的94%。其中汛限水位114米（大沽高程）以下淤积1940万立方米，占库区淤积总量的69%。

（3）1997年非常溢洪道前5.86平方千米局部范围淤积计算，结果为110.51米高程以上发生冲刷，110.51～114.51米间冲刷为35.2万立方米，原因为"96·8"洪水表层流速较大造成冲刷所致。

（4）黄壁庄水库1989—2003年128米以下总的淤积量为2810万立方米，14年间除1996年外，其他年份来水均不大，故淤积主要为大洪水所致，而且洪水造成了冶河口的冲刷。

（5）黄壁庄水库自建库至2003年，大沽高程124米高程以下总的淤积量为1.7503亿立方米。

（6）2004年水库测淤后的水位-面积关系表见表4-5与关系图如图4-1所示。

表4-5　　水库水位-面积关系表（2004年）

水位/m	面积/km²	水位/m	面积/km²
106	0.0623	118	52.4420
107	2.7152	119	56.9254
108	6.2384	120	61.3313
109	10.1532	121	67.2273
110	14.6730	122	73.1730
111	19.2596	123	77.7229
112	26.0924	124	82.5192
113	29.8779	125	87.8170
114	34.3002	126	93.6385
115	39.7833	127	99.9454
116	43.8265	128	105.3453
117	47.0603		

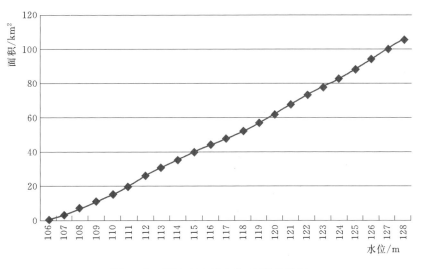

图 4-1　2004 年水库水位-面积关系图

第六节　大坝安全鉴定

2006 年 3 月，水利部河北水利水电勘测设计研究院与黄壁庄水库管理局共同完成了黄壁庄水库大坝安全鉴定报告辑，2006 年 6 月 30 日，河北省水利厅组织安全鉴定专家组，对水库大坝进行了安全鉴定并评定了大坝安全类别，结论如下所述。

（1）黄壁庄水库主要除险加固项目实施完成后，2004 年最高蓄水位达 119.55 米（接近正常蓄水位 120 米），并经历了 6 个多月的高水位运行，根据工程监测资料分析，各建筑物运行状态正常。

（2）副坝加固工程施工质量满足设计要求，塌坑段的处理措施有效。现有监测资料表明，加固后除旋喷段外，副坝垂直防渗墙防渗效果显著，目前坝体与坝基渗透稳定。计算分析表明，各建筑物渗流性态安全。鉴于尚未遭遇设计防洪水位、水位骤降及地震工况考验，运用过程中需加强监测，并及时整理分析。

大坝安全鉴定会

（3）经计算分析，主坝、副坝、正常溢洪道、非常溢洪道、新增非常溢洪道和电站重力坝在各种运用工况下，建筑物稳定安全系数满足现行规范要求，各混凝土建筑物满足结构强度要求。

（4）经计算分析，各类闸门、启闭机等金属结构设备强度、应力和启闭力满足设计规范及安全运行要求。

（5）水库供配电设施齐全，安全可靠；闸门监控系统、大坝安全监测系统、水情自动测报系统、通信系统安全可靠，符合规范规程规定，满足水库调度运用要求。

综上，黄壁庄水库实际抗御洪水标准达《防洪标准》（GB 50201—94）规定，大坝工作状态正常；工程无重大质量问题，能按设计正常运行。黄壁庄水库大坝为一类坝。

第七节　信息化建设与管理

一、水雨情自动测报系统

黄壁庄水库早期水雨情自动测报系统始建于 1990 年，由原电子工业部第 54 所承建，包括岗南和黄壁庄两大水库上游共 21 处报汛站。1995 年，又由北京海淀燕禹通信遥测联合新技术开发部进行了改建，1996 年改建完成，并投入试运行。其中岗南水库以上共布设 6 处雨量、水文遥测站，5 处雨量站；岗黄区间布设 6 处雨量、水文遥测站，4 处雨量站。"96·8" 洪水期间，河北省各级防汛部门利用本系统收集到的雨水情信息，及时准确地进行分析和预报，为各级领导指挥防汛调度、防灾减灾提供了科学依据。

1999—2004 年黄壁庄水库除险加固工程期间，岗-黄水、雨情自动测报系统作为除险加固工程改建项目，仍由北京海淀燕禹通信遥测联合新技术开发部中标承建，于 2002 年 6 月系统改造完成并投入试运行。项目除新增山西及河北部分卫星站以外，还有部分站是对老设备进行更新改造。本次工程新建的项目有 3 处中心站（河北防抗办水情组、黄壁庄水库管理处、岗南水库管理处），1 处维护管理中心站（石家庄水文水资源勘测局），2 处超短波中继站（黄壁庄水库、岗南水库），14 处卫星遥测雨量站，11 处卫星水文站。改建的项目有 1 处卫星水文站（微水），2 处超短波雨量站（温塘、宅北），6 处超短波水文站（平山、下观、黄壁庄、岗南、王岸、石板），1 处超短波水位站（岗南二坝），3 处超短波人工置数站（黄壁庄、岗南、平山）。最终，形成拥有 3 个中心站，2 处超短波中继站，1 个维护站，34 个遥测站的采用 Inmarsat-C 卫星通信和超短波通信混合组网方式的水雨情自动遥测系统，如图 4-2 和图 4-3 所示。

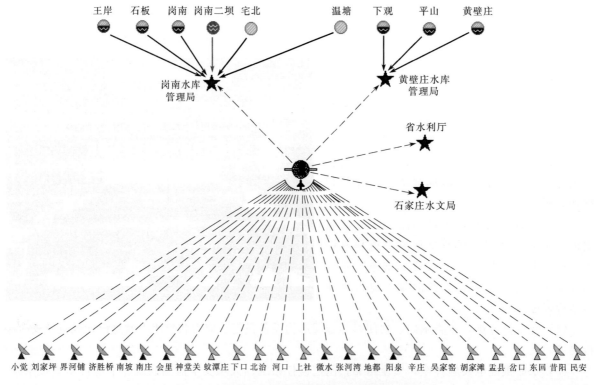

图 4-2　岗黄水库卫星信道信息共享数据流向图

黄壁庄水库洪水预报调度系统是水雨情自动测报系统的子系统，它包括两套程序，第一套程序是岗-黄水库洪水预报调度系统，于 1999 年 8 月由河北省防办责成大连理工大学开发，最初建成的系统

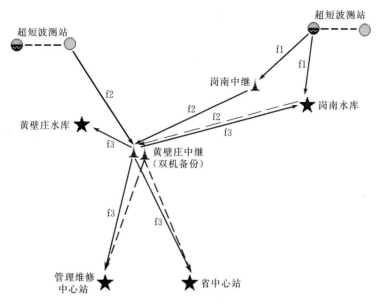

图 4-3 岗黄水库超短波信息共享数据流向图

和水雨情自动测报系统的接口设计不够成熟，数据提取存在问题，后经过除险加固项目对本系统及水文自动测报系统进行了改造，不论从操作界面还是使用功能上，使系统都更趋合理。第二套程序是"河北雨洪模型"预报调度系统，于除险加固期间由河北省水文局联合河海大学共同开发，2003 年年底完成并安装试运行。系统采用了河北雨洪模型、新安江模型、常规模型 3 种洪水预报方法，具有实时雨水情信息接收处理、洪水预报、实时校正、超前洪水预报、预报成果对比分析等功能。水库洪水调度子系统分为自动调度方案和交互式调度方案，并采用模糊方法进行方案优选，形成最优的水库调度方案供调度使用。

实际运用时，水雨情数据的采集由水情自动测报系统完成，各测站实时采集水文数据，自动将数据发送到各中心站或经过中继站转发到各中心站，中心站的前置机通过超短波 MODEM 和卫星小站遥测终端设备得到数据，并经过处理以后通过网络添加到后台服务器的专用数据库，调度人员及决策者可以通过网络界面查询到及时可靠的水雨情信息。同时，洪水预报调度系统可以通过软件接口，从数据库提取所需实时数据，从而实现水库实时洪水预报和控制调度，按照数学模型求得入库流量及流量的变化过程，制作入库洪水预报，根据预报成果提取洪水调度方案，提供气象情况、洪水图形仿真、洪水调度决策及水资源优化调度方案，为领导决策提供依据。

二、闸门自动监控系统

黄壁庄水库闸门自动监控系统作为 1998—2004 年黄壁庄水库除险加固工程的一部分，于 2002 年开始建设。2003 年 6 月，完成了各个集控室至控制中心的通信光缆的敷设；2003 年 12 月底，完成了监控主体设备，包括流速仪、闸门开度仪、水位计、控制机柜等的安装；截至 2004 年年底，系统全部安装调试完成。

黄壁庄水库闸门监控系统工程所涉及的范围为黄壁庄水库枢纽的几个闸门组，控制范围在 4 千米之内。监控内容包括正常溢洪道 8 个表孔及 2 个底孔、11 孔非常溢洪道、5 孔新增非常溢洪道的闸门和重力坝 1 孔灌溉洞闸门的控制，闸门开度、上下游水位、闸门运行工况及故障等信号的检测。图像监控单元采集并监视正常溢洪道上下游和闸门、非常溢洪道和新增非常溢洪道启闭机房桥面、重力坝的上下游和路旁的情况。

黄壁庄水库闸门监控系统根据闸门组的具体位置，分为正常溢洪道闸门监控子系统、重力坝闸门监控子系统、非常溢洪道闸门监控子系统、闸门监控中心子系统，各个子系统分别包括闸门监控和视频监控 2 个部分。每个闸门监控子系统与现场的各个单元通过各种方式有机地结合在一起，各个闸门监控子系统之间通过光纤介质实现远程网络资源的共享。

闸门监控系统结构为二级网络分布式控制系统，由 1 个闸门监控中心和 3 个现地闸门集控单元组成，3 个集控单元分别用于正常溢洪道、非常溢洪道及新增非常溢洪道和重力坝闸门的监控及控制。

闸门监控中心与现地闸门集控单元之间采用分布式以太网结构，主要由监控中心控制主机、3 个现地集控单元组成。现地集控单元由工控机和 PLC 以及其他附属设备组成，核心设备为 PLC。主要完成对各生产对象的数据采集处理及显示与安全监视、控制、数据通信、系统自诊断等，其设计能保证当它与主控级系统脱离后仍能在当地实现对有关设备的监视和控制功能。当其与主控机恢复联系后又能自动地服从上位机系统的控制和管理。

各个闸门监控系统的现场核心采集单元采用美国 GE 公司的 GE9070 系列可编程逻辑控制器（PLC），通过 PLC 各个采集模块实现与现场主要设备的数据状态的连接；同时通过严格的设计要求，充分考虑到现场环境的特殊性，采用了避雷器以及温度、湿度控制器等一系列器件，从而实现对关键设备的安全保护。

各个闸门监控系统配置不间断电源（UPS），保证了设备在短期断电情况下的正常运行，以及系统在外部断电情况下对相关数据的记录。通过改造现场开度仪表，在经济、合理的原则下，增加了原有设备的 RS-485 通信接口，以实现监控系统对现场各个闸门开度位置信息数据的采集。各个视频监控单元之间能够互相进行画面的监视和控制。鉴于正常溢洪道闸门在黄壁庄水库防洪调度中的主导作用，在 8 个表孔溢洪道闸门安装了 8 个固定的摄像头，以监视 8 孔闸门的开启状况，同时安装了 2 个可移动的摄像头，实现对水库上下游进行全面、直观的观察。

现场原使用了 PLC 控制柜，为达到与监控系统的数据交换和连接，充分利用原有 PLC 的 Profibus 总线通信方式，通过增加 PLC 主站 Profibus 总线通信模件的方式，实现了对新增非常溢洪道闸门的远方监视和控制。

系统软件采用南瑞集团公司自主开发的 EC2000 监控系统软件，通过计算机的网络通信接口，依据现场各个采集单元和智能装置的通信协议，通过网络或 RS-485 以及 Profibus 总线等通信方式，将各个闸门单元的数据实时地反映到自身独立的计算机监控界面，再通过网络通信将所有的数据汇总到中心计算机监控主界面。通过各主要画面的切换，可以在计算机上很直观的反映站内的工作情况，并且可以链接各种动态画面。数据画面可以动态的反映现场闸门开度情况，以及现场闸门的运行情况、电机运行的电流和电压等信号。EC2000 良好的人机界面直观、有效的反映了现场设备的各种运行情况。EC2000 监控系统软件本身具有报表统计功能，可以针对闸门监控系统的具体要求，自动统计每天、每月、每年的闸门运行时间，以及闸门启闭次数和时间，同时通过灵活的软件编程，实时计算出日、月、年的泄水量，为管理人员提供有价值的参考数据。

闸门自动控制通过软件设定目标开度的方式实现闸门的开启，在闸门到达目标开度的情况下自动停止。闸门自动控制流程中还包括闸门控制过程故障的自动判断和处理、闸门运行条件情况的自动判断和处理。

三、大坝安全监测自动化系统

黄壁庄水库观测设备始建于 20 世纪 50—60 年代，均为人工观测，由于人工观测工作量大、信息收集周期长、数据整理工作繁琐、结果不准确、观测手段落后，逐渐不能满足水库现代化管理的需要。鉴于此，结合水库除险加固工程，黄壁庄水库除险加固工程大坝安全自动化监测系统于 2002 年 9 月 9 日进行了公开招标，最终水利部南京水利水电科学研究所中标。2002 年 11 月，该所完成了《河北省黄壁庄水库除险加固工程大坝安全监测系统技施设计报告》，该报告作为黄壁庄水库大坝安全自动化监测系统的实施依据。2002 年 11 月至 2003 年 1 月，完成了所有自动化系统设备的研制、生产和进口仪器订货。2002 年 1 月至 2003 年 3 月，完成了所有自动化系统设备的单机调试、检验，并模拟现场配置进行室内联调、拷机。2003年4月至2004年6月，完成了所有自动化系统设备的现场安装、联调、拷机，于2004年7月上旬通过了现场初验，进入试运行，并移交黄壁庄水库管理局。

水库的大坝安全监测系统由3个基本部分组成：现地监测单元，网络通信连接，大坝安全监测中心。该系统仪器数量共320支，包括197支振弦式仪器、121支差阻式仪器以及气温、雨量监测项目的气象站1套。依据仪器的分布，共设置16个测控点和1个测控中心站。测控点分别为副坝9个、重力坝1个、管理局监测中心1个、正常溢洪道1个、主坝2个、非常溢洪道1个、新增非常溢洪道1个。测控中心站为黄壁庄水库监控中心，主要配置硬件有服务器1台，工作站1台，打印机1台，UPS 1台。

大坝安全监测系统主要有以下几项功能：一是系统功能。黄壁庄水库大坝安全监测系统采用分层分布开放式数据采集系统，运行方式为分散控制方式，可命令各个现地监测单元按设定时间自动进行巡测、存储数据，并向大坝安全监测站报送数据。二是监测功能。监测功能包括各类传感器的数据采集功能和信号越限报警功能；按运行要求，对所有接入系统中的各类监测仪器进行一定方式的自动化测量，存储所测数据，并传送到中央控制装置集中储存或处理，在中央控制装置故障、总线故障或系统完全断电情况下，各台测控装置自动按设定时间进行巡测，自动存储数据等待提取。断电后自动运行，时间可持续一周。每台米CU均具备常规巡测、检查巡测、定时巡测、常规选测、检查选测、人工测量功能。三是显示功能。显示建筑物及监测系统的全貌、各现地监测单元的概貌、监测布置图、过程曲线、监控图、报警状态窗口显示等。四是操作功能。在管理微机上可实现监控操作、输入/输出、显示打印、报告现在测值、调用历史数据、评估运行状态，根据程序执行的状态或系统工作状况发出相应的音响，整个系统的运行管理，包括系统调度、过程信息文件的形成、进库、通信等管理功能，利用键盘调度各级显示画面及修改相应的参数，修改系统配置、系统测试、系统维护。五是数据通信功能。包括各个现地控制单元与大坝安全监测站之间的数据通信、大坝安全监测站与黄壁庄水库监控中心之间的数据通信、大坝安全监测站与河北省水利厅监控中心之间的数据通信。六是综合信息管理功能。包括在线监测、大坝状态的离线分析、预测预报、报表制作、图文资料，数据库管理及安全评估。七是系统自检功能。系统具有自检能力，每次数据采集过程均首先进行自检，当系统中硬件设备或通信线路发生故障时在中央控制装置显示故障信息，以便及时维护。

大坝安全监测的系统技术指标包括以下几项。①传输距离，1300～10000米（采用光纤、无线或增加中继可使传输距离更远）；②现地监测单元的数量，大于60个；③每个现地监测单元的测点数，大于32个；④采样对象，电容式、电阻式、振弦式、电位器式等传感器以及输出为电压、电流的传感器；⑤测量方式，定时、单检、巡检、选测或设测点群；⑥定时间隔，1分钟到30天，采集周期根据工程要求可在大坝安全监测站设定或修改，采集速度：巡检一遍时间不大于10分钟，选测一测点时间不超过10秒，步进式和电磁式仪器不超过1分钟；⑦采样时间，2～5秒每点；⑧工作湿度，小于95%；⑨工作电源，220伏±10%，50赫兹；⑩平均无故障时间，4000小时；⑪系统防雷电感应，大于等于1500瓦；⑫系统接地电阻小于4欧姆。

监测方法有两种：一是人工观测。自动化系统建成后，需要进行必要的人工比测，利用测控装置内的人工比测模块和连接线，分别用原有的人工测量仪表进行人工观测，同时与自动化系统的自动测量数据进行比较，以便对自动化系统的测量精度和可靠性进行验证。二是自动化监测。黄壁庄水库安全自动化监测系统具有自动测量功能，正常情况下，系统按设置的测量时间和时间间隔自动采集数据，系统运行维护人员每周对系统的功能作一次检查，通过测值过程线了解系统的运行状况，并做好日志的填写。若自动化系统出现故障，及时了解系统设备运行情况，分析故障原因，解决系统出现的问题，并记录，如解决不了，应及时与系统实施单位——南京水利水文自动化研究所联系，帮助解决或派人到现场解决。黄壁庄水库自动化监测系统采用自动测量方式进行测量，每天自动测量一次，人工观测比对为每月2次。

自动化系统建成后，为保证系统正常运行并发挥作用，使系统更加规范化、精细化管理，黄壁庄水库管理局通过建立《工程管理制度》《大坝自动安全监测系统操作规程》《信息化管理责任制》，明确责任与管理要求，落实职责。同时进行必要的人工比测，保留原有人工观测设施进行观测，以防自动化设备出现故障时保持观测资料的连续性。系统运行以来，根据水库情况进行实时采集观测数据。运行信管软件，进行原始数据处理，形成不同载体的观测成果整编资料。运行分析软件可进行观测成果分析，同时实现各种计算，随时了解水工建筑物的实时运行状态，实效快，效率高。

黄壁庄水库管理局充分利用大坝自动监测系统采集到的各种监测信息，加强对信息的整理分析，及时分析大坝存在或出现的安全隐患，对大坝的安全状况给予客观的评价，指导大坝的安全运行。在系统出现故障时及时到现场进行精心维护修复。同时，与系统实施单位——南京水利水文自动化研究所有关技术人员勤沟通、多交流，汇报系统运行状态，了解系统的前沿发展情况，遇到不能解决的棘手问题，及时向开发单位电话咨询请教，必要时请有关技术人员到我库现场进行全面维护，确保大坝安全自动监测系统的正常稳定运行。

第二章 防汛与调度运用

水库是河川径流调节的重要工程，水库防汛主要任务是确保枢纽工程的安全，以使水库下游免受垮坝造成的毁灭性灾害，并科学地调蓄洪水，尽可能变水害为水利。由于水库防汛工作关系到国计民生，关系到下游千百万人民生命财产的安全，黄壁庄水库管理处（局）与当地各级政府都十分重视，每年与地方政府联合组建防汛指挥部。防汛指挥部下设防汛办公室，负责防汛日常工作，并分设工程组、水情组、供电组、通信组、运输组、物资后勤组、宣传报道组，组建防汛抢险队，从组织上保证防汛抢险工作的落实。还制定和完善每年度的各项防汛岗位责任制度及其职责，实行各司其职，各负其责，照章办事，从制度和职责上保证防汛工作的有效开展。

第一节 度 汛 方 案

水库建设初期即每年编制专门的度汛计划，对各部门的防汛工作提出具体要求，并对防汛情况进行通报。1961年后，每年都编制度汛方案并向上级主管部门呈报，然后按批准的度汛方案指导当年的防汛工作。在度汛方案中，主要明确以下准备工作：

（1）思想准备。每年全国水库安全度汛现场会暨电视电话会议、全省防汛抗旱工作会议等召开后，都及时召开会议落实，召开防汛动员大会或专题防汛工作会议，使全体职工在思想上引起足够重视，并就当年水库度汛安全工作做出具体部署。

（2）组织准备。成立防汛组织机构，落实有关责任人，并明确其职责，组建有关职能组，承担汛期防汛任务。

（3）工程准备。汛前完成大坝机电设备的检修工作，确保其汛期正常运转，同时对工程各部位、自动化系统、防汛物资等进行全面检查。

（4）预案准备。根据国家防总有关文件要求，明确水库防汛的行政责任人、技术责任人、抢险责任人，并编制水库汛期调度运用计划及水库防洪抢险预案。

（5）防汛物料准备。根据水库抢险方案，储备沙石料、编织袋、铁锹、抬筐、铁丝等物资，并存放到指定地点。

（6）通信准备。汛前对水情自动测报系统等做好安装调试，并加强日常的监管维护，确保水情信息及时准确传送。对水库所属通信设备，每月都定期监测，确保线路畅通。

度汛方案的编制都认真贯彻"安全第一、常备不懈、以防为主、全力抢险"的指导方针，突出以大坝为核心的枢纽工程安全运行管理，做好大坝安全监测工作；做好枢纽建筑物的维修保养工作；注重做到闸门运行自如、启闭灵活、电源安全可靠；做好防御设计洪水和最大洪水的工程准备工作；做好工程安全检查和安全保卫工作；做好水情水文预报测报和水库调度工作；做好防汛物资、财务和后勤保障工作；做好防汛值班工作。

为确保万无一失，黄壁庄水库还制定了防洪应急抢险方案并不断补充、完善。对大坝、溢洪道和其他可能出现的险情，如滑坡、异常渗水和管涌等，对启闭电源中断、出现闸门机械故障或不能正常启闭闸门、枢纽区道路桥涵出现塌方冲毁等，都制定了切实可行的抢险方案。

建库以来历年调度计划变化情况见表4-6～表4-8。

每年召开防汛动员大会

防汛抢险演练

表4-6 　　　　　　　　　　　黄壁庄水库调度计划变化情况表

实施年份	变动原因	正常蓄水位/m	主汛期		后汛期	
			汛限水位/m	调度方式（控泄条件、措施、泄量）	汛限水位/m	控蓄条件
1959	初建		114.1	水位114.1～119米，限泄800立方米每秒，库水位超过119米时不限泄		
1965	扩建		114	5年一遇水位119米以下，限泄400立方米每秒。50年一遇水位126.1米以下，限泄3300立方米每秒		
1966	扩建		113	库水位118米以下限泄400立方米每秒，119.5米以下限泄2500立方米每秒，121.7米以下限泄5500立方米每秒，121.7米以上泄洪设备全开，库水位超过119.5米时用新溢		
1970	水文系列延长	120	114	起调水位114米，114～117米不泄洪，117～125米泄2500立方米每秒，水位超125米请示上级开启需要的泄洪设备		
1971	水文系列延长	120	114	起调水位114米，114～117米之间限泄400立方米每秒；117～126米限泄3300立方米每秒，保下游河道安全；水位超过126米时，据上游来水情况，开启需要的泄洪设备		
1972	水文系列延长	120	114	起调水位定为114米，水位在114～119米之间限泄400立方米每秒，水位在119～126.1米限泄3300立方米每秒，库水位超126.1米时不限泄		
1976	水文系列延长	120	114	库水位114～119米限泄400立方米每秒，库水位119～126.1米据水雨情和气象预报，确定是否限泄和限泄流量。一般情况下，尽量控制泄量不超过3300立方米每秒，非溢闸门水位在119米以上即可开启，以正溢闸门调整控制泄量。预报有特大洪水，经省批准，炸开牛城小坝泄洪		
1978	水文系列延长	120	114	起调水位114米，114～119米时限泄400立方米每秒，119～126.1米限泄3300立方米每秒，126.1米以上不限泄，126.5米以上炸开牛城小坝500米		

表 4 - 7　　　　　　　　　　　　　　　黄壁庄水库调度计划变化情况表

实施年份	变动原因	正常蓄水位 /m	主汛期		后汛期	
			汛限水位 /m	调度方式（控泄条件、措施、泄量）	汛限水位 /m	控蓄条件
1982	水文系列延长	120	114	起调水位 114 米，114～119 米时限泄 400 立方米每秒，119～125 米限泄 3300 立方米每秒，125 米以上不限泄，若需抬高拦洪水位则库水位 119～126.1 米限泄 3300 立方米每秒，库水位超 126.1 米不限泄		
1983	水文系列延长	120	114	起调水位定为 114 米，114～119 米限泄 400 立方米每秒（保泛区安全泄量），水位在 119～126.1 米限泄 3300 立方米每秒（保河道安全泄量），库水位超 126.1 米时不限泄或控制限泄 19200 立方米每秒		
1985	水文系列延长	120	114	起调水位定为 114 米，114～117.2 米时，限泄 400 立方米每秒，117.2～126.1 米时限泄 3300 立方米每秒，水位超 126.1 米时下泄量不大于天然来水量的情况下，所有泄洪建筑物全部打开泄洪。127 米时炸主坝北端 1+150～1+350，在 119～126.1 米限泄 3300 立方米每秒，库水位超 126.1 米时不限泄		
1987	水文系列延长	120	114	114～117.2 米限泄 400 立方米每秒，117.2～126.8 米限泄 3300 立方米每秒，超过 126.8 米下泄量不大于天然来水时，所有建筑物敞泄		
1995	水文系列延长	120	114	起调水位 114 米，114～116.6 米限泄 400 立方米每秒，116.6～126.6 米限泄 3300 立方米每秒，126.6 米以上不限泄		
1997	水文系列延长	120	114	小于 5 年一遇洪水（库水位 116.6 米以下）限泄 400 立方米每秒，5 年一遇～10 年一遇洪水（水位 116.6～118.6 米）限泄 800 立方米每秒，10 年一遇～50 年一遇洪水（水位 118.6～124.9 米）限泄 3300 立方米每秒，库水位高于 124.9 米时，所有泄洪设施全开，达 127.5 米，视上游天气预报情况，必要时炸开主坝分洪		
2000	加固期间，防洪标准低	118	114	遇上游有较大的降雨天气系统时，水库预泄，库水位降至 112 米；114～114.83 米限泄 400 立方米每秒；114.83～117.68 米限泄 800 立方米每秒；117.68～124.36 米限泄 3300 立方米每秒；大于 124.36 米水库敞泄；库水位达到 125.16 米时，视上游预报情况扒开新非常溢洪道围堰泄洪；库水位达到 126.5 米时并危及副坝安全时，再视来水情况炸开主坝分洪	116	8 月 11—30 日

表 4 - 8　　　　　　　　　　　　　　　黄壁庄水库调度计划变化情况表

实施年份	变动原因	正常蓄水位 /m	主汛期		后汛期	
			汛限水位 /m	调度方式（控泄条件、措施、泄量）	汛限水位 /m	控蓄条件
2001	加固期间，防洪标准低	118	112	库水位在 117.5 米以下时，分别利用泄洪底洞、重力坝输水洞和正常溢洪道泄洪，其中库水位在 112～114.7 米之间时限泄 400 立方米每秒；在 114.7～117.5 米之间时限泄 800 立方米每秒；库水位达到 117.5 米时破开非常溢洪道引渠围堰，非常溢洪道参与泄洪；水位在 117.5～124.26 米之间时限泄 3300 立方米每秒；库水位高于 124.26 米时不限泄；库水位达到 124.5 米时炸开新非围堰，利用新非泄洪；当库水位达到 126.5 米并危及副坝安全时，再视来水情况炸开主坝泄洪	116	8 月 11—30 日

实施年份	变动原因	正常蓄水位/m	主汛期		后汛期	
			汛限水位/m	调度方式（控泄条件、措施、泄量）	汛限水位/m	控蓄条件
2002	加固期间，防洪标准低	118	112	库水位在117.5米以下时，分别利用泄洪底洞、重力坝输水洞和正常溢洪道泄洪；库水位在112~114.7米时限泄400立方米每秒；在114.7~117.5米时限泄800立方米每秒；水位在117.5~123.65米时限泄3300立方米每秒；库水位高于123.65米不限泄，最大泄量不大于最大来量；当水位超校核水位124.12米（500年一遇）后，应采取各种应急措施，各泄洪设施可敞开泄洪，迅速降低水库的库水位；当洪水严重危及副坝安全时，视来水情况，炸主坝保副坝	116	8月11—30日
2003	加固期间，防洪标准低	118	114	水位在114~116米时限泄400立方米每秒；在116~118.6米之间时限泄800立方米每秒；水位在118.6~124.9米时限泄3300立方米每秒；水位超过124.9米，启用除新增非常溢洪道外的其他设施泄洪；水位超过125.4米（500年一遇）后，启用新增非常溢洪道泄洪，确保副坝安全；对于副坝6号塌坑170米施工段，要求汛前防洪子埝达到高程128.83米；当洪水达到500年一遇洪水125.4米时，组织部队对该段进行抢护，防洪子埝高程应达到130.4米，确保副坝安全	118	8月11—30日
2005—2010	加固完成，防洪标准提高	120	115	水位在115~116.77米时限泄400立方米每秒；在116.77~119.17米之间时限泄800立方米每秒；水位在119.17~125.27米时限泄3300立方米每秒；水位超过125.27米，启用除新增非常溢洪道外的其他设施泄洪；水位超过125.54米（500年一遇）后，启用新增非常溢洪道泄洪	118	8月11—30日

第二节 防 洪 调 度

　　水库防洪调度的任务是根据规划设计确定或上级主管部门核定的水库安全标准和下游防护对象的防洪标准、防洪调度方式及各防洪特征水位，对入库洪水进行调蓄，保障大坝和下游防洪安全。遇超标准洪水，应力保大坝安全并尽量减轻下游的洪水灾害。

一、水库防洪标准及其变化情况

　　黄壁庄水库保护区为下游25个县市、1245万人口、1800多万亩耕地，其中重要的工矿及交通设施有华北油田、大港油田，京广、京九、京深、京沪、石黄、青银等公路、铁路、高铁重要交通干线，下游河道防洪标准为50年一遇，安全泄量为3300立方米每秒。京广铁路桥安全泄量为16500立方米每秒，防洪标准为100年一遇。

二、水库调洪演算

1. 库容曲线

黄壁庄水库历次规划的库容曲线见表4-9。

表 4 - 9　　　　　　　　　　　　　　黄壁庄水库实测及淤积库容曲线

水位 /m	容积/亿 m³			
	原　始	1964 年实测	1989 年实测	规划淤积线
114	2.76	2.20	1.46	0.56
115	3.22	2.62	1.84	0.82
116	3.69	3.15	2.27	1.08
117	4.20	3.66	2.75	1.60
118	4.76	4.20	3.28	2.00
119	5.34	4.81	3.85	2.55
120	5.93	5.46	4.46	3.10
121	6.58	6.14	5.11	3.70
122	7.28	6.83	5.81	4.35
123	8.02	7.56	6.57	5.10
124	8.82	8.37	7.37	5.85
125	9.76	11.11	8.22	6.75
126	10.64	11.67	9.12	7.66
127	11.60	12.24	10.09	8.56
128	13.46	12.83	11.11	9.58
129	14.06	13.43	12.19	10.68
130	14.68	14.05	13.33	11.86

2. 泄量曲线

黄壁庄水库水位、容积关系根据河北水利水电勘测设计研究院 1989 年实施测量地形图量算，泄量关系为水库沿用的成果。具体见表 4 - 10，水位-泄量关系图如图 4 - 4 所示。

表 4 - 10　　　　　　　　　　　　黄壁庄水库水位、库容、泄量关系表

水　位 /m	容　积 /m³	泄水建筑物泄量/(m³/s)			
		泄洪底孔	正常溢洪道	非常溢洪道	新非＋非溢
114	1.4645	157	193	1470	1470
115	1.8496	186	494	1920	1920
116	2.2788	217	883	2420	2420
117	2.7569	248	1352	2980	2980
118	3.2843	275	1925	3570	3850
119	3.8553	295	2645	4220	4500
120	4.4638	310	3390	4875	5140
121	5.1143	323	4137	5560	5940
122	5.8163	335	4925	6350	7040
123	6.5709	348	5752	7340	8800
124	7.3738	362	6698	8530	11450
125	8.2248	375	7655	9725	14300
126	9.1294	386	8734	10925	17400
127	10.0926	397	9803	11920	19550
128	11.1157	403	10867	12700	21000
129	12.1955	406	11867	13300	22000

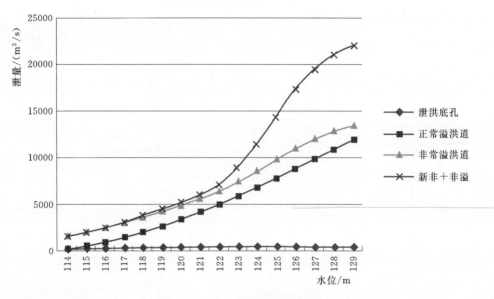

图 4-4　水库水位-泄量关系图

3. 水库允许最高洪水位

根据 1986 年河北省设计院编制的《岗南、黄壁庄水库总体规划补充报告》，按防浪墙及坝顶超高分析计算，黄壁庄水库坝顶高程 128.7 米，波浪爬高 1.093 米，水面壅高 0.009 米，安全超高 0.7 米，允许最高洪水位为 128.098 米。

4. 水库调洪演算设计洪水组成选择

黄壁庄水库设计洪水成果采用水利水电规划设计总院规字〔1995〕0009 号审批的设计洪水成果，即《岗南、黄壁庄水库设计洪水复核报告》。该批文明确同意岗南、黄壁庄水库的可能最大洪水采用频率 10000 年一遇洪水。同意采用同频率法和典型年法（1956 年洪水典型）计算黄壁庄以上的设计洪水地区组成，应选取其中不利的洪水组成作为工程设计的依据。另外，在岗南、黄壁庄水库设计洪水复核报告阶段审查意见中同意采用"56·8"洪水典型推求可能最大洪水过程线。

黄壁庄除险加固初步设计对同频率组成（岗南设计区间相应和区间设计岗南相应）和 1956 典型年、1963 典型年进行了调洪计算，成果表明，不同洪水组成中，1956 年典型与同频率成果接近，1963 年典型洪水位较低，按照审查意见，选取最不利的洪水组成作为工程设计的依据。因此，选取同频率洪水组成设计洪水成果作为黄壁庄水库的设计依据。

5. 水库规划调度方案

水库起调水位 114.0 米；库水位 114.00～116.42 米（5 年一遇洪水位），水库控泄量 400 立方米每秒；库水位 116.42～119.22 米（10 年一遇洪水位），水库控泄量 800 立方米每秒；库水位 119.22～125.67 米（50 年一遇洪水位），水库控泄量 3300 立方米每秒；库水位超过 125.67 米，启用所有泄洪设施泄洪，泄量不大于来量。

6. 黄壁庄特征水位

校核洪水位为 128.0 米，设计洪水位为 125.84 米，防洪高水位为 125.67 米，正常蓄水位为 120.0 米，汛限水位为 115.0 米，死水位为 111.5 米。

三、现状岗南、黄壁庄水库汛期调度运用计划：

每年 6 月 1 日至 9 月 30 日为汛期，7 月 10 日前为前汛期，7 月 10 日至 8 月 10 日为主汛期，8 月 11—20 日为过渡期，8 月 21—31 日为后汛期。

岗南水库调度运用计划：汛限水位 192.0 米；水位 192.0～203.0 米，当黄壁庄水库水位 115.0

～116.77 米（相当于 5 年一遇）时，与岗黄区间凑泄 400 立方米每秒；当黄壁庄水库水位 116.77～119.17 米（相当于 10 年一遇）时，与岗黄区间凑泄 800 立方米每秒；当黄壁庄水库水位 119.17～125.27 米（相当于 50 年一遇）时，与岗黄区间凑泄 3300 立方米每秒；水位高于 203.0 米时，启用所有泄洪设施泄洪，控制泄量不大于来量。

黄壁庄水库调度运用计划：汛限水位 115.0 米；水位 115～116.77 米（相当于 5 年一遇）限泄 400 立方米每秒；水位 116.77～119.17 米（相当于 10 年一遇），限泄 800 立方米每秒；水位 119.17～125.27 米（相当于 50 年一遇），限泄 3300 立方米每秒；水位超过 125.27 米，启用除新增非常溢洪道外的所有设施泄洪；水位超过 125.54 米（相当于 500 年一遇），增加新增非常溢洪道泄洪。

四、水库近年历次调洪成果变更

1996 年黄壁庄水库按 1981 年的旧水文成果进行调洪，起调水位为 114 米，按两级控泄方案，调洪成果：50 年一遇最高洪水位 126.6 米，100 年一遇最高洪水位 126.6 米，1000 年一遇最高洪水位为 127.51 米。1999 年由于黄壁庄水库开始进行除险加固，设计洪水采用加入"古洪水"中的成果，按汛限水位 114 米、三级控泄方案进行调洪，调洪成果：200 年一遇最高洪水位 124.9 米，1000 年一遇最高洪水位 126.31 米。2000 年采用新水文成果，按汛限水位 114 米、起调水位 112 米、三级控泄方式进行调洪，黄壁庄水库主汛期调洪成果：50 年一遇最高洪水位 124.36 米，500 年一遇最高洪水位为 125.16 米，1000 年一遇最高洪水位 126.21 米。2001 年由于副坝塌坑严重，度汛形势非常严峻，采用汛限水位 112 米、起调水位 112 米、三级控泄方式进行调洪，调洪成果：200 年一遇最高洪水位 124.29 米，1000 年一遇最高洪水位 124.86 米，10000 年一遇最高洪水位 127.8 米。2002 年按汛限水位 112 米、起调水位 112 米、三级控泄方式进行调洪，调洪成果：50 年一遇最高洪水位 123.65 米，500 年一遇最高洪水位 124.12 米。2003 年汛限水位 114 米、起调水位 114 米、三级控泄方式进行调洪，调洪成果：50 年一遇最高洪水位 124.9 米，500 年一遇最高洪水位 125.4 米。从 2004 年主汛期开始改为汛限水位 115 米、起调水位 115 米、三级控泄方式进行调洪，调洪成果：50 年一遇最高洪水位 125.27 米，500 年一遇最高洪水位 125.54 米。具体情况见表 4－11。

表 4－11　　　　　　　　黄壁庄水库历次调洪成果表

年份	成果编制单位	机遇年调洪水位/m											
		起调水位	5	10	50	100	200	300	500	1000	2000	5000	10000
1994		114			126.4	126.86			126.92	127.57			
1996	河北勘设院	114	116.6		126.6	126.6				127.51			
1999	河北勘设院	114	116	118.6	124.9		124.9		125.4	126.31			
2000	河北勘设院	112	114.83	117.68	124.36		124.36		125.16	126.21			
2001	河北勘设院	112	114.68	117.51	124.26	124.26	124.29		124.52	124.86	125.45	126.77	127.8
2002	河北勘设院	112	114.68	117.51	123.65	123.65	123.65		124.12	124.77	125.47	126.77	127.8
2003	河北勘设院	114	116	118.6	124.9		124.9		125.4	126.31			
2004	河北勘设院	115	116.77	119.17	125.27	125.27			125.54	125.54	125.81	126.9	127.95
2005—2011	河北勘设院	115	116.77	119.17	125.27	125.27			125.54	125.54	125.81	126.9	127.95

五、水库调度权限及措施

河北省防汛抗旱指挥部及其办事机构防汛抗旱办公室负责黄壁庄水库的防洪调度工作。当水库发生标准内洪水时，按上级批复的水库汛期调度运用计划进行调度。当水库由于重大突发事件引发水库险情需要调整调度运用方案时，要根据当前的雨、水、工、灾情信息，制定实时调度方案并及时上报，省防办根据情况研究后下达调度指令，水库严格按照调度指令执行，并将执行情况及时反馈。

第三节 供 水 调 度

黄壁庄水库是河北省水利厅直属大（1）型水库，正常蓄水位120米，死水位111.5米，兴利库容3.77亿立方米。建库以来，水库在确保防洪安全的前提下科学调度，为石家庄市城市生活、西柏坡电厂以及下游200多万亩农田的供水提供了坚实保障。

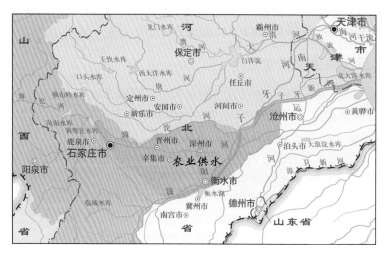

黄壁庄水库供水范围示意图

在供水调度中，每年初根据省水利厅下达的各用水部门的用水指标，结合水库来水预测情况，编制当年的兴利调度计划，如用水部门用水有变化，及时修正计划。

为保证供水，水库建立健全了一系列供水调度制度：一是灌溉供水制度。向灌区供水，随时掌握库水位、流量等变化情况，严格按照上级下达的指标供水；供水过程按计划执行，中途若有变化，要求灌区提前一天向水库提出要求，再由水库进行协调解决。二是发电制度。为充分利用水资源，原则上石津渠渠首电厂结合农业灌溉发电；为了控制库水位而需要弃水时，优先安排从灵正渠电站小流量弃水发电，其次考虑从石津渠渠首电厂弃水发电。三是工业、城市生活及环境供水制度。调度人员每天到城市及工业计量点检查一次用水情况，并做好记录，发现问题及时汇报；积极主动与用水单位联系，定期做好城市及工业计量点计量表的校核工作。四是供水联系制度。灌溉放水，由灌区提前和水库联系放水事宜，定好时间、流量，然后按计划提闸放水。无论放水、停水、加水、减水，水库都事先与黄壁庄水文站联系，通知其测流和记录。灌溉放水结合发电时，由水库通知水电厂按放水要求放水，若发现无调度人员通知而电厂私自改变流量时及时制止。农业灌溉期间，调度人员及时了解水情、工情，并及时向上级主管部门汇报。五是值班制度。供水期水库安排调度人员值班，一般每班1～2人。值班人员严守值班纪律，坚守工作岗位，处理好各项事宜，及时准确传达调令，出现异常情况及时请示汇报。做值班记录时，记清时间、流量、各方联系人，问题处理过程等。六是供水调度资料整理制度。及时收集上级主管部门关于水库调度运用指令文件、调度运用计划和供水收益情况，收集水库水情、雨情、蒸发、渗漏等资料，资料收集经分析、整理、核对、编制、打印后存档。

一、水库来水

1959—2013年，黄壁庄水库共来水645.48亿立方米，多年平均年来水量14.8亿立方米，最高年份1964年来水44.14亿立方米，最少年份1993年来水2.34亿立方米。两者相差近19倍。

水库水位年平均变幅7065米，最大变幅14.27米（1966年），最小变幅2.99米（1999年），汛期最高水位 122.97 米（1996 年），汛后最高水位 120.42 米（1970 年），最低水位 98.66 米（1959 年）。

黄壁庄水库历年水位、库容变化见表 4－12。

表 4－12　　　　　　　　　　　　黄壁庄水库历年水位、库容变化表

年份	最高水位/m	相应库容/亿 m³	发生日期	最低水位/m	相应库容/亿 m³	发生日期	水位变幅/m	库容年变化/亿 m³
1959	110.99	1.5068	8 月 21 日	98.66		4 月 28 日	12.33	
1960	114.16	2.8336	12 月 31 日	105.66	0.2809	7 月 20 日	8.50	2.5527
1961	115.08	3.2576	2 月 9 日	105.49	0.2614	10 月 19 日	9.59	2.9962
1962	113.30	2.4450	8 月 2 日	104.72		10 月 29 日	8.58	2.4450
1963	121.74	7.0980	8 月 6 日	105.37	0.2476	8 月 1 日	16.37	6.8504
1964	118.33	4.9514	3 月 14 日	105.73	0.2889	6 月 23 日	12.60	4.6625
1965	112.00	1.9000	5 月 6 日	104.96		8 月 27 日	7.04	1.9000
1966	118.99	4.8039	9 月 15 日	104.72		5 月 27 日	14.27	4.8039
1967	117.96	4.1784	10 月 28 日	109.27	0.6302	7 月 1 日	8.69	3.5482
1968	118.00	4.2000	3 月 10 日	105.67	0.0368	7 月 14 日	12.33	4.1632
1969	117.91	4.1514	12 月 31 日	109.56	0.7056	7 月 22 日	8.35	3.4458
1970	120.42	5.7456	3 月 9 日	113.48	1.9712	7 月 31 日	6.94	3.7744
1971	118.62	4.5782	3 月 15 日	108.75	0.5100	6 月 26 日	9.87	4.0682
1972	119.26	4.9790	3 月 25 日	108.15	0.3900	10 月 6 日	11.11	4.5890
1973	119.46	5.1090	10 月 10 日	111.18	1.154	6 月 2 日	8.28	3.9550
1974	118.20	4.3220	2 月 18 日	107.56	0.2720	5 月 24 日	10.64	4.0500
1975	117.82	4.1028	12 月 31 日	109.58	0.7108	7 月 3 日	8.24	3.3920
1976	119.40	5.0700	10 月 24 日	108.01	0.3620	5 月 31 日	11.39	4.7080
1977	119.42	5.0830	1 月 5 日	110.73	1.8244	6 月 3 日	8.69	3.2586
1978	119.49	5.1285	3 月 13 日	110.08	0.8424	7 月 22 日	9.41	4.2861
1979	119.19	3.9969	2 月 17 日	110.87	0.6260	9 月 30 日	8.32	3.3709
1980	117.24	2.9526	3 月 24 日	109.29	0.3357	7 月 25 日	7.95	2.6169
1981	115.72	2.2595	2 月 27 日	106.96	0.0865	5 月 23 日	8.76	2.1730
1982	117.91	3.2950	9 月 16 日	111.07	0.6718	7 月 3 日	6.84	2.6232
1983	117.38	3.0242	3 月 12 日	112.26	1.0034	7 月 1 日	5.12	2.0208
1984	119.17	3.9851	3 月 25 日	111.12	0.6853	8 月 9 日	8.05	3.2998
1985	117.22	2.9424	3 月 31 日	111.68	0.8359	4 月 29 日	5.54	2.1065
1986	118.68	3.7109	3 月 20 日	110.72	0.5948	10 月 17 日	7.96	3.1161
1987	113.71	1.4828	3 月 29 日	110.66	0.5823	10 月 18 日	3.05	0.9005
1988	119.38	4.1088	12 月 25 日	110.97	0.6468	5 月 20 日	8.41	3.4620
1989	119.55	4.2090	2 月 21 日	113.87	1.5386	7 月 25 日	5.68	2.6704
1990	118.69	3.6749	12 月 31 日	108.25	0.1329	6 月 13 日	10.44	3.5420
1991	119.34	4.0579	3 月 1 日	113.17	1.1776	5 月 21 日	6.17	2.8803
1992	117.77	3.1590	2 月 25 日	108.55	0.1584	5 月 7 日	9.22	3.0006
1993	114.80	1.7692	3 月 15 日	111.26	0.6322	7 月 4 日	3.54	1.1370
1994	115.06	1.8736	3 月 7 日	110.34	0.4316	6 月 11 日	4.72	1.4420

年份	最高水位/m	相应库容/亿 m³	发生日期	最低水位/m	相应库容/亿 m³	发生日期	水位变幅/m	库容年变化/亿 m³
1995	119.65	4.2464	9月8日	110.83	0.5320	3月28日	8.82	3.7144
1996	122.97	6.5470	8月5日	115.62	2.1100	6月13日	7.35	4.4370
1997	118.56	3.5997	1月1日	108.87	0.2010	5月6日	9.69	3.3987
1998	117.85	3.2021	3月9日	112.99	1.1187	5月9日	4.86	2.0834
1999	115.66	2.1276	9月28日	112.67	1.0187	3月31日	2.99	1.1089
2000	117.10	2.8072	12月31日	111.65	0.7295	6月28日	5.45	2.0777
2001	117.47	2.9995	2月9日	111.84	0.7796	6月6日	5.63	2.2199
2002	114.51	0.6556	3月6日	111.21	0.6202	4月26日	3.3	0.0354
2003	117.47	2.9995	12月31日	111.93	0.8038	3月26日	5.54	2.1957
2004	119.57	4.1975	9月10日	114.62	1.6982	7月16日	4.95	2.4993
2005	119.38	4.0819	3月11日	113.10	1.1545	7月13日	6.28	2.9274
2006	119.23	3.9920	2月26日	112.48	0.9613	5月8日	6.75	3.0307
2007	117.09	2.8019	12月31日	113.80	1.3927	6月26日	3.29	1.4092
2008	118.30	3.4522	10月7日	112.26	0.8968	5月9日	6.04	2.5554
2009	117.40	2.9624	12月31日	112.22	0.8852	5月3日	5.18	2.0772
2010	118.04	3.3067	3月11日	109.70	0.3184	5月14日	8.34	2.9883
2011	116.11	2.3286	3月3日	112.34	0.9197	3月29日	3.77	1.4089
2012	117.24	2.8797	11月20日	112.11	0.8540	5月13日	5.13	2.0257
2013	117.09	2.8019	3月14日	112.62	1.0032	5月11日	4.47	1.7987

注 水位 105.00 米以下没有相应库容曲线，所以相应库容为空。

二、农业供水

水库下游有三个灌区：石津灌区、灵正灌区、计三灌区，水库规划灌溉保证率 50%。黄壁庄水库历年农业用水见表 4-13。

石津灌区总干渠由黄壁庄水库重力坝下发电洞或灌溉洞引水，是在原"石津运河"和"晋藁渠"基础上逐渐发展起来的，受益范围包括石家庄、衡水、邢台 3 个市的 14 个市（县）。设计灌溉面积 250 万亩，总干渠首设计流量 100 立方米每秒，校核流量 120 立方米每秒。20 世纪 60 年代后期至 80 年代初期，有效灌溉面积维持在 200 万亩以上。80—90 年代后由于流域水资源短缺，地下水条件较好的灌区西部，有部分区域发展地下水灌溉。目前石津灌区有效灌溉面积 140 万亩。

表 4-13　　　　　　　　　　黄壁庄水库农业用水统计表　　　　　　　　　　单位：亿 m³

年份	石津渠					灵正渠					计三渠		
	灌溉结合发电	单独灌溉	单独发电	弃水	合计	灌溉结合发电	单独灌溉	单独发电	弃水	合计	单独灌溉	弃水	合计
1960		9.8240			9.8240		1.5620			1.5620			
1961		13.7300			13.7300		2.2640			2.2640			
1962		13.1300			13.1300		1.5480			1.5480			
1963		9.2980			9.2980		1.5350			1.5350			
1964		8.7060			8.7060		1.7470			1.7470			
1965		11.6100			11.6100		1.6150			1.6150			

续表

年份	石津渠					灵正渠					计三渠		
	灌溉结合发电	单独灌溉	单独发电	弃水	合计	灌溉结合发电	单独灌溉	单独发电	弃水	合计	单独灌溉	弃水	合计
1966		10.4400			10.4400		0.8480			0.8480			
1967		12.1200			12.1200		0.5951			0.5951			
1968		10.8600			10.8600		0.8812			0.8812			
1969		8.1420			8.1420		0.7416			0.7416			
1970		12.1600			12.1600		0.9288			0.9288			
1971	10.7681	1.2087		0.1114	12.0882	0.9238				0.9238			
1972	8.4602	0.2465			8.7067	0.7194			0.0060	0.7254			
1973	2.9759	0.0056	5.7133	0.0183	8.7131	0.3486		0.0903		0.4389			
1974	10.4652	1.0773	0.5352		12.0777	0.8386		0.0348		0.8734			
1975	8.5771	0.1017			8.6788	0.5455				0.5455	0.0438		0.0438
1976	7.2729	0.1503	1.4008		8.8240	0.6363			0.2576	0.8939	0.1988		0.1988
1977	12.4208		5.5630		17.9838	0.7704		0.4179		1.1883	0.3963	0.1883	0.5846
1978	9.4350	0.2805	2.9181	0.0296	12.6632	0.9324		0.2521		1.1845	0.6333		0.6333
1979	12.8654	0.0728	3.7451		16.6833	0.9812		0.3712		1.3524	0.5972	0.0750	0.6722
1980	6.5131	0.2188			6.7319	0.4376	0.1161			0.5537	0.3446		0.3446
1981	3.5632	0.6045			4.1677	0.0945	0.3143			0.4088	0.1625		0.1625
1982	4.1581	0.2763			4.4344	0.1404	0.2038			0.3442	0.2708		0.2708
1983	8.2972	0.2681			8.5653	0.2503	0.1281			0.3784	0.2938		0.2938
1984	5.4396	0.1752			5.6148	0.0811	0.1877			0.2688	0.2099		0.2099
1985	2.3794	0.3896			2.7690	0.0223	0.2004			0.2227	0.1544		0.1544
1986	5.9880	0.1607			6.1487	0.1449	0.1631			0.3080	0.2281		0.2281
1987	1.4475	0.2419	0.0028		1.6894	0.0218	0.2153			0.2371	0.1134		0.1134
1988	1.1941	0.1461	4.0186		5.3586	0.0239	0.1130	0.5998		0.7367	0.1101		0.1101
1989	6.6625	0.1079	1.0955		7.8660	0.2326		0.8715		1.1041	0.2275	0.0108	0.2383
1990	2.4599	0.0925	2.6108		5.1633	0.0032	0.0457	0.8719		0.9208	0.0674		0.0674
1991	2.8098	0.1819	1.8748		4.8665	0.1627	0.0241	0.8854		1.0722	0.1191	0.0857	0.2048
1992	5.6481	0.1196			5.7677		0.1741			0.1741	0.1868		0.1868
1993	1.6985	0.1522			1.8507		0.1385			0.1385	0.1532		0.1532
1994	2.4712				2.4712	0.0527	0.1198			0.1726	0.1110		0.1110
1995	1.9606	1.0129	5.6285		8.6020	0.0298	0.1009	0.6798		0.8105	0.1117		0.1117
1996	4.1825	0.0088	10.2622		14.4535	0.0887		1.8140		1.9027	0.0882		0.0882
1997	5.2509	0.0040	1.3271		6.5820	0.2029				0.2029	0.0898		0.0898
1998	5.5312	0.0110			5.5422	0.1389				0.1389	0.0832		0.0832
1999	3.2603	0.0144			3.2747	0.1023				0.1023	0.0625		0.0625
2000	3.6915		0.6294		4.3209	0.1006		0.8837		0.9843	0.0406		0.0406
2001	4.2642	0.2966			4.5608	0.0884		0.5719		0.6603	0.0446		0.0446
2002	1.7164	0.0108			1.7272	0.0534		0.2389		0.2923	0.0324		0.0324
2003	1.1529	0.0065			1.1594	0.0700				0.0700	0.0438		0.0438

年份	石津渠					灵正渠					计三渠		
	灌溉结合发电	单独灌溉	单独发电	弃水	合计	灌溉结合发电	单独灌溉	单独发电	弃水	合计	单独灌溉	弃水	合计
2004	2.5500		0.4435		2.9935	0.0158	0.0566	0.8895		0.9619	0.0694		0.0694
2005	3.3062	0.0120			3.3183		0.0758	0.3369		0.4127	0.0991		0.0991
2006	3.9923				3.9923		0.0991			0.0991	0.0877		0.0877
2007	2.8258				2.8258		0.0815			0.0815	0.0790		0.0790
2008	2.7394				2.7394		0.0665			0.0665	0.0692		0.0692
2009	3.1020				3.1020		0.0714			0.0714	0.0666		0.0666
2010	2.7900				2.7900		0.0793			0.0793	0.0600		0.0600
2011	3.212	0	0	0	3.2120		0.0565			0.0565	0.059		0.059
2012	3.1392				3.1392		0.0908			0.0908	0.0882		0.0882
2013	3.1576			0.0937	3.2513		0.0657			0.0657	0.0648		0.0648

三、工业供水

黄壁庄水库自 1993 年开始向西柏坡电厂供水，取水口由黄壁庄水库重力坝下 3 号发电洞改造而成，为 2 孔，直径 1.4 米，进口底高程为 104.0 米，最大引水流量 1.9 立方米每秒。

河北西柏坡发电有限责任公司（改制前为西柏坡发电厂）位于水库上游的平山县城附近，是国家八五重点建设项目，河北省九五重点建设项目，规划装机容量为 2400 兆瓦。公司 2012 年拥有四台单机容量为 300 兆瓦的国产燃煤发电机组，分别于 1993 年 12 月、1994 年 11 月、1998 年 10 月、1999 年 6 月投产，2 台 600 兆瓦临界发电机组分别于 2006 年 8 月 19 日和 11 月 24 日投产。电厂用水为冷却水，2000 年 6 月，该公司实现了工业用水闭式循环，每年平均节水 1000 多万立方米，引水情况统计见表 4-14。

表 4-14　　　　　　　　　　西柏坡电厂逐年引水情况统计表

年份	引水量/万 m³	年份	引水量/万 m³
1993	211.22	2004	1903.27
1994	1300.14	2005	1784.05
1995	1567.68	2006	2145.98
1996	1630.25	2007	2725.30
1997	1721.40	2008	2484.75
1998	2092.90	2009	2244.88
1999	2212.20	2010	2365.00
2000	1805.25	2011	2309.00
2001	1855.72	2012	2255.00
2002	1899.83	2013	1817.00
2003	1999.60	总计	38427.15

四、石家庄城市生活供水

黄壁庄水库自 1996 年开始向石家庄市城市生活供水，取水口由黄壁庄水库重力坝下发电洞改造而成，位于西柏坡电厂取水口的上方，共2孔，直径1.5米，进口底高程为105.9米，设计引水流量3.2立方米每秒，引水方式为埋管自流。岗南水库从2000年开始同时向石家庄市城市生活供水，从此，岗黄两库均为石家庄城市生活水源地。具体情况见表4-15。

表4-15　　　　　　　　　　　石家庄市地表水厂逐年引水情况统计表　　　　　　　　　单位：万 m³

年份	岗南	黄壁庄	总引水量	年份	岗南	黄壁庄	总引水量
1996		2932.00	2932.00	2006	4209.00	1654.00	5863.00
1997		4634.43	4634.00	2007	4924.19	1287.50	6211.69
1998		3923.13	3923.00	2008	6698.30	559.30	7257.60
1999		3734.11	3734.00	2009	7674.10	1425.47	9099.57
2000	3472.00	1459.76	4931.00	2010	8333.38	939.77	9273.15
2001	4475.00	747.97	5223.00	2011	8483.00	1493.00	10341.00
2002	5317.00	280.90	5598.00	2012	7289.00	3029.00	10318.00
2003	4460.00	1415.70	5875.00	2013	6572.00	4829.00	11401.00
2004	2225.00	3570.18	5795.00	合计	78513.97	39878.28	118392.25
2005	4382.00	1963.06	6345.00				

五、石家庄城市环境供水

黄壁庄水库自1998年开始向石家庄市城市环境供水，主要是向石家庄市区民心河补水，供水方式是通过石津渠总干渠和地表水厂输水管道两种渠道。2013年3月16日，黄壁庄水库通过石津渠、南水北调干渠等开始向滹沱河治理段一号水面供水，同时补充地下水源。岗黄两库年引水情况见表4-16。

表4-16　　　　　　　　　　　岗黄水库环境供水统计表　　　　　　　　　　　单位：万 m³

年份	岗南	黄壁庄	总引水量	年份	岗南	黄壁庄	总引水量
1998		248.17	248.00	2006	1464.00	641.00	2105.00
1999		516.80	517.00	2007	2498.72	754.00	3252.72
2000	947.00	278.12	1225.00	2008	2517.08	229.00	2746.08
2001	2174.00	417.66	2592.00	2009	2209.80	432.50	2642.30
2002	2084.00	75.68	2159.00	2010	2276.86	202.68	2479.54
2003	1466.00	602.52	2069.00	2011	1897.00	304.00	2201.00
2004	867.00	1855.62	2723.00	2012	960.15	2916.00	3876.15
2005	1523.00	683.83	2198.00	2013	546.46	2786.00	3332.46

六、水力发电

水库下游石津灌区渠首和灵正渠渠首分别建有黄壁庄和灵正渠两座水电站。黄壁庄电站为结合农业灌溉发电，装机容量16000千瓦，设计年平均发电量4275万千瓦时，设计最低引用水头8.5米，最高水头18米。灵正渠电站装机800千瓦，设计水头8～15米，设计年平均发电量110万千瓦时。年发电量统计情况见表4-17。

表 4 - 17　　　　　　　　黄壁庄电站和灵正渠电站年发电量统计表　　　　　　　单位：万千瓦时

年份	黄壁庄电站	灵正渠电站	年份	黄壁庄电站	灵正渠电站
1970	3650	100.07	1993	473	0
1971	3041	0	1994	690	5.30
1972	2545	54.13	1995	2738	213.66
1973	3033	48.89	1996	5672	600.53
1974	2440	16.89	1997	2028	151.07
1975	2740	0	1998	1722.9	2.54
1976	2482	98.81	1999	1025	0
1977	6353	150.37	2000	1123	198.61
1978	4108	165.46	2001	773	138.73
1979	5451	185.48	2002	519	34.73
1980	2235.9	21.96	2003	369.9	0
1981	939	16.30	2004	1318.74	224.52
1982	1429	29.35	2005	1319.79	113.19
1983	2718	38.89	2006	1555.57	0
1984	2023	24.05	2007	1046	0
1985	753	4.62	2008	1223	0
1986	2188	31.10	2009	1310	0
1987	416	4.02	2010	1110	0
1988	1931	181.93	2011	1160	0
1989	3287	282.51	2012	1189	
1990	1313	292.19	2013	1387	
1991	1702	315.29	合计	87912.9	3760.30
1992	1382	15.11			

七、向首都北京供水

进入 21 世纪以来，由于北方地区持续干旱，北京市的水资源严重短缺，直接影响到首都的经济发展和社会秩序稳定。在分析北京市缺水状况和河北省可供水条件的基础上，国家发改委决定，南水北调中线工程总干渠石家庄以北渠段先期开工，从南水北调中线总干渠以西的岗南、黄壁庄、王快和西大洋 4 座大型水库利用现状灌溉渠道石津渠、沙河总干渠、唐河总干渠输水至引江总干渠，向北京市应急供水。

通过南水北调工程向首都北京供水

黄壁庄水库自 2008 年 9 月开始通过南水北调中线京石段工程向北京应急供水，截至 2013 年年底，共供水 7.68 亿立方米，入京水质均维持在Ⅱ类水标准以上，京石段应急供水已成为北京新的战略水源，在供水高峰时段日供水量已占北京城区自来水日供应总量的一半以上，对保障北京供水安全发挥了重要作用。

北京供水共分 5 次进行，第一次 2008 年 9 月 18 日至 2009 年 3 月 5 日，供水 1.85 亿立方米；第二次为 2010 年 5 月 25 日至 8 月 19 日，供水 1.0 亿立方米；第三次为 2011 年 7 月 21 日至 9 月 19 日，供水 7029 万立方米；第四次为 2012 年 3 月 13 日至 6 月 30 日，供水 8848 万立方米；第五次从 2012 年 11 月 21 日开始，截至 2013 年年底，供水 3.24 亿立方米。2008—2013 年，共向北京市供水 7.68 亿立方米。

供水期间，水库管理局加强科学调度，严格管理，克服流量小、时间长、跨汛期、冰期、灌溉期，与其他供水交叉进行输水。努力做到"三个确保"，即确保水库水质、确保流量和确保供水时间符合上级要求。

第四节　战胜 1963 年、1996 年大洪水纪实

一、战胜"63·8"特大洪水纪实

1963 年 8 月上旬海河流域南系发生特大洪水，推算黄壁庄天然流量为 12000 立方米每秒，6 日洪量 26 亿立方米，其中 69.2％来自区间冶河，水库水位在 8 月 4 日开始猛涨，初期为了保护下游减轻洪灾，水库控制下泄流量为 400～2500 立方米每秒，坚持一日余，当库水位涨至 121.10 米时，为了保坝安全，以免对上下游造成更大灾害，开启水库全部泄洪设施并破除非常溢洪道临时挡水埝，库水

1963 年大洪水抢险

位最高达到 121.74 米，距坝顶仅有 2.0 余米，情况极为紧张。与此同时，库区范围内倾降大雨，从 8 月 4 日深夜起，坝坡开始遭受严重冲刷，由于新筑的水中倒土坝体尚未固结，坡陡不能上人，当时曾一度误为滑坡；加之副坝坝脚多处冒泡（实为气泡，并非管涌），像煮开水一样。当时因经验不足，是否为管涌辨别不清，同时副坝下游挡水小堰和溢流口数处冲决，泥水淤积了排水沟；非常溢洪道小堰因水来前未到设计高程，经抢护无效，于 8 月 5 日 9 时 30 分漫溢，再加之通往主、副坝的输电线路发生故障，先后停电，石家庄到水库的公路大桥和部分路基被水冲断，交通停滞，同时通往井陉县城的电话突然中断，不能及时掌握水情，加之水库自 1958 年以来第一次经受这样大的洪水考验，主副坝又坐落在砂卵石基础之上，工程本身能否度过这场洪水，大家底数不清，因而更增加了紧张气氛。

在这千钧一发之际，上级党政领导对水库安危深表关怀，中央不断用电报电话进行指导，河北省要派人来水库现场指导，当地驻军与民兵、石家庄市物资供应部门给予大力支援。水库职工也深知责任重大，任务之巨，都以与水库共存亡的决心投入抢险保坝战斗，积极响应库党委号召，书记、局长分工负责，亲自带领抢险大军一面抢险，另一面救出牛城群众。始终不眠不休地坚守阵地，以水不撤人不散的毅力，做到白天有险白天抢，夜间有险夜间救。据统计，在抢险过程中，共涌现出先进模范 523 人，在他们的带动下，1 万多名职工在 7 天内共完成抢险土石方 32207 立方米，终于制止了险情发展，战胜了洪水，保证了水库的安全，从而大大减轻了洪水对下游广大地区的危害。

迎战洪水动员

在"63·8"特大洪水期间，水库拦蓄洪量6.6亿立方米，将洪峰由12000立方米每秒消减至5670立方米每秒，起到了削减洪峰和保护下游安全的作用。

附记

1963年黄壁庄水库保卫战
（摘自《石家庄地区水利志》）

1. 紧急时刻

狂风横扫，骤雨猛泻，奔腾怒吼的巨涛拍击着黄壁庄水库大坝。8月6日，库水位迅速地上涨着，距离"块石护坡"的顶线仅有一人来高，早已超过了警戒线。这时，通往外地的公路被洪水冲毁，切断了后援运输线；通往上游的电话线路突然中断，掌握不了水情；副坝输电线路又发生故障，不能照明。坝顶因连日大雨，使坝坡遭受严重冲刷。历史上罕见的大水，威胁着尚未全部完工的大坝的安全。在这万分紧急的时刻，省委农村工作部部长丁廷馨、石家庄地委副书记兼专员张屏东冒雨赶到水库，坐镇指挥。他们的到来，给人们撑住了主心骨，誓死决战洪水、保住水库的万余张决心书、请战表像雪片一样飞向水库防汛指挥部。有些本已到期该返乡民工，主动要求留下来参加抗洪斗争。有些已批准回家探亲的自动取消了假期，他们说："保库如保家，只有保住水库才能保住家。"正患病休息的也写请战书，要求上阵。水库党委在紧急会议上决定：所有人员全体出动，与洪水展开一场决死战。

水库班子研究抗洪措施

2. 万人护坝

水库防汛指挥部一声令下，万人抗洪大军登上大坝，一场规模壮阔、与大自然决胜负的大战开始了。

战斗先在副坝上展开。党委提出了"誓死保副坝""与副坝共存亡"的口号，人们以回天的毅力顽强地战斗着。第一个回合是填补水冲沟。民工们从坝底下背上沙土，向上攀登，行动非常艰难。这时大家想出办法，用沙石、草袋从下往上铺成一条阶梯式的通道，随着人们就穿梭一样地用大筐把沙土石料背上去，效果较好。沙土填进冲沟，冲了填上，再冲再填上。安平县施工团民工张志昌扛着大筐，一趟趟地飞跑，大筐磨破了肩膀，鲜血把白褂子染红了都不知道。团政委陈元甫，已是50多岁的人了，身上只穿条裤衩，扛着100多公斤的泥沙袋子，抢在人们前边，飞也似的登上大坝，带动得一群小伙子猛追猛赶。坝下的沙土没有了，正定施工团的张思恭政委带领300多民工，4个小时就从一里多地以外运来50多立方米沙子。深泽县施工团运沙子，连干两天一夜不下火线。民工们就这样不喘气的战斗，终于把大坝一道道冲沟填平了。

但是，暴雨继续猛下，把大家千辛万苦填好的冲沟又冲开了。怎么办？有人献了一条计策：用草袋铺上坝面，给大坝披"雨衣"，使雨水在草袋上面流过，像在瓦房背上流过一样，冲不走坝面的泥土。防汛指挥部采纳了这个意见，立即拨出10万条草袋，又展开了第二个回合的抢险斗争。几千民工一齐动手，用车辐条磨成针，用铁丝作线，把个个草袋子缀在一起，连成许多大个"苦被"，卷成卷，从坝顶铺向坝坡，然后又用竹竿子把"苦被"挨个地钉扎在顶坡上，一猛气干了15个小时。到8日天亮，终于铺成了一道金黄色的大坝，任凭暴雨再大，副坝屹立不动。

在副坝激战的时刻，非常溢洪道又漫溢出水了，激流奔泻而下。深泽县施工团140人奉命火急抢堵。他们先用草袋装满沙土，进行堵挡。草袋一时赶不上了，赵八营60名民工就一齐跳下水去，臂膀挽着臂膀，结成一道"人墙"横挡在急流当中，等待草袋运来。由于水流过急，中间的5个人被洪水卷走了，一下就冲出去十几丈远。但他们并未胆怯，被大家救上来后，接着又参加了战斗，终于完成了抢堵任务。

1963年抗洪抢险动员

从暴雨开始，水库上的几十名电工就忙碌起来。从大坝南头一直到北头都要安装起电灯来。地软、杆滑，背起25公斤重的探照灯爬电杆，脚扣扣不住，上了半截就出溜下来，下来再上去。杆子歪倒了，几个人用绳子拉住。干了两天一夜才完成了安装任务。多少个探照灯将大坝照得通明透亮。在抢险的紧急时刻，副坝线路发生故障，被迫停电。电工们分段进行检查，又冒雨干了一天一夜，排除了故障。但刚刚送电，另一段线路又发生故障。这时天就快黑了，大坝上万名抗洪大军正在抢险，怎么能没有电灯呢！电工们连饭都顾不得吃，又冒雨连夜检修，直干到夜10时，恢复了照明，他们才返回住地休息。

副坝抢险

施工团的后勤人员为保证第一线抗洪大军的吃住做了很大贡献。策城施工团的工棚墙全被暴雨淋塌了，棚顶的席子有的被风雨卷走；吃水的机井坏了，锅台也塌了。但是几百名民工回来后有水喝、有饭吃，衣服被褥没有一件淋湿的。原来是两个留在工棚的女广播员，想尽办法为他们用瓮缸接下了足够的雨水，帮助炊事员做好饭并用席子苫好了被褥，用火烤干了淋湿的衣服。

在水库告急时，某部解放军官兵就及时赶到了坝下，和民工一起投入了抢险斗争。他们吃大苦耐大劳，一个人顶几个人干。某团400名战士，参加了挖沙石的工程，两天就挖了1600立方米。某部战士王太龙等3人只有一张铁锹，一人用锹刨，两人用手挖，一人一天完成2立方米沙土的任务。班长黄庆抢堵副坝小埝，被坝上塌下来的土方砸住，从泥里钻出来继续战斗。战士马全、丁保化、丁玉亭背着100多公斤的草袋上坝，手指头磨出血来，还继续猛干。铁道兵某部得悉水库大坝输电线路发生故障停电的消息后，立即送来两套发电机，并派技术人员前来支援。

二、战胜"96·8"特大洪水纪实

受1996年8号台风影响，太行山区暴雨倾盆，滹沱河各支流于8月4日晨开始涨水。黄壁庄水库4日14时42分入库流量陡涨至6000立方米每秒，15时48分又增至8600立方米每秒，库水位上升至118.95米，遂决定将水库泄量增至2500立方米每秒。4日20时入库流量增至9390立方米每秒，库水位升至120.73米，又将泄量增至下游河道设计流量3000立方米每秒（实测3160立方米每秒）。4日23时，平山站洪峰流量高达12600立方米每秒（超过"63·8"洪峰46%）；5日5时库水位猛升至最高水位122.97米（相应蓄水量6.55亿立方米），超过历史最高水位（"63·8"）1.18米。

5 日 2 时发现水库副坝坝顶有多处裂缝（总长 6000 米左右），坝下到处冒水冒泡，并有局部涌沙。如不加大泄量，9 小时后库水位可能超过 124.0 米（124 米以上为"文化大革命"时期加固的质量较差的 5 米高坝体），为此决定从 5 日 3 时至 13 时的 10 个小时内，将水库泄量加大到 3500 立方米每秒（报汛值 3656 立方米每秒），利用水库至下游滹沱河控制站北中山之间 110 千米长的沙质天然河道的调蓄作用，力争库水位尽量不要超过 124.0 米，下游河道北中山站不超过设计泄量 3000 立方米每秒。

"96·8" 溢洪道洪水下泄

库水位超过 122 米时库区的淹没情况

洪水到来后，管理处紧急组织工程技术人员兵分四路，赶赴大坝、闸门、观测点和供电四个主要部位，在最紧张的三天里以高度紧张状态日夜连续奋战。18 人的巡查队 24 小时奔波在 9 千米长的大坝上，对发现的 10 余处隐患及时分析汇报。工程观测组在人员少的情况下，坚持 3 小时观测一次，掌握了大坝在高水位运行下的第一手宝贵资料。闸门队在 16 次的闸门启闭中严格按操作规程，没有出现任何差错。供电组的几位同志冒雨连夜检查抢修线路，并临时在副坝安装了 1500 多米长的照明线路。

在整个抗洪过程中，始终将副坝作为重中之重加以防护，4 日、5 日两天在入库洪峰流量最大、水库水位最高的情况下，副坝坝顶产生近 6000 米的裂缝，坝后压坡平台多处发生冲沟，减压井出浑水，坝下防汛公路近 200 米被掏空，严重威胁着副坝安全，在险情连续不断发生的情况下，省防指两次调进中国人民解放军 700 余人次，顶风冒雨赶赴水库参加抢险护坝，临时处理副坝坝顶裂缝近 6000 米，抢修冲沟和防汛公路，动用土方、石方 1000 余立方米。十几天来，水库管理处共接到省防指调度命令 16 次，严肃认真对待每一个调令，如同打仗一样，保证上级调度指令的准确执行。

岗黄两库联合调度，8 月上旬共调节洪水 8.21 亿立方米，占上游来水总量 19 亿立方米的43.2%；并将两库还原后的黄壁庄洪峰流量 18200 立方米每秒消减为 3650 立方米每秒，合计削减洪峰 71%，防洪作用非常显著。

第三章 工 程 效 益

黄壁庄水库建成后，在防洪、兴利供水等方面发挥了巨大的社会和经济效益，促进了水库下游与石家庄市的工农业生产发展。

第一节 防 洪 效 益

建库前水库下游几乎每年受灾，灾情最大的 1956 年淹地 487 万亩；水库扩建前的 1963 年洪水与1956 年洪水差不多，淹地只减少 73 万亩。1968 年水库扩建后，遇 5 年一遇～50 年一遇洪水只淹饶阳、献县泛区 20万亩。如再遇 1956 年型洪水，可较建库前减淹 460 万亩，遇 1963 年型洪水（相当 50 年一遇）可比扩建前减淹 390万亩，并能解除下游城市、铁路的洪水威胁。

原水电部海河院在 1965 年扩建初设中，统计了黄壁庄水库建库前后 12

保卫河北省省会石家庄市

个 1949—1963 年历年的淹地灾情，并分析计算了水库按现状（即扩建后）减轻下游灾情的防洪效益。建库前后及扩建后防洪效益比较见表 4–18。

表 4–18　　　　　　　　　黄壁庄水库建库前后及扩建后防洪效益比较表

时　间		黄壁庄天然洪峰流量/（m³/s）	6 天流量/亿 m³	下游淹地/万亩	建库后下泄流量/（m³/s）	下游淹地/万亩	扩建后下泄流量/（m³/s）	下游可能淹地/万亩
建库前	1949 年	2550.00	5.99	25.50			400.00	0
	1950 年	2450.00	3.36	58.60			400.00	0
	1951 年	760.00	0.65	0			0	0
	1952 年	1330.00	1.42	0.90			182.00	0
	1953 年	1160.00	3.12	24.10			312.00	0
	1954 年	3700.00	9.06	275.90			2500.00	25.00
	1955 年	3820.00	6.50	54.90			400.00	0
	1956 年	13100.00	21.36	486.70			3300.00	25.00
	1957 年	398.00	0.90	0			0	0
	1958 年	1260.00	1.60	122.00			342.00	0
建库后	1959 年	3040.00	5.10		776.00	16.00	400.00	0
	1960 年	980.00	1.71		108.00	0	0	0
	1961 年	750.00	1.34		0	0	0	0
	1962 年	840.00	1.50		189.00	0	0	0
	1963 年	12000.00	25.97		6150.00	414.20	3300.00	25.00

从表 4-18 中可见，建库前下游几乎年年受灾，灾情最大的 1956 年淹地 486.7 万亩，水库扩建后，若遇 1956 年洪水，可以较建库前少淹地 460 万亩，并可解除对城市、铁路的威胁。

保护下游

黄壁庄水库建库以来，水库发挥了巨大的经济效益和社会效益。先后抗御较大洪水 6 次，其中 1963 年和 1996 年特大洪水 2 次，"63·8" 洪水推算入库天然流量为 12000 立方米每秒，6 日洪量 26 亿立方米，水库最大泄量 5670 立方米每秒，拦蓄洪水 6.6 亿立方米，水库起到了一定的削减洪峰作用。"96·8" 洪水黄壁庄还原洪峰流量 18200 立方米每秒，水库最大泄量为 3650 立方米每秒，防洪作用非常显著。为保卫下游 25 个县市、1245 万人口、1800 万亩耕地，保卫京广、京九、京沪、京深等一系列重要的铁路交通、公路交通、通信等干线，保卫华北油田等一大批重要工业设施发挥了巨大作用。特别是 1996 年，将最大入库洪峰流量由 12600 立方米每秒减至 3650 立方米每秒，削减洪峰达 71%，减免下游经济损失近 150 亿元，为实现河北省委省政府提出的"四保"目标发挥了"龙头"保障作用。多年调蓄洪水情况见表 4-19。

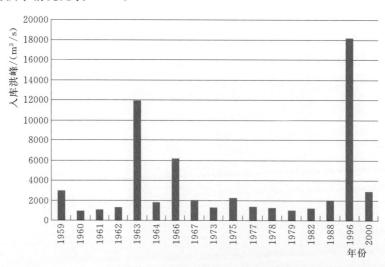

图 4-5　主要洪水情况示意图

表 4-19　　　　　　　　　　水库多年调蓄洪水情况统计表

年份	汛限水位/m	汛期入库水量/亿 m³	入库洪峰			相应出库流量			削减洪峰/%	汛期最高水位/m		
			流量/(m³/s)	月	日	流量/(m³/s)	月	日		大汛前	8月	9月
1959	114	23.23	3040	8	20	826	8	21	72.83	109.63	110.90	109.93
1960	114	10.25	980	8	3	108	8	6	88.98	109.17	111.29	110.43
1961	114	5.69	1100	8	14	42			96.15	107.67	107.90	108.05
1962	114	10.37	1370	7	15	78	8	2	94.28	112.66	113.30	110.92
1963	114	31.15	12000	8	5	5670	8	6	48.75	106.87	121.74	118.36
1964	114	11.15	1850	9	12	254			86.27	112.61	116.26	114.82
1965	114	7.67	550	7	20	61			88.80	108.97	107.92	108.37
1966	114	9.68	6230	8	24	42	8	24	99.31	111.30	119.12	118.99
1967	114	19.22	2080	8	4					116.00	117.21	117.50
1968	114	5.72	920	7	25	11	7	25	98.71	108.64	108.00	109.47
1969	114	5.35	950	7	9	21	7	29	97.69	111.64	112.87	117.76
1970	114	6.85	860	8	1	50			94.16	115.96	114.80	115.45
1971	114	6.35	750	7	7	26			96.44	112.01	110.98	114.44
1972	114	1.90	200	8	5	15			92.15	110.46	109.86	111.49
1973	114	5.29	1300	8	13	60			95.35	113.70	114.34	118.07
1974	114	5.33	950	7	25	0			100.00	111.00	113.58	113.91
1975	114	4.97	2300	8	8	0			100.00	110.49	115.52	114.12
1976	114	5.60	890	8	21	0			100.00	113.51	116.72	118.76
1977	114	15.36	1440	5	30	42			97.06	117.53	118.28	118.07
1978	114	3.61	1320	8	27	0			100.00	111.05	112.86	117.67
1979	114	8.69	1060	7	3	23			97.75	116.09	114.70	112.53
1980	114	1.74	290	6	29	51			0.00	110.64	111.35	112.35
1981	114	1.60	310	6	21	3			98.75	110.13	112.14	112.62
1982	114	3.31	1260	8	2	0			100.00	112.03	116.83	117.91
1983	114	3.23	380	7	29	72			80.80	113.39	114.33	116.34
1984	114	1.37	340	6	22	2			99.26	113.98	113.11	113.43
1985	114	1.66	680	7	29	0			100.00	112.22	113.42	115.17
1986	114	1.75	150	7	4	0			100.00	112.26	113.07	114.39
1987	114	0.75	320	7	2	0			100.00	111.95	111.97	112.33
1988	114	13.92	2090	8	6	284	8	6	86.41	112.71	117.90	118.46
1989	114	1.97	270	7	31	0			100.00	116.01	115.14	115.47
1990	114	5.08	310	7	5	0			100.00	113.02	116.34	116.9
1991	114	5.09	240	7	12	0			100.00	114.84	114.81	114.85
1992	114	1.55	135	7	7	0			100.00	112.06	113.30	114.03

续表

年份	汛限水位/m	汛期入库水量/亿m³	入库洪峰			相应出库流量			削减洪峰/%	汛期最高水位/m		
			流量/(m³/s)	月	日	流量/(m³/s)	月	日		大汛前	8月	9月
1993	114	0.43	126	8	20	0			100.00	111.43	111.84	112.12
1994	114	0.73	59	7	24	0			100.00	111.91	112.90	113.04
1995	114	0.85	972	7	14	0			100.00	112.85	116.79	118.61
1996	114	2.80	18200	8	4	3650	8	5	73.00	116.99	122.97	119.38
1997	114	2.96	186	7	31	0			100.00	112.48	114.89	115.05
1998	114	1.55	197	8	25	0			100.00	113.67	114.09	114.22
1999	114	1.42	421	8	15	0			100.00	113.14	115.14	115.5
2000	114	3.02	2910	7	6	262	7	7	91.00	114.66	115.59	116.16
2001	112	0.68	28	7	29	0			100.00	112.02	112.74	112.87
2002	112	1.21	38	8	5	0			100.00	112.38	113.13	114.15
2003	114	0.88	34	7	28	0			100.00	112.73	113.87	114.58
2004	115	3.87	429	8	11	0			100.00	115.25	118.94	119.57
2005	115	0.67	73	8	19	0			100.00	113.15	114.79	115.29
2006	115	1.92	192	9	1	0			100.00	112.68	115.11	116.55
2007	115	0.94	102	7	1	0			100.00	114.39	115.57	115.81
2008	115	1.23	99	8	15	0			100.00	114.37	115.80	116.19
2009	115	1.32	84	9	8	0			100.00	112.95	114.06	115.69
2010	115	1.64	40	8	22	0			100.00	112.92	113.94	114.83
2011	115	1.1	118	7	3	0			100.00	113.68	113.86	114.34
2012	115	2.05	150	8	1	0			100.00	113.64	116.15	116.76
2013	115	2.38	112	7	11	0			100.00	115.52	115.52	115.30

第二节　灌　溉　效　益

农业供水

　　黄壁庄水库的建成，极大减轻了水库周边及下游的洪涝、干旱灾害。现在水库下游共有灌区3个（石津灌区、计三灌区、灵正灌区），受益范围包括石家庄、衡水、邢台3个市的14个市（县）。设计灌溉面积共计283.9万亩，其中石津灌区250万亩，灵正灌区12.5万亩，计三灌区11.4万亩；有效灌溉面积共计161.3万亩，其中石津140万亩，灵正12.5万亩，计三8.8万亩。截至2011年年底，水库为农业供水359.3亿立方米，平均每年为农业供水7.04亿立方米，近十年为2.88亿立方米，农业供水保证率为50%。其中向石津灌区供水330.14亿立方米，计三灌区供水5.8152亿立方米，灵正灌区供水26.35亿立方米。在干旱年份，水库发挥多年调节作用，解决下游农田灌溉问题，大旱之年农业也获得丰收，水库在冀中平原农业生产发展中的作用越来越明显。

第三节　工业供水效益

　　黄壁庄水库从 1993 年开始为河北西柏坡发电有限责任公司提供发电水源，每年工业供水量约为 0.24 亿立方米，截至 2011 年年底，累计供水 3.62 亿立方米，源源不断地满足了西柏坡电厂工业发电需求，社会效益巨大，促进了国民经济可持续发展，为河北经济发展做出了重要贡献。

向西柏坡电厂工业供水

第四节　城市生活供水效益

　　黄壁庄水库自 1996 年开始向石家庄市城市生活供水，取水口由黄壁庄水库重力坝下发电洞改造而成，位于西柏坡电厂取水口的上方，为 2 孔，直径 1.5 米，进口底高程为 105.9 米，设计引水流量 3.2 立方米每秒，引水方式为埋管自流。岗南水库从 2000 年开始向石家庄市城市生活供水，岗黄两库均为石家庄城市生活水源地，年均总供水量约为 1.0 亿立方米。截至 2011 年年底，岗黄两库累计为石家庄市提供生活用水 9.67 亿立方米，其中黄壁庄水库 3.20 亿立方米，岗南水库 6.47 亿立方米，满足了石家庄市 270 万人口的生活需要，促进了社会和谐和经济可持续发展。

　　黄壁庄水库作为 2008 年北京奥运会应急水源地，从当年 9 月开始利用先期建成的南水北调京石段干渠为首都北京应急供水，截至 2013 年 5 月共为北京供水 5.60 亿立方米，有效缓解了北京水资源紧缺现状，为首都北京政治、经济、文化中心提供了有力支撑。

向石家庄市供水

向首都北京供水

第五节　环境供水效益

截至 2013 年年底，岗黄两库累计为石家庄市提供环境用水 2.92 亿立方米，其中黄壁庄水库 0.72 亿立方米，岗南水库 2.19 亿立方米，2012 年水库为衡水湖生态补水 1138 万立方米，从 2008 年开始为滹沱河水面补水，截至 2013 年年底共补水 4766 万立方米。

水润省会泽被市民

第六节　水力发电效益

黄壁庄电站 1970 年 3 月建成投入运行至 2013 年年底，共发电 86525.9 万千瓦时，年平均发电量 2012 万千瓦时，为设计值的 47%。灵正渠电站 1970 年 6 月建成投入运行至 2013 年年底共发电 3760.3 万千瓦时，年平均发电量 91.7 万千瓦时，为设计值的 83%。水力发电作为绿色能源，在减少资源消耗和环境污染方面具有独特优势，促进了当地经济发展和社会稳定。

第五篇

水源保护、工程保卫与水政执法

第一章 水 源 保 护

　　黄壁庄水库是一座综合利用的大型水利枢纽工程，是河北省省会石家庄市的饮用水水源地，水质的好坏直接关系广大人民群众的身体健康，做好水源保护工作一直受到历届水库管理者的高度重视。特别是近年来，工农业的快速发展对水库水源保护提出了新的任务和课题。

清澈的源水

第一节　水质监测基本情况

　　黄壁庄水库水质监测评价工作由河北省水环境监测中心石家庄分中心负责，每月取样进行分析并评价，依据《水质监测规范》(SL 219—1998)的有关规定，综合考虑水库的工程情况、水文及河道地形、支流汇入、植被与水土流失情况以及其他影响水质及其均匀程度等因素，力求以较少的监测断面和测点获取最具代表性的样品，全面、真实、客观地反映水库的水环境质量及污染物的时空分布状况与特征。水质监测站网布设主要有三部分：一是水库入库站，平山水文站（冶河河道测流断面）；二是近坝区及水源站，分别以水库重力坝引水渠断面为轴线左右各1000米、设置3条监测断面，在中心处取水面下 0.5 米表层水样及底层水样进行检测，冬季无船时设在引水渠断面处，取水面下 0.5 米表层水样进行检测；三是水库出库站，石津渠下游测流断面处。

对库区水质每月各监测 1 次，上游平山站隔月监测 1 次，下游石津渠断面放水时结合监测，北京供水期间每五天监测 1 次。

监测项目为水温、pH 值、氯化物、电导率、CO_2 含量、钙离子、镁离子、钾离子、钠离子、硫酸根、碳酸根、重碳酸根、离子总量、矿化度、总硬度、总碱度、硝酸盐氮、亚硝酸盐氮、总磷、总氮、高锰酸盐指数、溶解度、溶解氧、溶解氧饱和度、化学需氧量、五日生化需氧量、铅、铜、砷、镉、总汞、六价铬、总氰化物、挥发酚、溶解性铁、氟化物、粪大肠菌群、氨氮、浊度等 38 个项目，2011 年新增透明度、叶绿素、硒、石油类等监测项目，其中浊度、水温、溶解氧 3 项为现场监测项目。

2008 年 9 月，由北京奥特美克科技发展有限公司建设了黄壁庄水库水质自动在线监测系统。该系统以在线自动分析仪器为核心，运用现代传感器技术、自动测报技术、计算机应用技术以及相关的专用分析软件和通信网络组成一个综合性的在线自动检测体系，可以对水质进行自动、准确的监测，实现数据远程自动传输，随时查询所测站点的水质数据，实现水质信息的在线查询、分析、计算、图表显示等，实现各部门之间信息的互访共享。同时，当水源地监测项目超标时，能够自动报警，实现早预警、早报告。

根据《石家庄 2014 年水污染防治实施方案》，2014 年年底前，石家庄市将建成黄壁庄水库上游入境水预警监测系统，建成黄壁庄水库上游绵河来水生物监测站，新建黄壁庄水库水质自动监测站，并建设相应配套的工程和设备。

第二节 水 质 变 化

水库投入运用以来，水质变化大致可分为 3 个阶段。

第一阶段，建库初期，水库上游污染源很少，水的透明度均在 3～7 米左右，水中溶解氧在 10～12 毫克每升左右，水质清澈，无污染，属于天然中性水，水质良好。

第二阶段，进入 20 世纪 70 年代，水库上游山区兴建了一批企业，主要有建材、选矿、化肥、造纸等，排污量大增，进入 80 年代，水库上游乡镇企业发展迅速，这些企业排放的污水基本不经处理就直接排入河道而流入水库。80 年代后期至 90 年代前期，水库内又大量发展了网箱养鱼和旅游，更加重了水体污染，藻体现象不断出现，水中氮磷营养物质大量增加。

第三阶段，进入 20 世纪 90 年代后期，由于各级政府对水库水源保护工作的重视，特别是 1997 年石家庄市人大通过的《岗黄水源水污染防治条例》的实施，市、县环保部门加强了对污染源的治理，又有部分企业从水库上游迁出，还有的企业因效益不好而停产，水库上游排污量有所下降。

虽然存在着一定的污染源，但由于水库水体的稀释、自净作用，加之近几年对污染防治的高度重视，水库水质并未出现大的波动。从河北省水环境监测中心石家庄分中心多年来对水库水质监测的结果表明：2004 年以来水库水质较好，被测为 Ⅱ 类水质的次数占总监测次数的 90％ 以上，能够达到区划水质目标，水体中溶解氧、高锰酸盐指数、生化需氧量、总磷、总氮等 5 项指标浓度基本处于稳定状态，库区中汞、铅、铬、镉四项重金属均属正常范围，没有明显富集现象，其他各项指标均在正常范围之内。

上游湿地

根据 2004 年 1 月至 2012 年 12 月的监测资料来看，共计采集样本 96 个。其中Ⅰ～Ⅱ类水为 62 次，占 64.6%；Ⅲ类水为 28 次，占 29.2%，Ⅳ～Ⅴ类水为 6 次，占 6.25%。Ⅳ～Ⅴ类水之间主要超标物质分别为，总磷超标 4 次；高锰酸盐指数超标 1 次；DO 超标各一次。具体见表 5-1。

表 5-1　　　　　　　　　　　黄壁庄水库 2004—2011 年水质统计表

年份	月 份											
	1	2	3	4	5	6	7	8	9	10	11	12
2004	Ⅱ	Ⅴ	Ⅴ	Ⅲ	Ⅱ	Ⅲ	Ⅱ	Ⅲ	Ⅱ	Ⅲ	Ⅳ	Ⅲ
2005	Ⅲ	Ⅲ	Ⅱ	Ⅱ	Ⅳ	Ⅲ	Ⅱ	Ⅲ	Ⅲ	Ⅲ	Ⅲ	Ⅲ
2006	Ⅱ	Ⅱ	Ⅱ	Ⅱ	Ⅱ	Ⅱ	Ⅱ	Ⅱ	Ⅱ	Ⅱ	Ⅱ	Ⅲ
2007	Ⅱ	Ⅲ	Ⅲ	Ⅲ	Ⅱ	Ⅱ	Ⅱ	Ⅳ	Ⅱ	Ⅱ	Ⅱ	Ⅱ
2008	Ⅱ	Ⅲ	Ⅲ	Ⅰ	Ⅱ	Ⅰ	Ⅲ	Ⅱ	Ⅱ	Ⅱ	Ⅱ	Ⅱ
2009	Ⅲ	Ⅱ	Ⅱ	Ⅱ	Ⅱ	Ⅱ	Ⅳ	Ⅱ	Ⅱ	Ⅱ	Ⅱ	Ⅱ
2010	Ⅱ	Ⅱ	Ⅱ	Ⅱ	Ⅱ	Ⅱ	Ⅱ	Ⅱ	Ⅱ	Ⅱ	Ⅱ	Ⅱ
2011	Ⅱ	Ⅱ	Ⅱ	Ⅲ	Ⅱ	Ⅱ	Ⅱ	Ⅰ	Ⅱ	Ⅱ	Ⅱ	Ⅱ
2012	Ⅱ	Ⅱ	Ⅱ	Ⅱ	Ⅱ	Ⅱ	Ⅱ	Ⅱ	Ⅰ	Ⅱ	Ⅱ	Ⅱ

通过监测资料分析，影响黄壁庄水库水质的因素有多种。一是上游来水是主要原因。随着社会经济的发展，上游用水量不断增大，使得入库水量不断减少，降低了水库水体自净能力。据统计资料，水库多年平均入库水量，20 世纪 60—70 年代为 19 亿立方米，80—90 年代为 11.92 亿立方米，21 世纪开始的 6 年里年平均来水量仅为 4.39 亿立方米，而且来水的水质较差。水库来水主要是冶河，其多年平均来水量占总来水量的 67.35%。受上游井陉、平山等县城生活用水和小造纸、化工工业用水后排放现状的共同影响，平山水文站监测的水质多为Ⅳ～Ⅴ类。据 2000—2005 年监测资料分析，每亿立方米入库水中污染物输入量分别为总磷 3.89 吨、高锰酸盐指数 264.5 吨、总氮 543.74 吨。入库水量减少及其水质恶化，势必对水库水质造成影响。二是水域自然渔业生态系统未能完全恢复。水库投入运用以来，围绕水库渔业管理权之争不断，时间长达数年，水库水域管理数度混乱甚至瘫痪，严重时水域内私围乱捕、迷魂阵网、绝户网滥用，水库渔业资源和生物链遭受极大的破坏，水库水草大量生长，浮游生物大量繁殖，2000 年后水质有恶化的趋势。渔业管理权重新确立后，通过生态放养、实施合理的封库休渔等措施，近两年水库水质有了一定的改善，但浮游生物如剑水蚤等问题仍比较突出。由此看来，水域自然渔业生态系统破坏起来很容易，而恢复则需要一个较长的时间。没有完全恢复的水生态系统，对水库水域水质的恢复调节作用是比较有限的。三是库区内农业生产的影响。水库属于平原丘陵型水库，水体浅，水面大，加之库区附近有 50 多个移民村，农业生产较发达，在库水位较低时，附近村民耕种滩地，较多地使用氮肥、磷肥、钾肥及农药，水位上涨时各类残留物溶于水体，对水质造成一定的影响。

第三节　上游污染源

随着经济社会的快速发展，水库水质呈总体向好的趋势，但仍有一些污染物，长期得不到治理和有效解决，主要污染源有以下几项。

一是上游河道污染严重，水体硫酸盐浓度超标。2010 年对水库上游可能产生污染源的地区进行了重点检查，并对平山县某一造纸厂直接排放污水情况进行调查摸底，同时将此问题通报当地政府及环保部门，依法治理。2012 年 11 月，管理局抽取水样送检，发现南甸河水体硫酸盐浓度严重超标，是标准值的 2.1 倍。2013 年 1 月，管理局对敬业集团排污口、冶河、南甸河水样进行送检，发现敬业集团排污口水体硫酸盐浓度高达 1330 毫克，是标准值的 5.3 倍，冶河是标准值的 1.3 倍。以上河道水量全部进入水库，对水质造成严重损害。除了硫酸盐以外，水体中氨氮含量也大量超标。检测结果表明，水体中的硫酸盐主要来自河北敬业集团，氨氮主要来自冶河沿线生活垃圾和生活污水的排放。

二是水库上游违章建设和违法造地等行为。几十年来，特别是近十年来，水库上游违章建设和违法造地等行为时有发生，且屡禁不止。许多违规项目屡次在120米正常蓄水位以下弃渣倒土，进行非法造地，砌筑混凝土块护墙和坝体，直接影响水库的水质安全和防洪安全。

三是上游库区保护范围内倾倒垃圾危害水质。这种现象屡禁不止，如2012年在库区上游巡查时发现，在平山县冶河入库口倾倒大量生活垃圾和医疗垃圾，附近还堆积大量建筑垃圾，面积约10000平方米，体积约20000立方米。

四是生物链破坏导致水质恶化。水库上游水域内私围乱捕、迷魂阵网及绝户网的滥用，使得水库渔业资源、生物链遭受极大的破坏，水库水草大量生长使水质不断恶化。

五是库区内农业面污染。从所调查的水库污染源情况看，上游冶河是造成水库最大的污染河流。通过对冶河流域污染源调查分析，该流域内面污染源对水质影响较大，COD污染物主要来源于生活废水和分散养殖粪便的污染，而氮污染源主要来源于农业化肥施用。农业面污染远远大于工业污染。

第四节　污染防治及水源保护

1998年7月15日，经河北省第九届人民代表大会常务委员会第三次会议批准，颁布了《石家庄市岗南、黄壁庄水库水源污染防治条例》，并于同年10月1日起实施。在此基础上，2009年经河北省第十一届代表大会常务委员会第十二次会议审议批准，对该条例进行了修改完善，正式确定黄壁庄水库为一级饮用水水源保护地，并扩大了一级饮用水保护区的范围。

水法宣传

条例修改后，规范统一了概念用语，将"水源"一词统一规范为"饮用水水源"，将"两库水源保护区"统一为"两库饮用水水源保护区"。该条例共26条，条例规定，两库内的水体水质标准按国家《地面水环境质量标准》中的二类标准执行。两库饮用水水源保护区分为一级、二级保护区，并在两库饮用水水源保护区的边界设立明确的地理界标和明显的警示标志。一级保护区为岗南水库、黄壁庄水库正常水位线以下的全部水域，岗南水库、黄壁庄水库取水口一侧正常水位线以上200米范围内的陆域，以及两库之间滹沱河主干流行洪制导线外100米范围内的区域。二级保护区为一级保护区以外3千米范围内，冶河、绵河、甘陶河行洪制导线外3千米范围内。条例的实施，使黄壁庄水库水源地的保护工作走上了依法管理的轨道。

进入新世纪以来，黄壁庄水库管理局坚持把水质安全视为发挥水库兴利效益的生命线，多措并举，进行水质保护工作。

一是每年结合"世界水日""中国水周"等宣传日，采用锣鼓队下乡、大喇叭广播等群众喜闻乐见的形式，深入到周边村镇开展法制宣传。据不完全统计，自2005年以来，水库管理局水法规宣传涉及库区沿岸鹿泉、灵寿、平山三县的30多个村镇，张贴标语万余条，散发传单20000余份，受教育群众30万人（次）。同时创新教育形式，拓宽宣传渠道。如2011年，联合团省委、省水利厅、河北经贸大学开展了"保护水资源，青年志愿者在行动"主题实践活动。

联合执法，取缔非法载客船只

组织职工清除水草

二是针对黄壁庄水库库区倾倒垃圾，私围乱建、游泳垂钓等违法行为时有发生的情况，水库管理局依托自身力量，建立了三位一体的巡查机制，制定了责任分工和工程巡查制度，库区以水政监察支队巡查为主，主副坝工程以工程管理部门巡查为主，溢洪道等重点部位以机电运行部门值守巡查为主。通过加强日常巡查、开展专项执法、查处违章事件等多项措施，制止、查处了水库工程管理范围内的违章占地、乱砍滥伐、乱排乱倒、私建鱼塘、投肥养殖等违反水法规的行为，制止了侵害水利工程权益和污染水库水体现象的发生。2010 年，为保证向北京供水任务的顺利实施，安排人员在供水口 24 小时值守维护，组织水政人员几次到水库周边排查向水库倾倒、排污等污染水源事件，做到了认真督导检查。

三是水库严格按照源头治理的方针，认真开展排污口前期调查、取证等基础工作，加大水政执法人员对库区上游的巡查力度，加强与环保部门的联系，及时交流、通报信息，逐步建立并完善了入库排污口监督管理机制，确保水污染事件及时发现、及时查处。

四是坚持以增殖放流为主要措施，优化水域周边环境。水库投入运用以来，管理处（局）都十分重视水库渔业对水体的净化作用。每年筹措资金，进行增殖放流，严格实行定期开库、渔船登记、限制网具等制度，渔政执法人员加大禁渔期的监管查处力度，严惩电、炸、毒鱼等严重破坏渔业资源和水质安全的违法行为，同时，注重库区周边环境的综合治理，逐年投入资金，拆除违章建筑，通过植树造林等多种措施增加库区植被覆盖率，努力改善水库水源环境。

五是打捞水草，清洁水源。近年来，由于流域内连续干旱少雨，大量使用化肥、农药等，致使流入上游河道的营养盐浓度很高，加之企业排污，导致水体富营养化。此外，盗捕活动未及时得到有效控制，鱼类大量减少，致使水库水生态失衡，造成一些年份经常水草大量繁殖，影响了水库水质。对此，水库管理局高度重视，一方面采取措施，治本清源，向上级反映；另一方面，及时清理杂草。如2008 年 5 月 18—26 日，组织职工清理库区水草，经过一周的劳动，共清理水草 1000 余立方米。2012 年，局领导亲自部署，多次组织全体职工连日进行集中打捞水草，组织出动船只共 20 余艘次，人员 2000 余人次，租用吊车、铲车等机械设备 200 余车次，人员 100 余人次，对水库主坝、副坝、重力坝等处大量水葫芦和水草进行清除，打捞水草及漂浮物 4000 余立方米。同时，水库管理局还加大投入，购置割草船 1 艘，并于 2012 年 10 月 11 日，安装调试，试航成功。

第五节　绿化和水土保持

一、上游水土保持情况

西部太行山区，万山丛立。据旧志记载，本地区原有一片林木苍苍、古树参天的原始森林。广大山场多为狼潜豹伏之地，植被鲜受人为破坏，唯遇特大暴雨才导致局部水土流失。据史籍记载，原始森林的破坏始于战国时代。汉初即战争迭起，"东晋迄唐，兵革更甚"。明清以来，随着人口的增加和社会经济活动，人为破坏植被现象日益加剧。到新中国成立前夕，原始森林破坏殆尽，有林面积仅剩36.1万亩，森林覆盖率仅为2.6%，青葱太行变成了荒山秃岭，严重水土流失面积占丘陵、山区总面积的54.6%。

每年组织职工植树

新中国成立后开始对水土流失情况进行流域性调查。1953年省组织进行的子牙河流域察勘报告中指出："平山（滹沱河）北面各支河，山上植被稀疏，风化水解也甚严重。黄土覆盖层早已大部流失，再有河道坡陡流急，大水时多夹沙石而下，水土流失相当严重。"据柳林河上观音堂村群众称：河道经民国3年（1914年）大水至今约淤高2～3尺，河宽增加6丈多。1955年，水利部、林业部、农业部会同省、地、县有关部门组成察勘队，对子牙河上游进行水土保持及综合开发调查，按类型分为深山区、一般山区和丘陵区。深山区分布在太行山分水岭附近，处在各河川的水源地区，虽然坡大沟深，但人口密度小，坡面植被较高，土壤侵蚀轻微，平均侵蚀模数为500吨每年每平方千米；一般山区，次生林砍伐殆尽，除少数阴坡尚有草类覆被外，阳坡植被稀疏，小于60%，土沙流泻。坡耕地及牧荒地面蚀严重，占总流失量的80%，土壤侵蚀模数达每年每平方千米2000吨（平山县湾子村典型调查）；丘陵区人口密度大，植被低于30%。1984年，当时的石家庄地区组织山区县进行水土保持基本情况调查，测算出多年平均土壤侵蚀模数为882.2吨每年每平方千米。

山丘区的水土流失主要有面蚀、沟蚀和泥石流三种类型。面蚀范围最广，耕地和坡耕地广泛有片状面蚀和细沟状面蚀，疏林草坡多为鳞片状面蚀。沟蚀主要是沟底下切和沟岸坍塌，悬移物质被上冲下淤，在中下游宽缓处积为砂砾石堆。泥石流主要分布在海拔500米以上的深山狭谷地区。

山丘地区水土流失，造成生态环境恶化。其后果，一是水、土肥资源流失，降低地力，影响农、林、牧业生产的发展。在暴雨情况下，60%左右的雨水从坡面流走，土壤亦被冲刷。据土壤普查资料，流失的土壤中，每吨平均含氮肥1.2公斤，磷肥1.5公斤，钾肥20公斤。表土和有机质的大量流失，导致岩石裸露，植被稀疏，土壤瘠薄，农、林、牧业长期处于低产水平。二是破坏生态平衡，加剧了水、旱灾害。从新中国成立到1963年的14年中，流域内偏旱年出现4次。1964—

花草相依　水天相长

1981年的18年里，偏旱年出现8次，其中特旱年3次。1955—1963年，累计发生不同程度的干热风58次，平均每年6.4次，而1964—1982年的19年里，累计发生干热风137次，平均每年7.2次。三是危及人民生命财产安全。每逢暴雨，西部山区的水土流失往往加重，山洪暴发，河水泛滥，殃及水库下游。四是洪水挟带大量泥沙，淤塞水库、河、渠，严重影响工程设施的经济效益。

二、库区绿化情况

水库管理处（局）的历届领导都十分重视库区的绿化工作，做到统一部署、科学规划，广泛发动，真抓实干，并在资金上大力支持，绿化工作不断取得新成绩，水库的面貌也不断改善。

建库初到 1998 年除险加固前，黄壁庄水库管理处进行了多次大型绿化种植活动。1971 年在马鞍山下原采石场栽植刺槐等。1973 年 3 月，在白沙、马山、西王角等发动职工栽植毛白杨 15 万株，加杨 1 万株，柏树 5000 棵，岸树 2 万株。1977 年春季大搞植树造林，栽植树木 57000 株。这些活动为绿化美化水库起到较大作用。分区划界后大多成了地方政府和周边村民财产。

花园式工程

园林建设加入文化元素

1979 年以后，在管好水库工程的基础上，投入大量人力物力，重点对水库坝前区的山地、堤坝、道路、办公区、家属住宅区进行了绿化美化，使库容库貌发生了很大的变化，每年 3 月、4 月都组织全局职工植树造林。截至 2013 年，已完成整个库区的绿化。1998—2004 年水库除险加固工程期间，主要是在水库管理局大院和马鞍山周边绿化建设。1998 年 3 月 12 至 4 月 10 日，出动 2500 多人次，对大院进行绿化美化，栽植乔木 180 多棵，花灌木 6000 多棵。1999 年 3 月 12—25 日，在马鞍山主山头等栽植乔灌木 3500 多株。2000 年 3 月 15 日至 4 月 10 日，在庭院游览区栽植乔灌木 5000 多株。2002 年 3 月 11—20 日，又栽植乔灌木 9000 株。2004 年 3 月 1 日至 4 月 10 日，在库区防汛调度培训中心周围栽植乔灌木 8000 株，草坪 300 平方米，使库区面貌和单位庭院环境大大改善，有效保持了水土，得到了上级领导和周边村镇群众的高度评价，荣获"2005—2006 年省级绿化文明单位"称号。

除险加固工程后期，建设局对主坝生态园，副坝四季园、副坝外坡等处进行绿化美化。2003 年 3 月 24 日至 6 月 22 日，共建设主坝生态园、副坝四季园、马鞍山 3 个主题公园，合计平整土地 10.1 万平方米，浆砌石 3.27 万立方米，干砌石 3.33 万立方米，铺新砖 0.92 万平方米，埋设浇水管道 10.104 千米，铺设天然石材 5740 立方米，卵石路面 4040 平方米，植乔木 2.2 万株，灌木 0.8 万株，植三叶草等 8.5 万平方米，使库区内外面貌发生了根本变化。

库岸整治后的新貌

　　2006 年 2 月 20 日至 4 月 6 日，黄壁庄水库管理局组织全体职工连续奋战 2 个月，在副坝平台区域大规模绿化，先后出动 8000 人次，投资 20 多万元，种植杨树 10020 株，迎春 8000 株，各种花灌木 2734 株。2007 年，又在副坝平台种植乔木 1337 株、灌木 630 株、刺梅 3000 多株。2008 春季，沿副坝 6.2 千米铁护栏的内侧栽植花椒树、黄刺梅 10000 余株，建设封闭绿篱；同时在副坝平台补栽垂柳 400 株。2010 年在副坝四季园，补种 700 多株杨树。2011 年和 2012 年在副坝平台和主坝生态园的园林空地补植乔木 1400 余株。

园林小景

花园式库区一角

　　从 2012 年年底开始，积极筹划对重力坝取水口区域的环境整治，通过工程措施与绿化措施相结合的方法，建设生态游园，到 2013 年 10 月基本建成，共计平整土地 2 万平方米，种植草皮 3 千平方米，种植野花组合 5000 平方米，栽植绿篱 2 万多株。铺设和硬化道路 870 米，临水观光路 350 米，彻底改变了本区域杂草丛生、脏乱差的状况。

　　为保证植树活动的成效，成立了专门的绿化专业队伍，做好植树后的管护工作，做到定成活率、定管护标准、定责任状，及时除草、打药、浇水、修剪，使新栽树木的成活率平均达到 90％以上。通过以上综合措施，基本实现了库区内绿化、硬化、美化、亮化的"四化"标准，使可绿化面积达到了 98％。水库管理处（局）多次荣获河北省绿化先进单位和园林式单位，受到了各级领导和社会各界的广泛好评。

第二章　工程保卫与水政执法

第一节　工程保卫

　　保证水库大坝、输水设施、溢洪道、机电设施等的工程安全对水库的建设、管理与发展至关重要。水库初建之时，即设立了河北省黄壁庄水库公安分局，水库工程局内设保卫科。1961 年 2 月，改为河北省黄壁庄水库公安局。同年九月，工程局保卫科改为保卫处，与公安局合署办公。1962 年 4 月，黄壁庄水库公安局改为获鹿县黄壁庄水库公安分局，1969 年，水库公安分局撤销。1971 年 8 月，河北省黄壁庄水库管理局革命委员会内设保卫组，负责工程保卫和水政管理工作。1977 年，将黄壁庄水库派出所隶属获鹿县公安局，占黄壁庄水库管理处编制，党政、人事关系不变，业务由获鹿县公安局领导。1997 年全国公安系统整顿，实行警衔制，之后撤销水库派出所。

　　河北省黄壁庄水库管理处成立后，即对大坝、溢洪道等重点部位设置了工程警卫点，派人重点值班，日夜巡查，遇到问题，及时报告管理处保卫部门并及时处理。除险加固工程完成后，实现了副坝的全封闭管理。同时，水库的治安管理除重点工程保卫外，还

封闭管理的副坝区域

负责保护好水库的水质和渔业资源，保护好正常的生产生活环境和工作秩序，完成地方公安部门交办的治安保卫工作任务。多年来，执法人员和保卫人员始终坚守在工程前哨和库区第一线，以爱岗敬业、吃苦拼搏的精神，默默无闻地奉献着，特别是在护库执法与窃鱼分子的斗争中，做出了突出贡献。

第二节　水政监察

　　黄壁庄水库属于宽浅型水库，水面面积较大，主副坝工程战线长，加之地处平山、灵寿、鹿泉三县市交界，协调难度大，此外库区周边乡村、厂矿企业较多且距水库都非常近。这些都使得在库区内弃渣、私围乱建、游泳、垂钓、排污、非法电鱼、炸鱼等违法行为屡有发生，对库区水质造成一定污染，水资源管理保护任务繁重。1990 年以前，虽然也不断发生一些偷捕私捕行为，但总体上情况不严重，进入 20 世纪 90 年代后，库区秩序逐趋恶化，电鱼、毒鱼、炸鱼事件时有发生，严重威胁着水库工程安全和水生态安全。

　　根据省水利厅冀水劳人〔1999〕55 号文精神，河北省黄壁庄水库水政监察支队成立，水政监察支队人员由九人组成。水政监察机构的职责：贯彻执行水政监察的方针政策、法律法规和规范性文件；做好水法规宣传普及工作，制订水政执法巡查、水事案件查处等相关制度并组织实施；依法查处各类涉水违法违章行为，依法保护水库、河道、水工程等相关设施；负责查处涉水违法、违章案件并提出处理意见；配合地方政府及相关职能部门对水库水事案件的查处；按照省水利厅水政总队的规定和要求，完成业务管理；负责受理及办结涉水违法违章的各种举报，并做好处理工作；负责河道采砂

监督工作；承办上级交办的其他工作。2002 年 9 月成立由黄壁庄水库、平山县、鹿泉市、灵寿县联合组成的执法大队，对水库水面秩序加强管理。

入村入户进行水法规宣传

水政监察

水利法规的宣传是水行政执法的首要任务。除平时加大宣传力度外，每年还利用世界水日、中国水周，运用办板报、出动宣传车、宣传船到库区人员集中地散发宣传品，在公路干线上悬挂横幅标语，在重要工程部位设立警示牌等各种宣传形式，广泛深入地宣传贯彻《中华人民共和国水法》《中华人民共和国防洪法》《中华人民共和国水土保持法》等，宣传贯彻水利部发布的一系列文件法规，如《违反水法规行政处罚暂行规定》《违反水法规行政处罚程序暂行规定》《水行政处罚实施办法》等。特别是通过开展一系列水利法规专题活动，结合水法宣传，采取有效措施保护水工程。做好水利工程设施保护专项执法检查，建立检查、巡查制度和方案审批制度。同时加强执法能力建设，规范执法行为，加强水事违法案件的查处工作，把宣传贯彻水利法规与处理水事违法案件相结合，把依法治水、依法管水落到实处。如 2005 联合石家庄市水产局、公安局、环保局等部门发布维护水库周边秩序的通告，同时查处水事违法案件 20 起。包括工程范围内非法开荒种地 3 起，非法排污案 3 起，损坏工程设施案 2 起，非法倾倒垃圾案 5 起，三汲村民非法在水库拦坝案 1 起，牛城村民在水库养鸭案 1 起，古贤村民埋坟案 4 起。另外联合牛城派出所共同维护库区秩序，两次统一行动查扣非法捕捞船 5 只，取缔水库岸边设摊租船、游泳、垂钓点 3 处，劝离在水库钓鱼人员数千人次。

第三节　渔　政　管　理

黄壁庄水库于 1961 年开始水库养鱼。建库初期，渔政机构和渔政人员均无专设，渔业管护只做一般性号召对待。由水库成立捕捞队直接管理水库捕捞生产。1973 年 3 月，获鹿、平山水产部门、黄壁庄水库管理处和库区 5 个公社，联合成立黄壁庄水库渔业生产管理委员会。1975 年自行解散，1976 年重新成立，同时建立联合捕捞队。

1979 年 11 月成立黄壁庄水库渔业管理委员会，由管理处与周围 3 县市组成，省水利厅牵头，负责水库渔业管理、分配、捕捞等。

1981 年 10 月，平山县成立由三汲、胜佛、马山、黄壁庄、王角 5 个公社组成的黄壁庄区，负责山水林土统一的规划管理，水面利用由区组织水产经营公司负责鱼种生产、组织捕捞、水产品收购和销售。1984 年 5 月 22 日，省政府批复同意撤销平山县黄壁庄区，批复指出，黄壁庄区撤销后，国家已征用的山、水、田、林木等统由黄壁庄水库管理处负责管理。并以黄壁庄水库管理处为主，结合平山、灵寿、获鹿 3 县组成渔管会，负责水库的渔业生产和渔政管理，渔管会的日常工作由管理处承担。9 月 19 日在省、地市的协调下，黄壁庄水库管理处与平山、灵寿、获鹿 3 县成立了"黄壁庄水库渔业开发公司"，接管水面，成立渔政站。

直到 20 世纪 90 年代末和 21 世纪初，水面管理均由水库管理处牵头，进行渔政管理，渔业生产、鱼种投放、渔政管理有了大的发展，水库秩序虽曾一度恶化，但总体平稳，效益良好，收入也比较稳定。如 1995 年 10 月由石家庄市公安局组织库周 3 县市公安局成立的黄壁庄水库库区社会秩序治理整顿办公室，针对库区内的非法捕捞现象组织了一次统一抓捕行动，一举抓获偷捕分子 99 人，收缴迷魂阵网 36 套，捣毁电鱼器、炸药制造窝点 4 个，有力打击了犯罪分子的嚣张气焰，水库水面秩序明显好转。1997 年 5 月 9 日，石家庄市公安局组织周围 3 县市公安局及派出所，出动公安干警 110 多名，采取代号为"闪电行动"的集中整治活动，一举抓捕盗捕分子 287 名，缴获大量雷管炸药、网具等盗捕工具，使库区秩序有了明显好转。

渔政管理

2002 年，石家庄市水产局自行组建了渔政监督管理站，水库管理处对水面的管理受到严重影响，致使库内秩序再一次混乱，竭泽而渔、乱捕私捕的现象有所加剧，渔业资源迅速遭到毁灭性破坏。

2004 年 4 月 24 日，石家庄市政府办公厅转发了石家庄市畜牧水产局的《黄壁庄水库渔业管理暂行办法》的通知，明确了渔业管理组织，由石家庄市渔业主管部门负责同志牵头，3 市（县）政府和水库管理处有关负责负责参加，成立水库渔业管理协调小组，同时成立由水库管理局牵头，平山、灵寿、鹿泉 3 县市渔政部门参加的黄壁庄水库渔政监督管理站。办法规定，水库渔政站站长由水库管理局推荐，副站长由 3 市（县）渔业行政主管部门推荐。

几十年来，水库渔政管理历尽曲折，管理体制不断变化。但黄壁庄水库管理处（局）始终把维护水面秩序、促进大水面渔业发展作为自身的一项重要工作来看，为保护水利工程、资源增殖、推动库区渔民收入增长创造有利条件，同时顾全大局，不单独考虑自身利益，努力搞好各种协调工作。

首先是广泛深入库区宣传渔业法律法规，渔政人员深入库区乡镇，走村串户了解民情，宣传贯彻《中华人民共和国渔业法》及其实施细则等，同时印制渔业法宣传法规手册，利用各种媒体进行渔业法规宣传，在渔民活动集中地点及交通要道处刷写永久性宣传标语，通过多种形式，深入细致地进行普法宣传，使渔业法律法规家喻户晓，深入人心，不断增强库区群众的法制观念，为渔政管理工作营造了良好的社会氛围。

其次是联防联渔。为加强渔政管理，在石家庄市水产局的领导下，水库管理局长年派出专职管理人员 5～10 人，由周边 3 县市抽派专职人员参加渔政管理。同时，水库水政保卫处与渔政管理站密切配合，相互支持，联合行动。

再次是严厉打击盗鱼活动，对毁害工程设施、破坏水产资源，蓄意炸鱼、毒鱼、毁鱼的分子进

清理非法捕捞器具

行严厉打击，依法处治、没收了大量船具、网具。每年 10 月 20 日前为黄壁庄水库的禁渔期，以保护水库鱼类资源的繁殖和持续利用。对在禁渔期内私捕乱捕的行为，渔政人员予以重点打击，有利保护了水库渔业资源的增殖。

第六篇

综合经营与管理

　　为充分发挥水库的经济效益和社会效益，促进水库经济不断发展，历届水库管理处党政班子都非常重视水库的经济建设工作，充分利用水库的水土资源，大力发展供水经济和多种经营工作。

　　建库之初，水库就立足实际，大力发展种菜、养猪、养鱼等，1960年种地达到530亩，养猪达到上百头，开挖鱼池100多亩，大水面投放鱼种。1960年黄壁庄水库制定了《关于水库综合利用、全面发展生产规划的意见》，并得到石家庄市委的肯定，批转有关县委和水库参考。根据该意见，水库大搞鱼苗孵化，建设了拦鱼栅，做好捕鱼工作，充分利用浅滩种植水产植物，大搞林果，发展以养猪为中心的畜牧生产。水库建成后，即开展了农业灌溉供水及大水面养殖等工作。水库管理处刚成立时，就把多种经营列入议事日程，70年代初即开展水产养殖、果木、农业种植等多种经营。1978年提出，综合经营方面要"猪过百，粮过千，鱼类年产八十万，苹果三年翻两番"的口号。

　　十一届三中全会后，实行改革开放，水利电力部在湖南桃源县召开全国水利管理会议，对水利管理单位开展综合经营提出了明确的奋斗目标，制定了相应的政策。进入80年代，水库领导班子从长远发展目标、安置子女就业、稳定职工队伍的角度出发，认真谋划，大胆尝试，水库多种经营迈出了新的步伐，先后开发了燕乐餐厅、招待所、红星商店、旅游、网箱养殖、饲料加工、榨油、鱼种养殖、养鸡养鸭、板厂、隔热材料厂等。这一时期，由于缺乏经验和体制不顺，一些项目或者经营不善，或者销路不畅，难以经营而停业。

　　1997年后，在邓小平理论指导下，水库领导班子针对市场竞争日趋激烈的状况，认真分析自身优势和不足，总结经验，开拓创新，通过多次组织干部职工外出，开展讨论，使广大职工认识到，水库要生存、求发展，就必须克服单一的靠天吃饭、靠老本过日子、靠水费维持生存的依赖心理，必须改变小而散、小而全和管理粗放的状况，必须重新调整思路、构筑经济发展新格局，在上水平、上档次上做文章。因此，提出了"发展富库、改革兴库、管理立库、法德治库、实干强库"的水库总体工作原则，制定了"依托优势、一业为主、抓大放小、重点突破、整体推进、振兴经济"的发展方针，提出了"壮大主业、开发旅游业、扩大养殖业、发展服务业"和"抓机遇但要因地制宜、上项目但要慎重决策、扩市场但要苦练内功"的发展思路和原则。进入90年代后期及21世纪，新上了万头现代化养猪场、中山湖生态养殖、防汛培训中心、养牛养羊、垂钓及租赁等，实现规模经营，完善管理体制，探索承包经营责任制，使经营发展走上良性循环和稳定发展的轨道。

　　50多年来，根据水库的实际和社会市场的变化，围绕争创收入和提高职工福利，在巩固和发展大水面养殖的前提下，不断调整经营结构，探索新的经营项目，在果树种植、网箱养鱼、饲料加工、榨油、养鸡养鸭、池塘养鱼、垂钓、房屋和场地租赁等方面做了许多尝试，有成功的喜悦，也有失败的教训，但总体来说，这些项目对安排富余职工、提高职工市场意识和管理水平、提高职工福利和生活水平方面发挥了积极作用，同时也取得了一定的经济收入。

水库综合经营机构也经历了多次变化。1972年12月6日，河北省革委会水利局以〔72〕冀革水字（231）号文批复，同意水库管理处增设林渔组，主要负责库区绿化、养鱼规划、树苗、鱼种的生产和管理。这是水库综合经营机构的前身。1979年4月18日，改名为河北省黄壁庄水库管理处下设的生产科，承担相关职能。1984年6月30日为发展水库旅游，适应社会日益发展的新形势，水库管理处在省市领导支持下决定大力发展旅游业，成立了"旅游开发公司"，级别为正科级。1988年5月11日，河北省水利渔业开发中心与水库管理处生产科联合成立实验站，共三年左右时间恢复为生产科。1993年水库管理处成立综合经营总公司，由管理处副处长朱平均兼任总经理，下设旅游公司、生产科。2002年7月26日投资1600多万元建成防汛调度培训中心，当年10月正式开始经营。2003年4月10日撤销生产科，成立正科级综合经营公司，主要负责绿化、旅游、库区卫生、垂钓、渔业、养殖等。

第一章　渔　业

一、水库大水面渔业

黄壁庄水库位于石家庄市西北平山、灵寿、鹿泉3市（县）交界处。周围有5个乡30多个自然村，是一座大型平原水库。全年日照时数达2800小时，年平均气温14.6摄氏度，年平均积温5600摄氏度，无霜期210多天，平均降水量545毫米。pH值7～7.8，溶解氧7.0毫米每升以上。水库水面开阔，水质良好，水生物资源丰富，具有优越的渔业发展条件。

黄壁庄水库建库蓄水初期主要是自然增殖鱼类。20世纪70年代初，开始人工放养鲢、鳙、草鱼等，人工放养品种成为重要的渔获物。初期受捕捞方式影响，不论前期的捕捞队和后期的单户捕捞，捕捞强度都较小，1971—1977年，鲜鱼捕捞产量为60.1万公斤，1971年最低为5万公斤，1977年最高为12.5万公斤。到80年代，随着社会经济发展，捕捞强度不断加大，鱼产量上升，产量徘徊在15万～30万公斤之间。1990年对渔获物情况进行了详细调查。主要鱼类是鲢、鳙、鲤、鲫、鲶等，其中鲢、鳙占50%～53.7%，为主要组成部分，鲤占9.3%～

水库鱼苗放养

15.8%，鲫占6.3%～11.1%，几种凶猛鱼类占13.7%～16.6%，草鱼占0.8%～1.2%，其他鱼类形成1%～1.9%的产量。90年代后随着网箱养殖的开展和鱼类移植，以及国家大力推进增殖放流工作，使水库大水面渔业出现了大发展的局面。

水库前期设有水产品收购站，1972年后收购量明显减少，1973年只占总产量的14%，以后逐渐开始渔民自主销售。

为使大水面的鱼种投放自给自足，节约成本，提高成活率，水库于1973年修建了80亩的渔场，

致富渔民笑开颜

进行鱼苗人工繁殖和培育。资料统计，1971—1978 年间，共计向水库投放 588 万多尾鱼种。1979—2004 年，大多年份自己培育与外购相结合，每年向水库投放 1 万～2 万公斤鱼种。2005 年以来，黄壁庄水库放流规模和资金投入力度不断加大。水库增殖放流品种主要是白鲢、花鲢、草鱼、武昌鱼，截至 2012 年，八年间四种大型鱼类共放流 30 多万公斤，平均每年放流 4 万公斤左右，大大促进了生态渔业发展，也为水质净化起到积极作用。

此外，1990 年对池沼公鱼进行少量移植，1991 移植公鱼卵 2.3 亿粒，1991 年秋冬形成 5 吨以上捕捞产量，随后每年都有一些产量。

1998 年 1 月同河南陆浑水库合作，向水库移植大银鱼卵 4500 万粒，当年形成 50 吨捕捞产量。随后不断向水库投放银鱼卵，每年都形成经济产量，最多时曾达到 200 多吨。前期主要是网具捕捞，2004 年后开始拖船捕捞。

1990 年水库管理处组织人员对水库渔业资源状况进行全面调查。2008 年河北省水产研究所也对水库进行资源调查，基本摸清了黄壁庄水库自然环境状况、水化条件、浮游生物数量、生态环境、基础饵料条件及底栖生物的种类及数量。

二、网箱养鱼

1985 年、1986 年两年，黄壁庄水库管理处效仿南方地区开展不投饵或少投饵的网箱养殖鲢鳙鱼方法，但由于出箱鱼产量低、规格小而没有发展起来。1987 年水库管理处增强力量，同北京水产研究所合作，放养 5 米×5 米×2.5 米的鲤鱼网箱 8 个。经过 130 天左右饲养，共出成鱼 17847 公斤，折合亩产 5.95 万公斤，取得 2.9 万元利润。当年的鲤鱼养殖成功和 1988 年的罗非鱼养殖成功，以及总结整理的一套喂养管理、饲料配置、拉运投放、防病治病等技术经验，为水库网箱大面积发展奠定了基础。

网箱养鱼

1988 年以后，周围村民意识到网箱养殖是一条致富途径，同时由于各级政府的大力支持，网箱养殖快速发展，由 1988 年的 4 户不足 200 箱，发展到 1989 年的 80 多户 600 多箱。水库网箱养鱼在较短的时间内，采用新技术新措施，进行精养细管，大大提高了单位面积的产量，能随时保证商品鱼上市，投资小，见效快，捕捞方便，平抑了市场鱼价，丰富了人们的菜篮子，并提高了水库经济效益，带动了周边水库移民的致富。但由于网箱养鱼是一项高投入、高产出、高风险、高污染的生产项目，从 1992 年起，水库管理处缩减了自己的生产规模。1996 年 8 月，大洪水对许多养殖户的网箱养殖造成毁灭性打击，许多箱体直接或间接破箱和被冲走，对网箱养殖造成较大影响。1998 年《石家庄市岗南、黄壁庄水库水源污染防治条例》颁布实施，网箱养殖被基本取缔。据统计，10 多年的黄壁庄水库网箱养殖，共有 130 多户参与，共发展近 4000 箱，养殖品种有鲤鱼、罗非鱼、草鱼、武昌鱼、白鲳鱼、鲢鳙鱼等，出产成鱼 1 万多吨。

三、池塘养殖

1972 年 12 月水库管理处增设林渔组，负责库区绿化养鱼规划、树苗、鱼种生产管理。1973 年 8 月修建水库鱼种场，面积 80 亩，主要是为了繁殖培育苗种，向水库投放。1975—1978 年共计向水库投放 323 万多尾鱼种。

进入 80 年代，随着社会经济发展，鱼苗繁殖停止，鱼池功能也开始转化，1987—1994 年部分向水库投放，其他主要是面向水库网箱养殖培育夏花和入箱大规格鱼种，以及面向水库网箱加工销售饲料，每年取得利润 8 万～20 万元。

1995 年后，随着网箱养殖减少和鱼池老化失修，以及划界分区，大多鱼池放弃养殖，只有少部分养殖。2003—2006 年共有两个鱼池，4 年时间经过精心喂养科学管理，连续取得高产，共产优质鲜鱼 2.9 万公斤。自 2007 年开始，池塘养殖完全停止。

四、垂钓

黄壁庄水库建库时主坝下游留下一个 50 亩大坑，由于水库渗漏，形成了较大的水面。改革开放后随着人们生活水平提高，休闲垂钓渐渐兴起。结合发展养殖，水库管理处因地制宜，完善相关设施，开展了垂钓和养殖经营，每年都有一些经济收入。

环境优美的钓鱼池

1998—2004 年水库除险加固，随着坝下排水沟修整，也对 50 亩垂钓园进行修缮，对排水沟进行了整修，进行护坡，修建进园道路，架设休闲廊桥，环境面貌大为改观。2004 年下半年开始垂钓经营。2008 年后，又陆续整修停车场，种植荷花，完善管理用房，增设垂钓钓位，改善管理服务水平，吸引了游客，2005—2012 年共取得 42 万元利润。

第二章　旅　游　服　务　业

　　黄壁庄水库工程宏伟壮观，西依太行群峰，东俯华北平原，水面宽阔，山水交映，景色宜人，位置优越，距省会石家庄仅 25 千米，发展旅游业具有得天独厚的自然条件和地理条件。

　　1984 年以前没有开展旅游项目，1984 年 6 月 30 日，黄壁庄水库成立旅游开发公司。当时购置了 30 多条脚踏船、划船，修建了中山湖餐厅和招待所，从业人员达到了 20 多人，使黄壁庄水库的旅游环境得到了明显改善，省长张曙光亲自前来参加开业剪彩仪式，截至 9 月底，当年接待游客 17 万人，每天平均 1890 人，直到 90 年代中期。但由于长期经营单一，停留于一片水、几条船的旅游模式，旅游业一度跌入低谷。1996 年被确定为石家庄市生活水源地后，对水库旅游业提出了新的更高的要求，加之旅游市场竞争日趋激烈的形势，水库认真谋划新的旅游业发展思路，经专家论证、调研，确定了发展生态旅游、观光旅游、休闲旅游的思路，把中山湖风景区建设作为实现水资源可持续利用的一项重要措施，作为满足广大人民群众迅速增长的物质、精神和文化需要的重要内容，结合 1998 年开工建设的国家投资 10 亿多元的水库除险加固工程施工，抓住机遇，提高认识，加强领导，把

主席塑像吸引游人

中山湖风景区建设纳入水库管理总体规划之中，制定了具体的开发规划，以风景区建设推动水库旅游发展，培育新的经济增长点，提出了"发展观光旅游、改善库区环境、增强服务设施"的措施。1998—1999 年，先后在库区进门旅游设施建设，新建风景区大门，建亭阁 4 座，长廊 500 米，围绕毛主席塑像和马鞍山，硬化道路，植树绿化，使总体环境明显改善。

水库游船

2003 年 3 月 14 日，为改善生态环境，增加人文景观，给水库除险加固工程投资 560 万元，建设了副坝四季园、主坝生态园、马鞍山主题园三大主题公园，共占地 66 万平方米。旅游不仅增加了综合经营的收入，安排了职工就业，而且也提高了黄壁庄水库的知名度。2004 年 6 月中山湖风景区被水利部授予"国家级水利风景区"。

2003 年因"非典"的危害，旅游停止，之后组织职工对库区实行封闭管理。主要路口设置路障专人值守。2004 年旅游运营 68 天后因岗南水库翻船事故影响，上级政府提出清理库区内非法经营的游船，旅游停止，实行封闭管理。2008 年 5 月中旬至 10 月，为配合奥运安保停业，实行封闭管理。2012 年 8 月，为保护水库水质环境，对外不再出售门票，对外旅游全面停止。

优美的库区环境

28 年中，管理人员不辞辛苦，日常严格管理，工作抓细节，努力提高服务水平，想方设法争取最大收益。

第三章 水 力 发 电

　　黄壁庄水库在建设过程中，同时修建了 2 座水力发电站，石津渠电站和灵正渠电站。石津渠电站于 1959 年 11 月开始建设，装机 1.6 万千瓦机组 1 台，主要结合农业灌溉进行发电。该电厂 2005 年转制，成立河北华电混合蓄能有限公司，为华北集团的全资子公司。灵正渠电站建于 1970 年 6 月，装机容量 800 千瓦，主要利用弃水进行发电。

　　石津渠电站建成以来，已累计发电 8.65 亿千瓦时。灵正渠电站建成以来，累计发电 0.38 亿千瓦时。

第四章 种养殖和加工业

水库建成投入运用以后，当时的水库工程局和管理部门即充分利用水库的水土资源，因地制宜地开展了一些种养殖与加工业，在改善职工福利的同时，也锻炼了职工队伍，取得了一定的经济效益。

一、养鸡

新中国成立初期和 20 世纪 60—70 年代，当时水库也曾发展过养鸡，但都是小型养殖。1989 年在主坝下游新建 10 间房舍养蛋鸡，1990 年利用副坝原有房舍养殖蛋鸡，当年存栏 1000 只，1993 年新建 240 平方米鸡舍两栋，当年养蛋鸡 2000 只，1997 年由于养鸡场周边建了 5 个水泥厂，对环境造成严重污染，同时为减少养殖风险，停止养鸡项目。

20 世纪 90 年代的养鸡场

二、养猪

20 世纪 70 年代初，当时的水库管理处革委会就开展了养猪项目，存栏最多时达到 100 头。猪的大规模养殖，始于 1997 年。为充分利用水库水土资源，安排职工就业，经当时的领导班子慎重考虑，决定大力发展养猪业。1997 年开始投资 400 多万元筹备建厂，占地 45 亩，规划分为生产区、生产辅助区、管理生活区、生产区包括各种猪舍、消毒室、消毒池、药房、兽医室、出猪台、维修及仓库、值班室、隔离舍、粪便处理区等。生产辅助区包括饲料加工间及仓库、水井房、锅炉房、变电所、车库等。管理与生活区包括办公楼、食堂、职工宿舍、浴室等。

坚持生态环保、健康养殖理念

1997 年建设的万头养猪场

1999 年养猪场竣工投产，建成两层办公楼 1 栋，共 40 间，总建筑面积 1000 平方米；猪舍 15 栋，总面积 7550 平方米，其中孕母猪舍 3 栋，育肥猪舍 8 栋，产仔舍 2 栋，保育舍 2 栋；饲料加工车间 2 栋；1.5 吨规格锅炉室 1 间；打井 1 眼，建泵房 1 座；化粪池及污水处理系统健全。

当年自河北安平购进长白母猪 460 头，杜洛克公猪 25 头，开始繁殖饲养，后来又购进三元仔猪，育肥后作为商品猪推向市场。1999—2003 年，养殖场 40 名职工全部为管理局在编职工。为防止疫病传入，加强人员管理，全厂实行封闭式管理。2003 年 10 月后，转为实行目标责任制管理，由王连云同志独立经营，责任目标为每年向管理局上缴 40 万元利润，完成任务发放本人工资，超额完成，计提利润的 25％作为奖励。当时养殖场平均存栏 4000 余头，2003 年与 2006 年利本持平，2004 年上缴利润 44 万元，2005 年上缴 46 万元，2007 年上缴 40 万元，2008 年上缴 120 万元，并争取政府养猪补贴 68 万元。2009 年，一方面考虑到保护水源，减少污染，另一方面，考虑到猪舍老化严重，当年对存栏猪进行了逐步清理、淘汰，到年底基本处理完毕。

2012 年，局党委按照生态发展的思路，研究提出发酵床养猪和生态养殖项目，当年投资 27 万元，将 2 栋原猪舍改造成发酵床猪舍，于 8 月改造完成并投产，引进优种莱芜黑猪母猪 16 头，公猪 2 头，繁殖优良品种。购进三元猪 150 头进行育肥，在养殖过程中，坚持饲料原料自己购买，自己配比，绝不添加任何有害物质。同时，饲喂大量蔬菜，正常生长期在 8 个月以上，大大改善了肉质，受到了客户的广泛好评，实现了当年出栏 170 头，产生态精品猪肉 1.53 万公斤，并全部销售，产生了较好的经济效益。

生态养猪

三、养羊

在建库初期，水库就开展了养羊。1960 年初有绵羊 100 只，1961 年又养奶羊 30 只。为充分利用主副坝林地的丰富饲草资源，减少人工割除杂草的投入和劳动量，改善职工福利，从 2008 年春季，由当时的综合经营公司，利用副坝空置的管理房和大院，新盖养羊彩钢板大棚 2 座，并配备相关设施，从山东济宁购进优种小尾寒羊和波尔山羊 200 只，主要以放牧为主，并实行自繁自养，当年见效，大大节约了人工除草的开支。之后于 2010 年，将 4 栋养殖场旧有猪舍改为羊舍，增加运动场，从山东及河北涿州购进 300 只纯种小尾寒羊进行饲养。

2011 年购进无角道赛特、萨福克、杜泊优良品种 100 只与小尾杂交，改良品种，并在当年与河北农大联合进行羊的胚胎移植和人工授精研究项目。之后，存栏保持在 300 头左右。

四、养牛

为盘活旧有资产，扩大养殖规模，多种养殖并举，利用丰茂草场资源，2011 年养殖场增加养牛项目，将 3 栋旧猪舍改为标准化牛舍。从当地购进西蒙塔尔、草原红等肉牛进行饲养，2012 年从山东济宁等地引进西蒙塔尔、夏洛莱共计 40 头，实现了当年饲养、当年见效。

生态养羊

生态养牛

五、榨油

1990—1996 年，为丰富职工福利，创造一定效益，利用冬天生产的淡季，克服不少困难，由当时的生产科开展了榨油工作，每年生产花生油几千公斤到上万公斤，并积极开展对外销售，产品受到广泛欢迎。到 1995 年停止。

旅游公司自 1997 年起开始上马榨油项目，1997 年、1998 年、2001 年共榨油 2 万多公斤，主要给职工办福利。

六、饲料加工

1987 年以前主要配置少量粉状料，供池塘使用，1987 年开展网箱养殖后，由当时的生产科购置粉碎机、颗粒机等设备，当年生产颗粒饲料 6 万多公斤。1988 年开始，随着养殖规模的扩大和外销，管理处加强人员力量，购进设备，生产量大量增加，多时每年达到 10 万公斤，几年中保证了本单位养殖的需要，同时积极开展对外饲料加工与销售，创造了一定的经济效益，做出了较大贡献。1993年后，因单位网箱养殖和池塘养殖减少，生产量逐年下降，直到 1995 年停止生产。

饲料加工

苹果丰收

七、果园

1971 年 3 月，水库管理处在主坝下游与正常溢洪道左岸之间的地块栽植苹果树 2000 多株，到1988 年，一直由水库管理处经营，品种有国光、金冠、红星、元帅等。1989 年 3 月果园承包果园给黄壁庄村民，之后由于管理问题和树种老化，效益逐年下降，到 1998 年，作为除险加固的弃渣地。在苹果生产的 20 多年中，为丰富职工福利生活和创造经济效益做出了较大贡献。

第五章　餐饮服务业

水库由于距石家庄市较近，游客较多，为搞好游区服务，为广大群众提供便利，水库结合自身实际，先后在库区及黄壁庄镇开展了多项餐饮服务。

一、燕乐餐厅

燕乐餐厅地处黄壁庄镇于1984年正式建成并对外营业，营业面积300多平方米，1992年3月24日，因发生大火而被烧毁。

二、中山湖餐厅

中山湖餐厅地处马鞍山下的库区内，于1984年正式建成并营业，餐厅紧邻水库，营业面积300多平方米。1997年后，由于旅游模式的转变，为改善环境，减少污染，于1998年放弃餐饮经营，2012年拆除。

三、防汛调度指挥中心

随着地区经济的发展和水库发展的需要，为充分利用水库的自然和地理优势，黄壁庄水库投

防汛调度指挥中心

资1600万元，于2002年建成一座建筑面积5600平方米的培训中心，并于9月1日起正式对外营业。培训中心的设施和服务水平达到一定规模，成为接待会议、拓展训练、旅游度假为一体的综合性机构。培训中心坚持以优质服务赢得市场，以差异化竞争提高竞争力，抓住机遇，改善服务，规范管理，不断完善设施，提高经济效益。2004年，培训中心实行经营目标责任制，既解决了部分职工子女就业，又为社会安置了一些待业人员。

培训中心成立伊始，为了打造高品质的水利文明窗口，培训中心人走出去拜师取经，把专业人士请进来授课，使每一名服务人员都通过严格正规的培训，做到服务规范、细致、周到。此外，培训中心编制了《河北中山湖培训中心员工手册》，在近几年的运行中，又先后制定《河北中山湖培训中心员工手册补充条例》《优秀员工评比制度》《周一例会制度》等一系列规范，完善了培训中心的管理制度体系。经过培训中心全体人员的共同努力，培训中心开业以来共计接待各类会议培训2000多个，

优质周到的服务

10万余人次，创造直接经济效益150万元，并先后取得了"2005年度石家庄市消费者信得过单位""2005年度河北省消费者信得过单位""2006—2007年度省直先进职工小家"等荣誉称号，2008年被省旅游局评为"接待红色旅游推荐单位"，2009年被评为省直"巾帼文明岗"，2009年、2010年分别建成"省直职工健身基地""河北经贸大学工商管理学院志愿者基地"，并多次出色完成国务院、部委、省政府、市政府、军区等各级领导防汛检查的接待任务。

第一章 水库建设与管理机构沿革

一、水库施工机构（1958—1971年）

黄壁庄水库的组织机构是于1958年"大跃进"的形势下建立的。随着水库的筹建，工程上进行了"边设计、边施工"，并陆续建立了党政组织所需机构，截至1960年年初，大致可分为筹备、施工、完成三个阶段。

在筹备阶段，为了统一领导，便于筹备，在建库初期设立了水库党委会、监委会、党办室、组织部、宣传部、工会、团委会，行政上建立了水库工程局，下设"两室"（办公室和财经办公室）和"四科"（工务科、财务科、卫生科、保卫科）。主坝施工指挥部设有束鹿，一、二、三施工团。副坝施工指挥部下设东风、卫星两社和宁晋、藁城两县团。

在第一期工程全面施工阶段，为加强生产一线的领导，适应施工需要，增设与调整了工程局直属科，即机电科、质量检查科、安全科、劳资科、总务科等五科，同时交原设的工程局财经办公室改为工程局后勤部，内设材料科、运输科、生活科和加工修理厂及临建队。

在第二期工程尾期完成阶段，新设立了"电站溢洪道工区"，由原"局办公室"改为工程局"生产办公室"，充实了干部力量。同时，为更好地管理、修建水库，成立了"水库管理筹备处"，并相应配备了18名干部进行筹备工作。

（一）1958年

1958年5月5日，成立黄壁庄水库工程局，隶属石家庄地区行署专员公署，局内设办公室、工管科、水电科、卫生科、总务室及联合财经办公室。8月8日，成立黄壁庄水库工程指挥部。8月25日，根据石家庄市地委、岗南水库党委、黄壁庄水库党委联合通知，任命崔民生同志为石家庄专员公署副专员兼黄壁庄水库党委书记，张健同志任黄壁庄水库党委副书记兼工程局局长，王文清任黄壁庄水库党委副书记，魏华、曹梦增任黄壁庄水库工程局副局长，同时还任命了其他17名同志各部、室、科负责人职务。

（二）1959年

1959年3月4日，水库工程局办公室与党委办公室合并为党委办公室，财经办公室、卫生科、财务科合并为后勤部，后勤部下设办公室、总务科、卫生科、财务科、材料科、生活供应科、运输科及工具改制科 8 个科室。4 月 1 日，在工程局内成立劳动工资科。5 月 23 日，恢复与建立前方指挥部，主要任务是掌握主副坝和溢洪道整个工程计划和任务完成情况，推动各施工单位组织发动群众，保质保量，加速工程进度和指挥防汛工作。其中主要负责人：崔民生任政委，张健任总指挥，党委副书记王文清、副坝指挥部党委书记宋安详、工程局副局长委员魏华、曹梦增、许云清任副指挥。6 月 1 日，又将工程局后勤部所属财务科、卫生科、总务科划出，直属水库工程局领导。11 月 19 日，经水库党委常委研究决定，工程局办公室改为工程局生产办公室，工程局后勤部工具改制科改为加工厂，撤销溢洪道电工区、副坝施工队，新建电站工区、护坡开挖工段、下团工作组，同时调配、提任 54 名同志为各科、室、队、厂、组及党支部负责人。3 月 7 日，根据省水利厅〔60〕水字第 249 号，经河北省海河委员会批准，岗南水库建立工程管理局，暂定为 130 人，下设黄壁庄水库管理处，暂定为 111 人，列为事业编制，并明确随着收入的增加，逐渐改为由收入中开支，由省厅直接领导。

（三）1960 年

1960 年 5 月 24 日，经省委批准，根据中共石家庄市委〔60〕102 号，在黄壁庄水库成立"中共石家庄地区滹沱河水库管理局党委"和"河北省石家庄地区滹沱河水库管理局"，崔民生任党委第一书记，张芬任第二书记，张健任书记处书记兼局长，张吉林、王文清任书记处书记，魏华、曹梦增、杨乃俊、邢长春任副局长。党委下设党委办公室、组织部、宣传部、监委会、团委、工会，管理局下设办公室、工程管理科、生产管理科、公安局、水文站、卫生科、电站、招待所、电台、修配加工科、副坝管理所等机构。11 月 4 日，中共石家庄市委决定：石家庄市竹山水库、障城水库暂停施工，两水库全套干部到黄壁庄水库和石津运河，仍保留竹山水库党委和工程局的机构，全部干部仍占竹山水库的编制，竹山水库党委和工程局干部统一受黄壁庄水库党委和工程局的领导。张清荫（竹山水库党委书记兼局长）任黄壁庄水库党委副书记，参加常委；梁士义（竹山水库工程局副局长）任黄壁庄水库监委副书记，参加常委；李喜斋（障城水库党委组织部长）任黄壁庄水库党委组织部长，参加党委为委员；张怀玉（竹山水库工会主席）任黄壁庄水库工会主席，参加党委为委员；豆玉亭（障城水库党委副书记）任黄壁庄水库工程局副局长，参加常委。

（四）1961 年

1961 年 2 月 6 日，经水库党委研究决定，将原河北省黄壁庄水库公安分局改为河北省黄壁庄水库公安局，下设政保股、治安股，水库工程局副局长曹梦增兼任局长。5 月 17 日，为加强闸门安装工作领导，经水库党委研究决定，成立闸门安装指挥部党委会和闸门安装指挥部，下设办公室和政治、工务、物资供应、生活、运输 5 个股，崔民生任书记，魏华、刘清廉任副书记，刘清廉兼指挥部主任，刘辛金、魏华任副书记。6 月 15 日，成立机械调入办公室，负责组织各地机械进场调运工作。7 月 31 日，经水库党委研究决定，撤销工程局生产科，成立黄壁庄水库管理筹备处；撤销采运工区，建立河东、河西两个工区（以古运粮河为界），成立黄壁庄水库粮食局，直属后勤部领导；撤销副坝施工指挥部，成立副坝基础处理筹备处，并任命 29 名同志职务。9 月 8 日，根据中央和省、地委指示精神，决定对水库坝基作根本处理，成立了"中共黄壁庄水库坝基处理委员会"和"黄壁庄水库坝基处理指挥部"，党委会下设办公室，指挥部下设生产、后勤、机电、减压井 4 个办公室和总务、劳资、财务、保卫、安全、卫生等科和黏土大队、试验室、地质组。并建立了北京、密云、河北、517 等 5 个施工专业队，1 个党总支，10 个党支部。9 月 15 日，水库工程局第二次调整职能机构，一是保卫科改为保卫处，与公安局合署办公；二是工务科改为计划工务处；三是劳资科改为劳资处；四是机电科改为水电科；五是后勤部：增设机械处，材料科改为材料处，材料处下设材料科、材料管理科、工具科、材料加工厂；生活供应科改为生活供应处，下设生活科、果园；运输科、天津工作组、石家庄采运站等业务直属后勤部领导；六是撤销机电党委会，水电科成立支部委员会，直属水库党委领导；七是调整 25 名中层干部职务。12 月 26 日，为做好水库来往客人专门服务，成立工程局招待所。

（五）1962 年

1962 年，根据国务院水电杨字第 240 号批转，水利电力部印发《关于收回大型水利工程和施工设计安装力量及调整安排方案的请示报告》，将黄壁庄和岳城水库工程收归水利电力部直接领导。1 月，建立机关党委会，设党群、机关、机电处、局办室、生活、保卫处、商店、材料 8 个支部，总计 877 人。同时对水库常委进行重新分工，崔民生同志负责全面工作。主坝指挥部由张健局长、束鹿施工司令部刘英杰司令员、王绍政委负责，副坝指挥部由石市宋安祥副市长、王文清副书记负责；电站溢洪道工区由魏华副局长、史肇凡主任、陈九泉主任负责；张万林部长负责场内运输、道路修建、桥梁架设等工作，曹梦增副局长负责后勤供应工作；李发家部长负责民工工作，杨育民负责安全保卫工作。

1962 年 1 月 13 日，为减少层次，便于工作，经水库党委研究决定，调整机构设置和干部职务。撤销后勤部党委会；建立工程局总支委员会；撤销机电总支委员会；撤销后勤部，将其所属材料处改称材料供应处、生活供应处、铁道处、临建队，直属工程局领导，运输科由材料供应处领导；工程局招待所改为招待处；计划工务处改为水文站，调度室、闸门管理所、质检科水库观测组 3 个单位划归水库管理筹备处领导。同时任命 21 名中层干部职务。

1962 年 1 月 25 日，根据省人委〔61〕农办谢字 313 号批复，同意成立黄壁庄水库工程总队。

1962 年 2 月 13 日，撤销副坝党政组织，建立 4 个工段、1 个机械队的党委会与段队组织，直属水库党委、工程局领导，并调整和任免了 43 名同志。

1962 年 4 月 3 日，经水库党委研究决定，撤销机械队，成立火车队、拖拉机队；撤销铁道处，改建为马山火车站，以上 3 个单位直属工程局领导。撤销第四工段，石工队与第三工段合并；工程局建人事科，并对 23 名同志进行了重新任命。至此，工程局共有办公室、调度室、计划统计处、施工技术处、质量检查科、材料供应处、机电处、劳动工资处、财务会计科、安全科、生活供应处、总务科、卫生科等机构。此外有直属机构 16 个，包括坝基处理指挥部，第一、二、三、四工区，土料运工区，临运队，土方机械队，水电供应站，修配厂，小车加工厂，采购总站，运输队，马山火车站，机构管理站，材料总仓库，民工团，医院，工程管理筹备处。

1962 年 5 月 18 日，黄壁庄水库公安局改为"获鹿县公安局黄壁庄水库分局"，黄壁庄水库法庭改为"获鹿县人民法院黄壁庄水库人民法庭"，党的工作受水库党委领导，行政工作受水库工程局领导，业务工作受获鹿县公安局、法院领导。

1962 年 7 月 14 日，根据石家庄专员公署秘字 227 号批示，同意撤退水库劳改大队，当时计有干部 68 名，警卫 171 人，劳改分子 612 名，犯人 932 名，全部退场。

1962 年 9 月 2 日，根据中央关于减少城镇人口的决定精神和省、地委的指示，及水库汛前工程任务情况，自 4 月 25 日开始，进行水库职工精减工作，并成立精简工作领导小组，水库党委副书记张清荫任组长。水库原有职工（不包括支援单位职工）2573 名，其中干部 717 名，工人 1856 名，（其中固定工 707 名，合同工 931 名，学员 210 名）。截至 3 月底，已精减干部 202 人，精减工人 1062 人。保留职工 1308 人，其中干部 515 人，工人 793 人。支援单位原有职工 3809 人，撤场 2517 人，保留职工 1292 人；劳改队原有干部 68 人，民警 125 人，精减干部 14 人，保留干部 54 人，民警 125 人；财贸系统原有职工 158 人，精减 19 人。水库职工共计 2119 人。

1962 年 10 月 29 日，根据国务院水杨字第 240 号，批转《水利电力部关于收回大型水利水电工程和施工、设计、安装力量及调整安排方案的请示报告》、水利电力部《关于执行国务院批转收回大型水利水电工程和施工、设计、安装力量报告的交接意见》，河北省水利厅副厅长刘季兴与水利电力部局长朱田华于北京，就黄壁庄、岳城两工程的交接有关事项进行协商。按照协商的原则，河北省指定水利厅副厅长刘季兴为移交代表，水电部指定水利电力部副局长崔宗培为接收代表，双方于 1962 年 12 月 13 日，对黄壁庄水库工程、投资、场地和施工力量，进行了交接工作，定名为"水利电力部黄壁庄水库工程局"。

（六）1963 年

1963 年 3 月 14 日，经水库党委研究决定，撤销工程局机关党委会，建立工程局总支委员会，原工程机关党委研究所属 7 个支部除党委会支部归水库党委直属支部外，其余 6 个支部归工程局总支委员会领导。7 月 15 日，经水库党委研究决定，管理局筹备处设立以下机构：①行政办公室，负责全局范围内的总务、医务、机关生产、园林、文书处理和行政事务等；②机电科，负责机电设备管理、维修、供水供电等；③工程管理科，负责工程管理、测量、观测、试验等；④保卫科，负责生产保卫和思想工作；⑤器材财务科；⑥副坝管理所；⑦政治办公室，负责组织、宣传教育、人事管理、工会、青年团等。

共计设 2 个办公室、4 个科、1 个管理所，干部 93 名，工人 188 名，共计 281 人。10 月 16 日，为加强职工的文化、技术教育工作，经水库党委研究决定，增设教育科。12 月 20 日，工程局职能机构进行第 4 次调整，设置一工区、二工区、修配厂、计划工务处、财务处、劳资处、安全质量检查处、办公室、机要处、材料处、保卫处、人教处、行政处、医院、水库管理局筹备处 15 个机构。

（七）1964 年

1964 年 11 月，根据上级关于成立政治机构的指示，经水库党委研究决定，成立政治处，将原党办室改为政治处办公室，组织部和宣传部改为组织科、宣传科，与原党委领导的工会、共青团组织均归属政治处领导。12 月 8 日，水库工程局进行第 5 次较大的机构调整，根据上级关于建立政治机构的指示精神，经水库党委研究决定，水库工程局处的建制一律改为科的建制，并对施工组织机构进行了调整。将工程局办公室改为局长办公室；质量检查科和安全科合并为质量安全检查科；计划工务处分别改为计划统计科和工程技术科；机电处改为机械动力科；材料处改为物资供应科；生活处和卫生科合并为行政福利科（下设医院）；水库管理筹备处改为水库管理科；劳动工资处改为劳动工资科；保卫处改为保卫科；财务科、调度室不变；施工单位撤销第一、二、三工段和副坝指挥部，分别建立第一、第二两个工区；将生活处的临建队改为局直属临建队；机械修配厂不变。

（八）1965 年

1965 年 3 月 6 日，鉴于黄壁庄水库工程已归水电部管理，中共石家庄地区委员会批准撤销中共石家庄地区滹沱河水库管理局党委和河北省石家庄地区滹沱河水库管理局，并免去崔民生、张健等人所兼任的职务。5 月，经石家庄地区委员会批准，中共黄壁庄水库委员会更名为中共黄壁庄水库工程局委员会。7 月 3 日，水利电力部党组根据〔65〕水总党字第 27 号报告水电部党组，从 1965 年 1 月 1 日起，黄壁庄水库工程和施工力量划归河北省领导，报告经钱正英副部长批示同意，由王英副部长与河北省谢辉副省长商定，分别派水利电力部王心湖副处长、河北省水利厅孙迈处长与黄壁庄水库工程局曹梦增副局长，遵照指示原则，于 1965 年 8 月 16 日，对黄壁庄水库工程、投资、材料、设备和施工力量等方面以及有关事项进行了交接。计有职工 1647 名，由于"文化大革命"的影响，组织上的归属问题并未如期实现（1970 年 5 月 13 日，水电部对黄壁庄水库工程局又进行了一次正式下放）。9 月 12 日，为顺利完成"128"扩建工程，由石家庄地区行署，黄壁庄水库工程局和河北省水利工程局联区组建根治海河石家庄地区黄壁庄水库施工指挥部。指挥部设办公室、施工调度室、技术室、工务处、后勤处、一工区、二工区、三工区、机械队、水电通讯队、修配厂，原黄壁庄水库工程局政治处改为黄壁庄水库工程指挥部政治部，指挥部党委委托政治部领导监委会、工会、青年团，工程局的武装部、保卫科归政治部领导。政治部设办公室、组织科、宣传科、监委会、工会、团委会、保卫科、武装部。9 月 22 日，随着行政机构的变更，经中共黄壁庄水库施工指挥部委员会研究，建立和调整了党的组织机构，指挥部委员会下设 11 个直属党支部，2 个党总支。11 月 18 日，省委决定，为了加强对根治海河工程的领导，建立根治海河指挥部，指挥部下设中共根治海河指挥部政治部，河北省根治海河指挥部办公室、后勤部。

（九）1967 年

1967 年 2 月 3 日，河北省革命委员会在石家庄市成立，原省抓革命促生产指挥部的工作；由省革委生产指挥组接替。12 月 25 日，经中国人民解放军河北省石家庄地区支左委员会批准，成立水电部黄壁庄水库工程局革命委员会，革委会共设委员 41 人，其中常委 11 人，于 12 月 26 日召开了庆祝大会。

（十）1968 年

1968 年 1 月 29 日，河北省革命委员会在石家庄成立。中共中央批准省会由保定市迁往石家庄市。5 月 13 日，根据中央水利电力部军管会〔70〕水电军生综字第 36 号函意见，明确黄壁庄水库工程局归河北省领导。将水工队、医院等单位 469 人移交海河指挥部，将机械队、水电通讯队共 314 人和技术干部 60 人移交邢台 901 指挥部，将水库火车队 112 人和 259 人分别移交邢台 7012 指挥部和石家庄地区交通运输公司，将修配厂 290 人移交河北省交通局，粮店、学校、商店归还获鹿县，水库法庭和公安分局撤销。从此，黄壁庄水库从施工转到管理，由剩余的 64 人组成管理处。7 月 22 日，受"文化大革命"的影响，按照上级有关精神，水库成立机构改革领导小组，由改革委会主任崔民生同志挂帅，林怀江任组长，进行机构精简，采取 4 个小组（办公组、政工组、生产组、后勤组），由原来的科室干部 240 人减至 48 人。11 月 25 日，根据石革〔68〕59 号文，省革委会将黄壁庄水库下放给石家庄地区革命委员会领导。

二、水库管理机构

1971 年 8 月 2 日，经河北省革命委员会生产指挥部批准，成立河北省黄壁庄水库管理处总支委员会和河北省黄壁庄水库管理处革命委员会，进行第 6 次较大机构调整，设办事组、政工组、保卫组、工管组、生产组、机电队。

1972 年 12 月 16 日，河北省革委会水利局以〔72〕冀革水字 231 号批复，同意增设林渔组，主要负责库区绿化、养鱼规划、树苗、鱼种的生产和管理，并将生产组改为工程管理组。

1977 年 5 月 18 日，河北省石家庄地区公安局〔77〕24 号决定，将黄壁庄水库派出所隶属获鹿县公安局领导，名称为"获鹿县公安局黄壁庄水库派出所"。占水库管理处编制，党、政人事关系不变，业务由获鹿县公安局领导。

1979 年 4 月 18 日，根据冀水劳党字 33 号文，河北省黄壁庄水库管理处革命委员会改名为河北省黄壁庄水库管理处，中共河北省黄壁庄水库管理处总支委员会改名为中共河北省黄壁庄水库管理处委员会，党委由王德志、曹梦增、赵潜英、郑洁民、王会海、王振庭、岳彩勋 7 名同志组成，并民主选举产生 3 个支部，充实了支部力量，调整了个别党小组，部分科室充实了中层干部，各科室根据其业务范围、生产情况，对人员做了适当调整，将 67 名临时工全部压缩了。职能机构将原来的 7 个行政组改为 6 个科室，共设办公室、政工科、财务器材科、工管科、生产科、保卫科，取消了长期造成人力浪费、设备挤压的维修组，并建立工会组织，使党、政、工、团的各项活动走上正轨。

1981 年 10 月 27 日，河北省人民政府以〔1981〕141 号批复，同意黄壁庄库区建区。黄壁庄区辖平山县的上三汲、胜佛，获鹿县的马山、黄壁庄，灵寿县的王角共 5 个公社，区公所驻黄壁庄，由平山县领导。批复指出，设区后，水库的大坝修理、工程维修、水量调度和防汛工作，由水库管理部门负责，山、水、林、土，由区统一规划、适用和管理，水面利用由黄壁庄区组织水产经营公司负责渔种生产、组织捕捞、水产品收购和销售工作。水库管理局有一名同志负责参加区的领导工作。

1984 年 5 月 22 日，省政府批复同意撤销平山县黄壁庄区，该区所属各乡仍恢复建区前的行政隶属关系。批复指出，黄壁庄区撤销后，水库的大坝、工程维修及水量调度，国家已征用的山、田、土及种植的林木，统由黄壁庄水库管理处负责管理，平山、灵寿、获鹿三县要大力予以协助。以黄壁庄水库管理处为主，结合平山、灵寿、获鹿三县组成渔管会，负责水库的渔业生产和渔政管理，渔管会的日常工作由水库管理处承担。

1985 年 5 月 10 日，经省水利厅批准，对所属事业单位推行事业单位企业管理试点，黄壁庄水库管理处实行企业化管理，定收定支，自负盈亏，节余比例分成。

1990年11月22日，根据冀水劳人字59号文，同意将闸门班从工管科独立出来，成立闸门队，负责正常溢洪道、非常溢洪道及重力坝等闸门、启闭机的管理、维修、养护等工作。

1993年3月，黄壁庄水库管理处成立综合经营总公司，朱平均副处长兼任总公司经理，下设旅游公司、生产科等单位。

1998年8月13日，河北省水利厅根据〔1998〕冀水劳人字29号批示，成立"河北省黄壁庄水库除险加固工程建设局"，作为建设单位负责该项工程建设管理工作，所需人员从厅机关及厅直有关单位临时协调。

1999年4—5月，黄壁庄水库管理处进行较大机构调整，这是黄壁庄水库科室建制及职能的第7次大变动，全面推行中层干部聘任制、科室定编定岗定员制、在编职工聘用制、编外职工待岗制，新聘科级干部18名，其中副科提正科5人，新提副科7人，解聘4名，定编职工128人，待岗17人；调整5个科室职能，将原办公室供水、食堂、医务室、房地产职能与原财务科车辆管理、仓库物资管理职能划出，新成立行政科，负责全处的日常服务工作；将原属工管科的用电管理职能与原闸门队新组建机电科，撤销闸门队；撤销生产科，新成立养殖公司、建筑公司。由养殖公司、建筑公司与旅游公司新组建成综合经营总公司。调整后共设7个科室、3个公司和工会，其编制分别为政工科，定编6人；财务科，定编5人；办公室，定编7人；工会，定编3人；工管科，定编11人；保卫科，定编19人；机电科，定编21人；行政科，定编22人；养殖公司，定编22人；建筑公司，定编7人；旅游公司，定编6人。6月18日，成立黄壁庄水库水政监察支队，吕长安为支队长。

2000年3月15日，黄壁庄水库管理处成立黄壁庄水库管理处纪律检查委员会和监察室。

2001年3月5—30日，黄壁庄水库管理处进行第二次定编定员活动，调整部分科室负责人。4月4日，石家庄市水产管理局自行撤销了原属我处直接管理的渔政监督管理站，自行建立了隶属该局管理的水库渔政监督管理站，造成水面管理失控，渔业秩序混乱的后果。

2003年4月10日，经厅批准，正式成立处综合经营公司，撤销旅游公司，保卫科更名为水政保卫科。第三次系统的干部聘任和职工聘用工作结束，共新聘科级干部8名，解聘2名。

2004年4月24日，经石家庄市政府批准，撤销了市水产管理局自行组建的渔政监督管理站，又重新组建了由水库管理局牵头，平山、灵寿、鹿泉三县（市）渔政部门参加的黄壁庄水库渔政监督管理站。7月4日，经省编办冀机编办〔2004〕57号和省水利厅冀水人劳〔2004〕37号批准，黄壁庄水库管理处更名为黄壁庄水库管理局，机构规格不变，隶属关系不变。

水库管理"处"改"局"揭牌仪式

2005年3月1—22日，管理局进行了机构改革和第4次竞聘上岗工作。在这次机构调整中，结合水管体制改革的要求，参照水利部制定的定编定岗标准，按照"统一职能、减少交叉、理顺关系、提高效率"的原则进行了较大幅度的调整。13个部门中，所有"科"改成"处"，新成立水情调度处，撤销并新组建两个实体部门，3个部门更名，6个部门职能进行调整，安全生产、房屋管理与维修、卫生绿化供水供暖等工作实现了部门统一管理，减少了交叉和推诿现象，更好地理顺了关系，明晰了职能。24个中层职位全部竞聘上岗，8名正科级干部进行了轮岗交流，其中新提拔4名，解聘2名；60多个一般岗位全部采用职工自愿报名、双向选择的办法聘用，职工岗位轮换41人。这是水库管理局历史上规模最大、职工参与最多、程序最严格规范、调整力度最大的1次。

2007年10月11日，省财政供养人员总量控制工作协调小组办公室与省机构编制委员会办公室根据冀机编办控字〔2007〕329号文，批复黄壁庄水库管理局清理整顿方案，明确了黄壁庄水库管理局职责，为处级事业单位，事业编制190名，核定领导职数6名，经费形式为财政性资金定额或定项补助。

2012年3月，黄壁庄水库管理局成立党委办公室和人事处，撤销原政工人事处。原工会办公室职能并入党办室。2012年年底，水库设机构13个，共有在职职工182人。

水库施工、管理机构及任职人员一览表见表7-1～表7-3。

表7-1　　　　水库工程局施工机构及领导任职一览表（1958—1971年）

机构名称	主要领导成员及任职情况		隶属关系
	正　职	副　职	
中共黄壁庄水库委员会（1958年5月—1967年12月）	崔民生（书记1958年5月—　）	张健（副书记1958年5月—　） 王文清（副书记1958年5月—　） 张清荫（副书记1959年10月—　）	石家庄地区行署
黄壁庄水库工程局（1958年5月—1967年12月）	张健（局长1958年5月—　）	魏华（副书记1962年1月—　） 周健民（副书记1965年—　） 曹梦增（副局长1958年5月—　） 魏华（副局长1958年5月—　） 杨乃俊（副局长1961年5月—　） 陈久泉（副局长1961年5月—　） 尹冀（副局长1962年1月—　） 林平（副局长1959年10月—　） 陈村农（副局长1965年10月—　） 陈士元（总工1964年6月） 崔梦悦（副总工1958年5月—　） 张宝峰（副总工1965年10月—　）	石家庄地区行署
水电部黄壁庄水库工程局革命委员会	崔民生（主任1967年12月）	葛振明（副主任1967年12月—1968年8月） 周健民（副主任1967年12月—　） 高求（副主任1967年12月—1971年8月） 陈村农（副主任1967年12月—　） 李立源（副主任1967年12月—　）	水利电力部

表7-2　　　　　　　　临时施工机构及领导成员任职表

机构名称	领导成员	
	正　职	副　职
中共黄壁庄水库工程指挥部委员会 黄壁庄水库工程指挥部	崔民生（书记1958年8月—　） 张健（指挥1958年8月—　）	王文清（副书记1958年8月—　） 魏华（副指挥1958年8月—　）
中共石家庄地区滹沱河水库管理局委员会 石家庄地区滹沱河水库管理局	崔民生（第一书记1961年5月—1965年3月） 张健（局长、书记处书记1961年5月—1965年3月）	张芬（第二书记1961年5月—1965年3月） 张吉林（副书记1961年5月—1965年3月） 王文清（副书记1961年5月—1965年3月） 魏华（副局长1961年5月—1965年3月） 曹梦增（副局长1961年5月—1965年3月） 邢长春（副局长1961年5月—1965年3月）
中共黄壁庄水库坝基处理委员会 黄壁庄水库坝基处理指挥部	崔民生（书记、总指挥1961年9月—　）	魏华（副书记、副总指挥1961年9月—　） 杨海峰（副书记、副总指挥1961年9月—　） 曹梦增（副总指挥1961年9月） 梁士义（副总指挥1961年9月） 宫润河（副总指挥1961年9月）

机构名称	领 导 成 员	
	正 职	副 职
中共黄壁庄水库总队委员会 黄壁庄水库总队	崔民生（书记 1962 年 1 月） 张健（队长、副书记 1962 年 1 月）	张清荫（副书记 1962 年 1 月） 王文清（副书记 1962 年 1 月） 魏华（副书记、副队长 1962 年 1 月） 曹梦增（副队长 1962 年 1 月）
中共根治海河石家庄地区黄壁庄水库施工指挥部委员会 根治海河石家庄地区黄壁庄水库施工指挥部	崔民生（书记、政委 1965 年 9 月— ） 张健（指挥、副书记 1965 年 9 月）	魏华（副书记、副政委 1965 年 9 月） 段金水（副政委 1965 年 9 月） 温树棠（副政委 1965 年 9 月） 周健民（副政委 1965 年 9 月） 苏文彬（副指挥 1965 年 9 月） 曹梦增（副指挥 1965 年 9 月） 尹冀（副指挥 1965 年 9 月） 史长安（副指挥 1965 年 9 月） 刘国昌（副指挥 1965 年 9 月） 陈村农（副指挥 1965 年 11 月）

表 7-3　黄壁庄水库管理处机构及领导任职情况一览表（1971 年 8 月至 2013 年 12 月）

机构名称	领 导 成 员		隶属关系
	正 职	副 职	
黄壁庄水库管理处总支委员会 黄壁庄水库管理处革命委员会	高求（书记 1971 年 8 月—1975 年 6 月） 主任（1971 年 8 月—1973 年 7 月）	曹梦增（副书记、副主任 1971 年 8 月—1979 年 4 月） 公丕干（副主任 1971 年 8 月—1973 年 9 月） 赵潜英（副主任 1974 年 9 月—1979 年 4 月）	河北省水利局革命委员会
中共黄壁庄水库管理处委员会 河北省黄壁庄水库管理处	王德志（书记 1979 年 4 月—1982 年 2 月） 曹梦增（处长、副书记 1979 年 6 月—1983 年 12 月）	曹梦增（副书记、副处长 1979 年 4 月—1979 年 6 月） 赵潜英（副处长、副书记 1979 年 4 月—1983 年 12 月） 吴俊书（副处长 1979 年 12 月—1985 年 3 月） 崔景华（副处长 1981 年 6 月— ）	河北省水利厅
中共黄壁庄水库管理处委员会 黄壁庄水库管理处	龚方家（处长 1983 年 4 月—1988 年 10 月）	朱明义（副处长 1983 年 4 月—1992 年 11 月） 王明德（副处长 1983 年 4 月—1987 年 4 月） 谢宝忠（副书记 1983 年 4 月—1988 年 10 月）	河北省水利厅
	董学宝（书记 1988 年 10 月—1992 年 11 月） 龚方家（处长 1988 年 10 月—1992 年 11 月）	朱明义（副处长 1992 年 11 月—1995 年 9 月） 朱平均（副处长 1992 年 1 月—1992 年 11 月）	
	龚方家（处长 1992 年 11 月—1997 年 7 月）	郭仲斌（副书记 1992 年 10 月—1997 年 7 月 副处长 1993 年 7 月—1997 年 7 月） 朱明义（副处长 1992 年 1 月—1995 年 10 月） 朱平均（副处长 1992 年 12 月—1997 年 7 月） 李瑞川（副处长 1995 年 9 月—1997 年 7 月）	
	霍国立（书记 1997 年 7 月—2000 年 9 月） 吕长安（处长、副书记 1997 年 7 月—2000 年 6 月）	朱平均（副处长 1997 年 7 月—2000 年 9 月） 李瑞川（副处长 1997 年 7 月—2000 年 9 月） 郭仲斌（助理调研员 1997 年 7 月—2000 年 9 月） 赵书会（纪委书记 2000 年 3 月—2000 年 9 月）	

续表

机构名称	领导成员		隶属关系
	正　职	副　职	
	霍国立（党委书记、处长 2000 年 9 月—2004 年 7 月）	朱平均（副处长 2000 年 9 月—2004 年 7 月） 李瑞川（副处长 2000 年 9 月—2004 年 7 月） 赵书会（纪委书记 2000 年 9 月—2004 年 7 月） 徐宏（副处长 2000 年 9 月—2004 年 7 月）	河北省水利厅
中共黄壁庄水库管理局委员会 黄壁庄水库管理局	霍国立（党委书记、局长 2004 年 7 月—2005 年 3 月）	朱平均（副局长 2004 年 7 月—2005 年 3 月） 李瑞川（副局长 2004 年 7 月—2005 年 6 月） 赵书会（纪委书记 2004 年 7 月—2005 年 3 月） 徐宏（副局长 2004 年 7 月—2005 年 3 月）	河北省水利厅
中共黄壁庄水库管理局委员会 黄壁庄水库管理局	李瑞川（局长、党委书记 2005 年 6 月—2011 年 10 月）	朱平均（副局长 2005 年 3 月—2007 年 8 月） 赵书会（纪委书记 2000 年 3 月—2006 年 8 月，副局长 2006 年 8 月—2011 年 11 月） 徐宏（副局长 2005 年 6 月—2011 年 11 月） 杨宝藏（纪委书记 2006 年 12 月—2011 年 11 月） 张惠林（副局长 2007 年 9 月—2011 年 11 月）	河北省水利厅
中共黄壁庄水库管理局委员会 黄壁庄水库管理局	张惠林（局长、党委书记 2011 年 11 月—　）	赵书会（副局长 2011 年 11 月—　，副书记 2013 年 1 月） 徐宏（副局长 2011 年 11 月—　） 杨宝藏（纪委书记 2011 年 11 月—2012 年 4 月，副局长 2012 年 4 月—　） 张玉珍（2012 年 4 月—　） 张栋（2012 年 4 月—　）	河北省水利厅

注　除现任领导外，表中无任职结束时间的为不能确定，略。

三、水库班子成员任命文件及文号

1973 年 7 月 20 日，中共河北省革委水利局委员会〔1973〕12 号文决定免去高求河北省黄壁庄水库革命委员会主任职务。

1974 年 9 月 9 日，冀革水政字〔1974〕4 号文决定赵潜英任河北省黄壁庄水库管理处革委会副主任。

1975 年 6 月 10 日，河北省革命委员会水利局党委决定高求罢免后，由总支副书记曹梦增负责全面工作。

1975 年 4 月 18 日，冀革水党字〔1975〕33 号文决定王德志兼任党委书记，曹梦增、赵潜英任副书记。郑洁民、王会海、王振庭、岳彩勋任党委委员。

1979 年 6 月 30 日，冀革水党字〔1979〕42 号文决定曹梦增任河北省黄壁庄水库管理处处长，免去黄壁庄水库管理处副处长职务。

1979 年 12 月 30 日，冀革水党字〔1979〕70 号文决定吴俊书任河北省黄壁庄水库管理处副处长。

1980 年 5 月 14 日，冀水党字〔1980〕11 号文决定赵潜英任河北省黄壁庄水库管理处革委会副主任改为副处长。吴俊书任黄壁庄水库党委委员。

1980 年 12 月 4 日，冀水党字〔1980〕18 号文决定郑文才任河北省黄壁庄水库管理处副处长，免去其漳卫运河管理处副处长职务。

1980 年 6 月 19 日，冀人水字〔1980〕19 号文决定崔景华任河北省黄壁庄水库管理处副处长、党委委员，免去工程局汽车队党委书记职务。

1981 年 3 月 25 日，冀水人字〔1981〕10 号文决定郑文才任水利厅水利工程局副局长，免去河北省黄壁庄水库管理处副处长职务。

1982年2月5日，冀水人字〔1982〕5号文决定免去王德志兼任河北省黄壁庄水库管理处党委书记职务。

1984年12月1日，冀水党字〔1984〕32号文决定王殿英任河北省黄壁庄水库管理处党委委员；郭仲斌任河北省黄壁庄水库管理处党委委员。

1987年4月23日，冀水党字〔1987〕15号文决定免去王明德河北省黄壁庄水库管理处副处长、党委委员职务。

1988年10月11日，冀水党字〔1988〕32号文决定董学宝任河北省黄壁庄水库管理处党委书记，免去水利厅工程局副局长、局党委委员职务。

1992年1月4日，冀水劳人字〔1992〕1号文决定朱平均任河北省黄壁庄水库管理处副处长。

1992年10月5日，冀水党字〔1992〕30号文决定郭仲斌任河北省黄壁庄水库管理处党委副书记。

1993年7月29日，冀水劳人字〔1993〕36号文决定郭仲斌任河北省黄壁庄水库管理处副处长（兼）。

1995年9月5日，冀水党字〔1995〕18号文决定李瑞川任河北省黄壁庄水库管理处副处长、处党委委员。

1997年7月14日，冀水党字〔1997〕36号文决定吕长安任河北省黄壁庄水库管理处处长、处党委副书记，免去河北省水利厅水利管理处副处长职务。霍国立任河北省黄壁庄水库管理处党委书记，免去河北省水利厅工程局党委副书记职务。郭仲斌任河北省黄壁庄水库管理处助理调研员（副处级），免去党委副书记、管理处副处长职务。免去龚方家河北省黄壁庄水库管理处处长、处党委委员职务。

2000年2月25日，冀水党〔2000〕11号文决定赵书会任河北省黄壁庄水库管理处纪委书记（副处级）。

2000年7月11日，冀水党〔2000〕41号文决定吕长安任河北省水利厅水资源处处长，免去其河北省黄壁庄水库管理处处长、党委副书记职务。

2000年11月7日，冀水党〔2000〕57号文决定霍国立任河北省黄壁庄水库管理处处长。徐宏任河北省黄壁庄水库管理处副处长（副处级）。

2004年9月28日，冀水党〔2004〕50号文决定，因单位名称变更，霍国立任河北省黄壁庄水库管理局局长、党委书记（正处级）。朱平均任副局长、党委委员（副处级）。李瑞川任副局长、党委委员（副处级）。徐宏任副局长、党委委员（副处级）。赵书会任纪委书记、党委委员（副处级）。

2005年7月25日，冀水党〔2005〕37号文决定李瑞川任河北省黄壁庄水库管理局局长、党委书记（正处级），免去其河北省黄壁庄水库管理局副局长职务。

2005年4月19日，冀水党〔2005〕21号文决定霍国立任河北省水利厅建设与管理处处长，免去其河北省黄壁庄水库管理局局长、党委书记职务。

2005年9月14日，冀黄管党〔2005〕25号文决定赵书会兼任河北省黄壁庄水库管理局工会主席。

2006年10月8日，冀水党〔2006〕40号文决定赵书会任河北省黄壁庄水库管理局副局长（副处级），免去其河北省黄壁庄水库管理局纪委书记职务。

2007年1月29日，冀水党〔2007〕3号文决定杨宝藏任河北省黄壁庄水库管理局纪委书记（副处级）。

2007年9月24日，冀水党〔2007〕26号文决定免去朱平均河北省黄壁庄水库管理局副局长职务，退休。

2007年11月26日，冀水党〔2007〕36号文决定张惠林任河北省黄壁庄水库管理局副局长（副处级）。

2011年10月10日，冀水党〔2011〕42号文决定免去李瑞川河北省黄壁庄水库管理局局长、党委书记职务，退休。

2011年11月18日，冀水党〔2011〕52号文决定张惠林任河北省黄壁庄水库管理局局长，党委书记，免去其河北省黄壁庄水库管理局副局长职务。

2012 年 3 月 19 日，冀水党〔2012〕12 号文决定杨宝藏任河北省黄壁庄水库管理局副局长，免去其河北省黄壁庄水库管理局纪委书记职务。

2012 年 4 月 28 日，冀水党〔2012〕19 号文决定张玉珍任河北省黄壁庄水库管理局纪委书记；张栋任河北省黄壁庄水库管理局总工程师。

四、黄壁庄水库历年中层干部任职人员及文件号

1974 年 8 月，梁士义、祖文峰分别任水库办事组组长、副组长；崔志华、司冬梅分别任水库政工组组长、副组长；谢昂、刘树林分别任工管组组长、副组长；陈彦彬、张晨分别任生产组组长、副组长；董清明任后勤组副组长；何金斗任闸门队副队长；葭朋生、郑洁民分别任派出所所长、副所长。

1979 年 4 月 18 日，岳彩勋任办公室主任，王振庭任政工科科长，王会海任工程科科长。

1979 年 4 月 24 日，中共黄壁庄水库总支委员会决定，1971 年成立黄壁庄水库管理处，下设 7 个行政组，将原行政组改为五科一室一厂：政工组改为政工科，工程管理组改为工程管理科，渔林组改为生产科，后勤组改为财务器材科，保卫组改为保卫科（对外为石家庄地区公安局派出所），办事组改为办公室，修配组改为修配厂。郑洁民任保卫科科长，免去原政工组组长；张晨任生产科科长；何金斗任修配厂厂长；祖文峰任办公室副主任；董清明任财务器材副科长；郭永清任修配厂副厂长；王会海任工程科科长。

1979 年 6 月 27 日，郑洁民任保卫科科长；王会海任工程管理科科长；董清明任财务器材科副科长；祖文峰任办公室副主任；张晨任生产科副科长。

1982 年 7 月 13 日，郭仲斌任河北省黄壁庄水库管理处办公室办公室副主任；何金斗任工会副主席；郭永清任机电队党支部书记兼队长；阎景华任机电队副队长；刘树林任机电队副队长；龚方家任工程管理科副科长；刘亚民任工程管理科副科长；张晨任生产科科长；张振国任生产科副科长；周宝珍任生产科副科长；郭文昌任保卫科副科长。

1986 年 12 月 2 日，李祥海任河北省黄壁庄水库管理处政工科副科长。

1986 年 4 月 2 日，免去王殿英政工科科长职务。

1988 年 8 月 17 日，刘树林任旅游公司经理，免去副经理职务；免去朱振太生产科副科长职务；免去阎景华旅游公司副经理职务。

1989 年 2 月 16 日，朱平均任河北省黄壁庄水库管理处试验站站长（兼管综合经营），免去财务器材科科长职务。

1990 年 11 月 30 日，郭永清任闸门队党支部书记（正科级）；郭文昌任保卫科科长，免去副科长职务；李祥海任政工科科长，免去副科长职务。

1990 年 11 月 30 日，李德广任财务器材科科长；阎景华任闸门队队长；杨秋富任保卫科副科长；李瑞川任工管科副科长；赵书会任政工科副科长；刘平芳任财务器材科副科长；周义任生产科副科长。

1992 年 3 月 6 日，郭宝成任生产科科长。

1992 年 7 月 10 日，郭文昌兼任保卫科（派出所）政治指导员；李玉成任保卫科副科长（派出所副所长）；周征伟任办公室副主任。

1993 年 7 月 14 日，黄克成任副总工程师，免去工管科科长；李德广任副总工程师，免去财务器材科科长；李瑞川任工管科科长，免去工管科副科长；刘平芳任财务器材科科长，免去财务器材科副科长；赵书会任纪律检查员兼监察员（正科级）；徐宏任工管科副科长。

1994 年 4 月 12 日，齐建堂任工管科副科长；崔东发任工会副主席。

1995 年 5 月 30 日，王连云任生产科副科长；史增奎任生产科副科长；胡银活任旅游公司副经理

（副科级）；免去郭宝成生产科科长，另行分配工作；免去周义生产科副科长。

1997年9月19日，王连云任生产科科长；徐宏任工管科科长；王德文任工管科副科长；周征伟任办公室主任；杨宝藏任办公室副主任；常来书任旅游公司经理（正科级）；崔东发任工会副主席（正科级）；吴华兵任闸门队副队长；李玉成兼任派出所政治指导员（正科级）；郭文昌免去派出所政治指导员。

1999年4月27日，赵书会任政工科科长（兼纪检监察员）；张玉珍任政工科副科长；杨宝藏任办公室主任；史增奎任行政科科长；刘平芳任财务科科长；王育任财务科副科长；王德文任工管科科长；齐建堂任工程管理科副科长；安正刚任工程管理科副科长；徐宏任处副总工程师（正科级）；王根群任保卫科副科长（派出所所长、副政治指导员）主持全面工作；贾胜喜任保卫科副科长（派出所副所长）；吴华兵任机电科科长；罗占兴任机电科副科长；王连云任养殖公司经理（正科级）；胡银活任旅游公司经理（副科级）；赵向禄任建筑公司经理（副科级）；原政工科科长李祥海、保卫科科长李玉成、派出所（保卫科）政治指导员郭文昌因年龄原因，不再聘任，保留其正科级待遇。

1999年4月20日，周征伟代理处工会副主席（正科），免去原任办公室主任。

1999年10月16日，梁书敏任旅游公司经理（正科）。

2000年10月23日，高会喜任行政科副科长；王立峰任建筑公司副经理（副科）。

2001年3月13日，杨宝藏任政工科科长；张玉珍任政工科副科长；高会喜任办公室主任；刘平芳任财务科科长；王育任财务科副科长；王德文任工程管理科科长；安正刚、齐建堂任工程管理科副科长；吴华兵任机电科科长；罗占兴任机电科副科长；王根群任保卫科（派出所）科长（所长）；贾胜喜任保卫科（派出所）副科长（副所长）；史增奎任行政科科长；刘惊春任行政科副科长；王连云任养殖公司经理（正科）；周旭、董天红任养殖场副经理（副科）；赵向禄任建筑公司经理（正科）；王立峰任建筑公司副经理；胡银活任旅游公司经理（正科）；梁书敏任旅游公司副经理（正科）。

2002年9月11日，徐宏任中山湖防汛调度培训中心经理（兼）；朱英方任中山湖防汛调度培训中心副经理（副科级）。

2003年10月30日，解聘董天红中山湖优种猪养殖场副场长（副科级）；解聘周旭中山湖优种猪养殖场副场长（副科级）。

2005年9月14日，肖伟强任工会副主席（副科级，兼任办公室副主任）；免去周征伟工会副主席。

2005年3月29日，杨宝藏任河北省黄壁庄水库管理局政工人事处处长（正科级）；张玉珍任政工人事处副处长（副科级）；史增奎任办公室主任（正科级）；肖伟强任办公室副主任（副科级）；刘平芳任财务计划处处长（正科级）；齐建堂任工程管理处处长（正科级）；朱新瑞任工程管理处副处长（副科级）；安正刚任水情调度处处长（正科级）；罗占兴任机电运行处处长（正科级）；吴华兵任机电运行处副处长（副科级），解聘其机电科科长；王根群任水政保卫处处长兼派出所所长（正科级）；高会喜任派出所政治指导员兼水政保卫处副处长（正科级）；贾胜喜水政保卫处副处长（副科级）；周征伟任后勤服务中心主任（正科级）；陈占辉、刘惊春任后勤服务中心副主任（副科级）；张栋任维修养护中心主任（正科级）；王立峰任维修养护中心副主任（副科级）；赵向禄任综合经营公司经理（正科级）；盖国平、武锦书任综合经营公司副经理（副科级）；王连云任中山湖优种猪养殖场场长（正科级）；解聘王德文工程管理科科长；解聘王育财务科科长；解聘戴其清办公室副主任。

2006年11月22日，解聘吴华兵机电运行处副处长职务（副科级）。

2007年11月1日，解聘杨宝藏政工人事处处长（正科级）；朱英方任防汛调度培训中心经理（正科级）。

2009年7月15日，张玉珍任政工人事处处长（正科级）；肖伟强任工会副主席（正科级）；狄志恩任政工人事处副处长（副科级）；田艳龙水情调度处副处长（副科级）；周爱山任机电运行处副处长（副科级）；霍巧云任办公室副主任（副科级）。

2012年6月25日，王根群任办公室主任（正科级）；安正刚任财务计划处处长（正科级）；罗占兴任水情调度处处长；周征伟任机电运行处处长（正科级）；史增奎任水政保卫处处长（正科级）；高会喜任后勤服务中心主任（正科级）；周爱山任工程管理处副处长（副科级）；陈占辉任水政保卫处副处长（副科级）；解聘刘平芳财务计划处处长（正科级）职务；张玉珍任人事处处长（正科级，兼）；狄志恩任人事处副处长（副科级）；肖伟强任党委办公室主任（正科级）；霍巧云任党委办公室副主任（副科级）。

　　2013年4月7日，狄志恩任人事处处长；霍巧云任正科级纪检监察员兼党办公室副主任；王立峰任维修养护中心主任；陈占辉任水政保卫处指导员兼水政保卫处副处长；盖国平任养殖场经理。

　　2014年3月，陈占辉任办公室主任；霍云峰任办公室副主任；马骏杰任财务计划处副处长；康杰任维修养护中心副主任；田艳龙任后勤服务中心主任；殷立科任机电运行处副处长。

第二章 干部队伍建设

第一节 领导班子和干部队伍建设

　　黄壁庄水库管理处（局）始终坚持以"兴水富民"为宗旨，坚持"行为规范、公正透明、运转协调、廉洁高效"的原则，切实抓好班子和干部队伍建设。

　　加强政治理论学习，努力提高班子成员和各级干部的政治思想素质。以理论学习中心组为核心，深入学习马克思列宁主义、毛泽东思想、邓小平理论、"三个代表"重要思想和科学发展观，学习习近平总书记的一系列重要论述。在组织形式上，坚持理论联系实际，丰富党支部组织生活，配合党课教育、专家授课辅导、知识竞赛活动、组织座谈讨论等，丰富学习教育内容，提高学习教育质量，不断增强班子的战斗力、凝聚力和创造力，为水库各项工作提供坚实的组织保障。

　　严格执行民主集中制，建立民主决策机制。单位重要决策、改革措施物出台、重大建设项目的确定和干部任免聘用等事宜，都要经过党委会或局务会充分发扬民主，充分发挥整体合力和集体决策力。重大事项还要提高职代会讨论，广泛听取广大职工的意见。

水库建设时期的领导班子

1997 年时的领导班子

2000 年时的领导班子

2008 年时的领导班子

团结协作、清正廉洁、公正透明、身先士卒，用班子成员的表率作用和人格魅力来提高班子的战斗力。经常通过集体谈心、个别交流、畅所欲言、开诚布公地批评与自我批评，在相互理解的基础上，达到相互信任、谅解和支持。通过抓党风廉政建设和经常开展反腐倡廉警示教育，提高班子成员和党员干部的自我约束意识和拒腐防变的自觉性。通过逐步完善制约监督机制，通过一系列的"局务公开""党务公开"和制度建设，使领导班子在职工群众中赢得了信誉，形成了凝聚力向心力，促进了黄壁庄水库各项事业的进步和发展。

2012年新的领导班子在谋划管理局的发展

第二节　职工队伍建设

建库以来，黄壁庄水库管理处（局）坚持不懈用中国特色社会主义理论来武装广大职工，着力培育"有理想、有道德、有文化、有纪律"的职工队伍。一是加强思想道德建设，努力提高全员的思想道德水平。以爱祖国爱社会主义为核心，以爱岗敬业为重点，坚信党的正确领导，坚定不移地同党中央保持高度一致；二是以建设美丽、富裕、文明、和谐的现代化新型水库为目标，在全局范围内倡导"求实求精求真、创优创效创新"的水库精神，尊重知识、尊重人才、尊重创新，积极鼓励支持职工干事创业，增强单位的吸引力和活力；三是引入竞争机制，实行全面聘用制和竞争上岗制，推行责任制，实行能上能下，优者上庸者下，大力培养优秀人才，为职工营造能干事干成事的氛围，最大限度地调动职工的积极性和进取心；四是鼓励学习风尚，全面开展"学习型水库"建设，开展丰富多彩的读书活动和竞赛活动，鼓励职工参加各种形式的继续教育和业务培训，全面提高文化素质。通过以上措施，逐渐形成了一支能打硬仗、素质过硬、踏实肯干、作风优良的职工队伍，为水库各项事业的发展打下了坚实基础。

组织职工参观学习

第三章 综合事务管理

第一节 劳动人事管理

一、水库施工期间的人员变化

1958 年 5 月 5 日，黄壁庄水库管理处成立黄壁庄水库工程局。为组织统一、集中领导、减少领导机构，撤销各县司令部或县总团部，统一组织总指挥部，直接领导各县所属施工团，共有 4 万多民工在工地日夜奋战。

1960 年年底，黄壁庄水库工程局有直属 7 个单位，干部 671 名，工人 1498 人。

1961 年，根据中央和省、地委指示精神，成立"中共黄壁庄水库坝基处理委员"和"黄壁庄水库坝基处理指挥部"，并建立了北京、密云、河北、517 等 5 个施工专业队，1 个党总支，10 个党支部，有各类干部 272 人，其中指挥部机关 127 人，北京队 64 人，河北队 52 人，密云队 21 人，517 队 8 人。同年，水库工程局进行了第二次职能机构调整，共调整 25 名中层干部。

1962 年，根据中央关于减少城镇人口的决定精神和省、地委的指示，及水库汛前工程任务情况，自 4 月 25 日开始，进行了水库职工精减工作，水库原有职工（不包括支援单位职工）2573 名，其中干部 717 名，工人 1856 名（其中固定工 707 名，合同工 931 名，学员 210 名），截至 3 月底，已精减干部 202 人，精减工人 1062 人。保留职工 1308 人，其中干部 515 人，工人 793 人。支援单位原有职工 3809 人，已撤场 2517 人，保留职工 1292 人；劳改队原有干部 68 人，民警 125 人，已精减干部 14 人，保留干部 54 人，民警 125 人；财贸系统原有职工 158 人，已精减 19 人，职工共计 2119 人。

截至 1970 年，黄壁庄水库工程局共有干部 483 人，固定工人 1169 人，合同工 6 人，亦工亦农合同工 60 人。共 1718 人，其中岳城水库 579 人，正定外贸仓库 138 人，获鹿县向阳村战备仓库 193 人，黄壁庄水库 818 人。

二、成立水库管理机构后的人员变动

1971 年，黄壁庄水库管理处成立河北省黄壁庄水库管理处总支委员会和河北省黄壁庄水库管理处革命委员会，将原有职工队伍进行了向有关地方的移交，水库管理处接收职工 153 人，其中干部 48 名，工人 105 名；将水工队、医院、试验室采购站移交到省革委水利局，共有职工 469 名，其中水工部门 436 人，水库职工医院 22 人，试验室 10 人，采运站 7 人；移交给邢台地区火车队 113 人，水电队 164 人，机械队 150 人，建筑公司 57 人，共 484 人；移交给省交通局机构修配厂职工 261 名，共计 1674 人。

1979 年，河北省黄壁庄水库管理处革命委员会改名为河北省黄壁庄水库管理处，中共河北省黄壁庄水库管理处总支委员会改名为中共河北省黄壁庄水库管理处委员会，民主选举产生三个支部，充实了支部力量，调整了个别党小组，部分科室充实了中层干部，各科室根据其业务范围、生产情况，对人员做了适当调整，将 67 名临时工全部压缩下去。

1979 年，水库管理处共有职工 197 人，其中干部 64 人，工人 133 人。

1984 年，水库管理处共有职工 171 人，其中干部 73 人，工人 98 人。

1989 年，水库管理处共有职工 160 人，其中干部 95 人，工人 65 人。

1994年，水库管理处共有职工152人，其中干部62人，工人90人。

1999年，水库管理处共有职工165人，其中干部83人，工人82人。

2004年，水库管理处共有职工174人，其中干部77人，工人97人。

2008年，水库管理处共有职工168人，其中干部72人，工人96人。

2012年，水库管理处共有职工183人，其中干部69人，工人114人。

2013年，水库管理处共有职工182人，其中干部68人，工人114人。

严格按程序招聘职工

1979—2013年管理处（局）人员变动情况详见表7-4。

表7-4　　　　　1979—2013年管理处（局）人员变动情况表　　　　单位：人

年份	新进人员	调出人员	离退休人员	去世人员
1979	13			
1980	6	3	1	1
1981			1	
1982	1		3	3
1983	9		5	2
1984	11		3	2
1985	5			2
1986	10	10		2
1987	3	1		1
1988	11	1	9	1
1989	3		10	
1990	9		4	1
1991	6	3	7	3
1992	5	2	8	
1993	7	4	4	3
1994	4		6	4
1995	5		10	1
1996	9		4	5
1997	7		6	2
1998	10	1	2	1
1999	8		5	4
2000	13		8	2
2001	3		5	2
2002	10		6	1
2003	3	3	4	2
2004	4		4	3
2005	3			1
2006	2		6	3
2007	4	3	5	1
2008	12		3	3
2009	10		3	6
2010	3		6	2
2011	4		1	5
2012	1		2	2
2013	4		1	3

三、干部的聘用与使用

几十年来，水库坚持党管干部的原则，严格贯彻干部管理和使用方针，认真选拔各类领导干部。水库副处级以上干部的任命由河北省水利厅党组考核任免，科级干部由水库管理处（局）党委考核任免或聘用。1998年以前，黄壁庄水库管理处的副科级以上干部一直沿用选拔任用的办法。1998年后，

做好干部考核

为适应事业单位人事制度改革和新时期形势发展的需要，实行了中层干部群众推荐、竞聘上岗，实行干部聘任制、年终述职和民主考核制。每年年底由党群、人事部门共同组织对中层干部进行考核，并不定期对中层干部进行轮岗制。在干部的选拔、考核、轮岗中，实行公正、公开、公平的原则，真正实现了干部管理的科学化、规范化和制度化。1999年4—5月，进行了较大的机构调整，这是黄壁庄水库科室建制及职能的第7次大变动，全面推行中层干部聘任制、科室定编定岗定员制、在编职工聘用制、编外职工待岗制。

2003年4月，第三次系统的干部聘任和职工聘用工作结束，新聘科级干部8名，解聘2名。

2005年3月，管理局进行了机构改革和第四次竞聘上岗工作，机构改革中制定"三定方案"，定人员、定岗位、定职责。

2007年，省财政供养人员总量控制工作协调小组办公室与省机构编制委员会办公室根据冀机编办控字〔2007〕329号文，批复黄壁庄水库管理局清理整顿方案，明确了黄壁庄水库管理局职责。事业编制190名，核定领导职数6名，为相当处级事业单位。

2008年12月，根据省水利厅批复的科级干部职数，进行了科级干部竞聘选拔，共提拔正科级干部2名，副科级干部4名。

2009年，根据工作需要，对部分人员进行岗位调整，共计调整人员31名。

2011年3月，根据我局工作实际，进行了科级干部竞岗选拔，共提拔正科级干部1名，副科级干部5名。

2012年5月，经厅批准，调整了内设机构设置，撤销了单设的工会，成立了党委办公室，政工人事处更名为人事处。根据工作需要、岗位特点和干部综合素质，共轮岗交流科级干部13名，其中正科级8名，副科级4名，因年龄原因解聘正科级干部1名。交流轮岗范围涉及8个部门，交流干部人数占科级干部总数的50%。

推行干部竞聘上岗

四、水管单位体制改革

根据水利部、河北省的相关文件精神、安排部署、总体要求，黄壁庄水库于2007年年底基本完成了水管体制改革工作，取得了阶段性成果。

2002年9月，国务院颁布《水利工程管理体制改革实施意见》以后，11月，水库管理处即成立了由一把手任组长的水管体制改革领导小组，下设办公室。之后，根据人员的变动和职责的调整，进行了不断地完善和充实，体改领导小组多次研究体改的思路和政策。根据上级的安排和要求，及时组

织完成了水管体制改革的宣传、调研、测算、拟定方案和办法等具体工作。2004 年 12 月，呈报了关于黄壁庄水库管理局定性和定岗定编的两个请示；2005 年 3 月，制定了《2005 年竞聘上岗实施方案》和三定方案并组织实施；2005 年 3 月，制定了《水库管理局机构设置及定编测算》《定编定岗情况一览表》。2005 年 6 月，上报了《黄壁庄水库管理局事业单位清理整顿方案的报告》；2005 年 11 月，印发新修订《职工聘用制度》《中层干部选拔聘任办法》《目标考核制度》等；2007 年 10 月 11 日，河北省财政供养人员总量控制工作协调小组办公室、省机构编制委员会办公室印发《关于河北省黄壁庄水库管理局清理整顿方案的批复》（冀机编办控字〔2007〕329 号）；2007 年 11 月 3 日，印发《河北省黄壁庄水库管理局水管体制改革实施方案》并组织实施；2007 年 12 月 14 日，通过了河北省水利厅体改办组织的验收，被确定为良好。

第二节　计 划 财 务 管 理

水库历届班子对财务工作非常重视，建库之初即成立水库工程局财务科，并完善了《财务管理暂行办法》等一系列制度，严格执行上级各项财务决定。1959 年 3 月，财务科并入水库工程局后勤部；1962 年，撤销后勤部，成立局直属的财务会计科；1963 年，工程局职能机构第四次调整，财务会计科改为财务处；1971 年，新成立的水库管理处革命委员会设立办事组，其职能包括财务工作；1979 年，取消行政组设置，成立财务器材科；2005 年，改名为财务计划处至今。

为规范水库财务会计行为，保证会计资料的真实完整，进一步完善财务手续制度，全面加强经营管理和财务管理，不断提高经济效益，根据《中华人民共和国会计法》《水利工程管理单位会计制度》《会计基础工作规范》和国家有关财经法规，结合黄壁庄水库实际，黄壁庄水库管理处（局）多次将财经文件进行系统研究，有些做了局部修改和完善，重新建立明确收入至管理处（局）制定的制度汇编中，并两次汇编成《财务会计管理制度》手册，便于各部门及有关人员贯彻执行。

财务人员业务比武

黄壁庄水库投入运行的初期，运营和管理的费用全部由国家财政拨款。在国家政策的指导下，60 年代末开始征收农业水费。随着水费价格改革的深入发展，水库经营管理日趋规范化、法制化，水费收入逐年增加，保证了水库安全运行和业务不断地发展壮大。

一、水价

水费是黄壁庄水库的经济支柱。在水费征收中，水价扮演着重要的角色。随着经济的发展，保护水资源、节约用水、发挥价格的经济杠杆作用、提高水的利用率逐渐得到全社会的共识，水价改革工作不断深化，并步入规范化管理。50 多年来，水价改革几经变动。

水库建成蓄水后，无偿向下游进行农业供水，但因无数量规定，所供水为无偿供水。1965 年 10 月 13 日，国务院以〔65〕国水电字 350 号批转了水利电力部制定的《水利工程水费征收使用和管理办法》，确定了按成本核定水费的基本模式，也使黄壁庄水库做好水费征收工作有了政策依据。

（一）农业灌溉供水价格

1966 年，河北省人委以〔66〕水发字第 48 号下达了关于贯彻执行〔65〕国水电字 350 号的通知，首次规定农业灌溉用水水价为 0.2 厘每立方米，之后进行多次调整。据统计，1972—1979 年，平均每年水库水费收入为 14.7 万元。1983 年，农业用水水费调整为 2 厘每立方米。1990 年，省政府第 51 号令规定：灌溉水量水费为 3 分每立方米。1994 年，调整为 3.79 分每立方米；1995 年，调整为 6.19 分每立方米；1997 年，调整为 7.5 分每立方米；1998 年，调整为 10 分每立方米；2013 年 3 月，调整为 15 分每立方米。以上水价均指的是斗口价。

（二）发电供水价格

水库主要为石津渠渠首电厂提供灌溉结合发电及弃水发电用水。供水价格 1971—1980 年发电用水 0.1 厘每立方米，1983 年调整为 0.4 厘每立方米。1990 年，省政府第 51 号令规定：发电用水水费按电网平均售电价格的 8％计算。1997 年，省政府第 183 号令规定：水力发电用水，结合其他用水的，其价格按照电站售电价格的 15％或者电网平均售电价格的 10％核定。

（三）工业供水价格

工业用水主要是为西柏坡电厂提供，1994 年，供水价格为 13 分每立方米；1997 年，调整为 23 分每立方米；1998 年，调整为 30 分每立方米；2002 年，调整为 35 分每立方米；2006 年，调整为 40 分每立方米；2013 年 12 月，调整为 54 分每立方米。

（四）城市生活供水价格

1996 年，水库为石家庄市提供的生活供水价格为 11.5 分每立方米；1997 年，调整为 15 分每立方米；1998 年，调整为 22 分每立方米；2002 年，调整为 32 分每立方米；2006 年，冀价工字〔2006〕16 号文调整为 37 分每立方米；2013 年 12 月，调整为 50 分每立方米。

（五）环境供水价格

水库环境用水主要为石家庄民心河供水，供水价格按冀价工字〔2001〕12 号执行，价格为 12 分每立方米。后根据冀价经费字〔2007〕第 14 号文，从 2007 年 5 月 1 日开始调整为每年用水量 3000 万立方米以内按 8 分每立方米结算，超过的部分按 12 分每立方米结算。其他向滹沱河环境供水、衡水湖的供水，由省厅依据具体情况予以确定。

二、水费收缴

水费是水库经济发展的基础。征收水费是实现以水养水，保证工程安全和发挥工程效益的重要措施，还可促使用水单位合理用水、节约用水，挖掘水资源的潜力，扩大工程效益，促进工农业生产的发展。水库管理局多年一直重视和加强领导，制定了各项规章制度和奖惩办法，与各用水户保持经常联系，做到既坚持原则，又处理好与用户的关系，维护了水库的经济利益，使水费逐年递增。

水库非农业供水实行按月结算制度，每月按照约定期限去用水单位结算水费，在供用水单位对水量核算无误的情况下，开具水费结算单及收费票据，保证水费及时足额到位。

水库农业供水主要向石津灌区、计三灌区、灵正灌区供水。向石津灌区的供水水费直接与石津灌区管理局结算。向计三灌区、灵正灌区的水费分别与鹿泉计三渠管理处和灵正渠管理处据实结算。

为保证水费正常征收，在供水调度中，努力做好水量核算。非农业供水主要有西柏坡发电有限责任公司发电用水、石家庄地表水厂城市生活用水、民心河环境用水，此三个用水户采用超声波流量计计量，调度人员坚持每天到取水站查看流量计运行情况，并做好记录，发现问题及时汇报；积极主动与用水单位联系，按时与用水户核对供水数据，定期做好城市及工业计量点计量表的校核工作。农业用水和北京供水及其他通过明渠的供水，由第三方黄壁庄水文站进行流量监测，调度人员每天将流量调整的单位名称、时间、调整变化情况及时通知水文部门，以便及时施测，每天将各用户供水流量、水量与水文部门核对，整理供水台账，及时分析、比对、校核，分阶段进行汇总。

2001 年 2 月 6 日，水利厅召开岗黄水费分配协调会议，形成冀水建管〔2001〕18 号文，即河北省水利厅关于印发《岗南、黄壁庄水库水费收入分配协调会议纪要》的通知。指出岗、黄两库是一个不可分割的整体，水费分配要坚持"风险共担，利益共沾"的原则，对岗、黄水库水费收入分配问题形成决定。其中第三条规定，石家庄市润石水厂的水费收入和西柏坡电厂、石津灌区上缴水库的水费收入，岗、黄两库各自按 50％分配。

　　石家庄市自来水公司拖欠水费是水费征收中的难题。由于种种原因，截至 2013 年年底，该公司已拖欠岗黄两库水费几千万元。对此，水库管理局采取多种措施，加强协调与征收。

三、财经收入

1. 主要固定资产情况

　　黄壁庄水库管理处成立以来，财务管理工作按照隶属关系，执行行政事业单位会计制度，遵循预算外资金管理规定，纳入省级单位经费预决算审批程序。按照 1991 年 5 月水利部颁发的《部直属水利事业单位财务管理办法（试行）》，确定我库单位性质为自收自支的预算内事业单位，职工的工资、福利、奖励等均按国家对事业单位的有关规定执行。出于水利工程管理实际，收入预算主要项目划分为：水费收入、电费收入、农副业收入、其他收入。开展的综合经营项目按照《企业法人登记管理法规》办理登记，纳入单位财务统一管理，按经营项目单独核算。1995 年年末开始执行 1994 年 12 月 26 日财政部颁布的《水利工程管理单位财务制度》（暂行）和《水利工程管理单位会计制度》（暂行），并在水利厅财务处的指导下做好了制度衔接工作。按照承担防洪、排涝等社会公益性服务任务和利用水土资源管理好供水、发电、综合经营生产两大职能，做好财务管理基础工作。

　　按照国发〔1998〕44 号《关于建立城镇职工基本医疗保险制度的决定》和冀政〔1999〕12 号《关于印发河北省建立城镇职工基本医疗保险制度总体规划的通知》，1999 年参加城镇职工基本医疗保险制度改革。1999 年，完成了会计基础工作规范化达标验收；2006 年，完成财务会计核算电算化规范化验收；2008 年，参加《事业单位会计制度》试点改革，正式执行水利部〔2007〕470 号文《水利工程供水价格核算规范（试行）》和发改委、水利部〔2006〕310 号文《水利工程供水定价成本监管办法（试行）》。水库建筑物资产价值重估工作于 1994 年完成清产核资，除险加固固定资产于 2006 年办理竣工验收。2012 年进行了黄壁庄水库总资产的资产评估工作。截至 2013 年 12 月 31 日，各类固定资产总额原值为 148.47 亿元，见表 7-5。

表 7-5　　　　　黄壁庄水库构筑物及其他辅助设施（截至 2013 年年底）

序号	名　称	结　构	原值/元
1	水库主坝	填土均质坝	1620528759.00
2	主坝及灵正渠（98 改扩建）		
3	水库副坝	填土均质坝	9312900874.00
4	副坝（98 加固）		
5	水库正常溢洪道	河岸式实用堰	796335331.00
6	正常溢洪道（98 加固）		
7	水库非常溢洪道	河岸式实用堰	735823938.00
8	原非常溢洪道（98 加固及改建）		
9	新增非常溢洪道	河岸式实用堰	1679882559.00
10	电站重力坝		261735689.00
11	重力坝（98 加固）		
12	灵正渠电站		20246379.00
13	副坝公路		43967100.00
14	主坝公路		12753699.00
15	副坝坝后公路		21009458.00
16	管理局自动化控制房屋		3619644.00
17	副坝管理用房		8324583.00

续表

序号	名　称	结　构	原值/元
18	副坝料仓		10704192.00
19	档案室		11976765.00
20	新增非常溢洪道闸门		110679148.00
21	正常溢洪道闸门		78703470.00
22	正常溢洪道底孔闸门		6174275.00
23	重力坝发电洞闸门		9258171.00
24	重力坝灌溉洞闸门		8392470.00
25	原非常溢洪道闸门		92048923.00
26	灵正渠涵管闸门		1619741.00
	合　计		14846685168.00

2. 历年财务收支情况

1958—1992 年收支情况见表 7-6。

表 7-6　　　　　　　　　　　1958—1992 年收支情况　　　　　　　　单位：万元

年份	收入	支出	余额	亏损额
1958	584	394.38	108.62	
1959	2260	2269.74		9.74
1960	2605.54	2680.68		75.14
1961	1637	2402.22		765.22
1962	3109.86	1889.22	1220.64	
1963	1148.79	1417.05	268.26	
1964	437.7	362.1	75.6	
1965	533.42	643.3		109.88
1966	1100	1170.54		70.54
1967	320.84	436.03		115.19
1968	524.16	513.72	10.44	
1969	940	926.71	13.29	
1970	136.59	1023.36		886.77
1971	15.8	15.2	0.6	
1972	24.35	22.19	2.16	
1973	40.3	36.01	4.29	
1974	37.99	30.4	7.59	
1975	47.08	32.98	14.1	
1976	50.25	34.24	16.01	
1977	55.82	38.22	17.6	
1978	38.89	36.85	2.04	
1979	28.83	24.13	4.7	
1980	49.79	28.13	21.66	
1981	10.91	17.73		6.82
1982	33.51	35.62		2.11
1983	38	38.13		0.13

续表

年份	收入	支出	余额	亏损额
1984	32.5	28.3	4.2	
1985	79.2	40.85	38.35	
1986	109.28	77.22	32.06	
1987	81.82	137.85	56.03	
1988	83.91	56.92	26.99	
1989	172	136	36	
1990	149.2	129.8	19.4	
1991	154	93	61	
1992	166	109	57	

第三节　职工办公条件和生活福利

一、办公条件改善

黄壁庄水库原办公地址是于1958年建库期间建设的，位于黄壁庄镇区，原有瓦房4排，共有建筑面积4000多平方米，办公条件一直比较简陋。1990年，为管理工作方便，黄壁庄水库开始在马鞍山新建办公楼。1992年，竣工并投入使用，办公楼为3层混合楼，总建筑面积3105平方米，并于1993年5月完成了机关科室向新楼的搬迁。2002年，对办公楼进行了部分装修，办公条件明显改善。

为改善防汛值班条件，提高防汛调度能力，水库管理局决定于2012年兴建防汛值守房。值守房工程总建筑面积3239平方米，主要业务功能包括工程监控中心、雨水情调度中心以及大坝监测、闸门程控、供水调度、水政执法、防汛调度会商室等。改建部分为地上7层，采用框架结构。工程于2012年12月正式开工，2013年年底，主体工程完工，改建后办公条件将得到很大改善。

1992年兴建的办公楼

2013年新建防汛值守房

二、职工住宅建设

建库初期，职工住房条件十分简陋、拥挤。加之水库交通不便，黄壁庄镇区基础设施差，职工的生产生活存在着诸多困难，特别是子女上学、医疗等极不方便，生活质量很低。2006 年以前黄壁庄职工宿舍于建库时留存下来的 128 间宿舍（1920 平方米），1975 年部分旧房翻新，1982 年新建住房 59 间（885 平方米），1984 年新建住房 36 间（540 平方米）。由于房少人多，住房一度十分紧张。为解决好职工工作和生活中的诸多问题，水库管理处分别于 1985 年、1995 年在石家庄

水库职工宿舍楼

市购买了职工住宅楼。石家庄高柱小区 62 栋和 72 栋建于 1985 年，水库管理处购买了其中的 3 个单元，安置职工 45 户，总使用面积 4242.2 平方米。石家庄联强小区（安居园）12 号楼建于 1995 年，职工于 1997 年搬入新居，共 5 个单元 90 户，总建筑面积 7130.7 平方米，总使用面积 4487.4 平方米，产值 611 万元。随着水库的发展，为改善职工在黄壁庄的住房条件，改善职工汛期值班值守条件，于 2006 年在原办公大院内新建启新园宿舍楼，宿舍楼为 6 层砖混结构，共建 5 栋 14 个单元 198 户，面积为 32181.19 平方米，于 2007 年建成，总投资 2278 万元。2008 年汛前，全体职工入住新居，水库住房条件大为改善，为做好防汛工作打好了基础。

三、职工住房改革

1999 年，根据《石家庄市关于深化城镇住房制度改革》的精神，对高柱、联强等石家庄市职工住房实行优惠基础上的个人购房，产权归职工个人所有。同时，实行职工住房货币化改革。之后，取消福利分房，职工可根据自己意愿购买商品房。

四、主要生活设施

（一）食堂

2004 年之前，黄壁庄水库职工食堂一直在原办公地址院内，条件简陋，2004 年职工食堂搬迁到办公大院内。食堂为职工提供工作餐，餐费标准本着为职工服务的原则，根据食材成本价格（不包括人工费）而定。2004 年以后，由于饭菜质量提高和物价上涨，造成食堂长期处于亏损，周转资金明显不足，经局研究决定每年以现金形式等额补贴亏损金额。

（二）职工通勤班车

为解决职工到水库上班的通勤困难，1976 年，黄壁庄水库在石家庄新生客车厂加工了一辆通勤客车作为班车；1990 年，新生客车报废，投资 12.4797 万元更换为沈飞客车；1999 年，沈飞客车报废，又投资 37.29 万元，重新购入 3 辆江西上饶中巴；2005 年 6 月，投资 99.0 万元，将 3 辆中巴客车更换为 3 辆定员 38 座厦门金龙客车。1997 年之前，班车为每周一趟，从 1997 年 9 月 2 日开始，班车每天接送职工上下班，职工生活条件得到改善。

（三）职工活动中心

为丰富职工的文化活动，黄壁庄水库管理处党委决定于 1997 年在办公大院大门北侧兴建了职工活动中心楼，投资近 4 万元，1998 年 5 月建成并投入使用。职工活动中心集图书室、阅览室、多功能厅、广播室、健身房、乒乓球室于一体，为职工提供了一处休息、学习和娱乐的场所。

（四）医务室

为解决职工的就医难，于 1971 年黄壁庄水库管理处成立水库医务室。1998 年前，职工住院药费经医务室核实签字后实报实销，1998—2001 年，职工经医务室治疗后批准转到医院发生的住院、门诊费报销 80%。2001 年，全处职工参加了河北省医疗保险参加保险后，职工医疗费按《河北省城镇职工医疗保险办法》执行。每年水库按每名职工工龄不同，发给相应的门诊药费，住院职工医药费一个年度内自己承担的费用超 2000 元的，执行《黄壁庄水库管理局职工医疗补助办法（试行）》的规定。2005 年，水库离休人员参

拔河比赛

加了《河北省省直离休人员医疗保险办法》。2008 年，职工参加了河北省城镇职工生育医疗保险。

（五）职工保险福利

1995 年 12 月，水库职工全部参加省直养老保险，2012 年年底在职、离退休共计 272 名职工全部参保；1999 年 1 月，正式加入失业保险，在职 183 人全部参保；2001 年，加入医疗保险；2006 年 7 月，加入工伤保险；2011 年，加入生育保险，在职职工 183 人全部参保。

历届水库班子对劳动保护和职工福利工作非常重视。1958 年 11 月，即制定了《黄壁庄水库工程局劳动保护用品管理使用暂行办法及发放标准》等。在经济条件的允许下，努力改善职工福利。

此外，努力改善劳保条件和待遇，每年分两次为职工发放手套、毛巾、肥皂等劳保用品；每季度为职工发放洗涤、卫生用品，完善了职工福利。

（六）公积金

职工公积金缴交开始于 1992 年 8 月。在职职工每月按月标准工资的 5% 存储，单位每月按在职职工标准工资的 5% 计提，两者均计入职工个人名下。2000 年为职工办理了住房公积金查询卡，开通住房公积金电话查询系统。2012 年，在职职工存储比例为 8%，单位计提比例为 12%。依据住房公积金制度，做好职工公积金开户、缴存、提取等工作，为改善大部分在职职工的住房条件打好了基础。

第四节　职工教育与培训

几十年来，水库重视职工教育与培训工作，鼓励和支持具有一定文化水平和有学习意愿的职工，通过自修、电大、业大、函大等各种培训形式，参加水利、经济管理、财务、中心等专业的深造学习。分别采取学历教育、考察培训、岗位技术练兵、组织讲座等形式，促进全体职工素质的提高和知识的丰富。

1981 年，管理局制定印发了关于职工教育的五年规划和教育计划，就学习班的形式和规模、学习班采取的教学防范和训练方法以及开学举办费和学习班经费作了详细规划。

1996 年，印发了《职工教育"九五"规划》及"九五"期间科技规划，在抓好科教工作的同时抓好职工的教育，提高了职工文化水平和专业技术人员的业务素质。

1997 年，印发了《"人才开发年"行动方案》，努力抓好四种教育，培养四种人才，建立三支队伍，建立两种机制，达到一个目标。本方案以水利厅"人才开发年"行动方案为依据，以服务管理处"九五"计划和 2010 年远景目标为目的，研究出了人才考核的新思路、新方法。

为加强职工教育，提高干部职工的文化水平、工作能力、业务能力和整体素质，于2005年水库管理局制定了《职工教育培训制度》。2009年，根据实际需要，对原有《职工教育培训制度》进行了修改完善，在职工参加学历教育的审批程序、学费报销、奖励办法及教育培训工作的组织管理方面做了进一步明确。

2006年，管理局制定印发了《专业技术人员继续教育管理办法》，对水库管理局专业技术人员继续教育登记内容、证书管理等进行了进一步规范。

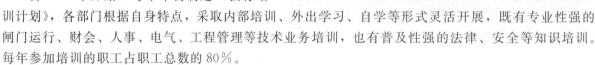

知识培训　灵活多样

自2006年开始，每年年初制定《教育培训计划》，各部门根据自身特点，采取内部培训、外出学习、自学等形式灵活开展，既有专业性强的闸门运行、财会、人事、电气、工程管理等技术业务培训，也有普及性强的法律、安全等知识培训。每年参加培训的职工占职工总数的80%。

2007年，根据水库"十一五"规划安排，制定了"3·15"人才开发和培训计划。通过加大投入，重点管理，经过5年左右的时间，开发和培养15名左右善管理、作风正、知识全面的复合型管理人才，15名左右业务熟练、技术水平较高、学有专长的专业技术带头人才，15名左右技艺较精、能独当一面的技能突出人才。在外出培训、书籍报销、相关学历教育上给予倾斜，促进了人才的成长与成才。

截至2013年年底，在职职工中共有104人取得后续学历毕业证书。其中，硕士学位3人，本科60人，专科41人。

党章知识与党课活动

2008年，印发了《专业技术人才知识更新工程》，开展了防汛抢险演练、安全知识培训、办公自动化运用培训、洪水调度系统培训、国有资产管理等方面的闭卷考试和培训共计15项，参加人数达479人次，在一定程度上提高了职工的理论、业务水平。

2012年8—11月，水库管理局组织8个处室的11个部门（班组）95人次进行了不同岗位、科目的专业技术比武或业务理论闭卷考试。内容包括工程测量、机电运行、水库调度、网络通讯等实际操作比赛，以及财会、人事、党务等理论知识考试，对提高职工学习的自觉性和专业水平，起到了促进作用。

此外，水库管理局非常重视内部培训工作，不仅邀请专家讲话，内部还经常举办各类培训活动，先后举办了公文写作、中国历史、中共党史、计算机知识、摄影知识、安全生产基础知识、百科知识等培训班，并结合培训举办各类知识竞赛活动。通过持续的学历提升工程和知识培训竞赛活动，干部职工的文化水平、知识水平有了很大提高，近20年，工人的级别构成也有了显著改善，职称结构也越趋合理。1987—2013年干部职称晋升情况表及1998—2013年工人晋级情况表见表7-7和表7-8。

表 7－7 　　　　　　　　　　　　　　　　**1987—2013 年干部职称晋升情况表**　　　　　　　　　　　　　　　　单位：人

年份	晋升正高	晋升副高	晋升中级	晋升助理	技术员定级
1987	0	3	6	8	0
1988	0	1	8	6	1
1989	0	0	0	1	3
1990	0	0	2	0	0
1991	0	1	2	3	1
1992	0	0	1	2	1
1993	0	0	8	5	0
1994	0	0	6	5	3
1995	0	0	1	0	2
1996	0	3	7	1	2
1997	0	2	2	1	4
1998	0	1	6	1	6
1999	0	1	0	7	9
2000	0	1	2	1	7
2001	0	3	3	2	6
2002	0	2	2	4	3
2003	0	1	5	4	5
2004	1	2	7	6	1
2005	0	2	3	8	1
2006	0	2	4	1	0
2007	0	2	6	5	0
2008	2	4	5	0	0
2009	1	4	6	0	0
2010	1	1	5	3	4
2011	2	9	5	2	0
2012	1	3	2	3	2
2013	2	6	5	2	0
合计	10	54	106	81	61

表 7－8 　　　　　　　　　　　　　　　　**1998—2013 年工人晋级情况表**　　　　　　　　　　　　　　　　单位：人

年份	晋 级 状 况				
	小计	技师	高级工	中级工	初级工
1998	8	0	8	0	0
1999	2	1	1	0	0
2000	9	0	6	3	0
2003	7	0	5	2	0
2004	2	2	0	0	0
2005	22	7	9	5	1
2009	16	0	11	2	3
2011	17	6	7	2	2
2013	5	5	0	0	0
合计	83	16	47	14	6

第五节　离退休人员管理

　　水库领导历来重视离退休干部工作，自成立管理处以后，截至 2012 年，离退休人员一直由政工（组、科、处）负责，设有专职管理人员，主要是落实老同志的政治待遇和生活待遇（两个待遇），维护老同志的合法权益，抓好老干部工作。特别是近年来，对离退休工作中的重大问题认真研究，及时协调解决，建立了为退休老同志的欢送制度和大寿送祝福活动；落实了困难职工帮扶机制，按时为近 30 名去世离退休职工遗属发放困难补助；为离退休职工配备了 70 平方米的活动室，添置棋牌桌、椅、娱乐工具等物品，常年开放，为他们提供安静、舒适的娱乐场所。每逢重大节日，水库领导和人事部门负责同志带上慰问品和慰问金到老干部家中走访慰问，注意听取老同志的意见和要求，帮助老同志解决福利、就医等实际生活问题，努力使他们老有所为、老有所养、老有所乐、老有所医，共享改革发展成果。

　　离退休人员由人事部门进行管理。离退休职工养老金待遇根据国人部发〔2006〕6 号文件《关于机关事业单位离退休人员计发离退休费等问题的实施办法》的规定，由省社保局统筹发放，对离休干部实行与在职职工同样的福利待遇。1989—2001 年，每年组织离休职工到水库疗养，及时向老同志通报情况，及时传达上级文件精神和局各项决议、决定，重要会议、重大活动都邀请老干部参加。为丰富老同志文化生活，还为他们订阅报刊，在石市生活基地开辟活动场地等。

关心老职工　共为水库兴

倾听老职工意见

第六节　档　案　管　理

　　黄壁庄水库档案以 1958 年为始，1958—1978 年基本为工程建设档案，1971—2012 年为工程管理档案。1971 年后所进行的除险加固工程，则仍为工程建设档案。工程建设时期，档案管理比较规范，当时的工程局成立了档案室，对党、政、文书档案与技术档案实行统一管理，并完善了一系统相关制度，但在"文化大革命"中，大量档案实体资料被人为随意取走，散落、丢失现象较多。进入改革开放后，档案工作有所加强，但收集、整理工作仍不够规范，管理较乱，档案资料缺失较多。1994 年以前，实行档案分管，技术档案、文书档案、财务档案分别由工管部门、办公室、财务部门管理。1994 年，由办公室统一管理本单位的各门类各载体的档案，并成立综合档案室，由专人进行管理，档案管理才走上了正轨。

　　水库档案按照国家档案局颁布的档案分类法进行分类整理归档，分为文书档案、会计档案、科技档案、工程档案、实物音像档案等，档案有分类编目大纲、分类、编号、装订、折叠装室入柜，各楼档案做到有标题、有卷内目录、有页码。截至 2013 年年底，水库有档案 13706 卷，其中文书档案 4124 卷，财务档案 2446 卷，科技档案 7137 卷。库房及办公用房总面积 102 平方米，配备档案专职人员 3 人。

据统计，2008—2012年5年间，本局和本系统查阅3399卷，其中查阅文书档案695卷，科技档案658卷，共560人次。

为提高档案管理水平，水库于1994年对所有档案进行了一次系统整理，同年档案管理晋升为省三级档案管理单位，1999年进一步规范档案管理各项工作，补充必要设备，完善一系列档案制度，同年被国家档案局评为国家二级综合档案管理单位。

2012年以来，水库管理局以档案目标管理AAAA级达标为目标，积极规范综合档案管理，局党委专题研究档案管理问题，就档案管理的目标、措施及机构设置专门制定管理办法和实施意见。档案管理部门认真抓好

档案知识培训班

档案管理人员的培训工作，完善档案设施建设，配备了一批微机、防光窗帘、档案密集架、底图柜等，确保库房达到防光、防火、防盗、防潮、防虫、防鼠、防尘、防高温的"八防"标准，为档案管理与查阅利用创造了良好条件。此外，积极加强档案制度建设，提高档案管理的系统化、规范化和标准化水平，建立了文书档案分类管理、借阅利用、收集整理和岗位责任制等一系列制度规范并汇编成册，组织有关人员系统学习。同时，对照省档案局的达标标准，逐项进行补充、完善，按照要求规范档案管理的方方面面，档案工作水平有了较大提高。

第四章 科技管理

一、工程施工和管理方面

建库初期，水库建设者就非常重视技术的革新与应用。1959 年，在水库工程局范围开展了技术革新、技术革命的"双革"活动。黄壁庄水库共建"双革"委员会 5 个，"双革"领导小组 44 个，"双革"研究小组 143 个，共制造出模型、图纸 1900 件，共发明、创造、改革、仿造机械零件及强化器等 590 余种，共计 5390 件，围绕当时水库工程任务，试制改造了挖装机、土层打眼机、土电车、爬坡器、打夯机、碎石运输机、起重机等 63 项，促进了水库工程的进展。

由于水库主副坝均建在强透水基础上，尤其副坝覆盖层厚度在 40 米以上，且有集中渗漏带存在。自 1960 年开始，逐年做黏土铺盖减少渗漏量，并在坝下游打了减压井，稳定基体。为了彻底解决坝基渗漏和下游浸没问题，曾拟用垂直防渗方案处理，乃于 1961 年 9 月至 1963 年 3 月采用密云、崇各庄等水库泥浆固壁造混凝土防渗墙的方法进行施工试验，用清水水压固壁的方法造槽型孔并浇筑混凝土防渗墙。由于熟练地掌握了技术，作了及时的科学分析，从而克服了前进中的困难，使试验获得成功。相对于泥浆固壁造孔，利用清水水压固壁造孔不但经济、工序简单，而且工效高，清水水压固壁造孔法为之后基础处理工程开创了新途径，这项新技术当时在国内外属首创。

水库建设老工人共同研究生产关键技术问题

在 1998—2004 年的水库除险加固工程中，广大工程技术人员围绕设计、施工中的问题，开展了大量研究和科技攻关工作，在新增非常溢洪道水工模型试验、正常溢洪道预应力锚索试验、高喷围井试验、坝基土料分散性试验、副坝 6 号塌坑段土工试验、副坝混凝土防渗墙防渗效果等方面进行了深入研究，取得了许多成功的经验和技术创新，为国内同类工程的施工与管理提供了借鉴。

依托水库除险加固工程，水库于 2003 年建成了黄壁庄水库工程信息化系统，包括黄壁庄—岗南水情自动测报系统、岗南—黄壁庄梯级水库洪水预报调度系统、大坝安全监测系统、闸门监控系统、水库监控中心、河北省水利厅-黄壁庄-岗南数据语音综合通信系统、卫星云图接收系统等，7 个系统形成一套完整的水利工程信息化系统。该系统是提高水库防洪能力的一项重要的非工程措施，是集现代计算机技术、网络技术、软件工程技术、水工监测和自动化技术为一体的高科技集成网络系统。

2012 年，机电运行处对黄壁庄水库管理局闸门防冰冻设备进行了技术改造，自行研究、自己动手制作，用于正常溢洪道、新老非常溢洪道，经试运行，设备运行稳定、可靠，防冰冻效果良好，设备安拆便捷，运行费用大大降低。经初步核算，比老设备节电近 80%，人工费和每年电费节省 4.2 万元，成效显著。

二、水情测报与调度方面

岗黄流域水情自动测报系统于 1996 年建成并投入使用。1998 年，在水情测报系统的基础上，开发了黄壁庄水库洪水调度系统，并投入运行。2001 年，江河水利水电咨询中心文件印发了黄壁庄—

岗南水情自动测报系统总体设计评审意见的函，对完善黄壁庄—岗南水情测报自动测报系统的必要性、系统站网及预报方案、通信设备配置、投资概算作了说明。2002年，岗黄水情自动测报系统动工扩建，经过试运行，于2003年11月正式通过验收。

2006年，黄壁庄水库管理局联合岗南水库管理局上报了《岗南、黄壁庄梯级水库汛限水位动态控制及联合调度研究工作大纲》并获批复，项目总经费60万元。2008年，岗南、黄壁庄梯级水库汛限水位动态控制及联合调度研究通过验收。该项目按照工作大纲要求，完成了大纲确定的全部工作，实现了工作大纲的预定目标；采用国内外较成熟和先进的技术方法，完成了水库规模、设计洪水、洪水预报、汛限水位等方面的研究内容，工作深度达到大纲要求；采用的资料翔实，技术路线正确，研究方法可行，成果满足水库防洪调度的需求。

2006年12月5日，黄壁庄水库管理局与北京盛思博科技有限公司签订了黄壁庄水库WSP雨水综合分析系统开发合同。本系统建设是岗黄梯级水库汛限水位动态控制及联合调度研究工作的一个项目。

2008年6月30日，黄壁庄水库管理局启用OA系统办公，提高了工作效率、发挥了系统功能，向无纸化办公迈出了重要一步。

三、渔业

黄壁庄水库网箱养鱼于1987年试验成功，1988年与省水利厅水利渔业开发中心联合进行网箱养鱼，鱼产量达到同行业先进水平，带动了周边水库移民致富，形成了一项比较成熟的具有较好经济效益和社会效益的事业。

1998年，与河南陆浑水库联合进行投放大银鱼试验，当年获得成功，为周边水库的渔业开发开创了一个新路子。

四、思想政治工作与业务研究方面

水库历届领导非常重视思想政治工作，积极开展和组织多种形式的思想政治工作研究工作，取得了一定成果。2000年，党委书记霍国立同志撰写的《以变应变，以变制变，全方位改进和创新思想政治工作》获河北省水利职工思想政治工作研究会二等奖。2001年11月5日，霍国立撰写的《"三个代表"是新时期统领水利思想政治工作的总纲》获河北省水利职工思想政治工作研究会一等奖，赵书会撰写的《谈谈情感交流在思想政治工作中的运用》获三等奖。2005年，赵书会、杨宝藏同志撰写的《充分发挥纪检监察工作在激发创造活力构建和谐社会中保障作用》获河北省水利职工思想政治工作研究会一等奖；肖伟强撰写的《高度重视情感智商培养，提升思想政治工作效力》获河北省水利职工思想政治工作研究会优秀奖。2006年，李瑞川、杨宝藏撰写的《浅谈思想政治工作"度"的把

开展深入的思想政治工作研究

多次在全省水利政研会获奖和典型发言

握》获水利部政研会优秀论文二等奖。2010 年，杨宝藏撰写的《推进以人为本的人性化管理方式促进思想工作与管理工作有机结合》一文荣获"全国水利系统 2008—2009 年度优秀思想政治工作研究成果"一等奖。2014 年，杨宝藏、肖伟强分别撰写的 2 篇政研论文同时获得全国水利系统 2012—2013 年度优秀政研成果一等奖。2006 年 1 月，黄壁庄水库管理局荣获全国水利系统优秀政研会单位，政研工作得到了上级的充分肯定。

此外，水库管理局还十分注重管理知识的学习、培训与研究。副局长杨宝藏同志于 2008 年和 2013 年，先后出版了《党务文书写作与使用范例》《职场百度》《转变官念》3 本专著，受到了社会的好评，也充分显示了建设学习型水库的优秀成果。

第五章 制 度 管 理

　　制度建设是政治、精神、物质三个文明建设不可或缺的重要组成部分。在水库建设与管理过程中，水库历届班子都非常重视制度建设工作。早在建库之初，1958年6—9月，水库工程局先后印发了《办公用品购置和领发》《伙房管理制度》《文书工作暂行规定》《会议汇报制度暂行规定》等一系列制度。之后根据新的形势，不断完善和修订相关制度。1979年，制定了《黄壁庄水库工程管理暂行办法》《黄壁庄水库闸门启闭机操作运行规程》《黄壁庄水库灵正渠电站运行维修规程》等一系列业务管理制度。特别是1997年，水库管理处成立了专门的制度建设领导小组及办公室，依据上级有关政策、规定并结合单位的实际情况，在大量调查研究和广泛征求群众意见的基础上，制定了各科室职责范围及岗位责任制与《处长办公会制度》《处务会制度》《科以上干部廉洁自律守则》《安全生产管理制度》等各项规章制度31项，于1998年5月6日提交职代会二届四次会议审议通过后汇编成册，印发执行。

　　2001年12月，结合1998年建章立制活动和2000年"三讲"整改方案的落实，对原有制度进行了一次系统的整理和修订，并分别经处务会、职代会等讨论通过后印刷成册，职工人手一册，组织职工学习和执行。制度汇编包括《党委议事规则》《决策制度》《关于实行职工聘用制、中层干部聘任制的暂行办法》等43项制度规定等。

2005版制度汇编

2013版制度汇编

　　2005年11月，为适应新形势新任务的需要，使各项工作有据可依、有章可循，使管理更加规范化、制度化、科学化，不断提高管理水平和工作质量，又对原有制度进行系统的修订、补充和完善，经过反复的讨论、征求意见、梳理、研究，并通过第五届职代会专题会讨论通过，将各部门、各岗位职责及管理制度统一汇编成册，印发执行。共分三部分，45项制度。

　　2012年5月至2013年11月，针对一些不适应新情况新问题的制度内容，组织人员对2005年制度进行了一次系统修改和调整，增加了党内制度与职责等内容，进一步细化了相关条款，增强了制度的可操作性。2013年12月汇编成册，印发职工，使水库向规范化、制度化、标准化管理又迈进了一步。

　　2013年11月的制度汇编，明确了管理局和领导班子成员职责、各处室职责、党支部和群团职责，制定了62项具体制度，分别是民主决策制度方面，包括党委会议事规则、局长办公会制、局务会制度、职工代表大会条例；党群工作制度方面，包括党员领导干部民主生活会制度、党委中心组理论学习制度、党务公开实施办法、纪检监察工作制度、党风廉政责任制实施细则、科以上党员领导干部廉洁从政准则、党员干部诫勉谈话制度、发展党员办法、理论学习制度、党员公开承诺制度、党员干部直接联系群众制度、党支部大会制度、支部委员会制度、党小组会制度；行政事务管理制度方面，包括局务公开制度、公文管理制度、大事记编写制度、保密工作制度、档案管理制度、车辆管理办法、公务招待审批制度、安全生产管理制度、水政保卫制度、中山湖风景区管理办法、宣传工作制度；人事工作制度方面，包括科级领导干部选拔聘任制办法、职工聘用制管理暂行办法、职工考勤及请销假管理办法、职工教育培训制度、专业技术职务任职资格申报条件量化计分办法、专业技术职务任职资格申报推荐办法（试行）、专业技术岗位聘用管理办法（试行）、职工劳动防护用品发放管理办法、绩效工资发放管理暂行办法、关于专业技术人员职称推荐、聘用中论文级别认定问题的补充规定；财务和资产管理制度方面，包括预算管理办法、大额资金支付管理审批制度、财务收支与经济业务办理请示审批制度、内部财物管理收支两条线制度、物资采购管理制度、固定资产和设备物资管理办法、差旅费开支及有关补助管理办法（试行）、内部审计工作管理制度；工程管理和维修养护制度方面，包括防汛工作制度、工程监测制度、水库调度制度、工程维修养护制度、闸门管理制度、建设工程管理办法、工程项目审查监督验收办法、工程外观管护工作管理办法（试行）、水库工程安全检查办法。考核和责任追究制度方面包括处室目标管理考核办法（试行）、工作人员目标考核办法、责任追究办法、职工奖惩办法（试行）、科级干部考核办法、督查工作制度。

第六章 安全生产与管理

黄壁庄水库历届领导班子都坚持把安全生产作为头等大事来抓。建设水库时期，发布了一些关于做好安全生产工作的制度、规定，如《人工开石爆破技术操作规程》《筑坝工程安全操作规程》《工地一般安全规则》。水库建成后，又出台了一系列管理和设备操作方面的安全生产制度。近年来，以"安全第一，预防为主"的方针为指导，每年定期开展"安全生产月"活动，还相继开展了"安全生产周""百日安全无事故""安全生产年""安全生产行政执法年""安全生产百日督查专项行动""安全生产攻坚年""安全生产执法、安全标准化建设、治理和宣传教育三项行动""打非治违"专项行动等一系列活动，进一步落实责任，细化措施，强化管理，全局职工安全生产意识有了显著提高，实现了在2007—2011年度连续5年安全生产无事故，并荣获"河北省水利厅安全生产先进单位"的殊荣。主要做法有以下几种：

一是加强安全生产组织建设。黄壁庄水库自建立以来就建立了安全生产委员会。历届安全生产委员会主任由水库班子成员担任，安全生产委员会设办公室，负责日常管理工作，2005年前，一直由政工人事部门负责具体工作，2005年后，改由水政保卫处统一管理并负责。

二是做好安全检查及事故隐患的排查、整改。为了加强安全生产监督管理，防止和减少生产安全事故的发生，水库结合工作实际特点，制定了安全生产检查及事故隐患排查、整改制度。坚持做到安全检查经常化、制度化、标准化，坚持专项检查与群众检查、定期检查与日常检查、普遍检查与重点检查相结合。安全生产检查以各岗位自查为基础，实施班组检查、部门检查、安委会综合检查、领导带队重点检查和群众性的检查相结合。各级对安全生产检查中发现的事故隐患，及时向主管领导或安全生产主管部门报告。

三是季度例会、安保实施方案。为进一步加强安全生产管理，及时传达上级安全生产工作会议、文件精神，安排部署下步安全生产工作，每季度由水库安委会组织召开安全生产工作例会，并记录在案，以备存档备查。同时，制定汛期及其他重要时段、重大节日的安保实施方案，增强职工的警觉性，确保不发生安全生产事故。

四是抓好安全生产制度建设责任制落实。在加强安全生产管理过程中，每年与所属部门主要负责人签订安全生产责任书，明确当年安全生产工作的重心和要点，并把安全生产"层层落实，责任到人"。制定了水库应急

经常召开安全生产例会

预案和完善水库管理局安全管理体系，编制《安全生产制度汇编》《安全生产三项制度汇编》等相关手册；同时强化安全生产规范化建设，强化安全培训教育，提升职工安全技能和安全管理水平，水库安全生产走上了良性发展的轨道。

五是建立职工安全教育培训档案。黄壁庄水库安全生产工作历来强调"安全第一、预防为主、综合治理"的方针。每年制定安全生产教育培训计划，并按计划定期对全体职工进行安全教育培训，建立安全生产培训档案。

六是建立安全生产档案。安全生产档案是安全生产管理系统的重要组成部分，也是安全生产的基础工作。为便于掌握管理局安全动态，对各部门的安全工作进行目标管理，达到预测、预报的目的，水库安委会根据安全生产法相关规定，对在安全工作中形成的各种文字材料，如发文登记、来文登记、安全生产检查记录、上级有关安全、劳动保护等方面的法律条文和文件通知及安全生产会议记录等相关资料进行了规范化的整理、装订归档，完成了安全生产档案的建立工作，为安全生产责任制的考核和落实提供了依据，同时也为安全生产管理工作提供了分析研究资料。

消防演练

七是抓好消防安全。水库消防安全管理工作坚持"预防为主、防消结合"的方针，按照"谁主管、谁负责"的原则，逐级分解消防安全责任。水政保卫处是消防安全领导小组的办事机构，负责消防安全日常管理工作，一是坚持对全局的消防安全情况定期调查摸底，对水利工程、办公楼、档案室、仓库、车库、油库等重点要害部位进行定期大检查。同时对检查中发现存在的消防安全隐患及不安全因素，逐一登记造册；二是定期对重点要害部位的消防器材进行维修和更新，不断补充和完善消防设施；三是定期组织消防演练；四是为了做好冬季防火工作，每年以"119消防宣传日"为契机，开展消防宣传活动。

黄壁庄水库管理局通过狠抓安全生产管理，并取得好的效果的阶段中，也发生了一起重大事故。2013年12月8日晚，水库养殖场职工王平在值晚班放水时，因供水压力罐爆炸死亡，并造成了一定的经济损失，应吸取教训，引以为戒。

第八篇

党群组织与文化建设

第一章 党群组织工作

第一节 思想政治工作

　　黄壁庄水库始终坚持把职工思想政治工作作为提高素质、转变观念、促进发展的基础和首要政治任务，切实改进和创新思想政治工作的方法和手段，不断充实思想政治工作的内容，通过理论武装、政治研讨会等工作，使全员的政治素质不断提高，思想不断解放。

　　黄壁庄水库从建库时期就非常重视思想政治工作。当时在建设工地上，政治教育活动一项接一项。1964年，水库党委为贯彻"勤俭办企业、奋发图强、自力更生"方针，提出紧缩机构、减少开支、以技代壮、干部参加集体生产劳动、支援外地工程等多项措施，在实现这些措施中，把思想政治工作提到第一位，发动全体职工大学毛主席著作，学双十条，学解放军，学大庆和大寨的革命精神，职工用"四个第一""三老""四严"的革命精神检查了落后的一面。

　　改革开放后，水库领导班子认真组织理论学习，坚持学习制度，坚持学习的经常性。1998年，专题开展理论学习年活动。1998年年初，根据水利厅动员会精神，成立理论学习年活动领导小组，制定安排意见，把理论学习与业务工作同部署、同落实、同检查、同考核。3月17日，召开全体动员大会，河北省直工委副书记史武学、水利厅副厅长韩乃义亲临大会并作重要讲话。5—6月，河北省水利厅在黄壁庄水库管理处连续召开"一学双促"和"职工之家建设"两个现场会，河北省委宣传部副部长周振国、省直工委副书记史武学、水利厅长李志强亲自到会并讲话，黄壁庄水库管理处向全省水利系统与会人员全面介绍了学理论促改革促工作的经验，把理论学习活动推向了高潮。

边施工边学习

　　1993年9月，成立黄壁庄水库管理处思想政治工作研究会。1996年6月14日，召开第一届职工思想政治工作研讨，交流论文24篇。从1998年开始，实行思想政治工作研讨会年会制。

1996—2012 年年底共召开 12 次思想政治工作研究会，共交流论文 331 篇，荣获"2003—2005 年度全国水利系统优秀政研会单位"称号。职工撰写的政研论文共获得水利部政研会一、二、三等奖共 5 次，河北水利政研会一、二、三等奖 4 次。2000 年 11 月 10 日，河北新闻联播以《黄壁庄水库有的放矢开展思想政治工作》为题，报道了水库思想政治工作的经验，受到了社会的广泛好评。

在抓紧学习与研究的同时，水库党委更加重视做好具体而深入的思想政治工作，坚持以人为本，因势利导的原则，积极开展各层次人员的思想工作，坚持系统教育与日常教育相结合，围绕中心任

政研会第十次年会

务，把握心理规律，及时进行了引导与沟通；党员干部带头做好思想政治工作，通过座谈、讨论、调研、家访等形式，解疑释惑，互相启发，解决实际问题。此外，专门制定了《加强和改进思想政治工作的意见》等一系列制度、意见，建立"一岗双责"和"两横四纵"的思想政治机制，班子成员坚持定期深入基层调研，谈心交心，征求意见，化解矛盾，提高了职工积极性。

第二节 党 务 工 作

水库建设以来，始终坚持党的领导，把党务工作和加强党员队伍建设放在重中之重，充分发挥支部的战斗堡垒作用和党员的先锋模范作用。特别是近年来，水库党委以经济建设为中心，以创建文明、美丽、富裕、和谐的现代化新型水库为目标，按照党的先进性建设和执政能力建设的要求，全面加强党的思想、组织、作风和制度建设，坚持改革开放，坚持科学发展，强化局党委在物质文明、政治文明和精神文明建设中的领导核心地位，党政共促，推动了黄壁庄水库在科学发展的道路上不断取得新的成绩与进步，为河北水利事业的繁荣与发展做出了应有的贡献。

一、党组织沿革

1958 年 6 月 21 日，黄壁庄水库工程局本着集体领导、分工负责与贯彻执行"大权独揽、小权分散、党委决定、各方去办、办要有决、不离原则、工作检查、党委有责"的原则，做出水库党委会应研究的问题及党委分工的暂行规定。8 月 8 日，成立黄壁庄水库工程指挥部，崔民生任党委书记，党委委员共有 6 名。1958 年至 1971 年 8 月，崔民生任党委书记期间，历经 10 次机构变革。1971 年 8 月，成立黄壁庄水库管理处总支委员会，高求任党委书记，共有 4 名党委委员。1979 年 4 月 18 日，成立中共黄壁庄水库管理处委员会，机构名称一直沿用至 2004 年 7 月。中共黄壁庄水库管理处委员会第一届党委由王德志任党委书记，党委委员 7 名。1995 年 12 月 25 日，召开首次党委换届会议，首届党委共有委员 5 名。2004 年 7 月，成立中共黄壁庄水库管理局委员会，机构名称一直沿用至今。2012 年 12 月 24 日，召开第四次换届选举党员大会，选举产生最新一届党委，张惠林任党委书记，党委委员为赵书会、徐宏、杨宝藏、张玉珍。

截至 2013 年年底，全局共有党员 117 名，其中，在职党员 82 名（女党员 13 名），离退休党员 35 名（女党员 4 名），在职党员人数占

召开换届选举党员大会

在职职工数的 44%。

二、廉政建设

1960 年 11 月 4 日，梁士义（竹山水库工程局副局长）任黄壁庄水库监委副书记。1962 年 5 月 18 日，任命张清萌为水库党委监委书记，李西斋为监委副书记。2000 年 3 月 15 日，成立黄壁庄水库管理处纪律检查委员会，赵书会任纪委书记（副处级）。之后纪委随同党委于 2002 年、2008 年、2012 年同时换届。2002 年 5 月 22 日，召开第二次换届选举党员大会，选举产生纪委委员 5 名，分别是赵书会、杨宝藏、刘平芳、吴华兵、高会喜，赵书会任纪委书记。2008 年 11 月 28 日，召开第三次换届选举党员大会，选举产生纪委委员 5 名，分别是杨宝藏、张玉珍、史增奎、刘平芳、齐建堂，杨宝藏任纪委书记。2012 年 12 月 24 日，召开第四次换届选举党员大会，选举产生新一届纪委，张玉珍任纪委书记，纪委委员为安正刚、罗占兴、史增奎、朱英方。为加强纪检工作，除纪委书记外，还设一名专职纪检监察员，从组织上落实纪检监察责任。

黄壁庄水库成立纪律检查委员会以来，把"关口前移，防范在先"作为党风廉政建设的重心，将廉政教育融入到日常管理工作中。在具体工作上，主要以党风党纪教育、党内党纪责任制落实、反腐倡廉教育和党风廉政建设为主要内容，在不同时期采取不同的侧重点，通过扎实的工作，在全局上下营造了廉洁、务实、高效的干事创业环境，有力推动和保障了全局各项事业的健康、和谐发展。

定期召开党风廉政建设会议

坚持每年年初召开党风廉政建设会，落实党风廉政建设责任制，把党风廉政建设和反腐败斗争与其他各项业务工作，同研究、同部署、同检查、同落实、同考核。建立反腐倡廉有关制度，完善纪检监察工作制度，坚持民主生活会、组织生活会、党委书记上党课、诫勉谈话、领导干部任前谈话等制度，开展正反两方面典型教育活动。组织党员干部到延安、西柏坡、冉庄地道战遗址、129 师、红旗渠、焦裕禄纪念馆、狼牙山等红色根据地进行革命教育。2012 年，开展反腐倡廉"4+1"教育系列活动。近几年，重点推进权力运行监控机制建设工作，认真清理廉政风险点 47 个，先后修订完善了党群、行政事务、人事、财务资产、工程建设、考核与责任追究等 6 个方面的规章制度共计 54 项，初步形成了覆盖水库管理运行各方面，内容全面、程序严密、配套完备、有效管用的制度体系，为权力的正确运用奠定了坚实基础。

以"倡导廉政文化，打造廉洁单位"为主题，全面开展廉政文化建设系列活动。组织廉政格言警句征集活动，征集到廉政格言警句 200 余条；在水库网站和局域网开辟廉政专栏，及时公布公开党风廉政建设的最新动态、学习参考资料，充实廉政文化内容；以"清廉如水，和谐水库"为主题，将办公楼一楼至三楼楼道精心打造成廉政文化长廊，悬挂以水库风光为背景图案的廉政格言警句牌匾 100 余块；制作党员和领导干部示范岗桌牌 80 余块，做到了墙上有警句、桌上有提醒、宣传有园地、教育有阵地，使干部职工眼前常现廉景、胸中常怀廉心、监管常伴廉行，廉政文化逐步深入人心。

2001 年、2003 年，水库管理局荣获全省水利系统行风建设先进单位；2010 年 11 月，管理局获"省直机关廉政文化建设示范点"称号；2004 年，党委书记霍国立同志被评为河北省党风廉政建设先进个人。

三、重点活动与成效

黄壁庄水库管理局历届党委领导班子团结务实，注重外树形象、内强素质，坚持科学发展观和

"管理立库、改革兴库、发展富库、法德治库、实干强库"的工作方针，发扬"求实求精求真、创优创效创新"的工作作风，真抓实干、与时俱进。根据中央及上级党组织不同时期的部署和要求，积极开展政治思想教育，加强思想建设和组织建设，深入开展了理论学习年、"三讲"教育活动、创建职工之家、学习"三个代表"重要思想、党课教育活动、转变作风年、规范化管理年、创建文明单位、制度建设年、干部作风建设年、创先争优、走在前作表率等系列主题实践活动，充分调动了广大职工为水库无私奉献的积极性和创造性，"四个文明"建设取得了长足进步，推动水库走上制度化、规范化、科学化的发展道路。

1992年，认真学习贯彻邓小平南方谈话精神和党的十四大确定的方针、政策、路线，坚定了进一步深化改革和建设有中国特色社会主义的信念，开展了思想作风整顿工作。

1994年，开展培养和树立职工的"行业"精神活动，引导职工树立"以库为家、库兴我荣、库衰我耻"的爱岗敬业精神。

1996年，开展以"纪念红军长征胜利60周年"为主题的爱国主义教育。

召开1998年理论学习年动员大会

1997年，党的十五大召开后，及时进行学习贯彻，把学习引向深入。开展思想解放大讨论，征集合理化建议，明确水利要发展，要振兴，必须坚持"四破四树"：破靠天吃饭，小富即安意识，树多方创收增效益观念；破计划经济管理意识，树水利走向市场的观念；破自给自足的封闭意识，树全方位改革开放观念；破四平八稳怕担风险意识，树勇于开拓争创一流观念。征集合理化建议近百条，为改革和发展奠定了群众基础和思想基础。

1998年，开展理论学习年活动，理论学习防止走形式走过场，做到"六明确六结合六有"，在学习安排上做到指导思想、任务、要求、措施、计划，即"六明确"；在学习中做到上下、虚实、学用、统分、点面、轻重，即"六结合"；学习形式上各科室支部做到了学习的园地、笔记、秘书、考勤、体会、总结，即"六有"。举办全体职工参加的理论知识闭卷考试，围绕下岗分流、体制转变等改革与发展问题提合理化建议350余条，"98"两江大洪水期间，积极引导职工收听收看抗洪节目，学英雄、见行动、献爱心。

5月8日，搜集水库开工建设至1998年图片308幅、图表9张，建成水库"艰苦创业室"。创业室面积45平方米，共分为8大部分，分别以领导关怀、艰苦奋战、宏伟工程、强化管理、防汛抗洪等为主题，生动立体地展现了水库50年的光辉历程，弘扬了历代水利人艰苦奋斗精神，激励今人、教育后人，继承和发扬老一代水利工作者的光荣传统，增强了水利工作者的自豪感、责任感、紧迫感，树立了职工爱水、爱库、爱岗的敬业精神。

扎实开展三讲教育

2000年3月20日至5月19日，开展了为期两个月的"三讲"集中教育活动，严格按规定的20个步骤和环节进行，做到了"五个转化"。在整个三讲过程中，先后5次召开党委会研究整改措施，本着边整边改、立说立行的原则，认真拟制定整改措施。12 月中旬，开展了"回头看"活动，认真进行自查自纠，加大了整改方案的落实力度。通过"三讲"教育活动，领导班子和领导干部受到了一次深刻的马克思主义教育，经受了一次党内生活的严格锻炼，促进了作风转变。

2002 年，扎实开展了"转变作风年"工作，深入开展"五增强"、行风建设等六项教育工作，加强党员的教育与管理，搞好党风廉政建设，一人被评为省党风廉政建设先进个人，一支部被省直工委评为先进党支部。

经常举办演讲比赛

开展入党宣誓活动

2003 年，开展"创建学习型水库"活动，积极培育具有自身特色的水库文化和水库精神，目标是：以加快发展，做强做大为目标，以构筑职工终身教育体系为核心，创新学习载体，完善运行机制，营造浓厚学习氛围，力争用 3 年左右时间，构建"学习型"水库的基本框架，5 年左右时间构建起比较完善的完整体系。以创建学习型科室、学习型支部、学习型职工为基础，努力营造比学赶帮超、争先恐后、争创一流的氛围。

2004 年，开展了"树正气、讲团结、求发展"活动，凝聚人心、汇聚力量，以"树讲求"为主题召开民主生活会，开展六个支部参赛的纪念建党 82 周年知识竞赛，编印《党务工作培训材料》举办支部委员培训班，在党内选举、评比表彰、发展党员等方面广泛采取民主方式，党务工作进一步制度化、规范化。继续坚持党课教育，丰富教育内容与方式。开展行风建设活动，制定实施意见并认真抓好落实，保证风气端正、大局稳定，获"水利厅厅行风建设先进单位"和"全省水利系统行风窗口单位"称号，党委书记霍国立同志被评为河北省优秀党课教员。

2005 年，在全体党员中开展党的先进性教育，广大党员对照《党章》规定的党员标准，结合岗位职责，认真对照检查，认真做好征求意见工作、党员民主评议工作，对照先进性要求，写好个人总结材料，找准问题，深剖思想根源，明确努力方向，使党员的思想素质明显提高，形成了批评与自我批评的风气，健全了各项制度，收到了良好效果。

2006 年，提出了创建"学习型""创新型""和谐型"三型水库口号，力争 2010 年前建立起比较完善的学习型水库框架。充分发扬职工的创造力和聪明才智，创新工作方式、方法、程序和手段，引导职工创先争优，奋发向上。在职工中倡导诚信、友爱、和谐的人际关系，讲正气、讲团结的良好风气，共同营造心情舒畅、气顺劲足、风正心齐的环境，建成民主文明、诚信友爱、公平正义、安全有序、人水和谐、充满活力的和谐水库。

2008 年，开展了"学习实践科学发展观"活动，按照上级统一部署，认真组织学习规定内容，认真做好各环节的工作，坚持边学边整边改，解决群众提出的改善办公条件和生活条件等突出问题 8 个，完善影响水库科学发展的体制机制 8 项，领导班子和党员领导干部科学发展意识进一步增强，领导科学发展的能力有了较大提高。结合纪念建党 87 周年，开展了党章知识考试、党委书记上党课等系列活动，增强党组织的活力，提高党员的党性意识。

　　2009年，扎实开展"学习实践科学发展观回头看"和"干部作风建设年"活动。按照规定的方法步骤认真抓好"学习实践活动"，坚持完成规定动作与创新自选动作相结合，理论学习与我局实际相结合，明确分工，落实责任。通过建立健全规章制度，解决突出问题，明确整改期限，公开承诺、集中攻坚，使班子整改方案落到了实处，取得了成效。在"干部作风建设年"活动中，开展了领导干部调研、谈心交心、征求意见、考核评议等活动，建立了《党员干部诫勉谈话》等制度，着力打造改革创新、真才实学、求真务实、公正廉洁的新时期水利干部队伍，"干部作风建设年"活动收到了实实在在的效果。

　　2010年，以"学习实践科学发展观"为中心，深入推进"干部作风建设年""学习型单位创建""创先争优"等一系列活动，使班子建设、队伍建设、党风廉政建设工作取得显著成效。

　　2012年，在全体党员干部中开展了"走在前、做表率"活动，在各支部深入开展了"党建品牌创建"活动，进一步激发了党员的先锋模范作用。

　　2013年，在党员干部中深入开展了群众路线教育活动。在做好动员、部署的基础上健全组织，强化领导，结合水库实际，认真制定方案。班子成员对照中央要求，从"四风"上找问题，挖根源，多次召开座谈会，发放调查问卷，认真撰写对照检查材料，开展批评与自我批评，明确整改措施，完善体制机制，推动改进工作作风，促进了联系群众的常态化和长效化。

规范党建工作

深入开展科学发展观教育活动

第三节　工 会 工 作

　　水库初建时，即建立了工会组织，水库有工会委员会、水库后勤部、电站等。并成立基层工会委员会，水库机关、水库直属各单位建立直属分会，其他的建立工会小组。工会组织比较健全，各级工会认真组织开展劳保、文化教育、文娱体育、技术双革等活动。

充分发挥工会职能作用

　　职代会（会员代表大会）和工会委员会成立于1993年，到2012年为第七届，有工会委员7人；职工（会员）代表45名，其中领导干部、技术人员、女职工、一线工人等均占一定比例，具有广泛的代表性。职代会下设民主评议领导干部、女职工、生活福利等6个专门委员会，均能较好地履行职责。工会共有16个工会小组。工会主席为副处级待遇、工会副主席为正科级待遇。坚持按时换届，民主选举产生工会委员会与工会经费审查委员会。

　　职工代表大会成立后，建立并正常运作了职工代表大会制度，每年召开职工代表大会，开展职工代表提案征集、基层巡查、学习培训及制度审议，成为实现和保障职工参与民主管理的有效途径之一，基本解决了职工参与单位民主管理的审议建议权和审议通过权，基本保证了改革创新、涉及职工基本利益的重大事项，都提交职工代表大会审议通过。据统计，自 1993—2012 年，水库共召开了 21 次职工代表大会。

积极参加上级组织的文体活动

局工会以争创模范职工之家为目标，以提高职工素质为手段，把深化职工之家建设作为落实党的依靠方针，动员职工参与我局的改革和经济建设，突出履行维权职能。2007 年，局工会荣获中国农林水工会授予的"全国水利系统模范职工之家"称号，先后连续 6 次荣获省直"先进职工之家"，连续 8 年获得厅直"先进基层工会"称号；2010 年，荣获河北省总工会授予的"省模范职工之家"称号；2013 年，荣获中华全国总工会授予的"全国模范职工之家"称号，获得省安康杯竞赛优胜单位、经济技术创新优秀组织奖、省直干部职工健身走比赛金奖、经费审查一等奖等多项地市级以上荣誉，受到了广大职工的认可。

第四节　共 青 团 工 作

水库初建时即建立了共青团组织，在水库党委的直接领导下开展工作。1960 年，由 7 名委员组成共青团黄壁庄水库委员会，水库团委下设 6 个团委会、4 个总支委员会、78 个支部、245 个小组，共有团员 1810 人。1962 年 1 月，建立机关党委会，下设党群支部，分管团内事务。1979 年 4 月，黄壁庄水库管理处建立工会并领导团的工作。1999 年、2009 年分别召开了团支部换届选举大会。

黄壁庄水库共青团组织组建以来，积极配合党组织在各个时期的中心任务开展工作，注重结合团员青年特点，加强团的组织建设和思想建设，特别是在防汛抢险、植树造林、义务奉献和各种形式的文体活动中，充分发挥了青年生力军的作用。

第五节　妇 委 会 工 作

1999 年 10 月 14 日，黄壁庄水库管理处召开妇女委员会成立大会，选举产生了首届妇女委员会。由王淑珍任主任，董天红、狄志恩任委员。2004 年 11 月 19 日，黄壁庄水库管理局召开妇女大会，选举产生了第二届妇女委员会，由董天红任主任，狄志恩、封爱芹任委员。

妇委会换届会议

黄壁庄水库管理局妇委会自成立以来，在局党委和上级妇委会领导下独立开展各项工作。加强自身建设，围绕党政中心工作，以提高女职工素质、培养以"四有"（有理想、有道德、有文化、有纪律）"四自"（自尊、自信、自立、自强）新女性为目标，开展女职工思想教育、业务培训和技能竞赛，开展社会公德、职业道德、家庭美德教育和《中华人民共和国妇女权益保障法》等法律法规教育，维护女职工合法权益，结合女职工特点开展有益身心的活动。

第二章 精神文明建设

第一节 文明创建

　　1996年，党的十四届三中全会通过了《中共中央加强社会主义精神文明建设若干重要问题的决定》（以下简称《决定》）。1997年4月，水库管理处党委根据《决定》和省水利厅要求，制定了《黄壁庄水库管理处精神文明建设"九五"规划》。1997年8月，印发了文明创建的具体实施意见，积极贯彻党的十四届三中全会精神，营造良好环境，迎接党的十五大召开，成立了精神文明建设领导小组，明确抓好"五个突破口"，即以规范职工文明言行为突破口，深入开展思想道德教育；以治理环境、卫生达标为突破口，实施"洁绿亮美"工程，塑造单位新面貌；以实行规范管理、规范服务、规范程序为突破口，深入开展文明单位创建活动，以抓好先进典型为突破口，深化"文明家庭""文明处室""文明职工"创建；以抓好安全生产为突破口，深入开展社会治安综合治理，为社会稳定、经济发展营造良好氛围。1998年，印发了《黄壁庄水库管理处关于评选"文明科室""文明职工""文明家庭"的办法》及《考核评分细则》，为推进全局文明创建打好群众基础。由此，一举改变了水库多年落后和脏乱差的局面，1998年获得"省直文明单位"称号，中国水利报、北方市场报都做了专题报道。

花园式单位

水库职工参加河北省省直机关广播体操比赛

　　在此基础上，黄壁庄水库管理处文明创建继续向深入发展，此后1998—2007年，连续10年5届获得河北省省委省政府表彰的"河北省文明单位"称号。河北省建设厅和绿化委员会多次授予"花园式单位""卫生先进单位"等称号。

第二节 历年获奖与荣誉

　　黄壁庄水库建成以来，在历届党政班子领导下，全体职工奋发图强、积极进取、勤勉奉献、求真务实，特别是改革开放以来，管理水平不断提高，职工队伍素质不断增强，管理效益不断提升，受到了全省水利系统和社会的广泛好评。1998年起，跻身于全省乃至全国水利管理先进行列，先后获得"河北省文明单位""全国水利系统先进集体""省卫生先进单位"等荣誉称号。截至2013年12月，水库获省级以上荣誉19项、市级荣誉34项。职工个人获市级以上荣誉120余项。

1996—2013 年，黄壁庄水库管理处（局）历年所获荣誉和历年所获奖励见表 8-1 和表 8-2。

表 8-1　　　　　　　　黄壁庄水库管理处（局）历年所获荣誉一览表

荣 誉 名 称	颁 发 日 期	授 予 单 位
1996 年省防洪抗洪先进单位	1996 年	河北省委省政府
石家庄市花园单位	1997 年	石家庄市政府
1996 年石家庄市卫生先进单位	1997 年	石家庄市政府
1997—1998 年度省直文明单位	1998 年	河北省直工委
1997 年厅目标管理先进单位	1998 年	河北省水利厅
1998 年厅理论学习年先进单位	1998 年	河北省水利厅
1997 年石家庄市卫生先进单位	1998 年	石家庄市政府
省级园林式单位	1999 年	河北省政府
国家一级干部档案管理单位	1999 年	中华人民共和国人事部
国家二级综合档案管理单位	1999 年	国家档案局
1998 年厅目标管理先进单位	1999 年	河北省水利厅
1998 年省水利系统先进单位	1999 年	河北省水利厅
省直先进职工之家	1999 年	河北省职工会
1998—1999 年度省级文明单位	2000 年	河北省委省政府
省级卫生先进单位	2000 年	河北省政府
1999 年厅目标管理优胜单位	2000 年	河北省水利厅
2000 年厅目标管理优胜单位	2001 年	河北省水利厅
厅先进党组织	2001 年	河北省水利厅
全国水利系统先进集体	2002 年	中华人民共和国人事部、水利部
2000—2001 年度省级文明单位	2002 年	河北省委省政府
2001 年厅目标管理优胜单位	2002 年	河北省水利厅
省直先进党支部（一支部）	2002 年	河北省直工委
2001 年中国水利报先进通联站	2002 年	中国水利报社
厅先进党组织	2002 年	河北省水利厅
2002 年厅目标管理优胜单位	2003 年	河北省水利厅
2002 年中国水利报先进通联站	2003 年	中国水利报
国家及水利风景区	2004 年	中华人民共和国水利部
2002—2003 年度省级文明单位	2004 年	河北省委省政府
2003 年厅目标管理优胜单位	2004 年	河北省水利厅
2004 年厅目标系管理优胜单位	2005 年	河北省水利厅
2004—2005 年度省级文明单位	2006 年	河北省委省政府
全国水利政研先进单位	2006 年	中国水利政研会
全国水利建设先进单位	2006 年	水利部
2005 年厅目标管理优胜单位	2006 年	省水利厅
2006 年厅目标管理先进单位	2007 年	省水利厅
2006 年石家庄市卫生先进单位	2007 年	石家庄市政府

荣 誉 名 称	颁 发 日 期	授 予 单 位
2006—2007 年度省级文明单位	2008 年	河北省委省政府
全国水利系统水保先进单位	2008 年	水利部
先进职工之家	2009 年	河北省直工会委员会
省直机关廉政文化建设示范点	2010 年 9 月	河北省直纪工委
省模范职工之家	2010 年 12 月	河北省总工会
2010—2011 年度省级文明单位	2012 年 8 月	河北省委省政府
2012 年全民健身活动先进单位	2012 年	国家体育总局
省安全生产管理先进单位	2012 年	河北省安全生产委员会
全国模范职工之家	2013 年	中华全国总工会
2009—2012 年度全国群众体育先进单位	2013 年	国家体育总局

表 8-2　　　　　　　黄壁庄水库管理处（局）历年所获奖励一览表

获 奖 内 容	年 份	颁 奖 机 关
纪念抗战胜利 60 周年歌咏比赛三等奖	1996	河北水利厅
中国水利政研会研究成果三等奖	2002	中国水利政研会
中国水利政研会研究成果一等奖	2003	中国水利政研会
中国水利政研会研究成果二等奖	2004	中国水利政研会
河北省直机关广播体操比赛二等奖	2007	河北省直工委
庆祝新中国成立 60 周年歌咏比赛二等奖	2009	河北省水利厅
中国水利政研会论文一等奖	2010	中国水利政研会
纪念建党 90 周年歌咏比赛三等奖	2011	河北水利厅
纪念建党 90 周年合唱比赛二等奖	2011	河北省省直工委
第九套广播体操比赛一等奖	2012	河北省省直工委
纪念建党 70 周年水利职工文艺汇演组织奖	1991	河北省水利厅
河北省水利政研成果二等奖	2000	河北水利政研会
河北省水利政研成果一等奖	2001	河北水利政研会
河北省水利政研成果三等奖	2001	河北水利政研会
河北省水利政研成果一等奖	2005	河北水利政研会
中国水利政研究研究成果二等奖	2006	中国水利政研会
水利安全有奖征文组织奖	2012	中国水利安委会
全国水利安全生产网络知识竞赛集体奖	2012	中国水利安委会
省直创建模范职工之家成果展金奖	2012	河北省直机关工会委员会
2011—2012 年度省直"安康杯"竞赛优胜奖	2013	河北省直机关工会委员会
省直机关第四届运动会特别贡献奖	2012	河北省直工委
"红牛杯"省直职工第四届健步走比赛金奖	2011	河北省直工委
民生水利与水利科级技术研讨会论文二等奖	2009	河北省水利学会

第三章　人　　物

一、崔民生

崔民生（1903—1977年），又名崔秀银、崔四狗，平山县店头乡南营村人。1936年2月加入中国共产党。1937年10月，任小觉区农会主任。1939年6月，调任县农会副主任。1940年8月当选为晋察冀边区参议员，1941年调任五专区农会副主任，后因机构精简，被调回平山县任抗日救国联合会副主任。1943年秋，崔民生在领导反扫荡斗争时被捕。获释后，到华北党校文化班学习。1945年8月，崔民生继任平山县农会主任，1946年5月调任冀晋区农会主任。1947年11月任冀晋北岳第四行政督察署专员、地委常委。1949年8月后，崔民生任石家庄专区副专员。

1957年，上级决定在平山县境内修建岗南水库和黄壁庄水库。崔民生兼任专区移民建设委员会副主任。1958年5月，崔民生兼任黄壁庄水库党委书记和工程总指挥，组织水库施工。1959年6月7日，周恩来总理到黄壁庄水库视察。走到主坝时，总理面向崔民生问道："你这个书记叫什么名字？""我叫崔民生"，总理听后说："噢，崔民生。这大坝要是坚固持久，经得住特大洪水的考验，你是催（崔）民生；如果大坝决口，石家庄、天津被淹，你就改名叫催（崔）民死了。"总理说后爽朗地笑了，其他随同人员也随之笑了。崔民生没有笑，他感到自己责任重大，如果大坝决口，自己就会变成千古罪人。

总理走后，崔民生立即召开水库党委扩大会，研究决定：为确保工程质量，在坝体向水的一面增修防渗土层，杜绝大坝漏水；增建一个非常溢洪道，用于为特大洪峰时泄洪放水。1961年，他又率领同志们投入扩建水库工程的战斗。1963年汛前，扩建工程圆满完成。8月，瓢泼大雨下了7天7夜，滹沱河发生特大洪水，水库水位急剧上升，最高水位达121.7米。崔民生和水库管理局的同志们一连7天7夜守护在大坝上，特大洪水安全下泄，大坝经受了考验。洪峰过后，崔民生对同志们说："这是大家努力的结果，咱没有辜负周总理的希望。"1973年，70岁的崔民生退居二线，但他没有离开水库，仍然住在那里，并时刻挂记着水库上的工作。1977年10月5日，崔民生因患心脏病逝世，终年73岁。

二、邵同根

邵同根（1946—1969年），晋县邵庄人，幼时即勤劳勇敢。在学校品学兼优，是五好学生，在村里当民兵排长，是五好民兵。

邵同根从小爱劳动，在家帮母亲刷锅做饭、喂猪扫院，在校是五好学生。1961年，15岁的邵同根主动报名去修黄壁庄水库，他装满车，跑得快，人称"大车王"。1963年7月，晋县连降暴雨，滹沱河水猛涨。他去护堤，不少人逃跑回家。他和其他民工坚守五天五夜，直到险情排除。1965年3月入伍，编入铁道兵部队，曾随队援助越南修建铁路。年年被评为五好战士，多次立功受奖。1967年10月加入中国共产党。

1969年11月随部队到北京地铁施工。11日上午，地铁一段突然起火，他和战友们冒着充满毒气的浓烟，冲进200米地段扑火救人，在熊熊的浓烟毒气下，一直奋战了3个小时。一位来救火的工人晕倒了，邵同根迅速地把他背了出来，就又冲进毒烟里。14班班长昏倒摔进水沟，他背起班长冲出毒区。一位工人对一排长说："解放军同志！毒气太大，你们撤离吧！"邵同根着急地喊："排长！不能撤，里边还有人！"排长递给他一条毛巾，他捂着嘴又往洞里冲去。当发现身边一位工人手捂着鼻子往毒烟里钻，邵同根就把毛巾塞给了他。一位女工倒在地上，他强忍着呼吸困难，气喘吁吁地把这位女工救出危险区。当战友们顺着排水沟顶着浓烟毒气继续前进时，他又把自己的军帽浸湿塞给战友姚费力；把棉裤罩脱下来浸湿，围在少数民族新战士张福才的头上；副指导员把防毒面具给了他，他又转给别人……就这样，当邵同根第8次艰难地向着火点冲去时，他已经力尽气虚，在短短的几十米内，就昏倒两次。他实在站不起来了，就一步步向着火点爬去，到了距火点几米的地方，他顽强地站起来，贴着洞壁，扛起灭火器……为抢救人民的生命和国家财产，邵同根献出了年仅23岁的宝贵生命。邵同根牺牲后，铁道兵党委为他追记一等功，尊为革命烈士，并在八宝山召开了追悼大会。

三、曹义勇

曹义勇（1941—1971年），汉族，河北无极县南池阳村人。1958年5月，他随同无极县郭庄施工团进驻岗南水库工地参加工程建设。1958年11月期间，曹义勇用0.5立方米的车容，在360米的运距间，日往返234趟，共运土117立方米。12月，他被岗南水库溢洪道工区党委正式命名为"大车王"。他的特制拉车最大车容为0.8立方米，实重约1150公斤，曾创造出14小时运土上坝198立方米的惊人奇迹。在水库施工的两年间，曹义勇始终保持着运土最高纪录，共运土达9235.8立方米，平均日运土25.5立方米，日行程76.4千米，总行程27648千米。他多次受到水库党委的表彰，获奖章数十枚。1959年1月，出席了省先进生产者代表大会，当月在工地受到周恩来总理接见；10月，赴京参加国庆十周年庆典。曹义勇还曾多次到黄壁庄水库工地参加劳动和竞赛。

四、刘进明

水库大车王刘进明

刘进明，1942年生，无极县东丈村人。1958年随无极施工团到黄壁庄水库参加建设。他一开始是个炊事员，在曹义勇成为水库的"大车王"之后，刘进明再也坐不住了，决心和曹义勇一决高低。1958年12月9日，又要"放卫星"大比武了，刘进明把写好的"挑战书"贴在了伙房外的大墙上，"二次大鏖战，我要上前来。要放大卫星，我要飞上天。"要和曹义勇战场比比看。炮声一响，打擂赛开始了。头几车，曹义勇每车比刘进明快一秒钟，几个小时下来，刘进明比曹义勇多拉了两车，刘进明谦虚地说，"我比你年轻。"刘进民还到天津参加了河北省的国庆10周年大会。

第四章 水 利 艺 文

第一节 与水库有关的故事与传说

一、中山国的来龙去脉

中山国，春秋战国时白狄的一支——鲜虞仿照东周各诸侯国于公元前507年建立的国家，位于今河北省中部太行山东麓一带，中山国当时位于赵国和燕国之间，都于顾，后迁都于灵寿，因城中有山得国名。

鲜虞之得名出自鲜虞水，鲜虞水即今源出五台山西南流注于滹沱河的清水河，这一带是鲜虞最早的发祥地。春秋时的鲜虞部落联盟，由鲜虞、肥、鼓、仇由4个部落组成，逐渐开始扩张势力。公元前652年春，鲜虞攻击邢国，公元前651年，征伐卫国，邢君出逃，卫君被杀，齐桓公联合宋、曹、邢、卫诸国挫败了鲜虞。春秋中后期，晋国先后消灭了鼓、肥、仇由等鲜虞属国。鲜虞也展开反击，于公元前507年出兵晋国的平中，大败晋军，俘虏晋国勇士观虎，报灭其属国之仇。公元前506年，鲜虞人在中人（今河北唐县西北粟山）建国。因中人城中有山，故曰"中山"，即初期的中山国，中山之名始见于史书。公元前505年、公元前504年，晋国两次进攻鲜虞中山，报"获观虎"之仇。此后对鲜虞中山国，史书中兼称"鲜虞""中山"。

公元前459—前457年间，晋国开始进攻中山，取得穷鱼之丘（今河北易县）。公元前457年，晋派新稚穆子伐中山，直插中山腹

中山国疆域图

地，占领左人、中人（今河北唐县），"一日下两城"，中山国受到了打击。而晋后来被韩、赵、魏三家瓜分。

在公元前414年，中山武公率领他的部落离开山区，向东部平原迁徙，在顾（今河北定州市）建立了新都。武公仿效华夏诸国的礼制，建立起中山国的政治军事制度，对国家进行了初步治理。但武公不久即去世，中山桓公即位，桓公年幼无知，不恤国政，魏国则派遣乐羊、吴起统帅军队，经过三年苦战，于公元前407年消灭了中山，魏文侯派太子击为中山君，三年后又改派少子挚，后来击被立为魏国国君，即魏武侯。中山国的残余退入太行山中。中山亡国后，桓公经过20余年的励精图治，积蓄力量，在前380年前后重新复国，并定都于灵寿。复兴后的中山国位于赵国东北部，把赵国南北两部分领土分割开来，这成为赵国的心腹之患。赵国在公元前377年、公元前376年两次进攻中山，均遭到中山激烈的抵抗。此后，中山国开始修筑长城。桓公去世后，中山成公即位，他继承先祖遗风，他继续学习中原社会制度，发展国力，使国势得到进一步加强。

公元前 327 年前后，中山王继承王位。此后 10 余年间，中山国富兵强，公元前 323 年，由魏国犀首（即公孙衍）发起倡议，联合魏、韩、赵、燕、中山"五国相王"，在称王的五国中，只有中山国是"千乘之国"，其余四国都是"万乘之国"。公元前 314 年，燕国发生内乱，齐国趁机攻进燕国。中山国见有机可乘，也背弃了同盟，派相邦司马赒率军北略燕国，夺取几十个城市，占领数百里的燕地，还掠取了许多财物，并将取得的"吉金"（铜器）重新铸造了铁足大鼎和夔龙纹方壶，在上面铭刻长篇铭文来颂扬中山王和司马赒的功绩。史称"错处六国之间，纵横捭阖，交相控引，争衡天下"，此时为中山国的鼎盛时期。到赵文王三年（公元前 1296 年），被赵国所灭。从鲜虞最早见于史籍到中山国最终亡国，历时 478 年，几乎绵亘于春秋、战国时代。

中山国国都遗址

黄壁庄水库因与古中山国遗址相邻，所以又叫中山湖。中山国都城灵寿遗址，是与赵都邯郸、燕下都齐名的战国时期河北三大诸侯国都遗址之一。它位于平山县三汲乡，北依东灵山和牛山，南临滹沱河，东距今灵寿县城 1000 米。城垣已不存在，从保存下来的地下夯土城基得知，南北长 4500 米，东西 4000 米，呈不规则的三角形，依自然地势修筑，墙厚约 2.7 米。城内以南北向隔墙分为东西两部分。东城北部为宫殿建筑区，南部为手工业作坊和居住区，西城北部为王陵区，南部为商业区、居住区和农业区。为巩固西部边防，中山国还在与赵国接壤的边界筑长城。如今，在平山、井陉深山中的战国长城，就是中山国留下的。

二、滹沱河之战

明建文三年（1401 年）闰三月，在靖难之役中，燕王朱棣军与建文帝军吴杰、平安部在滹沱河地区作战。是年闰三月，燕王朱棣于夹河战败大将军盛庸所部后，挥师西向，进攻真定（今河北正定）的副将军吴杰和右军都督佥事平安部。为使吴杰等人率部离开城池，失其所据，燕王设调虎离山之计，将其诱至滹沱河南岸。初七日，燕师渡河西行 20 里，与吴杰等部遇于藁城。朱棣为牵制对方，率数十骑逼近其营地屯驻。次日，吴杰等部列方阵于西南，朱棣以少量兵力攻其三面，意在牵制，而亲率主力进攻东北隅，突入其阵，遭到吴杰等部的拼命反击，死伤甚众。幸遇狂风大作，尘沙飞扬，燕师得以乘机进击，吴杰等部溃败。朱棣督师四面围攻，斩首 6 万余级。追至真定城下，再擒其骁将邓戬、陈鹏等人。吴杰、平安敛军入城拒守。

三、背水一战

《史记·淮阴侯列传》记载："信乃使万人先行，出，背水陈。赵军望见而大笑。平旦，信建大将之旗鼓，鼓行出井陉口，赵开壁击之，大战良久。於是信、张耳详弃鼓旗，走水上军。水上军开入之，复疾战。赵果空壁争汉鼓旗，逐韩信、张耳。韩信、张耳已入水上军，军皆殊死战，不可败。信所出奇兵二千骑，共候赵空壁逐利，则驰入赵壁，皆拔赵旗，立汉赤帜二千。赵军已不胜，不能得信等，欲还归壁，壁皆汉赤帜，而大惊，以为汉皆已得赵王将矣，兵遂乱，遁走，赵将虽斩之，不能禁也。於是汉兵夹击，大破虏赵军。"这段故事说的是发生在黄壁庄水库上游冶河上的一次战争。

汉高祖三年（公元前 204 年）十月，韩信率数万新招募的汉军越过太行山，向东攻打赵国。成安君陈余集中 20 万兵力，占据了太行山以东的咽喉要地井陉口，准备迎战。井陉口以西，有一条长约百里的狭道，两边是山，道路狭窄，是韩信的必经之地。赵军谋士李左车献计说："正面死守不战，派兵绕到后面切断韩信的粮道，把韩信困死在井陉狭道中。"陈余不听，说："韩信只有几千人，千里袭远，如果我们避而不击，岂不让诸侯看笑话？"

背水一战图画

韩信探知消息后，迅速率领汉军进入井陉狭道，在离井陉口三十里的地方扎下营来。半夜，韩信派两千轻骑，每人带一面汉军旗帜，从小道迂回到赵军大营的后方埋伏，韩信告诫说："交战时，赵军见我军败逃，一定会倾巢出动追赶我军，你们火速冲进赵军的营垒，拔掉赵军的旗帜，竖起汉军的红旗。"其余汉军吃了些简单干粮后，马上向井陉口进发。到了井陉口，大队渡过绵蔓水，背水列下阵势，高处的赵军远远见了，都笑话韩信。

天亮后，韩信设置起大将的旗帜和仪仗，率众开出井陉口。陈余率全军蜂拥而出，要生擒韩信。韩信假装抛旗弃鼓，逃回河边的阵地。陈余下令赵军全营出击，直逼汉军阵地。汉军因无路可退，个个奋勇争先。双方厮杀半日，赵军无法获胜。这时赵军想要退回营垒，却发现自己大营里全是汉军旗帜，队伍立时大乱。韩信趁势反击，赵军大败，陈余战死，赵王被俘。

战后，有人问："兵法上说，要背山、面水列阵，这次我们背水而战，居然打胜了，这是为什么呢？"韩信说："兵法上不是也说'陷之死地而后生，置之亡地而后存'吗？只是你们没有注意到罢了。"

四、黄壁村村名的来历

黄壁庄镇原名众乐乡，王莽篡汉时，刘秀曾利用滹沱河为屏障，与莽军争战。因河岸陡峭如围墙和皇上（刘秀）在此作过战，故后人将此地改为黄壁。又因村民有的居于岸上，有的居于岸下，居上者即为上黄壁，居下者即为下黄壁。关于莽汉争斗，还有另一种说法：王莽军队追赶刘秀，刘至众乐乡躲避，莽军受阻于滹沱河，刘秀得以安全。皇帝避难之所，即名皇避，后演化为黄壁。

五、马山村村名与牛山村村名的来历

相传当年王莽的军队追赶刘秀，刘秀的兵将被冲散后，他只身来到获鹿地界一座灵山脚下，上山无路，前后没村，只有一个老农套着马耕地。眼看追兵快追上来了，刘秀就对老农说："王莽的兵追来了，救救我吧！"老农问："你是谁？"刘秀说："我是刘秀。"

老农四处一看，没一处能藏身的地方。刘秀说："我躺在犁沟里，你耕过去，用土把我埋住。"老农一想也只有这样，就打着牲口深深地耕了一犁，让刘秀躺在犁沟里。他又耕了一遭，把刘秀埋住了。等王莽的军队走远后，刘秀从犁沟里站起来一看，老农已经被抓走了。他刚要继续往前走，王莽的军队又从山那边转过来了，这时从山里跑出一条大野牛，一直到刘秀面前停下了。刘秀想，马跑得快，牛的力气大，我骑上马走，让人家用牛耕地吧。于是他把马卸下来，套上牛，骑上马走了。从这以后，人们大多用牛耕地了。后来附近的人们就把北边的那座山叫马山，南边的那座山叫牛山。马山即位于现在水库副坝西头的马山村附近，牛山即位于现在距离马山约3000米的牛山村附近。

六、忽冻村村名的来历

据说西汉后期王莽篡权，对内实行复古改制激起民怨，对外穷兵黩武引发祸乱，终于爆发了农民起义。而这场农民起义的头领就是后来东汉政权的皇帝，光武帝刘秀。相传刘秀与王莽作战，因敌众我寡被王莽军队追赶到滹沱河畔。六月的滹沱河水风大浪急，赤流滚滚。刘秀眼看着自己的军队面临背水一战、全军覆没的危险，不由仰天长叹："天啊！如我刘秀此不当灭，你六月寒风起、七月雪花飞，冻住

这滚滚的滹沱河"。话音刚落，只听天空咔嚓一声响，顿时寒风四起雪花飞舞，河水被忽然冻住。刘秀的军队趁机策马飞过河去。而当王莽的军队追赶到河边时，那满河结冻得冰凌一下子落了下来，又化成了滔滔的河水。从此，刘秀过河的这两个村庄便一个唤作叫忽冻村，另一个唤作叫落凌村。

后来，人们为了纪念这段事，就在忽冻村口立一石碑，上写"光武帝过河处"几个大字（新中国成立初期这一石碑仍在）。

七、倾井村村名的来历

刘秀过了滹沱河，往北走了一阵子，来到一个村庄。他骑着的那匹马"咳儿，咳儿"叫起来，说什么也不肯走了。他知道这马一定是渴了，正好看见村口有一口井，他走到跟前，先把马拴在一棵树上，然后走到井旁低头一瞅，井水好深呀，可身上没带绳索，又没有水桶，怎么办呢？突然他想，若把这口井搬倒，水不就能流出来么？说着他挽了挽袖子，两臂搂住井帮，喊了一声："倒！"一用劲，井果然斜向一边，井里的水流了出来，马伸着脖子喝了个饱。这个村子和近处的几个村子就由此得名"倾井"。

八、古贤村村名的来历

古贤村现紧邻水库副坝。古贤原名集贤庄，后改为古贤，传说为纪念"三皇姑"之故。1958年，修建黄壁庄水库时从库区迁入现址。抗日战争后期（1944—1945年），中共方面曾在该村筹建石家庄市人民政府。由于国民党当局阻挠，日本投降后未能执行接收石家庄之任务，故未形成机构实体。1948年，"荣臻小学"在该村建立，专门招收中国人民解放军军人子弟，保护革命后代。

九、沿村村名的来历

沿村距离水库副坝约3000米。沿村原称阎村，据传系某朝一阎姓国公故里，村庄即以其姓为名。由于"阎""沿"同音，逐渐演化成了"沿村"。

十、上吕村村名的来历

上吕原名上闾，古代有25户，为一闾之建置。闾字兼有大门之义。此处居住"一闾"人家，位居平山鹿泉市东，因民间有以东为上之习俗，取名上闾，意为平山县东大门。后"闾"被误写为"吕"，以至约定俗成，村名变成了上吕。另有传说，"闾"为"驴"的变音。古代，此地所产的驴身强体健，被张果老选为坐骑，并在此上驴云游四方，故取名上驴。上吕因紧靠滹沱河，沙滩面积广大，故还有"沙沱国"的别号。

十一、林山的来历

林山位于黄壁庄水库的北岸，分东西两峰。东林山周围8平方千米，主峰海拔488米；西者方圆5平方千米，主峰海拔428米，两山相距2.5公里。林山虎踞于南甸河冲积平原，两峰对峙、拔地而起，奇峰险峻，怪石嶙峋，两峰脊各有自然形成的"扁担眼"，传说是二郎担山赶路在此休息时所留。林山古迹甚多，西林山有文殊庵（五峰庵）千佛洞、百佛堂、仙人棋盘、试心石、梯子石、玉皇殿、王母宫等；东林山有望京楼、长老洞（仙人洞）、静修庵、龙王池、铁浮图、佛光石等。东西两山各有一寺，东林山有万寿寺，寺内有古柏两株，俗称"雌雄柏"，寺北不远有唐太子墓塔群；西林山有山兴寺，尚存石碣碑文可考。

十二、刘秀与滹沱河

光武帝刘秀未称帝时，以更始政权破虏将军行大司马事的身份，持节北渡黄河，镇慰河北（黄河以北）各州郡。后以此为基，成就大业，创建了东汉政权。刘秀在河北的经历可谓一波三折，九死一生，历尽艰难，其中最具戏剧性的莫过于滹沱河的故事了。

刘秀

彼时王郎称帝，起兵邯郸，其势正盛，传檄各州郡捉拿刘秀，刘秀势不敌，遂率众逃亡。时值冬日，天寒地冻，刘秀诸人饥寒交迫，东奔西逃，惶惶不可终日。及至滹沱河，前有大河阻道，后有大军追杀。偏偏探马来报：河水滔滔，并无舟船可渡。众人皆震恐，倒是刘秀不动声色，遣王霸再去打探。王霸看到的和探马看到的自然并无不同，不同的是王霸唯恐动摇军心，回来后，诈称河面坚冰可渡。刘秀闻言笑道："探马果然是说谎。"于是率众急急赶至，却见河面果然结下厚厚的坚冰，众人安然踏冰而过，谁知，尚有数骑未及过河，坚冰倏然融化。即便追兵赶至，也只能望河兴叹了。

事后，刘秀称赞王霸："使众人安心，并得以渡河，全是你的功劳。"王霸说："这是明公的恩德，神灵的保佑，即使周武王的白鱼之兆，也不及此。"刘秀对众官属说："王霸的权宜之计成就了大事，大概是上天的吉祥之兆。"由此语可见刘秀派王霸前去探视河水的用意了，王霸也终是不负厚望。当然，最不负厚望的还是滹沱河水，该结冰时结了冰，该化水时便化成水，真是太神奇了。

难怪唐代诗人胡曾写下了这样的诗句："光武经营业未兴，王郎兵革正凭陵。须知后汉功臣力，不及滹沱一片冰。"南宋民族英雄文天祥也写下了千古佳句："风沙睢水终亡楚，草木公山竟蹙秦。始信滹沱冰合事，世间兴废不由人。"

十三、计三渠的来历

原名裕民渠，为纪念在解放战争中牺牲的获鹿县委书记齐计三，于1946年改名计三渠。1961年与源泉渠合并，改名为源泉北干渠。1988年2月，恢复计三渠名称。

齐计三，原名齐德宝，1911年2月16日出生在平山县川坊村一个中农家庭里。1930年加入中国共产党，1939年，中共获鹿县委建立，上级决定由齐计三同志任获鹿县第一任县委书记。1940年，晋察冀边区决定把冶河以东、京汉路以西、滹沱河以南、石太路以北原属平山、井陉、获鹿、正定四县部分地区组成建屏县，齐计三被委任为县委书记。1940年8月20日，百团大战开始后，建屏县的军民在齐计三的领导下，积极参加、支援正太铁路上的破袭战，扒铁路、割电线、炸桥梁，给敌以重创，取得了辉煌战果。1941年，日寇集中优势兵力对我根据地进行疯狂报复。多数村与县委失去了联系，县、区干部也损失不少，建屏县的抗日力量遭受了空前损失。这时候，建屏县委在滹沱河以南已无法立足，便转移到了滹沱河以北。齐计三领导幸存下来的干部，继续坚持开展滹沱河以南的抗日斗争。

1942年初，上级分配了扩军任务。建屏县属敌占区，任务不小，困难很大。为了完成这一艰巨任务，这年正月初七晚上，齐计三带一区委书记和工作人员王美山、李振海三人夜过滹沱河，到一区扩兵。由于齐计三扩兵心切，历来在困难面前无所畏惧，对自己的生命看得不重，没带短枪班同行。黎明前，当他们转战到段庄（现属井陉县）村时，与敌遭遇。在突围时，齐计三与另三个人失散。他突围到一个胡同内爬在土堆上狙击敌人，不幸被击中后脑当场牺牲，时年31岁。

1946年，为纪念齐计三同志，组织决定将原裕民渠改为计三渠。1950年3月，石家庄地委，石家庄行署，地区工青妇会和石家庄军分区联名，在平山县川坊村村北竖碑一座，将齐计三同志的革命功绩勒石纪念，彪炳千秋。

第二节 古代咏滹沱河有关诗、词、赋和散文

一、咏滹沱河古诗词

发 白 马

（唐）李白

> 将军发白马，旌节度黄河。箫鼓聒川岳，沧溟涌涛波。
> 武安有振瓦，易水无寒歌。铁骑若雪山，饮流涸滹沱。
> 扬兵猎月窟，转战略朝那。倚剑登燕然，边烽列嵯峨。
> 萧条万里外，耕作五原多。一扫清大漠，包虎戢金戈。

注：李白（701—762年），唐朝浪漫主义诗人，被誉为"诗仙"。本诗颂歌中原汉族政权的一位将军发兵出征，讨伐胡兵，大获全胜后，刻石勒功，隶清安患，使边民过上太平生活。诗中"饮流涸滹沱"之句极言军队人数之多，铁骑如雪心云涌，饮流可以干涸滹沱河。白马：古流口名，一名白马津，在河南滑县。

送 入 蕃 使

（唐）周繇

> 猎猎旗幡过大荒，敕书犹带御烟香。
> 滹沱河冻军回探，逻逤孤城雁著行。
> 远寨风狂移帐幕，平沙日晚卧牛羊。
> 早终册礼朝天阙，莫遣虬髭染塞霜。

注：周繇，池州人，工吟咏，时号为"诗禅"。

渡 滹 沱 河

（唐）胡曾

> 光武经营业未兴，王郎兵革暂凭陵。
> 须知后汉功臣力，不及滹沱一片冰。

注：胡曾，唐代诗人，十分爱好游历。生于约840年。以关心民生疾苦、针砭暴政权臣而著称，作咏史诗三卷，共150首，皆七绝，每首以地名为题，评咏当地历史人物和历史事件。诗中描写刘秀被追兵追到滹沱河时，河水结冰而救刘秀的事。为此诗人感叹道，东汉功臣所做的贡献，还不如滹沱河的一片之水。

过 中 渡

（宋）欧阳修

> 中渡桥边十里堤，寒蝉落尽柳条衰。
> 年年塞下春风晚，谁见轻黄弄色时。

得归还自叹淹留，中渡桥边柳拂头。

记得来时桥上过，断冰残雪满河流。

注：欧阳修，北宋著名政治家、文学家，曾以河北都转运按察使权知真定府事三个月，他在过滹沱河中渡桥时，写下这首诗。中渡，在正定城南五里处。

渡 滹 沱 河 二 首

（宋）文天祥

之一

风沙睢水终亡楚，草木公山竟蹙秦。

始信滹沱冰合事，世间兴废不由人。

之二

过了长江与大河，横流数仞绝滹沱。

萧王麦饭曾仓卒，回首中天感慨多。

注：文天祥（1236—1283 年），宋末政治家、文学家、爱国诗人，抗元名臣，民族英雄，宝始四年，状元及弟，官至右丞相，本诗中，诗人把滹沱河与长江、黄河相媲美。滹沱河在历史上的一般年份，雨季水势茫茫、波光如鳞，轻舟横渡，风帆相济，河内鱼虾鳖蟹成群，水面天鹅鱼鹰游戏。非雨季则沙洲浅滩罗列，河溪之地绿草繁茂，鸥鸟翔集，间杂牛羊……晨曦夕时，滹沱河泊船如龙、灯火星流、往来吁号、热闹非凡。该谈是文天祥在南守至之十七年（1280 年）被修后由元兵押至大都燕京途中，"渡滹沱河，夜宿河间府"时所作。

豆 粥

（宋）苏轼

君不见滹沱流澌车折轴，公孙仓皇奉豆粥。

湿薪破灶自燎衣，饥寒顿解刘文叔。

又不见金谷敲冰草木春，帐下烹煎皆美人。

萍斋豆粥不传法，咄嗟而办石季伦。

干戈未解身如寄，声色相缠心已醉。

身心颠倒自不知，更识人间有真味。

岂如江头千顷雪色芦，茅檐出没晨烟孤。

地碓春秔光似玉，沙瓶煮豆软如酥。

我老此身无着处，卖书来问东家住。

卧听鸡鸣粥熟时，蓬头曳履君家去。

注：苏轼，北宋中期文坛领袖，文学巨匠，唐宋八大家之一。"豆粥"指的是刘秀初起兵时，有一次到了滹沱河下游的饶阳，天冷、无食，得到冯异送上豆粥，才"饥寒俱解"。

临 滹 沱 见 蕃 使 列 名

（唐）李益

漠南春色到滹沱，碧柳青青塞马多。

万里关山今不闭，汉家频许郑支和。

注：李益，中唐七杰之一，以边塞诗作名世，"蕃使"指回纥。这首诗写诗人去滹沱会见蕃使的情景和感想。回纥当时派使臣到唐朝迎娶唐德宗之女成安公主，李益参与了这次接待活动。

晚 渡 滹 沱 赠 魏 大

（唐）卢照邻

津谷朝行远，水川夕照曛。霞明深浅浪。风卷去来云。
澄波泛月影，激浪聚沙文。谁忍仙舟上，携手独思君。

注：卢照邻，幽州范阳（今河北定兴）人，诗人，初唐四杰之一。这首诗写于 665 年。当时卢照邻在河北一带漫游，路过滹沱河时留下了这首五言律诗。诗中饱含着诗人对生活的新鲜而又独特的感受。

过 滹 沱

（明）石玠

千年形胜此滹沱，道路驱驰自昔多。
短岸几人看日暮，中流有客动渔歌。
冰坚尚忆萧王渡，坂古曾闻太守过。
此日太平无夜警，村村渔火映闲蓑。

注：石玠，明代东滹诗人。

滹 沱 河

（北宋）范成大

闻道河神解造冰，曾扶阳九见中兴。
如今烂被胡膻涴，不似沧浪可濯缨。

注：范成大（1126—1193 年），绍兴进士，做过一些地方官，并做了两个月的参知政事（副宰相）。乾道六年（1170 年）作为使节到金朝去谈判国事，抗争不屈，几乎被杀。淳熙九年（1182 年）退隐到故乡石湖。此诗是他在出使金国，路过正定一带滹沱河时，忆昔思今，临河而叹。感叹滹沱河虽曾帮助光武中兴建国，可是河水现在已被胡人的膻气给弄脏了，不能像沧浪之清水可以洗我头上的冠缨了。

《渡滹沱》诗二首

（元）刘因

之一

遥临滹沱岸，回望土门关。秋色巉岩上，川形拱抱间。
分疆人自隘，设险地谁悭。欲问前朝渡，江鸥故意闲。

之二

河水正流澌，无舟可济时。诡言冰已合，遂使渡无危。

自是由天助，真非假力为。昭昭明史册，千载慰人思。

注：刘因（1249—1293年），元代著名理学家、诗人。雄州容城（今河北容城县）人。澌（sī）：河水解冻时流动的冰。

滹　沱　秋　涨　行

（元）王恽

君不闻蒙庄说秋水，两涘犹见马与牛。今年滹沱水大涨，墟落濈濈生鱼头。云蒸老雨注万壑，上不少止下可忧。冯夷不受土所制，黑浪怒蹴鼋鼍游。望洋东视夸海若，似愤蛙比跳跃井坎湫。金行气肃坎宜缩，狂澜不逐西风收。东行我济小范口，水势渺漭方淫流。秋禾尽为鱼鳖饵，庐舍漂荡迷田畴。二年早暵例乏食，彼稷幸得逢今秋。嗟哉一饭到口角，淹没无望将谁尤。河防久废不复古，惟预捷治为良筹。翻堤决岸势不已，虽有人力谁能谋。近年遇灾幸无事，其或成患徒嗟诹。两河农民被灾者，逃避无所栖林丘。夜深投宿闻聚哭，悲声暗与虫声啾。

注：王恽（1227—1304年），元代诗人、文学家。此作描写滹沱河的水患情景。两涘（sì）：河水的两边。濈（jì）濈：聚集貌。鼋鼍：大鳖和猪婆龙。暵（hàn）：植物干枯。捷（jiàn）：通"楗"，堵塞河堤决口所用的竹木等材料。嗟诹（zōu）：嗟叹和商讨。

滹　沱　观　涨

（清）张云锦

两岸洪涛喧半夜，铁骑奔腾从空下。
朝来失色看滹沱，汹涌不见鱼鳞坝。
鱼鳞坝筑水安流，坝残何能御涛头。
模糊坝外田万顷，化为浊浪拍城楼。
城楼泛泛随枯梗，浪花高压女墙影。
军声城下乱鹳鹅，舟子树杪栖舴艋。
舴艋一叶还为家，随波流去漂天涯。
号呼求救茫无岸，呼吸性命饲鱼虾。
伤心惨目肝胆裂，河伯余怒谁为泄。
斩蛟息浪平生志，恨无孝侯三尺铁。
对此茫茫百感生，秋雨害稼方呼庚。
那堪呼庚又呼癸，芎藭麦麹哀鸿鸣。
安得雨旸无偏倚，四海安澜波不起。
此事无难在变理，呜呼私愿何时已。

注：张云锦，清代诗人，正定县人。此诗详细记述了阴雨连绵，滹沱水涨，翻堤决岸，禾稻饲鱼，庐舍漂荡，哀鸿遍野，两岸人民流离失所，呼号无门等状况。舴艋（zé měng）：形似蚱蜢的小船。芎藭（xiōng qióng）：即川芎，一种植物。麦麹（qū）：用麦子做的酒母。旸（yáng）：晴天。

水　涨　行

（清）赵文濂

走相告者不停趾，滹沱水涨十余里。

澜回岸角堤柳侵，石触桥头浪花起。

连宵霖雨助滂沱，鲸跋涛头尺有咫。

洪流浩浩灌城濠，巨浸茫茫没城址。

南门扼险最当冲，深沟何以固高垒。

重关叠隘挽狂澜，运土填门势难止。

产蛙沉灶釜游鱼，三板之危今若此。

我闻此语陡然惊，冒险登城极目视。

支流斜注溢沟渠，正溜横冲浸关市。

通津驿路马难行，近水人家墙欲圮。

村墟错落逐浪浮，禾黍高低从风靡。

澹灾无术挽沉沦，致祸有由询原委。

皆云防河有长堤，铁壁铜墙河之涘。

安澜有庆已多年，残缺遂无人经理。

旧址虽存与地平，怀山襄陵祸未弭。

若非修筑旧堤防，浊浪滔天难向迩。

我闻滹沱水最狂，为患闾阎自古始。

方今上宪意勤民，决沦疏排以侟使。

河流顺轨地中行，沟浍之盈可立俟。

沿河水患若频仍，亡羊补牢何能已。

注：赵文濂，清代同治年间曾任正定府学教授。诗人通过此诗提醒人们，不能自以为有长堤护河就掉以轻心，若是河堤年久失修，一旦连宵霖雨，大水来临，必然是堤毁人亡。天灾亦是人祸，其教训当为后世所汲取。鲸跋（bá）：大浪翻滚。圮（pǐ）：倒塌。闾（lú）阎：泛指百姓人家。沟浍（huì）：指田间水道。

阅　滹　沱　河　堤　工

（清）爱新觉罗·弘历

前岁视滹沱，近堤虞侵城。

今岁视滹沱，堤脚淤沙平。

临流施纲处，秋麦芃新耕。

复见好消息，中泓向南经。

北堤免冲啮，万户庆居宁。

建坊旧驻所，感德由至诚。

维予自忖度，转觉愧怩生。

一时偶指示，讵有安澜能？

设能回狂澜，永定相视曾。

夏霖乃溃决，迄今堤未成。

是河亦浑流，来往岁每更。

　　所幸有余地，不与水相争。

　　长堤护城止，曾匪束之行。

　　居功而诿过，中人以下情。

　　我常恶彼为，何须扬颂声。

　　注：爱新觉罗·弘历（1711—1799年），清代第五位皇帝，定都北京后第四位皇帝。年号乾隆，庙号"清高宗"。乾隆十五年（1750年）九月，高宗巡幸河南时驻跸正定，御制此诗。这首诗也可以看作乾隆帝的罪己诏或自责书。皇帝对于自己在十一年时指示地方官修筑北堤，虽然保护了北面正定城的安全，却致使河流南徙，于十五年夏决堤溢水而感到愧疚。不仅明确指出了自己决策中存在的问题，而且以此警示直隶诸大吏，做事要考虑周全，不能顾此失彼，更不能以功诿过。明确提出，修堤安澜，要以永定为根本。愧恧（nù）：惭愧。讵（jù）：岂，怎。

阅滹沱河堤工

（清）方观承

　　今年滹水发，其势亦及城。

　　水退沙突高，顾乃与岸平。

　　近水二村落，秉耜来争耕。

　　耕处昔洪涛，翠辇远曾经。

　　崇楗示宣立，指顾成定宁。

　　津吏相告处，河伯效其诚。

　　湍流渐南徙，万户同欣生。

　　仰唯天子圣，惟圣又多能。

　　纷纷五坝列，亦竭螳臂曾。

　　拜手颂圩谟，重临纪绩成。

　　臣职司川涂，沦导少所更。

　　永定侍提命，虑水与堤争。

　　禹贡无堤字，水由地中行。

　　睿制垂千古，要顺就下情。

　　畿封六百里，会滢恬清声。

　　注：方观承，曾任直隶清河道、治水专家，官至直隶总督。这首诗虽然有为皇帝歌功颂德之嫌，但也明确提出作为职司川涂的官吏，也要以永定为治水之本，多考虑堤水关系，多考察民情民意，要让滹沱河永远和下游的滢水一样，不再有灾患。秉耜（sì）：一种类似铁锹的农具。圩（xū）谟（mó）：远大宏伟的谋划。

二、咏滹沱河

滹沱河和我（节选）

牛　汉

　　从我三四岁时起，祖母常两眼定定地，对着我叹气，说："你这脾气，真是个小滹沱河。"每当我淘气得出了奇，母亲和姐姐也这么说我。但从她们的话音里，我听不出是在骂我，似乎还带着一点赞美之情；可她们那严正的眼神和口气，明明有着告诫的意思。我真不明白，为什么要把我和滹沱河一块说。

滹沱河风光

滹沱河和我们村庄只一里路光景，当时我还没有见到过滹沱河。什么是河，我的头脑里没有一点概念。只晓得这个滹沱河很野，很难管束。真想去见见它，看我究竟和它有什么相同之处。我想它多半也是一个人，比我长得强大，或许只有它能管住我。

……

当我们走向一片望不到边际的旷野时，宝大娘指着前面说："那就是滹沱河。"但我并没有看见什么，哪里有滹沱河呀？那里什么都没有。那是灰灰的沙滩，无知无觉的躺在那里，除去沙土之外，竟是大大小小的石头。我感到异常的失望，滹沱河啊，你丢尽我的脸了！我怎么会像眼前这个喊不应打不醒的滹沱河？

姐姐和宝大娘说说笑笑地在岸上的树林子里低着头挑野菜，我怀着满腔的悲伤向她们说的滹沱河走去。我找寻我那个失落的梦，在滹沱河那里寻找我心中的滹沱河。

……

滹沱河是我的本命河。它大，我小。我永远长不到它那么大，但是，我能把它深深地藏在心里，包括它那深褐色的像蠕动的大地似的河水，那战栗不安的岸，还有它那充满天地之间的吼声和气氛。

孩 子 们 的 滹 沱 河

刘振罗

听老辈人说起昔日的滹沱河，恨不能变成孩子，回到那年那月。

春天的滹沱河，水面不宽，水流缓缓，非常清澈，河底的沙子、石头、水草能看得清清楚楚，水里面的鲫鱼、鲤鱼、草鱼，还有小虾、小螃蟹随着水流悠然而行，这些小家伙很"贼"，他们似乎故意在孩子们的腿边、脚面上"骚扰"，当孩子们逮他们时，却倏然而逝，弄得孩子们一屁股蹲到了水里，像个落汤鸡……

重新蓄水的滹沱河

到麦子金黄的时候，滹沱河就开始断流了，小鱼小虾因为个小，顺着水流漂走了，大个儿的鱼走不了，拼命地在河底的乱泥里打滚。即便在这时候，四五个孩子围追一条鱼，还是捉不住，他们在乱泥里和这些未能及时漂走的鱼一起在河里翻滚，弄得满身、满脸、满头全是泥水，还咧着嘴笑呢。

秋天，滹沱河水面最宽，有时候宽到河水溢过了堤岸，跑到了庄稼地里。冬天来了，大雪纷飞，万物萧条，滹沱河结了厚厚的冰。孩子们用自己的衣服当口袋，包上土，撒在厚厚的冰上，不一会儿宽宽的滹沱河冰面上就形成了一条弯弯曲曲的小路，孩子们踏着小路，跑到河中央滑冰，有的站着滑，有的蹲着滑，还有的坐着滑，不时摔个跟头，还嘻嘻哈哈，笑个不停。

最近，听说滹沱河又重新蓄水了。但愿，蓄过水的滹沱河是我梦的源头，不断地延续下去。

滹 沱 河 赋

赵新月

　　茫茫百川，滹沱流经华北，泱泱乎终归浩淼；莽莽群山，太行隆起冀西，峥峥然独立沧桑。兹水源于繁峙，细流涓涓；是河经于代谷，激浪湍湍。冲雁门，势如风樯阵马；绕太行，形似玉带白练。潜龙离山，奔驰千里沃野；飞鸢出岫，盘桓万古苍天。浩浩汤汤，西来泰戏别金玉；急急匆匆，东去渤海迎日月。

　　几个石头磨过，人猿揖别；数炉火焰翻起，文野分明。多少千年古县，临花照影；往来百代人烟，缘河筑居。大槐树荫佑两省百姓，传说何其亲切；滹沱河泽被两岸生灵，信史益发确凿。汀上白沙，掩不住燕赵绝代风华；岸边遗址，埋不掉晋冀逸世情怀。考古新发现，尽显风流；铸今新创举，再标伟业。白云悠悠，壮怀英雄地；逝水溅溅，感恩母亲河！

　　星移斗转，河水陡涨陡落；兵屠戈践，王朝骤兴骤亡。慷慨悲歌，岂止易水；激昂变奏，更数滹沱。战火煮沸河水，刀飞戟断；鲜血染红河堤，人仰马翻。伏羲逐鹿，大禹锁蛟，神农尝草，炎黄争霸。中山国伐燕掠赵，弓弩淤塞河道；众诸侯合纵连横，旌旗遮蔽天日。荆轲藏匕渡滹沱，悲歌伤神；始皇列队过陉口，险境闹心。韩信背水一战，汉家定鼎；王霸临河诡冰，王郎罢兵。常山蛇阵，蜿蜒如九曲河道；常山战鼓，轰隆似万里雷鸣。起伏跌宕，浪花卷起宫商角徵羽；浮沉翻滚，河水淘尽唐宋元明清。滹沱河终于冲走旧王朝败鳞残甲，太行山最先迎来新中国旭日朝霞。

　　骚人墨客，酹酒滹沱；清词丽句，扬名华夏。历代前贤所赞非谬，经世华章所传不虚。昔年胜景，仿佛梦里水乡；往日风光，依稀江南画图。水势苍茫，横无际涯；汀洲蓊郁，时见氤氲。帆影挂着烟波，驶向渡口；水禽驮着夕阳，飞往林梢。深泽码头，门泊千里轻舟；真定古城，楼横百代雕梁。晨曦初露，河上船舶宛如蛟龙；华灯初上，水中影像恰似虹霓。河中鱼虾畅游，自由自在；岸上店铺林立，人来人往。鸥鸟栖息于河滨，牛羊徜徉于田野。滩地肥美，滋养千顷稻黍；衣食丰足，繁衍万代子孙。

　　河流可以造福，水患却能殃民。河神无端震怒，浊浪滚滚；百姓无辜受害，泣泪涟涟。万亩良田化为乌有，哀鸿遍野；千村瓦舍顿成泽国，怨声载道。旧社会治水乏术，新中国御河有功。山腰建水库，制服旱魃；峡谷起平湖，掌控涝灾。惜哉！过分牺牲自然环境，违背规律；痛哉！片面追求经济总量，攫取资源。高碳积累，低端重复。河水污染，湿地荒芜。河边柳挂黄叶，池中鱼翻白肚。大风起兮尘土扬，细草枯兮硫尘狂。恢复生态，刻不容缓；保护自然，时不我待。

　　科学发展观，确定新时代主题；三年大变样，描绘石家庄美景。百十里长河，引水通航；千万顷碧波，荡舟摇桨。芳草连天，留连戏蝶时时舞；鲜花满蹊，自在娇莺恰恰啼。钓竿弯曲，垂钓无边风月；棹歌悠扬，吟赏漫天烟霞。荒滩变湿地，飞鸟相逐；黄沙化绿芜，修篁交互。蒹葭苍苍，仿佛走进诗经；苔藓盈盈，宛似融入神话。烟波浩渺，再现当年旖旎；藻荇纵横，重演昔日汪洋。引水渠，蜿蜒岸芷汀兰；人工湖，潋滟天光云影。登冀之光宝塔，千里风光览观眼底；过赵子龙大桥，万古情怀澎湃胸中。绿在水上，闲在心上。休暇来此一游，气定脉缓；度假至此一乐，心旷神怡。

　　歌曰：亘古长河，燕赵精魄。载浮载沉，波澜壮阔。折戟沉沙，千秋功过。怀古思今，泪雨滂沱。继往开来，浩歌未绝。治水佑民，千金一诺。水通人和，永垂史册！

　　注：本文作者系河北省文学艺术研究会副会长、石家庄市总工会研究室主任。

第三节 咏记黄壁庄水库当代诗词和散文

一、诗词

义 务 劳 动

白 雪

走入工地门，一片跃进声。
局长挖装土，书记拉牵绳。
干部全下手，锹镐齐飞动。
民工心纳闷，"同志太眼生？
你是哪县的？""我住河北省，
自己修水库，怎能不劳动！"
"来吧一起干，堆起土长城。
我们修水库，子孙享幸福。"

（选自建设岗黄水库工地 1958—1959 年诗抄）

颂 大 车 王 曹 义 勇

刘兴修

（一）

手扶挥夭车把，肩驾万座高山。
登坡如走平地，快似火箭升天。
百十方土上坝，敢笑霸王不沾。

（二）

身量似铁塔，话如万吨钢。
决心惊天地，"一车一点一立方"。
他的干劲，是我们的榜样。

（选自建设岗黄水库工地 1958—1959 年诗抄）

将 坝 修 上 天

张金木

"做工不发牌，吃饭不用钱。"
没有共产党，怎能有今天！
为了报答党，工效翻几番。
北风刺骨吹，全身遍出汗。

地冻血不冻，将坝修上天。

（选自建设岗黄水库工地 1958—1959 年诗抄）

欣逢黄壁庄水库建库五十周年，瑞川、宝藏同志约稿纪念。望大湖，过大堤，登巨岩，处处有历史印迹，每一步都难说容易，聊成拙句，以记之贺之。

七律·贺黄壁庄五十年庆（外一首）

梁建义

自从岗上插红旗，
海河扬名黄壁庄。
十里长堤抚滹沱，
万顷碧波蕴太行。
总理欣慰在天笑，
乾帝自叹少良方。
驯服洪涝送甘霖，
石津人赞功辉煌。

中 山 湖 观 景

梁建义

春风吹平一湖水，
黄花挂满三面山。
长天秋色共明月，
沉壁静影唱渔晚。
轻舟载歌天际回，
肥鱼跃舞波浪翻。
登临画亭向红日，
尽收眼底万里川。

注：梁建义时任河北省水利厅副厅长。

省政协联谊会诗社同仁，去夏至黄壁庄水库采风。游览之间，得诗三首。时过一年，记忆犹新。抄赠诸友，茶余一览。

赞黄壁庄水库（诗三首）

潘培铭

一

借取滹沱水一湾，澄波十里绿如蓝。
绝佳暇日休闲处，消暑纳凉三伏天。

二

明湖涵碧绿波柔，轻舸摇摇逐白鸥。
水接青天天接水，恍然如在梦中游。

三

柳岸芳堤野趣绕，远离城市绝尘嚣。
浅吟低咏林荫路，妙句漫随蛙鼓敲。

注：作者为河北省文联原主席、省人大原常委、省政协联谊会理事，著名诗人。

庆祝黄壁庄水库建库五十周年

杨宝藏

滹沱东流数千年，洪旱二魔频发难，
两岸赤地或波涛，水深火热人肠断。
五八军民齐努力，筑坝截流战暑寒，
十度春秋功垂成，除险加固保安澜。
蛟龙从此服调度，铜墙铁壁锁大川，
冀中良田得浇灌，水润省会甜心间。
改革管理大发展，精品工程美名传，
艰苦创业五十载，禹业称辉谱新篇。

注：杨宝藏时为河北省黄壁庄水库管理局纪委书记，现为副局长。

水库建库五十周年纪念会现场

临黄壁庄水库有感

顿维礼

每来水库忆当年，
十万农民卷巨澜。
地铺席棚披露宿，
窝头咸菜就风餐。
飞车运土黄土滚，
药炸山石白浪翻。
横断滹沱高坝起，
悠悠湖水润心田。

注：顿维礼时为河北省水利厅职工，1959年春在水库大施工时来库检查计划财务工作月余。

滹沱明珠

黄壁庄水库颂歌

顿维礼

一

省会悠悠西北行，
平湖潋滟笑盈盈。
当今水比金银重，
有水城乡心不惊。

二

一片"白云"落地平，
跃跃欲试待出征。
矛头直指旱魃怪，
万户千家百业兴。

黄壁庄水库抒怀

安正刚

悠悠古中山，滹沱穿其间。
自古多肆虐，可怜民摧残。
万众齐奋战，长坝锁雄顽，
泽被京津冀，人民喜开颜。

注：安正刚现为黄壁庄水库管理局财务处处长。

戊子年，黄壁庄水库迎来五十年华诞，北京奥运会召开，双喜同贺，拙作以记之。

西 江 月

侯丽和

湖岸柳丝拂面，
水鸟三五成闲。
月季傲放红灿灿，
引来绿波无限。

雄伟建筑壁立，
亭台楼阁相见。
忽见白云朵朵飘，
却是羊儿回转。

注：侯丽和现为河北省黄壁庄水库管理局职工。

二、散文

黄壁庄水库纪行

高建雨

　　小的时候就听说过黄壁庄水库和岗南水库，父亲因为参加过修建黄壁庄水库的大会战，所以我在老家的岁月，他不止一次提起这个水库，满含对往昔岁月的回忆。

2005 年 5 月 19 日，作为省委先进性教育督导组成员，我们到黄壁庄水库管理处（水利厅直属事业单位）了解先进性教育开展情况。我也是因为这份情缘，所以很用心、很激动。

这里的工作开展非常扎实，在分析评议阶段，党员群众提出了很多具体的问题，有工作中的，有生活中的，都很实在。解决好这些问题，对于改善大家的工作环境和生活条件，开阔大家的视野，增进团结，促进事

交相辉映

业发展都非常重要，其中没有尖锐的问题，主要是一些历史欠账，这说明这个班子比较有凝聚力战斗力。从相关资料也能看到，这个班子一直注重党的建设工作和思想政治工作。图片资料上就有举办黄壁庄水库党员教育理论骨干培训班的介绍，原任书记是由我们组织评选的受到省委宣传部命名表彰的2004 年度全省优秀党课教员。

接下来当地的同志向我们介绍了水库概况，主体位于鹿泉市境内，1958 年动工兴建，当时条件非常艰苦，大部分是人工作业，用小拉车（也就是大车，与后面的评选大车王相对应）、铁锹施工。它是一个水利中枢，连接滹沱河和石津干渠，其上游是岗南水库。石津干渠是其向外输水的重要通道。还有一个灵正渠支流，供灵寿正定两县农业用水，另一个小支流供鹿泉市境内农业用水，还供应西柏坡发电厂的工业生产循环用水，它最大的功能一个是供应石家庄用水，另一个是防汛，一旦遇到洪水高发，能够通过改变走向，保护大城市、重要国民经济设施安全，把损失减到最低。所以最近十几年各级财政投入上百亿元加大了主坝和副坝的除险加固力度，建起共计十几千米的浇铸防汛大堤。同时引进德国闸门启动设备，以便应急时的调度通畅快捷。这符合有备无患的原则和欲善其事先利其器的道理，因为防汛保安全同样是百年大计。当地同志的介绍，也使我们增长了许多水利工程技术专业方面的知识。这里荟萃了我省一批出色的水利技术专家。

接下来，我们参观了创业室。水利厅的同志说，从 1995 年起，统一要求厅直各单位建立创业室，记载那些艰苦的辉煌的历程，是纪念，也是激励。这种工作思路非常好，我们所创建的很多省级宣传文化示范村也都有类似的展室（有的叫荣誉室）。黄壁庄水库的创业室令人感慨，当年修建时的场面真是宏大，各地农民群众响应党和国家的召唤，纷纷前来参加会战，简陋的装备掩不住创业的豪情，敬爱的周恩来总理也亲自来这里指导工作，他的工作作风非常细致，对黄壁庄水库的建设是巨大的鼓舞。这些，都通过一张张珍贵的黑白照片保存了下来。还有 1 平方米左右的墙面空间，专门展示群众中的模范人物（可见当时的宣传发动工作非常务实和出色），主要是各县的大车王，有藁城的，获鹿（今鹿泉市）的，深泽的，束鹿（今辛集市）的等。评选出的"大车王"是各个县里的排头兵，相当优秀，望着照片上我的父辈们那一张张质朴的意气风发的脸，拉着装满泥土的大车，引领着大家热火朝天地苦干，我的眼睛湿润了，我的心情激动着，在那样艰苦的情况下，他们告别家里的亲人，投入到一项长远利国利民的宏伟工程建设中，我们今天喝的水、吃的粮食（石津干渠主要用于农业灌溉）、得到的安宁（抵御洪汛），都凝聚着他们的辛劳。今天我们更多的是在享受他们的劳动成果，更多的处境是衣食无忧，但有时反而计较自己的付出多少，计较自己的利益得失，甚至影响到工作情绪，真是羞愧。

在束鹿县"大车王"那张黑白照片前，我久久凝视，打头的"大车王"是范庄营，他身后的第二位，就是我的父亲。这在我真是一个意外的惊喜和感动。谁能想到，40 多年前这张偶然拍摄的照片能留住父亲当年的风采！那再熟悉不过的容貌！虽然父亲到今天还是那样默默无闻，但是照片上，他那样英姿勃发，他目光平和，步履平和，但是以他的小个子，能感受到他的手上用着多大的劲头来支撑大车前行。难怪他总是叨念起黄壁庄水库，这里留下的不仅仅是他的足迹，更是他的内心世界的创

业辉煌。今天，在党和国家的培养下，在他的培养下，我们兄弟接受了高等教育，有了更多的知识，有了更好的机会和条件报效祖国，建设祖国。怎能不缅怀他们的业绩，怎能不更好地去珍惜，沿着他们的创业足迹，发扬他们的创业精神，把我们的祖国和家园建设得更加美好。

历届党和国家领导人、省（部）、市（厅）领导，都对黄壁庄水库的建设倾注了心血，并多次来视察、指导工作。在这样一个涉及人民群众生命安全、关系群众日常生活的水利工程面前，可以想象有关领导同志每一次的视察指导，都不可能是走马观花。

走出创业室，我们重新回到阳光下，正对着大门，是高大的毛泽东同志塑像。他老人家尽管在"文化大革命"期间有过重大失误，但一生的丰功伟绩值得铭记。经过 28 年时间（1921—1949 年，其中真正执行全局决策是从 1935 年遵义会议以后）带领全党和全国人民艰苦卓绝的奋斗，建立了新中国，使中国人民和中华民族翻身做主站起来，为我们今天的国家建设和人民安定生活奠定了基础。毛主席一生俭朴，全身心投身党和国家的事业，他开创的党内民主（"七大"是成功典范，达到了全党空前团结，为战胜日本帝国主义和推翻国民党反动统治奠定了坚实的思想基础和组织基础）、批评与自我批评等优良传统和作风，是我们党至今的传家宝，兴旺发达的不竭动力。他老人家对水利事业也非常关注。根治黄河，根治海河，我都听说过。这些基础性的建设，造福子孙后代久远，并且为我国的建设事业进行了积极探索和积累了许许多多宝贵经验。所以，老一辈革命家值得我们怀念。我们也参观了管理处的周边环境。现在绿化的不错，也有综合开发（垂钓/旅游等等），黄壁庄水库水面浩渺，水质清澈，周边风景优美，确实是一种人与自然的和谐。

黄壁庄水库的未来发展也存在一些问题，主要是滹沱河水系水资源整体调度协调，还有泥沙淤积导致库容萎缩等。这需要有关方面从长远考虑。

虽然只是短短一天时间，但是感受非常深，收获非常大。用"不虚此行"来形容，是比较恰当的。

注：高建雨，男，河北省辛集市人，任职于河北省委宣传部。

黄 壁 庄 水 库 赋

杨宝藏

滹沱出太行处，有明珠焉，曰黄壁庄水库，亦名中山湖。建成以来，沐风雨，历艰辛，创效益，铸辉煌，称禹业，赞曰：滹沱明珠，太行锁匙，立永固之基，保万世之安，恰燕赵瑰宝，光彩熠熠；如旭日初升，生机盎然。

滹沱明珠

浩荡滹沱，源五台，出阳泉，纳阳武、清水、牧马、卸甲、冶河、文都诸河，穿太行峡谷，越华北平原，蜿蜒千里，东流至海，奔腾不息。数千年来，几易其道，危害频多，或两岸干旱焦土，或下游洪涝泽国，民不聊生，水深火热。建国之后，党政同筹，顺民心，应民意，兴利除害，八方齐动，高潮迭起。五八之初，果断决策，调集军民，开赴斯地，劈山凿石，筑坝截流，构闸辟渠，十度春秋风雨，十载冬夏寒暑，终筑横亘万米之巍巍长坝，始成沃野千里之安澜大堤。

之后数度除险加固，犹自九八之始，十亿投资，八年奋战，全国数万大军齐集，现代钻机沿坝林立，攻难关，除险情，筑十里之铁壁，添万方之泄量，换启闭之新机，增现代之调度，硬化坝坡，绿化库区，防御标准达至万年，内外面貌为之一新，精品水库终之一成，病险之帽挥之一去。

艰苦创业

斗转星移，尔来五十载，水库守省会之要冲，扼滹沱之咽喉，锁住几多洪兽，肩负安危重任。六三八、九六八，军民协力，众志成城，战洪魔，锁蛟龙，屏障津石重镇，卫护铁路通信干线，确保人民幸福安宁，灌溉万顷高产良田，润泽省会，供水西电，四保龙头之效显矣，兴水富民之举系焉。

忆往昔，五十载风雨辉煌，半世纪艰辛历程，峥嵘岁月，如影随形。尤以近年，水库职工，扎根基层，励精图治，勇于拼搏，艰苦实干，与时俱进，谋改革，绘蓝图，求发展，戮力漠策，规范管

黄壁庄水库赋

理，争创文明，内强素质，外树形象，经济建设蒸蒸日上，管理水平步步登高，职工队伍和谐稳定，现代化新型水库乃初步建成。

放眼乎今之水库，太行群峰雄踞于西北，广袤大地绵延于东南，二十里大坝如长虹卧波，截断太行云雨，雄伟壮观之正溢非溢，调蓄洪水自如。若夫晴和景明，登马鞍山顶，湖光潋滟，山色葱茏，天高云淡，春风起而兰馨馥郁，夏木长而绿染林荫，尽收眼底美景，自当心旷神怡。至若霪雨菲菲，风起涌涌，伫立岸边，山岳潜形，水连天毕，鸟翔鱼跃，则有无限感慨涌心中。

辉煌成就，有目共睹，展望未来，道远任重。而今迈步，当从头标举，扬科学发展之旗，更上层楼；乘和谐建设之风，再谱新篇。明日之黄壁庄水库定会更加美好。

注：此赋为纪念黄壁庄水库建设五十周年大庆而作。

景醉情浓中山湖

杨宝藏

中山湖就是水利行业颇有名气的黄壁庄水库，因为古中山国遗址位于水库东岸，所以雅水库之名又叫中山湖。

中山湖正当滹沱河出太行山处，支流冶河之水与滹沱河干流之水于此汇入湖内。湖的西北部是巍峨纵峙的太行雄峰，东部都是广阔无垠的华北大平原，下游二十多千米就是有着二百多万人口的河北省省会石家庄市，上游三十多千米就是大名鼎鼎的原中共中央旧址——西柏坡。周边还有赵州桥、正定大佛寺、苍岩山、天桂山、驼梁等一大批国家级风景区名胜区。中山湖及其周边，可谓人杰地灵、物华天宝、形胜之地。

驱车穿过两旁挺拔高大的白杨林荫路，来到水库大坝，顿感豁然开朗，十几里长的大坝如一条长

美丽的湖光山色

龙横卧在两山之间，开阔的水面、连绵的群山、巍巍的大坝、煌煌的楼阁，尽来眼底。对岸电厂高大的烟囱上袅袅的白烟缓缓升起，水面上不时有水鸟嬉戏和掠起，一条船儿疾驶中划出一道美丽的弧线，天上的白云也飘来飘去，与蓝天相映成趣。

来到岸边，水面平静地没有一丝涟漪，阳光照耀的水面反射着亮丽的光芒，不时有小鱼从水里游闲地来往，不远处一对年轻夫妇正安详地看着自己的儿子在水边玩耍，还不时给孩子拍照，一切都是那么安静、祥和，不由得让人心旷神怡、心静如水。

乘坐水库管理局的快船，航行在一湖浩荡碧波之上，清和日丽，远璋飘霭，惊鱼拔刺，群鹜嬉浪，孙髯翁"五百里之滇池"之情愫，范仲淹"先忧后乐"之胸怀，令人油然而生。船行至湖的中心，回首凝望，两条大坝一字排开，中间是一座突兀而起的马鞍山山峰，在船尾激起的水花映衬下，显得是那么壮观、那么有生机。再北望两座拔地而起毗邻而对的山峰，就是古中山国的遗址所在地。两千多年的历史文明，对岸相望，更令人发出无限的感慨。

上岸来到一座高台，一座公园在周围基本建成，亭台廊榭溢秀，名木奇葩流香，花草相映成趣，高台的中心玉立着一座双手托起太阳的不锈钢大型雕塑，红色的基座上雕刻着"滹沱明珠"几个大字，寓意中山湖就像镶嵌在滹沱河上的一颗璀璨明珠，水库管理者要用勤劳、智慧的双手把水库建设好、管理好，让这座明珠造福社会造福人民。在不锈钢雕塑的旁边有两座玻璃钢雕塑，吸引了不少游人的眼球。一座是两人拉车堆土、奋力向前的场面，另一座是两个举着大夯正在夯实地基的场面，基座上镂刻着毛体的"艰苦创业、众志成城"的八个金黄色大字，生动再现了20世纪五六十年代修建水库时那激励人心的场面。

走下高台，沿着新修的库岸观光路和草坪间的人行小路行走，绿草如茵，鲜花似锦，一块块美石散放其中，并刻有"水之利""水之魅""水之魂""水之缘"等的大字，引得不少人驻足观看、品味。在一棵歪脖柳树下，几名游人正在悠闲地聊天，一条小狗在旁边欢快地跑来跑去。沿着小路继续前行，一座池塘突然跃入眼帘，池塘的四面，远远近近、高高低低都是树，而杨柳最多，这些树将一片池塘重重围住。池塘内正盛开着一片荷花，红的、粉的让人为之一亮，那是满池的新荷，圆圆的、嫩嫩的绿叶，或亭亭立于水上，或宛转浮在水面，只觉得一种蓬勃的生机，跳跃满池。池边的一大片金黄色的油葵和红黄相间的美人蕉也不甘示弱，争奇斗艳，互相映衬。还有那水中的鱼儿，也不安分，不时地跳上跳下，似乎在迎接我们的到来，真的是让人不免产生一种世外桃源之感。

来到马鞍山下，一座矗立在山头上的高大的毛主席塑像非常引人注目，他老人家神情安详，望着东方，让人不由得想起那"根治海河"的号召，曾激励着多少人投入到治水事业中来，为水利的大发展奠定了坚实基础。继续拾级而上，登上马鞍山山顶。马鞍山的名字据说来自一个传说，说是古时杨二郎担山时在此歇脚，倒了一下鞋壳，两座石粒化作了两座小山，一座就是现在的马鞍山。这座山虽然不高，但却是方圆二十里内的最高峰，登上山顶，视野非常开阔，水库全部

晴空万里中山湖

及四周风光一览无余。

中山湖的美，美在她的水，这里的水真是清澈，清得惹人怜爱，澈得让人透骨；中山湖的美，美在她的阔，在这里，无论是在岸边、在山顶、在大坝上，视野都是那么开阔，让那些整天累月呆在水泥森林里的人感到很惬意很抒怀；中山湖的美，美在她的静，这里的静，静得让人不忍大声喧哗。壮丽的中山湖，就这样静静地躺在大山和大平原之间，用她那甘甜的清水滋润着人们，用她那大坝身躯护卫着人们，用她那美丽风光吸引着人们。中山湖，一座美丽、和谐、富民的水库，正如湖岸边石刻的《黄壁庄水库赋》所记："滹沱明珠，太行锁匙，立永固之基，保万世之安，恰燕飞瑰宝，光彩熠熠，如旭日东升，生机盎然"。

重修毛主席塑像碑记

杨宝藏

九九之春，世纪之交，改革开放，万象更新，乃重修主席塑像，建亭阁，修长廊，饰锦彩，布华灯，伟人风采愈加照人，此诚乃兴水兴库之盛举也。

浩荡滹沱，源五台，穿太行，两千年来，几易其道，危害颇多，或两岸干旱焦土，或下游洪涝泽国，民不聊生，水深火热。新中国成立之后，是伟大领袖号召，党政同筹，顺民心，得民意，果断决策。一九五八年，调集民工，开赴斯地，肩石负土，筑坝截流，开山凿石，构闸辟渠，十年春秋，十度寒暑，筑万米之长堤，成沃野千里之屏障。为纪念水库建成，激励后人，于六八年塑主席像于此。

斗转星移，尔来三十余载，水库守太行之要冲，扼滹沱之咽喉，引来太行云雨，锁住几多洪兽，保京津，卫省会，护干线，灌万顷之良田，沃广阔之平原，润泽省会，供水西电，旅游观光，养殖发电，效益称著，禹业增辉。

毛主席塑像

怀先辈，创新业，谋改革，求发展，图当斯变。九七之秋，戮力谟策，两规划一设想，绘蓝图，重塑形象。九八伊始，全面开工，雕梁画栋，飞檐临风，嘉树张盖，芳草列茵。忆当年，领袖指引，高瞻远瞩，指点江山，激扬文字，不由肃然起敬；看今朝，巍峨太行，粼粼碧水，雄横大坝，煌煌楼阁，自当钟灵毓秀。

览湖光山色，风物俊美；喜水库发展，蒸蒸日上。水能兴邦，邦兴水兴。抚今追昔，当继往开来，再创辉煌。太行明珠放异彩，中山湖畔开新元。值此工程告竣之际，为飨来者，爰立斯碑。

注：此碑文为1999年重修马鞍山毛主席塑像及周边环境整治而作。

1958 年

1月5日　水库对外交通（黄壁庄至石岗公路段）60千米的临时公路修整工程完成。

1月7日　工棚初期5000平方米的建筑开始，工程局办公地址、技工宿舍、火药库、饭厅、变电站、各服务部门的房屋等位置，已初步确定。

3月27日　省委农工部长、副省长阮泊生，省委委员、省水利厅副厅长丁廷馨，地委书记阎健到岗南水库地区视察。阮副省长对全体职工关于"大跃进"的报告，要求岗南水库建设更快些，用一个水库的人力、物力、财力建立两个水库，从中挤出一个黄壁庄水库来。岗南水库党委于3月29日作出"四年任务三年完，一库变两库"的决定。

4月21日　石家庄地委第一书记康修民、书记马赋广视察岗南水库工地时，传达地委意见：1959年实现拦洪；强化党的领导，派张屏东担任岗南水库党委书记，原党委书记丁适存集中精力搞局长工作；岗南水库的重大问题，直接请示地委解决；尽快建立黄壁庄水库筹备组。

5月5日　成立黄壁庄水库工程局，隶属石家庄地区行署专员公署，局内设办公室、工管科、水电科、卫生科、总务室及联合财经办公室，张健任局长，魏华任副局长。随即张健带领少数职工进驻工地，进行施工前的坝址勘探、地形测量、土砂场调查、建工棚及技术设计等工作。

5月中旬　石家庄专区岗黄水库移民委员会在洪子店召开会议，崔民生主任要求本着移民不出县的原则，7月底前确定移民地点。

6月上旬　石家庄市市长马赋广及副市长宋安祥等到水库研究组织石家庄市人民义务支援水库建设工作，召开全体职工大会，并通过了1959年拦洪方案。

6月21日　本着集体领导、分工负责与贯彻执行"大权独揽、小权分散、党委决定、各方去办、办要有决、不离原则、工作检查、党委有责"的原则，做出水库党委会应研究的问题及党委分工的暂行规定。崔民生负责全面工作。张健负责生产工作，重点是勘察、设计和施工工作；魏华负责财经、机械器材供应及对施工队伍的联系；曹梦增负责技工、民工管理、教育、安全、卫生及备砂石料工作；王文清负责党务工作，张万林负责组织、监委、团委、整风、审干、肃反工作；刘荣欣负责宣传、工会工作。

7月25日　岗南水库党委做出《大干一冬春，根治滹沱河，以一库力量做成四库（即岗南、黄壁庄、七亩、秘家会），四年任务一年完成》的决定。

8月8日　成立黄壁庄水库工程指挥部，崔民生任党委书记，王文清任副书记，张健任指挥，魏华任副指挥。

8月10日 石家庄地委于5月11日、7月30日先后批准崔民生等11人为中共黄壁庄水库委员会为委员。崔民生任党委书记，王文清为副书记，张健、魏华、曹梦增、杨育民、张万林、刘荣欣、宋安祥（石家庄市副市长）、张吉林、田仁义为委员。

8月25日 石家庄市地委、岗南水库党委、黄壁庄水库党委联合下发通知，任命崔民生同志为石家庄专员公署副专员兼黄壁庄水库党委书记；张健同志任黄壁庄水库党委副书记兼工程局局长；王文清任黄壁庄水库党委副书记；魏华、曹梦曾任黄壁庄水库工程局副局长；其他17名同志任各部、室、科负责人职务。

10月6日 为组织统一、集中领导，减少领导机构，党委决定，将现有的各县司令部或县总团部撤销，统一组织总指挥部，直接领导各县的所属施工团，张健同志任总指挥。

10月7日 利用古运粮河完成导流工程。

10月上旬 主坝、副坝、灵正渠涵管相继开工。10月下旬主坝进行填筑，绝大部分采用水中倒土法施工，截至1959年4月，有4万多民工在工地日夜奋战。

11月1日 召开第一次誓师动员大会，主副坝开始填筑。黄壁庄水库工程全面开工。

11月19日 11月13日开始了"杨家将齐上、鏖战一周"的紧张战斗，19日举行大放卫星日活动，主副坝全线阵地上旗帜招展，鼓号喧天，战斗声哄天动地，全军大冲锋，经过一天猛攻猛干，经过4万民工的鏖战，日上坝土方达28.5万立方米，平均每人每日工效5.1立方米，发射出全国第一颗上坝土方大卫星，首创全国日上坝最高纪录，鼓舞了干部民工的干劲，在水利战线上树立起了开路的先锋模范作用。

12月10—11日 举行发射双卫星日，两日共计上坝52.46万立方米，超额完成了原计划，再创新纪录。截至12月12日，主副坝完成上坝土方234万立方米，占总任务数的55.8%，平均日上坝5.57万立方米。

12月25日 河北省各界人民组成的4个慰问团的第三团，由高树勋副省长任团长，来黄壁庄水库工地进行慰问。

12月25日 本着填一筐多一筐、填一锹多一锹的精神，事事不离生产、人人为大坝上土着想，水库党委提出，12月15—25日这10天，开展"向大坝献土、为五九年元旦献礼"的运动日，要求所有到工地同志应做到去工地不空走，能捎一锹是一锹，能捎一筐是一筐。并要求各团、营、连各单位，缩减非生产人员，再减少服务人员，尽最大力量到大坝上土。

1959 年

1月5—6日 石家庄专区以地委书记处书记苏应明任团长的慰问团到岗南水库、建屏水库、横山岭水库慰问后，5—6日到黄壁庄水库工地慰问，进行慰问演出，并放映电影，与民工干部联欢。

2月21日 正常溢洪道动工，7月前完成汛前工程，与主副坝配合起到拦洪作用。汛期工程规划做了变更，溢洪道进口由3孔扩大到8孔，总宽130.6米。

2月27日 省海河委员会根据〔59〕海工字第15号批复，同意黄壁庄水库坝顶高程122米和库容规划及工程规划。

2月27—31日 召开黄壁庄水库干部誓师大会，张健代表水库党委做了"在1958年'大跃进'的基础上，乘胜前进，大干100天，为汛前建成黄壁庄水库而奋斗"的报告，各施工单位表了态，党委书记崔民生最后做了总结发言，掀起了1959年大干的施工热潮。

3月4日 水库工程局办公室与党委办公室合并为党委办公室，原财经办公室、卫生科、财务科合并为后勤部，下设"一室七科"，即办公室、总务科、卫生科、财务科、材料科、生活供应科、运输科及工具改制科，并调整16名同志职务。

3月8日 岗南水库工程局3月2日通知，任命许云清同志任黄壁庄水库工程局副局长。

3月底　灵正渠涵管工程完工。

4月12日　开展大放高产卫星活动，完成土方85352立方米，超过计划6.6％。在这项活动中，宣传部发挥了重要作用，仅据主坝束鹿团的统计，出动的宣传工具和活动有：黑板报49块，出301块次；喇叭筒24个，喊话845次，写广播稿134篇，鼓动牌941块，鸣放棚63处，鸣放意见6426条；光荣榜40处，上榜人数1647人；擂台25处，参加人数2120名；跃进塔8座，上塔人数218人；标语4262块，车头诗3030首，漫画1016件，彩旗328面，化装宣传队92人，演员10人等。

4月15日　中共黄壁庄水库管理委员会发布关于认真执行苏联专家指示的决定，对于中央和苏联专家在检查水库工程时提到的主坝清基不好、坝下游发现管涌、副坝滑坡等问题提出具体处理措施，以确保施工质量。

5月20日　石家庄专员公署通知，自6月1日起，黄壁庄水文站交水库工程局及专署水利局双重领导，水库方面主要负责政治思想教育和有关水库观测业务的开展，水利局方面主要负责部署业务、组织关系、人员调配等。

6月1日　将原工程局后勤部所属财务科、卫生科、总务科调整为工程局直属财务科、卫生科、总务科。

6月7日　周恩来总理在水电部副部长李葆华，农业部副部长杨显东，煤炭工业部副部长徐本初，省委第一书记林铁、书记处书记吴砚农、阎达开，副省长杨英杰、高树勋和省水利厅副厅长丁廷馨陪同下，于15时视察黄壁庄水库工地，登上坝顶视察并在水库工程局进行座谈。在视察过程中，周总理对水库工程的规划设计、移民迁建、施工管理、防洪保坝和民工生活等问题做了重要指示。党中央、国务院的亲切关怀使各级干部、工人、农民深受鼓舞，从而加速了施工进度，按期完成了拦洪任务，保证了安全度汛，为完成水库的全部工程任务奠定了良好的基础。

6月10日　召开各施工单位营以上干部会议，党委书记崔民生做了"人马工具齐出动，苦干巧干40天，保证黄壁庄水库安全度过今年汛期"的报告，紧急动员各单位，鼓足干劲与洪水赛跑，开展了一场4万人马参战的、声势浩大的以"争时间、争进度、争人力、争工具"为中心的生产竞赛运动。

6月1—30日　开展"反贪污、反盗窃、反浪费、增产节约"运动，职工纷纷揭发检举、自我检查，共计写出大字报3.97万张，口头检举1032件，书面检举317件，检查出各种问题和漏洞50628条，其中属于偷盗性质的2818件，贪污3022条，走私贩运564条，骗财54条，赌博7条。违法乱纪和作风问题87条，浪费14409条，批评建议1910条，其他10565条。

7月18日　水库首期工程完工，召开庆祝大会，水库工程局党委书记崔民生做重要讲话，并表彰了施工先进单位和个人。一期工程自1958年11月正式开工至1959年7月，共完成土方482万立方米，砂石料115.8万立方米，混凝土2万立方米，主坝达到120米拦洪高程，副坝达到122米高程，完成正常溢洪道开挖、浇筑等工程。

7月20日　黄壁庄水库完成拦洪工程。省委、省人委联合向岗、黄发出贺电。

7月27日　刚刚完成第一期汛前工程的黄壁庄水库，初次经受了洪水的考验，入库洪峰由1300立方米每秒，消减至60立方米每秒，大大减少了对下游的威胁。

9月1日　以主副坝填筑、电站和溢洪道开挖为主的第二期工程开工，3.5万名民工在工地发射了双日卫星。特别是11月24日党委扩大会二次会议的召开，传达贯彻了中央整风精神，掀起了新的生产高潮，提出了"大干30天，新年把礼献，誓夺高产月，胜利跨入60年"的口号，在电站建设及溢洪道施工过程中，广大施工人员冒严寒，连战连捷，实现了12月份满堂红。

9月10—30日　为纪念国庆10周年，开展水库生产评比竞赛活动。通过竞赛活动，促进了生产和工效。此外，宣传工作声势浩大，工地上"红旗招展，随风飘，锣鼓喧天，鞭炮齐鸣，响彻云霄"宣传组织，广播站所扩大器500瓦，各种宣传员2661名，鼓动牌1000余块，大幅漫画、标语、字旗、吊挂等2万余张，版坊、跃进门30个，决心书、保证书5000余张。

10月4日　石津渠电站开始动工建设。

10月6日　根据水库党委研究决定，张清荫同志任水库工程局党委副书记，林平同志任工程局副局长。另外，原建屏水库党委张清荫、林平、李立源、苗玉文、张怀玉5名同志为黄壁庄水库党委委员。

10月29日至11月1日　在水库俱乐部召开党委扩大会议，参加会议的有水库党委委员、直属支部书记、机关科长以上的党员干部和各施工团党委书记、团营长、教导员等共129人，党委书记崔民生主持会议。

11月4日　石家庄市人民委员会通知，建立石家庄市黄壁庄人民法庭，行政上受市人民法院的领导，负责办理黄壁庄水库（包括白沙地区）全部刑事、民事案件的审判工作。

11月19日　经常委研究决定，工程局办公室改为工程局生产办公室，工程局后勤部工具改制科合并为加工厂，撤销溢洪道电工区、副坝施工队，新建电站工区、护坡开挖工段、下团工作组，同时调配、提任54名同志各科、室、队、厂、组及党支部负责人职务。

12月2日　省水利厅党组考虑到岗、黄水库即将建成，决定在黄壁庄水库建立管理局，编制123人，其中局长3人，办公室28人，工程管理科29人，保卫科23人，组教科7人，生产管理科18人，水文站15人，报省委批准（结果未知）。

1960 年

1月6日　黄壁庄水库有7个基层党委会，2个总支，78个支部，计有党员2105人（其中预备党员222人）。

2月2日　中共黄壁庄水库委员会发布《关于领导方面几个问题的决定》，对党委的核心领导问题，学习问题，制度问题，加强物料供应，加强工地团结五个问题作出具体规定。

1月15日　遵照中央关于建设好水利的指示，省委、省人委组织了检查慰问团，省委委员、副省长张克让率领代表团赴黄壁庄水库工地进行检查和慰问，极大地鼓舞了4万名施工人员的积极性和干劲。

3月30日　水库党委召开水库政治工作现场会议，总结、检查和交流水库的政治工作情况，以改进和提高水库党组织的工作。据统计，1959年共调整组织4次，调配了280名干部到第一线，建立业校468个班次，参加人数2824人，业余党校40个，入校人数达4634人，培训民、技工1313人。

4月6日　石津渠电站浇筑至122米暂停施工，8月10日复工，至11月15日完成重力坝及灌溉洞、消力池工程。

4月6—8日　召开首届党员代表会议，参加人数247名，党委书记崔民生做总结发言。4月6日上午，王文清致开幕词，崔民生作报告，下午分组讨论，7日上午进行大会发言，藁城施工团党委、电站工区党委、宁晋施工团党委、束鹿施工团党委、工程局后勤部支部、劳改大队支部分别发言。下午21名党员代表发言，8日上午，崔民生主持会议，通过了《关于全体民职工动员起来，为加速完成第二期工程，大搞技术革新技术革命运动的决议》。

5月19日　黄壁庄水库党委成立"三反"领导小组，下设"三反"办公室。

5月24日　据中共石家庄市委〔1960〕102号文，为加强对滹沱河各水库的统一管理运用，建立水库统一管理机构，在黄壁庄水库成立"中共石家庄地区滹沱河水库管理局党委"和"河北省石家庄地区滹沱河水库管理局"，崔民生任党委第一书记，张芬任第二书记，张健任书记处书记兼局长，张吉林、王文清任书记处书记，魏华、曹梦增、杨乃俊、邢长春任副局长。党委下设党委办公室、组织部、宣传部、监委会、团委、工会，管理局下设办公室、工程管理科、生产管理科、公安局、水文站、卫生科、电站、招待所、电台、修配加工科、副坝管理所等机构。

6月3日　水库工程局召开民、技、工、党、团员积极分子1981人的代表会议。"三反"运动在水库范围内全面开展，各级党委先后成立了"三反"领导小组。

6月24日　仅用5天就建起了强化器万人食堂一个，并投入使用，食堂共240平方米，有100马力锅炉一个。当时水库共有职工、民工3.1万人，食堂56个，炊管人员950人。

7月　汛前加筑主坝子埝至124米高程。

8月30日　后勤部建成小型畜牧场一所，共养殖猪40头、羊100只、鸭20只、兔30多只。

9月16日　石家庄市委批转黄壁庄水库党委关于水库综合利用、全面发展生产的建议。

10月　省水利设计院编制的《黄壁庄水库扩建工程初步设计书》中拟定防洪标准为100年一遇洪水设计，1000年一遇洪水校核，下游防洪标准50年一遇，并提出七亩水库不能修建，拟定黄壁庄水库坝顶高程加高至128米。

11月4日　中共石家庄市委决定：石家庄市竹山水库、障城水库暂停施工，两水库全套干部到黄壁庄水库和石津运河，仍保留竹山水库党委和工程局的机构，全部干部仍占竹山水库的编制，竹山水库党委和工程局干部应统一受黄壁庄水库党委和工程局的领导。张清荫（竹山水库党委书记兼局长）任黄壁庄水库党委副书记，参加常委；梁士义（竹山水库工程局副局长）任黄壁庄水库监委副书记，参加常委；李喜斋（障城水库党委组织部长）任黄壁庄水库党委组织部长，参加党委为委员；张怀玉（竹山水库工会主席）任黄壁庄水库工会主席，参加党委为委员；豆玉亭（障城水库党委副书记）任黄壁庄水库工程局副局长，参加常委。

11月底　月末统计黄壁庄水库工程局全部职工合计2112人，其中固定职工982人（固定工人348人，管理人员568人），服务人员208人，月末民工人数19397人，全体职工平均工资48元，固定职工平均工资56元。

12月　一年来"双革"（技术革新、技术革命）工作蓬勃开展。黄壁庄水库共建"双革"委员会5个，"双革"领导小组44个，"双革"研究小组143个，共制造出模型、图纸1900件，共发明、创造、改革、仿造机械零件及强化器等590余种，共计5390件。围绕当时水库工程任务，试制改造了挖装机、土层打眼机、土电车、爬坡器、打夯机、碎石运输机、起重机等63项，促进了水库工程的进展。

12月底　黄壁庄水库正常溢洪道竣工。

1961 年

1月28日至2月6日　水库党委开展了"大干十天，向春节献礼"的高产运动，职工生产情绪高涨，不少项目超过了施工定额，保证了冬季大干100天生产满堂红，至2月6日胜利结束了冬季施工，随即开始组织民工进场。

2月6日　经水库党委研究决定，将原河北省黄壁庄水库公安分局改为河北省黄壁庄水库公安局，下设政保股、治安股，水库工程局副局长曹梦增兼任局长。

3月　水库试运行到库水位115米时，副坝下游坝脚以外发生管涌流土破坏和局部滑坡。

6月28日　经水库党委研究，石家庄地委批准，梁士义任黄壁庄水库党委宣传部长，免去其工程局副局长职务。

7月31日　经水库党委研究决定，撤销工程局生产科，成立河北省黄壁庄水库管理筹备处；撤销采运工区，建立河东、河西（以古运粮河为界）两个工区；成立黄壁庄水库粮食局，直属后勤部领导；撤销副坝施工指挥部，成立副坝基础处理筹备处。并任命29名同志职务。

8月22日　经石家庄市委批准，梁士义为水库党委委员。经水库党委研究决定，王星辰、赵胡兵、高建起为党委委员。

9月15日　水库工程局第二次调整职能机构：①保卫科改为保卫处，与公安局合署办公；②工务科改为计划工务处；③劳资科改为劳资处；④机电科改为水电科；⑤后勤部：增设机械处，材料科改为材料处，材料处下设材料科、材料管理科、工具科、材料加工厂；生活供应科改为生活供应处，下属生活科、果园；运输科、天津工作组、石家庄采运站等业务直属后勤部领导；⑥撤销机电党委会，水电科成立支部委员会，直属水库党委领导；⑦调整 25 名中层干部职务。

11 月　为解决运力不足，修筑了一条长达 9000 米的大铁路，大机车可直接入库。

12 月 9 日　黄壁庄水库委员会发布《关于适应今后工程需要，进一步加强党委集体领导和分工负责制的决定》。决定根据工程任务，划成四个战线，由党委和常务委委员会分管，即政治思路战线包括组织部、宣传部、监委会、工会、共青团、竞赛办、公安局、法庭、劳改队等；生产战线包括计划、工务、设计、调度、质量、安全、劳资等部门；机械材料供应战线包括机电、材料采购供应、财务、运输、加工修理、采运站、驻各地工作组；生活战线包括粮食生活办公室、筹备处、生活供应处、总务、卫生部门、粮局、商店、菜园、澡堂、招待所、驻石办事处。分工情况：崔民生全面负责，张清荫、李西斋、杨育民、韩益民、张怀艮、高建起 6 名同志负责政治思想战线；张健、王文清、魏华、杨海峰、张万林、赵朝兴 6 名同志负责生活战线；曹梦增、梁士义、魏华、尹冀、王星辰 4 名同志负责机械材料供应、生活两战线。

12 月 26 日　为适应水库工程需要，黄壁庄水库工程局设立招待所，12 月 25 日正式办公，以为水库往来客人服务，同时制定《住宿须知》《招待所招待制度》等。

1962 年

1 月　建立机关党委会，设党群、机关、机电处、局办室、生活、保卫处、商店、材料 8 个支部，总计 877 人。

1 月 2 日　经石家庄地委批准，任命魏华为水库党委副书记兼工程局副局长，尹冀为水库工程局副局长兼后勤部部长，张万林、李西斋为水库党委常委。

1 月 13 日　为减少层次，便于工作，经水库党委研究决定，调整机构设置和干部职务。撤销后勤部党委会，建立工程局总支委员会；撤销机电总支委员会；撤销后勤部，将其所属材料处改称材料供应处，生活供应处、铁道处、临建队直属工程局领导，运输科由材料供应处领导，工程局招待所改为招待处；计划工务处改为水文站，调度室、闸门管理处所、质检科水库观测组 3 单位划归水库管理筹备处领导。同时任命 21 名中层干部职务。

1 月 25 日　根据省人委〔61〕农办谢字 313 号文批复，同意成立黄壁庄水库工程总队，崔民生任党委书记，张清荫、王文清任副书记，张健任副书记兼队长，魏华任副书记兼副队长，曹梦增任副队长。

2 月　根据上级指示，水库工程局实行党、政文书档案与技术档案集中统一管理，成立了档案室。

2 月 13 日　经水库党委研究决定，撤销副坝党、政组织，建立第一、二、三、四 4 个工段和机械队的党委会与段队组织，直属水库党委、工程局领导，同时调整、任命 44 名同志为主任、工段长、队长等职务。

3 月 4 日　黄壁庄水库工程局与岗南水库工程局签订借阅合同，自 1962 年 2 月 1 日起，借调后者工人 2046 名，干部 260 名到黄壁庄水库工作，期限 11 个月。

4 月 2—3 日　召开黄壁庄水库党员代表会议。2 日上午，水库党委副书记兼局长张健代表水库党委做关于目标形势和汛前任务的报告，之后进行大会发言、解答提案。3 日下午，通过各项决议，崔民生书记致闭幕词。

4 月 3 日　经水库党委研究决定，撤销机械队，成立火车队、拖拉机队；撤销铁道处，改建为马山火车站，以上 3 个单位直属工程局领导。撤销第四工段，石工队与第三工段合并；工程局建人事科，并对 23 名同志进行了重新任命。

4 月 26 日　贯彻实行企业管理，制定了《工程局企业管理章则》《工程局组织分工、职责范围》《工程局直属机构管理办法》等。

5 月 18 日　经地委批准，任命张清荫为水库党委监委书记，李西斋为党委监委副书记，杨乃俊、陈久泉为水库工程局副局长。

同日　根据通知精神，黄壁庄水库公安局改为"获鹿县公安局黄壁庄水库分局"，黄壁庄水库法庭改为"获鹿县人民法院黄壁庄水库人民法庭"，党的工作为水库党委领导，行政工作受水库工程局领导，业务工作受获鹿县公安局、法院领导。

7 月　水利水电部同意黄壁庄水库工程 1963 年度汛工程按修订水文资料 500 年一遇洪水为标准进行加固，根据北京院提出的《1963 年度汛工程设计》进行施工，副坝坝顶加高至 125.3 米，坝前继续填筑铺盖，坝后续打减压井，正常溢洪道一级消力池新建排水沟并增设锚筋桩等，同年汛前完成了上述工程。

7 月 14 日　石家庄专员公署秘刘字 227 号文批示，同意撤退水库劳改大队，计有干部 68 名，警卫 171 人，劳改分子 612 名，犯人 932 名，全部退场。

9 月 2 日　根据中央关于减少城镇人口的决定精神和省、地委的指示，及水库汛前工程任务情况，自 4 月 25 日开始，进行水库职工精减工作，并成立精简工作领导小组，水库党委副书记张清荫任组长。水库原有职工（不包括支援单位职工）2573 名，其中干部 717 名，工人 1856 名（其中固定工 707 名，合同工 931 名，学员 210 名）。截至 3 月底，已精减干部 202 人，精减工人 1062 人。保留职工 1308 人，其中干部 515 人，工人 793 人。支援单位原有职工 3809 人，已撤场 2517 人，保留职工 1292 人；劳改队原有干部 68 人，民警 125 人，已精减干部 14 人，保留干部 54 人，民警 125 人；财贸系统原有职工 158 人，已精减 19 人，现有职工共计 2119 人。

10 月 10 日　经石家庄地委批准，恢复崔梦悦副总工程师职务。

11 月 5 日　根据国务院国水电字 240 号批转《水利电力部关于收回大型水利水电工程和施工、设计、安装力量及调整安排方案的请示报告》等文件精神，黄壁庄水库收归水电部领导。

12 月　全年完成坝前铺盖 67.35 万立方米，坝后压、贴坡 72.98 万立方米，新打减压井 236 眼，旧井处理 216 眼，正常溢洪道锚筋加固 1823 米，使水库防洪标准由 100 年一遇提高到 300 年一遇。

12 月 9 日　自 11 月 1 日副坝铺盖正式动工修建后，经过 40 天施工，于 12 月 9 日完成桩号 0＋900～2＋560 段的铺土填筑工程。共完成铺盖填筑 73154 立方米，清基 24998 立方米。

12 月 12—13 日　制作机械配件、机电设备、财务、原材料、工具、材料等移交清册。12 月 13 日，现有水库职工总数为 1315 人，其中干部 515 人，工人 800 人。此时民工总数 14000 余人。在现有职工 1315 人中，移交水利电力部 1169 人，其中干部 396 人，工人 773 人，其余 146 人不列入移交。另外，工地施工的还有岗南工程局、密云水库指挥部等单位支援的职工 1205 人（内干部 213 人，工人 992 人），亦不列入移交。

1963 年

1 月　水电部批准北京院提出的《滹沱河黄壁庄水库设计洪水修改、计算补充报告》。

1 月 18 日　水利电力部〔63〕水电劳组字第 18 号批复，自 1963 年 1 月 1 日起，撤销河北省黄壁庄水库工程局，改定为"水利电力部黄壁庄水库工程局"，同时改名的还有岳城水库。

3 月 14 日　经水库党委研究决定，撤销工程局机关党委会，建立工程局总支委员会，原工程机关党委所属 7 个支部，除党委会支部归水库党委直属支部外，其余 6 个支部归工程局总支委员会领导。

7 月　汛前主坝高程加高至 125 米高程，副坝填筑至 125.3 米高程。

7月15日 经水库党委研究决定，管理局筹备处设：①行政办公室，负责全局范围内的总务、医务、机关生产、园林、文书处理和行政事务等；②机电科：负责全场机电设备管理、维修、供水供电等；③工程管理科：负责工务管理、测量、观测、试验等；④保卫科：负责生产保卫和思想保卫工作；⑤器材财务科；⑥副坝管理所；⑦政治办公室：负责组织、宣传教育、人事管理、工会、青年等。共计设两个办公室。4个科，1个管理所，干部93名，工人188名，共计281人。

8月2—9日 水库上游地区连降暴雨，7日平均降雨574毫米，造成山洪暴发，出现了历史上罕见的特大洪水，8月4日，水库水位涨幅达11.8米，最大入库洪峰流量达11000立方米每秒，最高库水位达121.74米，最大出库流量5730立方米每秒。5日，工程局党委召开紧急会议，商讨对策，会后各团组织职工进行临战动员，各地民工团组织队伍迅速奔赴副坝、非常溢洪道等险工险段组织抢险。8日，水库非常溢洪道采取爆破措施，加大泄量。9日，省委委员、石家庄专员公署工作组组长丁廷馨、石家庄地区专员张屏东率民工、军队连夜奔赴水库抢护大坝，在领导的关怀下，经过广大抢险大军发扬艰苦努力、连续作战、不怕困难、无私无畏的革命精神，终于战胜了100年一遇的特大洪水，经受住了建库以来首次特大洪水的考验，为保卫石家庄市、天津市及下游广大地区人民生命财产的安全发挥了重大作用。汛后进行了防汛抗洪表彰活动，评出44名防洪积极分子，12名五好团员，3个防汛先进集体。

8月9日 据6月底统计，水库计有工程技术干部134人，卫生医务干部27名，其他管理干部348人，共509人，其中包括移交地方安置的77名。

10月1日 上午，在水库礼堂召开国庆14周年庆祝大会，参加会议人员约1400人。

10月16日 为加强职工的文化、技术教育工作，经水库党委研究，增设教育科。

10月20日 中共中央政治局委员、书记处书记彭真，华北局第一书记李雪峰在河北省委第一书记林铁、省长刘子厚、书记处书记阎达开的陪同下，到水库视察工程情况及听取抗洪情况汇报。

12月20日 黄壁庄水库工程局职能机构进行第三次调整，设置一工区、二工区、修配厂、计划工务处、财务处、劳资处、安全质量检查处、办公室、机要处、材料处、保卫处、人教处、行政处、医院、水库管理局筹备处15个机构。

12月 全年内档案工作人员的突击精神，经过极其艰辛的劳动，把党委系统1962年以前的文件和工程局1962年以前的一部分文件清理归档，计订卷214个，透明底图1080件，蓝图1280张，另有临时整理尚未装订的233个卷。

12月 水库工程局机关有职工854名，其中干部302名，工人552名，党员172名。

1964 年

2月28日 石家庄地委决定，周健民同志任黄壁庄水库党委副书记。

6月4日 根据〔1965〕水电管字83号通知，黄壁庄水库今后基建任务划归河北省领导，为便于岗黄两库联合运用，统一调度，决定自即日起，该两库的控制运用由河北省水利厅负责。

6月21日 按水电部建设总局水〔64〕干字第200号，任命陈士元为黄壁庄水库工程局总工程师。

6月30日 石家庄专署建立黄壁庄水库生产管理委员会，主任由石家庄专员公署副专员陈永义担任，副主任由水库党委书记崔民生和专署农业局副局长朱川济担任。主要任务是发动库区群众组织生产、增加收入，安排研究库区农村水牧林宜生产，解决库区之间有关库区生产而本单位不能解决的重大事项等。

6月 汛前检查，铺盖发生严重裂缝，总长达6355米，对发现的裂缝进行了开挖回填处理和灌浆。

9月30日 水库原党委副书记张清荫被定为反革命分子并被依法逮捕。

10月1日　水库工程局在水库职工俱乐部集会，举行庆祝新中国成立十五周年大会。

10月10日　水库建立了7个政治清理小组，水库五反办公室负责政治清工作。从5月底开始，水库肃反办公室对1411名职工的档案材料进行审查，经审查，列为重点调查对象的有13名，一般调查对象的269名，普查对象的605名。

10月23日　在8—9月充分准备的基础上，黄壁庄水库扩建工程于10月15日正式开工。截至10月17日，已进厂民兵37985人。民兵进场后，以县为单位，组织了12个民兵团，212个连（营）。指挥部也抽出了96名干部，划分10个组，充实第一线，到各团、连和民兵同吃、同住、同劳动。

11月24日　分别召开科以上干部、一般党员干部和工程师参加的会议，传达贯彻了水利水电总局政治部政治工作座谈会精神，决定从11月25日开始，从书记局长到一般干部，都执行每周一、二、四、五下午的半日劳动制度。

11月　根据上级关于成立政治机构的指示，经水库党委研究决定，成立政治处，将原党办室改为政治处办公室，组织部和宣传部改为组织科、宣传科，与原党委领导的工会、共青团组织均归属政治处领导。

12月8日　根据上级关于建立政治机构的指示精神，经水库党委研究决定，水库工程局处的建制一律改为科的建制，并对施工组织机构进行了调整。将工程局办公室改为局长办公室；质量检查科和安全科合并为质量安全检查科；计划工务处分别改为计划统计科和工程技术科；机电处改为机械动力科；材料处改为物资供应科；生活处和卫生科合并为行政福利科（下设医院）；水库管理筹备处改为水库管理科；劳动工资处改为劳动工资科；保卫处改为保卫科；财务科、调度室不变；施工单位撤销第一工段、二工段、三工段和副坝指挥部，分别建立第一、第二两个工区；将生活处的临建队改为局直属临建队；机械修配厂不变。

12月10日　1964年11月20日调整组织机构后，水库共有干部471人，其中政治处办公室11人，政治组织科6人，政治处宣传科8人，监委会3人，机关总支1人，团委会7人，工会9人，局长办公会14人，计划统计科8人，工程技术科19人，调度室5人，临建队15人，质检科17人，劳动工资科10人，教育科14人，机械修配厂23人，水库管理科13人，保卫科12人，福利科38人，物资供应科32人，机械动力科29人，财务科17人，一工区73，二工区87人。

12月17日　开展清理"小钱柜"工作，作为"五反运动"的内容之一，彻底清查历年来在财务资金管理中的会上代报、擅自挪用资金、化大公为小公、化预算内为预算外等非法手段搞起来的"小钱柜"。

1965 年

6月　国家计划委员会批复水电部提出的《黄壁庄水库扩建工程设计任务书》，同意黄壁庄水库按128米高程扩建。

7月3日　水电部水电总局党组根据〔65〕水总党字第27号报经水电部党组，同意将黄壁庄水库工程局于1965年7月1日起下放给河北省领导。并于1965年8月16日办了交接手续，但由于"文化大革命"的影响，组织归属问题没有解决，直至1970年5月13日，水电部对黄壁庄水库工程局才又进行了一次正式下放。

7月　海河院根据国家计委批复及省委《关于海河工程"三五"期间投资的安排》、海河院的《海河流域规划轮廓意见》及《子牙河流域防洪规划》作为依据，编制了《黄壁庄水库扩建工程初步设计》，10月28日根据水文分析最后修正成果，又提出了《黄壁庄水库扩建工程初步设计补充说明书》，经水电部研究后决定水库扩建工程，采用1000年一遇洪水作为水库安全标准，汛后兴利蓄水以平水年不弃水为原则，同意主、副坝扩建规模，即主、副坝坝顶高程分别按128.5米和129米进行加高培厚，关于正常溢洪道堰前铺盖及堰基排水工程，要求1966年汛前完成。增建岸边胸墙式非常溢洪道一座，堰顶高程 108 米，最大泄洪量 11700 立方米每秒。

8 月 8 日 根据移交工程统计总表，1958—1964 年完成投资额分别为 1958 年 748.78 万元，1959 年 2352.58 万元，1960 年 3111.12 万元，1961 年 2167.67 万元，1962 年 1901.00 万元，1963 年 1417.20 万元，1964 年 361.65 万元，累计实现投资 12060.00 万元。完成土方总计 1969.2 万立方米，石方 123.7 万立方米，混凝土 20.5 万立方米。

8 月 16 日 黄壁庄水库工程和施工业务于 1 月 1 日划归河北省领导后，水利水电建设总局派王心湖副处长，河北省水利厅派孙近处长与黄壁庄水库管理局曹梦增副局长，对水库工程、投资、材料、设备和施工力量等方面和有关事项进行了交接。

8 月 20 日 召开黄壁庄水库全体职工大会，河北省副省长谢辉做重要报告。

8 月 非常溢洪道开工，主、副坝加固工程开工，截至 1968 年汛前主坝顶高程填筑至 128.7 米，主坝加高至 129.2 米。均为碎石路面。

9 月 4 日 为顺利完成"128"扩建工程，由石家庄地区行署，黄壁庄水库工程局和河北省水利工程局联区组建根治海河石家庄地区黄壁庄水库施工指挥部。崔民生任指挥部党委书记、政委，张健任指挥部指挥、副书记，魏华任副书记、副政委，段金水、温树棠、周健民任副政委，苏文彬、曹梦增、尹冀、史长安、刘国昌任副指挥。指挥部设办公室，施工调度室，技术室，工务处，后勤处，一、二、三工区，机械队和水电通信队，原黄壁庄水库工程局政治处改为黄壁庄水库工程指挥部政治部，指挥部党委委托政治部领导监委会、工会、青年团，工程局的武装部、保卫科归政治部领导。

9 月 22 日 随着行政机构的变更，经中央黄壁庄水库施工指挥部委员会研究，建立和调整了党的组织机构，指挥部委员会下设 11 个直属党支部，2 个党总支。

10 月 10 日 根据水电总局政治部水〔65〕政字 173 号，任命陈村农为黄壁庄水库工程局副局长兼调度室主任，张宝峰为工程局副总工程师兼计划统计科科长。

10 月 25 日 水库抽调人员组成联合检查组，对 12 个团 212 个民兵食堂进行了全面检查。

11 月 13 日 经石家庄地委批准，任命陈村农同志为石家庄地区黄壁庄水库施工指挥部副指挥，夏光曙、张万林为政治部副主任。

12 月 4 日 指挥部党委在水库俱乐部召开了由 12 个民工团、各机关、部队的先进单位、四好集体代表、五好民兵和五好职工以及全体职工共 1500 人参加的"欢迎慰问团、四好、五好命名发奖和奋战 12 月动员大会"。首先由指挥部党委副书记、指挥张健同志致欢迎词，然后由慰问团团长刘玉坤讲了话，最后党委书记崔民生向大家作了重要指示。

1966 年

3 月 8 日凌晨 5 时 20 分 邢台地区发生强烈地震，波及石家庄市。震中震级为 6.7 级，烈度为 Ⅸ 度左右。

3 月 22 日 16 时 19 分 邢台地区发生第二次强烈地震，震级 7.2，烈度为 Ⅵ 度，波及石家庄市，市内 50% 左右的房屋受到不同程度的破坏。

5 月 16 日 全国范围内开展了"文化大革命"运动，随着运动的深入开展，在水库工程局内成立了各种各样的群众组织。

6 月 非常溢洪道基本完工。

8 月 24 日 水库上游地区突降大雨，平山冶河站实测入库洪峰最大达到 8250 立方米每秒，截至 8 月 26 日，最高库水位达到 119.20 米，相应出库流量仅 42.9 立方米每秒，削减洪峰达 94.8%，为保护下游地区的安全起到了巨大作用。

1967 年

11 月 17 日　水库工程指挥部领导及部分民工代表，参加在衡水工农兵广场召开的隆重纪念毛主席"一定要根治海河"题词四周年大会，并在大会上发了言。

11 月 23 日　黄壁庄水库和岗南水库"无产阶级革命派"实现大联合后，成立黄壁庄水库工程局革命三结合筹备小组。

12 月 25 日　召开黄壁庄水库工程局革命组织代表大会。经中国人民解放军河北省石家庄地区支左委员会批准，成立水电部黄壁庄水库工程局革命委员会，崔民生任革命委员会主任委员，军代表葛振明任副主任、工程局副局长陈村农、水库党委办公室主任李立源任副主任，军代表高求任常委，宫润河、林怀江、江彦虎、李生保、刘秋来任委员，革委会共设委员 41 人，其中常委 11 人，26 日召开了庆祝大会。

1968 年

3 月 14 日　施工指挥部、工程局革委会和大联委联合召开各施工团、各部队组织负责人会议，主任崔民生、副主任葛振民、军代表高求都讲了话。

6 月　黄壁庄水库扩建工程自 1965 年 10 月动工 3 年来经过广大施工人员的拼搏，全部竣工。主坝高程填筑至 128.7 米，顶宽 7.5 米，副坝加高至 129.2 米，顶宽 6 米。至此水库建设工程全部结束。水库的主要建筑物有主坝、副坝、正常溢洪道、非常溢洪道、石津渠电站重力坝、灵正渠电站。总库容 12.1 亿立方米，连同岗南水库总控制流域面积 23400 平方千米，占滹沱河流域面积的 95%。在 11 年的断续施工中，共完成土、石、混凝土 2800 万立方米，国家投资 1.5 亿多元，先后有 26 个县市的几十万民工和几千名水利工人、技术人员参加。

7 月 2—16 日　召开水电部黄壁庄水库工程局革命委员会第二次全体会议，出席会议的有委员 36 人及大联合委员会，各办公室正副主任、各革命领导小组正副组长 14 人。大会通过总结半年来的工作，开展批评与自我批评，统一了思想，提高了认识，促进了两化建设，增强了革委会的团结。

7 月 22 日　受"文化大革命"的影响，按照上级有关精神，成立机构改革领导小组，由革委会主任崔民生同志挂帅，林怀江任组长，进行机构精简。

8 月 30 日　经过广泛讨论，实施精简机构，决定成立 4 个组：办事组、政治工作组、工程指挥组、后方勤务组，共 48 名定员的方案。其中办事组 6 人，主要承办革委会确定的中心工作，上呈下达，处理日常事务及接待事访；政治工作组 14 人，管理学习，管好干部和党团组、治安保卫、对敌斗争等，下设毛泽东思想宣传站、消防队、小学校、家属委员会；工程指挥组 14 人，负责全局工程施工、管理、指挥和水库管理，下属水管队测量试验；后方勤务组 14 人，负责器材计划、管理供应，管好劳资、财务、生活管理。

11 月 25 日　根据石家庄市革命委员会〔68〕59 号，省革委会将黄壁庄水库下放给石家庄地区革命委员会领导。

1969 年

2 月 21 日　民工进场，进行水库工程建设尾工项目，主要有重力坝及正常溢洪道帷幕灌浆，正常溢洪道锚筋桩、接缝处理、测压管、非常溢洪道闸门主轮处理、廊道水泵安装、小电站建设等。

3 月 3 日　在获鹿县李村召开北京军区机关"五七"干校在黄壁庄水库落实建校使用土地座谈会，获鹿县、黄壁庄水库有关公社、生产大队等革委会和贫下中农代表及北京军区机关参加，一致同意，将国家修建水库征购用土待平整、需改良的生荒地和宜安炼铁厂少部分熟地移交给北京军区机关"五七"干校使用。

6—7月　进行清仓、清队、清思想的群众运动，6月15日成立清仓领导小组，经过一个月的奋战，全库4个办公室、5个队防属25个单位共清查出积压物资价值30万元。

6月15日　成立水库防汛指挥部，指挥部主任崔民生，副主任高求、武国顺，下设政治保卫组、工程组、水情组、水库运用组、后勤组、水电通信组。

9月　完成副坝防浪墙、灵正渠电站安装、非常溢洪道检修门及马鞍山毛主席塑像扫尾工程等任务。

9月28日　成立火车队、水工队、修配厂、机械厂、水电队等各队革命领导小组，并任命43名同志职务。

1970 年

1月8日　据水利部黄壁庄水库工程局革命委员会〔71〕黄革字2号，工程局现有干部483人，固定工人1169人，合同工6人，亦工亦农合同工60人，共1718人，其中岳城水库579人，正定外贸仓库138人，获鹿县向阳村战备仓库193人，在黄壁庄水库818人。

3月18日　省革委生产指挥部下达《关于岗南、黄壁庄、于桥水库管理运用问题的通知》，并提出水库的管理、维修、养护工作由所在地区负责，水量分配、调度，由省直接安排。

3月　装机16000千瓦黄壁庄水库电站投入运用，年均发电量3402万千瓦时。

5月13日　根据中央水利电力部军管会〔70〕水电军生综字第36号函意见，明确黄壁庄水库工程局归河北省领导，但隶属关系未明确。

5月18日　水库工程局革命委员会向石家庄地区革命委员会请示成立黄壁庄水库管理局。

6月　装机800千瓦的灵正渠电站建成并发电。

8月19日　以罗马尼亚农业合作社全国联盟副主席波佩斯库为团长的代表团一行5人，先后参观了三角村、瓦房台、黄壁庄水库等单位。

1971 年

1—2月　水库工程局将职工队伍进行了向有关地方的移交，水库管理处接受职工153人，其中干部48名，工人105名；将水工队、医院、试验室采购站移交到省革委水利局，共有职工469名，其中水工部门436人，水库职工医院22人，试验室10人，采运站7人；移交给邢台地区火车队113人，水电队164人，机械队150人，建筑公司57人，共484人；移交给省交通局机构修配厂职工261名，共1674人。

3月31日　根据省革委会关于黄壁庄水库工程局机构变更、人员陆续转场的情况，水库工程局将所有的永久性房屋707间（11868平方米）做了初步分配意见，分配给水库管理机构永久房屋249间（6366平方米），其中用于办公室、单身职工及家属宿舍的为140间，仓库用房700平方米，食堂用房432平方米，发电机及扬水站用房26间，招待所66间，澡堂17间，半永久性房屋58间。

3月　在坝下栽植果树建成果园，在马鞍山栽植刺槐等进行绿化。

6月1日　水库副坝马山段铺盖工程正式开工，水库管理处及获鹿、无极、新乐、水利大队的2400名民工、职工投入工程，经过2个月的施工，完成土方13万立方米，砂石料3797立方米，提前竣工。

6月2日　黄壁庄水库工程局革委会与北京军区后勤部河北省物资供应站签订协议，前者将1960年征用的获鹿县宜安生产队的40亩土地和原水库工程局架设的1170铁路专用线，以及场内房屋一并移交给后者。

8月2日　经河北省革命委员会生产指挥部批准，成立河北省中共黄壁庄水库总支委员会和黄壁庄水库管理处革命委员会，设办事组、后勤组、政工组、保卫组、工管组、生产组、修理组。高求同志任总支书记、革命委员会主任，曹梦增任总支副书记、革委会副主任，公丕干任革委会副主任。

8月4日　梁士义任办事组组长，祖文峰任办事组副组长；崔志华任政工组组长，司冬梅任政工组副组长；谢昂任工管组组长，刘树林任工管组副组长；陈彦彬任生产组组长，张晨任生产组副组长。

8月3日　召开总支委员会和革命委员会成立庆祝大会，高求书记、曹梦增副主任分别讲话。

8月19日　召开中共黄壁庄水库管理处总支委员会第一次全体委员会议，在学习了毛主席在七届二中全会上的报告、党委会工作方法、党章等文件后，做出了几项规定。

1972 年

11月26日　黄壁庄水库总弃水流量为70立方米每秒。石家庄地区通过石津渠、源泉渠、东明渠引用弃水55立方米每秒进行回灌，获鹿县铜冶片回灌后地下水位回升3～5米。

12月16日　省革委会水利局以〔72〕冀革水字（231）号批复，同意增设林渔组，主要负责库区绿化、养鱼规划、树苗、鱼种的生产和管理，并将生产组改为工程管理组。

1973 年

3月　在白沙、马山、沟台、狗台、西王角等地发动职工栽植毛白杨15万株，加杨1万棵，柏树5000棵，岸树2万棵。

7月20日　中共河北省水利局革委会12号文通知，决定免去高求同志黄壁庄水库管理处革命委员会主任职务。

10月5日　汛期河道洪峰频繁。滹沱河小觉站共出现洪峰51次，实测量大流量1250立方米每秒，仅次于1956年，比1963年洪峰流量872立方米每秒还大。汛期来水量为去年同期的7.2倍。

11月15日　获鹿、灵寿、正定3县境内滹沱河干流40千米治理工程动工。

1974 年

1月6日　省根治海河指挥部和省水利局邀请水电部冯寅总工程师、水电部13工程局及天津大学、省水利专科学校等10个单位的领导人及部门技术干部，针对黄壁庄水库马山副坝漏水等问题进行现场检查和讨论。

5月4日　黄壁庄水库度汛工程开工，晋县、藁城、无极、高邑、栾城上民工7000多人，绝大多数连队步行接练进场。经一个月会战，完成压坡、排水沟改建、筑堤淤坝、石浪涧沟裁弯取直、护坡灌缝、非常溢洪道尾渠开挖等。动土方15.62万立方米，石方4.38万立方米，砂石料2.24万立方米，混凝土灌缝2.04万平方米，投资78万元。

7月12日　省建委同意滹沱河治理工程设计：排涝标准按5年一遇，黄壁庄水库下泄流量400立方米每秒；防洪标准按50年一遇，水库下泄流量3300立方米每秒；治导线宽度按1600米控制；截弯段导流引河底宽按50米控制；黄壁庄至侯丈段工程的投资控制在320万元以内。

9月9日　根据省革委会水利局〔74〕冀革水政字4号，经省农办党委决定，任命赵潜英同志为河北省黄壁庄水库管理处革委会副主任。

12月5日　省委书记刘子厚指示省水利局，要求清下黄壁庄水库马鞍山上的毛主席塑像，省水利局要求黄壁庄水库管理处在批林批孔运动推动下，做好群众工作，抓紧时间行动。后因种种原因，未实施。

1975 年

2月22日　制定1975—1980年黄壁庄水库管理规划。

2月　水库管理处根据多年运用观测资料，对正常溢洪道作了新堰体稳定计算，计算结果，当水库水位125.3米关闭闸门时，安全系数为0.976米，达到设计标准，报经省根治海河指挥部同意，水库管理处组织力量对正常溢洪道基础进行了帷幕灌浆，1976年开工，每年利用低水位时施工，至1987年竣工。

6月10日　根据省革委会水利局党委研究，在高求同志走后，由总支副书记曹梦增同志负责全面工作，在曹梦增同志蹲点劳动期间，由公丕干同志代理曹梦增同志的职务，负责全面工作。

7月23日　河北省水利局《关于黄壁庄水库和冶河污染严重问题的报告》中指出，由于工业"三废"不断排入，冶河及其下游黄壁庄水库均受到严重污染。

1976 年

3月　水电部副部长张季农前来黄壁庄水库检查工程。

4月25日　由石家庄地区海河指挥部和水库管理处联合组成获鹿、灵寿两县参加的非常溢洪道尾渠开挖施工指挥部成立，并开始施工。

8月4日晚　石家庄地委向晋县、栾城发出抢修黄壁庄水库临时度汛工程指示后，县委连夜落实，栾城2000名、晋县500名基干民兵，冒雨赶到工地，当晚投入两县施工。经三昼夜施工，动土方1.27万立方米，加固防浪墙7390米，开挖爆破药定50个，比原计划提前一天完成任务。

8月20日　黄壁庄水库进行放水试验。8—10时提闸放水500立方米每秒，水到灵寿木佛村为250立方米每秒，到藁城为100立方米每秒。

年内　省防汛抗旱指挥部确定，滹沱河当黄壁庄水库下泄3300立方米每秒时（相当于50年一遇），保证南北堤安全，超过3300立方米每秒时，在南堤安平、饶阳境内选择适当地点分洪，确保北堤安全。滹沱河洪水在无极东罗尚闸与老磁河水连成一片时，应关闭此闸，以防洪水串入大清河流域。

1977 年

春季　大搞植树造林运动，完成植树57000株。

5月18日　河北省石家庄地区公安局〔77〕24号决定，黄壁庄水库派出所隶属获鹿县公安局领导，名称为"获鹿县公安局黄壁庄水库派出所"。占水库管理局编制，党、政人事关系不变，业务由获鹿县公安局领导。

7月6日　从6月2日开始，进行正常溢洪道堰前帷幕灌浆，完成灌浆997米。

是年　小电站全年完成148.48万千瓦时的发电量，超设计148%。

12月　全年总产水果39493.4公斤，鱼种105万尾，商品鱼422公斤，收入小麦1972.5公斤，黄豆362.5公斤，玉米765.5公斤，养猪14头，生产蔬菜3万余公斤。

12月　省水利局批年行政费用20万元，实际支出17.8525万元，省水利局批岁修19.84万元，实际完成18.84万元。

1978 年

2月17日　河北省革委会批示，将黄壁庄水库正常溢洪道西侧国有荒地拨给51002部队工兵营建营房，12月25日，黄壁庄水库管理处与51002部队、黄壁庄大队、黄壁庄公社签订协议，对黄壁庄大队予以补偿，土地所有权和使用权归51002部队。

4月28日　印发《1978—1980年水库管理规划》。规划提出，当前黄壁庄水库管理处管理行政费用开支每年约22万元，工程维修养护任务开支每年约20万元。今后要通过综合利用，多种经营，水费征收，截至1980年总收入达到40万元，实现管理人员和工程维修养护全部经营自给有余。

1979 年

4月12日　进行总支委员会改选，曹梦增、赵潜英、郑洁民、王会海、王振庭、岳彩勋当选。

4月13日　在工作组王德志委员主持下，召开第一次总支委员会，曹梦增、赵潜英为副书记，在未明确正书记前，管理处全面工作仍由曹梦增负责。

4月18日　根据冀水劳党字33号文，河北省革命委员会水利局党组批准，河北省黄壁庄水库管理处革命委员会改名为河北省黄壁庄水库管理处，中共河北省黄壁庄水库管理处总支委员会改名为中共河北省黄壁庄水库管理处委员会，王德志兼任处党委书记，曹梦增同志任水库管理处副处长、党委副书记，赵潜英任党委副书记、副处长。党委由王德志、曹梦增、赵潜英、郑洁民、王会海、王振庭、岳彩勋7名同志组成，并民主选举产生3个支部，充实了支部力量，调整了个别党小组，部分科室充实了中层干部，各科室根据其业务范围、生产情况，对人员做了适当调整，将67名临时工全部压缩了下去。职能机构将原来的7个行政组改为6个科室，共设办公室、政工科、财务器材科、工管科、生产科、保卫科，取消了长期造成人力浪费、设备挤压的维修组，并建立工会组织，使党、政、工、团的各项活动走上正轨。

5月7日　省防汛抗旱指挥部通知：汛期定为6月1日至9月30日。

5月23日　制定办公室、工程管理科、生产科、财务器材科、政工科、保卫科、修配厂等各科室职责范围及有关制度并实行。

5月　在石津渠口附近修建80吨水塔一座，有效缓解了办公和职工生活用水紧张的状况。

6月30日　根据〔79〕冀水劳政字42号文，农办党组研究决定，曹梦增同志任黄壁庄水库管理处处长，免去其黄壁庄水库管理处副处长职务。

8月20日　召开处务会议，同意省地震台在马鞍山建立中心台。此后，中心台开始建设。

11月　成立黄壁庄水库渔业管理委员会，由黄壁庄水库管理处与周围三县市组成，省水利厅牵头，负责黄壁庄水库的渔业管理、分配及捕捞等。

12月13日　河北省革委会水利局党组根据〔79〕冀劳水党字70号决定，任命吴俊书为黄壁庄水库管理处副处长。

12月13日　石家庄地区专员办公会决定，岗、黄两库移民遗留工作由民政局移交水利局，1980年1月办理移交手续。

12月　经过水库广大工程技术人员的努力，完成了《水库管理手册》的编写和印刷工作。

1980 年

5月14日　根据〔80〕冀水党字11号文，赵潜英同志由原任黄壁庄革委会副主任改任副处长，吴俊书同志任黄壁庄水库管理处党委委员。

6月19日　经厅党组研究决定，根据〔80〕冀水人字第19号文，任命崔景华同志为黄壁庄水库管理处副处长、党委委员，免去其工程局汽车队党委书记职务。

12月4日　经省委组织部同意，根据〔80〕冀水党字第18号文，任命郑文才同志为黄壁庄水库管理处副处长，免去其漳卫运河管理处副处长职务。

1981 年

3月18日　黄壁庄水力发电厂110千伏升压站建成，开机并网投入运行。

3月25日　根据冀水人字〔10〕号文精神，免去郑文才黄壁庄水库管理处副处长职务，调任省水利厅工程局副局长。

5月　经水电部批准，省委同意，将黄壁庄水库副坝渗漏处理工程列入大型水库加固工程计划，主要项目有石涧沟改道，马山与马鞍山两段铺盖加固，马山后集水坑排水管理设，共完成土方、石方、混凝土方102.9万立方米，投资400万元。

10月　经省政府批准，河北省政府〔81〕141号批复，成立平山县三汲、胜佛、获鹿县，马山、黄壁庄、灵寿县王角5个公社组成的黄壁庄区，区公所由平山县领导，负责范围田水林土的统一规划和管理。

1982 年

2月5日　根据〔82〕冀水人字第5号文，免去王德志同志兼任的黄壁庄水库管理处党委书记职务。

4月11—12日，石家庄行署召开岗南、黄壁庄水库库区渔业生产座谈会，研究生产方针、管理体制、鱼种场交接、渔政管理等问题。

7月13日　调整郭仲斌等17名中层干部职务。

7月　将正常溢洪道闸门启闭机设备一门一机固定在钢筋混凝土架桥上。项目有掺墩加固、改建钢筋混凝土机架，启闭机架，备用发电机房、操作室等，投资275万元。

1983 年

4月25日　根据〔83〕冀水党字4号关于厅属事业单位机构改革后领导班子任职的通知，任命龚方家同志为水库管理处处长，谢宝忠同志为党委副书记，王明德同志为副处长、党委委员，朱明义同志为副处长。

6月　我处在石家庄高柱小区新建的职工宿舍楼竣工并交付使用，分配方案基本落实，26户职工喜迁新居。

12月　全年为下游提供灌溉供水9.2亿立方米，其中石津渠8.54亿立方米，灵正渠0.38亿立方米，计三渠0.29亿立方米。

年内　省防汛抗旱指挥部确定：滹沱河发生5年一遇洪水时，黄壁庄水库限泄400立方米每秒，保该区行洪道两堤，超过时视情况而扩大该区滞洪。遇50年一遇洪水时，黄壁庄水库限泄3300立方米每秒。相应保证水位，北中山为37.68米，附近左堤堤顶高程为40.85米，确保南北堤安全。超过保证标准时，视具体情况在南堤饶阳、安平境先下后上选择当地点扒口分洪，无极县东罗尚闸亦应关闭。

1984 年

5月22日　省政府批复撤销黄壁庄区。批复提出，黄壁庄区撤销后，国家已征用的山、水、田、林、土等统由黄壁庄水库管理处负责管理。

6月26日　省政府批复将原平山县黄壁庄区属鱼种场移交石家庄地区行署水利局领导。

6月30日　为发展水库旅游，适应社会日益发展的新形势，水库管理处在省市领导支持下决定大力发展旅游业，成立了"旅游开发公司"，中山湖度假村举办开业典礼，省长张曙光参加仪式并剪了彩，到9月底接待游客17万人次，平均每天1890人。

8月29日　省水利厅召开黄壁庄水库渔业开发公司成立和水库划界预备会。

9月19日　在省、地市的协调下，黄壁庄水库管理处与获鹿、平山、灵寿三县共同成立了"黄壁庄水库渔业开发公司"，接管水面，成立渔政站。

12月1日　根据〔84〕冀水党字第32号文，厅党组同意王殿英、郭仲斌同志为水库管理处党委委员。

1985 年

5月10日　经省水利厅批准，对所属事业单位推行事业单位企业管理试点，黄壁庄水库管理处实行企业化管理，定收定支，自负盈亏，节余比例分成。

1986 年

2月　响应省委首批万名下乡下厂干部赴贫困县扶贫锻炼的号召，选派3名同志赴平泉县锻炼。

5月　筹资在石家庄市高柱小区购买一个单元楼，建筑面积共921平方米，使17户职工特别是技术干部职工的困难得到了解决。

1987 年

4月23日　根据〔87〕冀水党字第15号文，免去王明德黄壁庄水库管理处副处长、党委委员职务。

5月10日　中央防总指挥部总指挥、水电部部长钱正英检查黄壁庄水库工程，并对水库防汛中存在的问题进行现场研究和处理。

7月1日　河北省省长解峰到黄壁庄水库管理处检查落实安全度汛措施。

6月24—28日　获鹿县马山乡群众伐树造成通信线路断线11760米，12条电话线中断，水库与石家庄市、省防汛指挥部、岗南水库及副坝指挥部联系全部中断，针对这一问题，解峰省长现场拍板，由水库管理处牵头，获鹿县出工，省水利厅安排所需资金，尽快修复。于7月12日17时全部修复。

10月　经过一年以来技术人员的不断研究、检查，水库管理处新上的半亩网箱养鱼试验成功，为水库及周围移民的致富和开发水土资源开辟了新路子。

1988 年

5月11日　河北省水利渔业开发中心与水库管理处生产科联合成立实验站，在黄壁庄水库进行网箱养鱼，取得了较好的经济效益。

10月11日　根据冀水党字第32号文，任命董学宝为河北省黄壁庄水库党委书记，免去其水利厅工程局副局长、局党委委员职务。

10月　水库正常溢洪道底板加固工程开工，投资三百多万元。

11 月至次年 3 月 最高水位高达 119.55 米，库水位持续超过 119.0 米的天数达 130 天，是建库以来高水位持续时间最长的一年。

11 月 15 日 冀水党〔88〕字第 37 号文批复，同意增补朱明义同志为处党委委员。

1989 年

5 月 水库 17 处房屋由获鹿房管所确权发证。

8 月底 汛前完成正常溢洪道底板加固工程，通过了省部联合验收。

12 月 全年实现灌溉和发电供水 9.8 亿立方米，其中灌溉给水量 7.23 亿立方米，弃水发电 0.87 亿立方米。

12 月 全年实现水费收入 88 万元，小电站收入 10.7 万元，综合经营收入 69.5 万元，其他收入 66.2 万元，总收入 172 万元，全年总支出 136 万元，节余 35.9 万元。

12 月 今年共上网箱 2.5 亩，其中同渔业中心联营的实验站 1.5 亩，旅游公司 1 亩，产鱼 11.5 万公斤。

1990 年

2 月 15 日 黄壁庄水库副坝排水设施恢复工程开工，由省水利厅组建加固工程指挥部，分两期施工，当一期工程建减压井、翻修减压沟及整修压坡平台，第二期工程整修坝后防汛公路和坝顶路面，完善观测设施等，两期工程都进行了招投标优选了施工队伍。第一期工程东段由北京顺义县水利工程公司承建，第二期工程由厅工程局一处承建。

3 月 27 日 根据〔90〕冀水党字第 7 号文，同意增补龚方家同志为黄壁庄水库管理处党委委员。

4 月 马鞍山新建水库管理处办公楼工程开工。

5 月初 水库放空库进行工程检查时，发现副坝铺盖严重裂缝，经有关专家进行现场分析，论证，提出了处理意见。

6 月 16 日 省委省政府紧急动员省直及石家庄地市机关人员和当地驻军官兵共 1.3 万人进行了汛前紧急抢险，6 月底完成抢修任务，整个工程处理裂缝 170 条，其中开挖回填裂缝 134 条，长 4474.9 米，动土方 22959 立方米，灌浆 330 孔，142 立方米，经施工指挥部鉴定，质良优良，通过验收。

6 月 省委书记邢崇智、省长岳岐峰分别来水库查看水库工程情况。

7 月 25 日 水电部副部长侯捷前来水库视察指导工作。

11 月 22 日 根据〔90〕冀水劳人字 59 号文，同意将闸门班从工管科独立出来，成立闸门队（科级），负责正常溢洪道、非常溢洪道及重力坝等闸门、启闭机的管理、维修、养护等工作。

11 月 30 日 经处党委研究决定，任免和调整了 11 名中层干部。

1991 年

3 月 引进池沼公鱼卵 2 亿粒投放水库，并取得一定经济效益。

6 月 8 日 组织职工参加庆祝建党 70 周年水利职工文艺汇演，我处荣获组织奖，一名职工荣获优秀表演者奖。

6 月 由水利厅工程局一处承建的副坝坝顶公路完工，共铺沥青路面 5890 米。

9 月 完成副坝排水设施恢复工程，自 1990 年 2 月 15 日至 1991 年 9 月的 19 个月中，广大施工人员和工程技术人员连续奋战，圆满完成各项任务，共计完成新打减压井 147 眼，造孔 4767.3 米，旧井水平管翻修 127 眼，井管制安 7374.3 米，减压沟翻修 1226 米，旧反滤料除新反滤料铺筑 1.453 万立方米，干砌石护坡 4570 立方米，坝后公路完成 5769 米，计混凝土 4379 立方米，新打测压管 12 眼，总进尺 263 米。共投资 760 万元。

截至 12 月底　完成马鞍山办公楼主体工程近 3000 平方米及锅炉房工程。

1992 年

1 月 4 日　根据冀水劳人字〔1992〕1 号文，任命朱平均同志为黄壁庄水库管理处副处长。

5 月　马鞍山新办公楼竣工并投入使用。

5 月 5—7 日　当库水位降至 109 米以下时，又发现上游铺盖有大量裂缝出现，总长 2528 米，数量为 109 条，并有串珠状塌坑 123 个。水利部、大坝安全监测中心、水规总院、海委、天津设计院等单位专家 30 多人在我处召开副坝裂缝处理研讨会。今后组成水库加固工程指挥部，对此进行了开挖、回填、灌浆等多种不同方法进行了处理。

10 月 5 日　根据冀水党字〔1992〕30 号文，任命郭仲斌同志为水库管理处党委副书记。

12 月 24 日　与石家庄冀能锅炉设备公司联营成立冀能机械电子制造公司，主要生产锅炉铺机等，水库管理处提供原维修车间厂房、场地及加工设备。

1993 年

2—11 月　在副坝建设养 6000 只鸡的鸡厂，新修鸡舍 2 栋，投资 20 余万元，第一批于 1993 年 11 月 15 日开始生产。

1 月 6 日　成立综合经营总公司，朱平均副处长兼任总公司经理，下设旅游公司、生产科等单位。

5 月 1 日　完成了机关科室向新楼的搬迁，办公条件大大改善。

7 月 10 日　省长叶连松、副省长顾二熊前来检查水库防汛工作。

7 月 29 日　根据冀水劳人字〔1993〕36 号文，郭仲斌同志任水库管理处副处长（兼）。

9 月　成立黄壁庄水库管理处思想政治工作研究会。

11 月 23 日　根据省水利厅〔84〕冀水管字 38 号、〔86〕冀水规字第 2 号、〔91〕冀水规字 43 批示，西柏坡电厂从黄壁庄水库取水，设计引水量 2.5 秒立方米，年供水量 6300 万立方米，近期需水量 4000 万立方米，今日由黄壁庄水库管理处与西柏坡电厂签订供水协议书。

12 月　召开黄壁庄水库管理处第一届职工代表大会，选举产生了第一届工会委员会，郭仲斌当选为工会主席。

1994 年

1 月　根据厅有关文件精神，对全处各科室进行责任目标管理。

3—10 日　组织人力对建库以来的科技档案、财务档案、行政档案等进行了全面整理、清理，总计整理科技档案 957 卷，底图 20867 米，财务档案 1000 卷，行政档案 300 余卷，并完成了目标报告、方案介绍等方案材料，此外还增加了 12 套档案柜，维修了底图柜等。

6 月　省长叶连松前来水库检查指导防汛工作。

11 月　完成了与马山乡、牛城乡土地划界工作，埋设界桩 43 个。

12 月　经省档案局和省水利厅档案科验收，确定黄壁庄水库管理处综合档案管理达到省三级标准。

12月底　全处现有职工 152 人，其中干部 60 人，工人 92 人，处级干部 4 人，科级干部 17 人，在职党员 44 人。

1995 年

9月5日　根据冀水党字〔95〕18 号文，任命李瑞川同志为水库管理处副处长、党委委员。免去朱明义同志副处长、党委委员职务。

9月18日　《河北日报》刊登记者董英华、赵寅生二位记者采写的《黄壁庄水库在诉说在哭泣》的调查报告，引起了河北省领导、石家庄市政府的高度关注，10 月，石家庄市公安局组织库周三县市公安局成立黄壁庄水库库区社会秩序治理整顿办公室，随后组织了一次统一抓捕行动，一举抓获偷捕分子 99 人，收缴迷魂阵网 36 套，捣毁电鱼器、炸药制造窝点 4 个，有力地打击了犯罪分子的嚣张气焰，水库水面秩序明显好转。

12月20日　举办一期微机培训班，全处有 50 余名干部职工参加了学习，使大家的理论知识和操作能力有了较大提高。

12月25日　召开河北省黄壁庄水库管理处首次党委换届会议，郭仲斌代表处党委做工作报告，龚方家处长致开幕词，会后选举龚方家、郭仲斌、李瑞川、朱平均、李祥海为党委委员。

1996 年

1月8日　召开河北省黄壁庄水库管理处职工大会，开展"三学三查三克服一坚持"活动动员会及年底考评活动。

3月20日　根据党员大会选举结果，厅党组同意，郭仲斌、龚方家、李瑞川、朱平均、李祥海为党委委员，郭仲斌任专职副书记。

6月14日　召开第一届职工思想政治工作研讨会。

8月4日　水库上游降持续特大暴雨，山洪暴发，洪水猛涨，截至 21 时，最大入库洪峰流量达 12600 立方米每秒，最大库水位达 122.97 米，5 日 7 时，出库流量最大 3650 立方米每秒，削减洪峰 71%。

8月5日夜　河北省委书记程维高、副省长陈立友与何少存连夜到水库视察抗洪工作。

8月7日　河北省委常委、省军区司令员滑兵来前来视察水库水情，现场研究部队前来参加保卫大坝的计划和安排。

8月7日　河北省省长叶连松、副省长陈立友视察水情和抗洪工作，现场查看工程存在的问题并做了重要指示，并解决了物资、通信等方面的问题。

8月12日上午　在防汛抗洪的关键时刻，国务院副总理，国家防总总指挥姜春云带领有关部委领导在河北省委书记程维高、省长叶连松的陪同下来到黄壁庄水库视察水情和大坝安全，并代表党中央国务院向日夜守护在水库大坝上的驻军某部全体官兵表示亲切慰问。增强了广大干部职工和官兵战胜大洪水的信心。姜春云指出，在这次抗洪工作中，黄壁庄水库调度适当，较好地发挥了拦蓄作用，减轻了下游的压力，今后还要继续努力，不能麻痹。

8月27日上午　国务院总理李鹏带着党中央、国务院的关怀，前来水库视察水库抗洪情况。在察看了主坝、副坝和溢洪道后，李鹏又详细了解了河北省西部众多水库的蓄水防洪情况和华北平原水利设施的建设情况，并对战胜特大洪水做出突出贡献的官兵和一线人员进行了慰问。

9月2日　在河北省委省政府隆重召开的抗洪抢险表彰会上，黄壁庄水库管理处被授予"河北省抗洪抢险先进集体"荣誉称号。

9月　石家庄地表水厂基本竣工，开始向地表水厂供水，年设计输水能力近亿立方米。

11月8日　经过近两个月的紧张演练，20多人组成的演唱队以服装整齐统一，歌声嘹亮，被评为省水利厅举办的纪念抗日战争胜利60周年歌咏比赛三等奖。

1997 年

1月8日　根据冀价工字〔97〕4号文和冀水财字2号关于调整河北省水利工程供水价格的通知，工业消耗水由0.13元每立方米调至0.23元每立方米，农业和农村生活用水由0.03元每立方米调为0.075元每立方米，城市和城镇自来水饮用水确定为0.15元每立方米。

5月9日　为打击不法盗捕分子的嚣张气焰，石家庄市公安局组织周围三县市公安局及水库派出所，出动公安干警110多名，采取代号为"闪电行动"的集中整治活动，一举抓捕盗捕分子287名，缴获大量雷管、炸药、网具等盗捕工具，使库区秩序有了明显好转。

5月17日　放空水进行检查时，发现铺盖裂缝116条，总长度2967米，在水利厅的大力支持帮助下，副坝铺盖裂缝处理工程正式开工，厅直有关单位在施工中冒酷暑、抢时间，经过一个多月的奋战，顺利完成了各项任务。

5月23日　省长叶连松、省委副书记李炳良、副省长陈立友视察副坝铺盖裂缝处理工程现场并慰问参战的施工人员和官兵。

5月29日　经过近一年的运作，石市联强小区职工住宅楼分配方案最终确定，78户职工高兴地分到了住房钥匙，实现了多年的愿望，从此使大多数职工的看病难、子女上学难、就业难问题得以解决。

6月10日　水利部副部长周文智前来检查水库工程管理情况，并在管理处就水库设施及防汛工作进行座谈，对黄壁庄水库的管理提出了具体建议。

7月18日　李志强厅长、韩乃义副厅长等前来水库宣布新一届水库管理处领导班子组成人员。根据冀水党〔1997〕36号文，任命吕长安为水库管理处处长、党委副书记，霍国立任党委书记，郭仲斌任助理调研员（副处级），免去龚方家处长、党委委员职务，免去郭仲斌党委副书记、副处长职务。

9月2日　班车自即日起每天接送职工上下班，自此，职工们过上了市民生活，生活条件大大改善。

9月10—12日　组织科级干部到北京十三陵水库参观学习，学习十三陵水库开发旅游区、发展经济和水库管理改革的先进经验。

10月上旬　办公大院改造工程建设全面开工，职工活动中心奠基。

12月8日　成立处制度领导小组，开始加紧运作，全面制定全处性的各项规章，之后，各科室组织职工进行了认真的讨论、酝酿、修改。年前完成了规章制度及职责范围的初稿制定工作。

1998 年

3月12日　发动全体职工义务植树，截至4月10日基本结束，共投入人力2500人次，对大院进行绿化、美化，共栽植乔木180多棵，花灌木6000多棵。

3月17日　召开全处理论学习年动员大会，省直工委副书记史武学、副厅长韩乃义到会并作重要讲话，霍国立书记作动员报告，对全年的理论学习指导思想、步骤、方法、措施等进行了具体安排，掀起了全处轰轰烈烈学理论、扎扎实实干工作的热潮。

4月25日　在《中国水利报》第四版举办黄壁庄水库专版一期，系统报道黄壁庄水库工程管理、形象工程建设、内部制度建设、改革措施等，提高了水库的知名度。

4月28日　经过全体职工的努力，我处卫生面貌大为改观，首次荣获石家庄市级卫生标兵单位。

5月6日　召开职工代表大会二届四次会议，通过全处性规章制度31项，并汇编成册下发执行。同时，经处长办公会、处务会等通过，制定了各科室职责范围及岗位责任制等。

5月8日　经过艰苦创业史筹备小组近一年的努力，在组织职工讨论、修改的基础上，建成水库艰苦创业史室，展出图片308幅，图表9张，建成了一处爱党爱国爱水利的教育基地。

5月10日　投资近50万元的职工活动中心建成启用，职工活动中心集图书室、阅览室、娱乐室、多功能厅、广播室、健身房、乒乓球室于一体，它为职工和外单位来客提供了一处休息、学习和娱乐的场所，在全省水利系统是第一家。

5月15日　河北省水利厅在黄壁庄水库管理处召开全省水利系统"学理论促改革促工作"现场会，省直工委副书记史武学、省委宣传部副部长周振国、李志强厅长、张凤林副厅长、崔双庆巡视员等出席会议并做重要讲话，霍国立书记代表处党委做了《学理论、促改革、强素质、结硕果》的报告，水利厅把黄壁庄水库管理处的学习和改革经验作了推广，会后，省、厅领导为职工活动中心揭牌并与50多位各单位代表参观了我处的职工活动中心及形象建设。

5月15日　全处的形象建设一期工程基本告竣，自1997年10月以来，共完成仿古式围墙、主席像周围亭阁长廊、葡萄架、篮球场、护坡、水库全景鸟瞰图影壁、办公楼内装修、门厅改建、彩色喷泉池、霓虹灯标志、门球场等20余项工程设施。使水库的内外形象焕然一新，提前实现了厅党组提出的"半年见成效，一年改面貌""把黄壁庄水库建设成为花园式水库，建成全省水利行业文明窗口"的目标。

5月18日　旅游区建设一期工程基本完成，新建游区大门、马鞍山亭阁，硬化了停车场、库区道路，对游泳区进行了平整美化，使游区面貌焕然一新。

6月17日　河北省副省长郭庚茂前来水库检查指导防汛工作。

6月23日　河北省水利厅在水库召开水利系统"职工之家"建设现场会，与会的各单位代表参观了水库管理处活动中心和大院形象设施。

7月21日　水利部部长钮茂生前来检查指导水库防汛工作。

8月13日　河北省水利厅以〔1998〕冀水劳人字29号批示，成立"河北省黄壁庄水库除险加固工程建设局"，作为建设单位负责该项工程建设管理工作，所需人员从厅机关及厅直有关单位临时协调。

9月30日　在水库副坝举行黄壁庄水库除加固工程开工典礼，副省长郭庚茂主持会议，常务副省长丛福奎致词，各施工单位的代表纷纷发言，至此投资10亿元的除险加固工程正式开工。

10月1日　《石家庄市岗南、黄壁庄水库水源污染防治条例》自即日起实行。该条例于1998年4月30日石家庄市第十届人民代表大会常务委员会第一次会议通过，1998年6月27日河北省第九届人民代表大会常务委员会第三次会议批准，1998年10月1日起施行。

10月3—4日　召开全体职工参加的秋季运动会，在10几个项目的比赛中，全体职工奋力拼搏，互相角逐，取得了较好的成绩，同时丰富了职工活动，为今后各项活动的开展打好了基础。

10月14日　组织中层干部分两批赴都江堰、三峡工地等参观考察，学习先进单位的管理经验和施工新技术。不仅开阔了大家的眼界和视野，而且增强了大家热爱水利、大干水利的信心和热心。

10月15日　经过一年的精心管理，年初与河南陆浑水库联合投放的大银鱼，生长良好，今天起开始开库捕捞，总产量约50吨，增加水库渔业生产150万元，为水库移民的致富开辟了新路子。

10月　石家庄市引岗黄供水二期工程开工。

12月7日　举办全处历史上第一次安全知识竞赛，各科室均派队参加，通过这次活动，增强了广大职工的安全意识。

12月15日　省委副书记、代省长钮茂生、省委副书记赵金铎、副省长郭庚茂、石家庄市市长张二辰等视察水库除险加固工程。

1999 年

2 月 3 日　水利部以水规计〔1999〕47 号文批复《黄壁庄水库除险加固工程初步设计报告》。

3 月 1 日　黄壁庄水库副坝混凝土防渗墙主体工程全线开钻，标志着水库除险加固工程正式开工建设。

3 月 1 日下午　水利部汪恕诚部长对黄壁庄水库除险加固工程进行了视察和指导工作。

3 月 4 日　河北省委"一学双促"（学理论、促改革、促发展）检查团来我处检查工作，经济日报、河北电台、河北电视台等媒体记者一同前来采访。

3 月 12—25 日　组织职工开展义务植树活动，在马鞍山主山头等栽植乔灌木 3500 多株。

3 月 15 日　黄壁庄水库管理处荣获石家庄市"花园式庭院单位"称号。

4 月 14 日　河北省水工局承建水库除险加固副坝防渗墙第四标段的 282 号槽（桩号 5＋691.2～5＋700）开始进行混凝土浇筑，为副坝防渗墙混凝土浇筑第一槽。

4 月 16 日至 5 月 30 日　进行机构改革，全面推行科级干部聘任制、职工聘用制、科室定岗定员制、富余职工待岗制，实行定科室编制、定机构名称、定岗位的"三定四制"改革，新成立行政科、机电科、养殖公司、建筑公司，撤销原闸门队，调整中层干部 11 名，使各部门的工作更加规范化。

6 月 18 日　成立黄壁庄水库水政监察支队。

6 月底　毛主席塑像装饰及其周围长廊建设基本完成，使办公大院的面貌明显改善。

7 月 30 日　水库宣传画册制作完成，系统地介绍了水库的基本情况和"两个文明"建设情况。

7 月底　我处筹资建设的万头养猪场一期工程基本完工。

8 月 26 日　在石家庄市政府及有关部门的共同努力下，取缔水库网箱养鱼工作全部完成，河北电台、电视台对此进行了报道。

10 月 22 日　成立妇委会组织，加强对妇女工作的领导。

10 月 27 日　由省档案局及省水利厅一行 6 人组织的档案验收评审团前来检查验收科技事业单位档案管理工作，顺利通过，晋升为国家二级先进单位。

10 月 28 日　由办公室、政工科等部门组织编印了水库四十年大事记、组织沿革及《制度汇编》《档案制度汇编》《科室职责范围及岗位责任制》等资料，统一印刷成册，下发科室学习和执行。

12 月 7 日　省建委和石家庄市园林局等领导一行 3 人到我处检查绿化美化工作，之后验收通过了我处为省级园林式单位。

12 月 8 日　省直工会领导王新波主任等一行 3 人到我处检查验收先进"职工之家"建家工作，给予高度评价，顺利通过验收。

2000 年

1 月 20 日　落实处长奖励基金，大力表彰和奖励了一批在工作中有突出贡献的先进个人。

3 月 15 日至 4 月 10 日　开展春季义务植树活动，栽植乔灌木 5000 多株，使庭院及游区环境更为改善。

3 月 15 日　水库管理处成立处纪律检查委员会和监察室，赵书会同志任纪委书记（副处级）。

3 月 20 日　召开全处"三讲"教育动员大会，霍国立书记作动员报告，厅巡视组成员贾云、孙雪峰出席会议并讲话。

5 月 19 日　召开全处"三讲"教育总结大会。

6 月 13 日　经厅党组研究决定，吕长安同志任省水利厅水资源处处长，免去其黄壁庄水库管理处长、党委副书记职务。

6月21日　引岗黄水库供水二期输水管线正式通水。

7月3日　河北省省长钮茂生、副省长郭庚茂视察黄壁庄水库除险加固工程。

7月4—6日　水库周边及上游地区连降大到暴雨，6日早7—8时，时段最大入库流量达2910立方米每秒，水库下泄流量400立方米每秒。

7月10日　河北省副省长郭庚茂前来水库检查指导防汛工作。

9月3日　15时35分，水库除险加固副坝混凝土防渗墙工程第四标段（水工局六处段）在073＋1槽孔施工时发生漏浆，15时45分，施工平台下部坝体突然发生坍塌即（3号塌坑），塌坑中心位于Ⅳ073＋1—3号（桩号4＋062.7），塌坑顺坝轴线方向长10.5米，上下游方向宽10.3米，塌坑最深处深7.3米。

9月14日　经厅党组研究决定，霍国立任黄壁庄水库管理处处长，徐宏任黄壁庄水库管理处副处长。

9月19日　1998—1999年省级文明单位评选结果揭晓，黄壁庄水库管理处榜上有名。

10月18日　召开处政研会第三次年会，交流论文18篇。

11月5日　新增非常溢洪道工程闸墩全部达到年度目标高程120米，局部达到顶高程125米，浇筑混凝土14082.4立方米，超额完成任务。

11月10日　河北新闻联播报道黄壁庄水库管理处思想政治工作方面的经验，题目为《黄壁庄水库管理处有的放矢开展思想政治工作》。

12月6日　省爱国卫生运动委员会等领导到我处检查、指导卫生工作，给予了较高评价，授予我处省级卫生先进单位称号。

12月20日　在《河北水利》杂志开辟专版，系统宣传水库的两个文明建设。

2001 年

1月3日　省水利厅成立黄壁庄水库确权划界领导小组，副厅长韩乃义任组长，石家庄市政府副秘书长张振现、鹿泉市副市长王风歧任副组长，厅建管处、防抗办、移民办、石市水利局、鹿泉市水利局、鹿泉市土地局及黄壁庄镇政府等部门领导为成员。

2月13日　省水利厅在我处召开黄壁庄水库土地划界工作第一次会议，副厅长韩乃义做重要讲话。

3月5—30日　进行第二次定编定员活动，调整部分科室负责人。

4月20日　组织职工到北京八达岭长城、中华世纪坛、世界公园等地旅游参观。

5月12日　国务院副总理温家宝在水利部部长汪恕诚、河北省委书记王旭东、省长钮茂生等陪同下到黄壁庄水库除险加固工程工地视察。

5月29日　河北省省长钮茂生、常务副省长郭庚茂，石家庄市市长臧胜业等到水库除险加固工地检查工作。

7月23—29日　组织离休干部到水库进行休养，并召开座谈会，征求老干部对管理处改革与发展的建议。

8月23—24日　组织部分中层干部和工程技术人员到东武仕水库、岳城水库、桃林口水库、北大港水库、陡河水库等参观、考察和学习。

12月10日　经制度办、政工科等部门的努力，组织有关人员对1999年以来的各项制度进行了一次系统修改，并编印成册，发到每个职工手中，组织职工学习和执行。

12月12日　经过一年多的艰苦努力，土地划界工作终于取得实质性突破。下午在处三楼会议室，由我处、黄壁庄镇、古贤村委会等正式签订土地划界协议，并签字盖章，标志着我处与古贤村的土地划界工作基本完成。

2002 年

1 月 10 日　经国家人事部、水利部人发〔2002〕5 号文审批同意，我处被授予全国水利系统先进集体。10 月 15 日，党委书记、处长霍国立同志代表我处参加了在成都举办的全国水利厅局长会议，并身披红花，接受奖牌，使我处的知名度进一步提高。

3 月 17 日　在全省水利工作会议上，我处的规范管理工作经验在大会做了发言。会上，我处被授予 2001 年度厅目标管理优胜单位、全省水利系统思想政治工作先进集体、水库管理工作先进集体。

3 月 11—20 日　开展春季义务植树活动，共计栽植乔灌木 9000 株，绿化面积 400 多平方米。

4 月 10 日　召开职代会四届一次会议，会议审议通过了处长霍国立同志所做的《团结一致、齐心协力，为建设文明、美丽、富饶的现代化新型水库而奋斗》的报告，并进行了换届选举，选举赵书会为工会主席，周征伟为工会副主席。

4 月 17 日至 6 月 20 日　对办公楼内部进行装修，努力改善办公条件和办公环境。

5 月 18—26 日　工会分两批组织职工到野三坡等地旅游参观。

5 月 22 日　召开党委换届选举暨党员大会。

5 月 22 日　召开新一届党委会第一次全体会议，选举霍国立同志为新一届党委书记。

5 月 23 日　召开新一届纪委第一次全体会议，选举赵书会同志为纪委书记。

6 月 20 日　召开全处防汛工作动员大会。

7 月 26 日　召开水库防汛调度中心负责人竞聘演讲会。7 名职工参加了演讲答辩，大家围绕中心管理，各自提出了管理方案、措施、指标，会上由评委、中层干部和职工代表分别进行了量化评议、打分。

8 月 23 日　召开处政研会第五次年会。

9 月 12 日　经党委研究，副处长徐宏兼任防调中心经理，今日签订协议，防调中心正式进入运营阶段。

9 月 15 日　经过政工科全体同志近一年的精心编辑、校对，印发汇编了《安全生产知识手册》，发至每个职工手中，使职工学习有了更直观的素材，进一步增强了职工的安全意识。

9 月 28 日　防调中心举行揭牌剪彩仪式，厅领导、厅各处室及有关单位领导出席，张锦正副厅长致贺词，霍国立处长致答谢词。

10 月 21 日　党委书记、处长霍国立同志被授予全省"党风廉政建设先进个人"光荣称号。

10 月 30 日　根据河北省委省政府的决定，黄壁庄水库管理处被授予 2000—2001 年度"河北省文明单位"荣誉称号。

11 月 4 日　水库与牛城村委会土地划界所涉及的国有土地使用证办理完毕。

11 月 22 日　水库与马山村委会土地划界所涉及的国有土地使用证办理完毕。

2003 年

2 月 18 日　黄壁庄水库除险加固工程工地被水利部授予"2002 年度水利系统文明建设工地"。

3 月 5 日　我处被评为 2002 年河北省水利厅目标管理优胜单位。

3 月 11 日　召开处职代会四届二次会议。

3 月 12 日　召开处综合经营公司负责人竞聘演讲大会。

3 月 13 日至 4 月 10 日　组织全处职工开展义务植树活动，绿化马鞍山周边及防调中心周围，共栽植乔灌木 8000 株，草坪 1600 平方米。

3 月 14 日　为改善生态环境，增加人文景观，黄壁庄水库中山湖风景区开工建设，该项目投资

560 万元，占地面积 66 万平方米。

4 月 10 日　经厅批准，正式成立处综合经营公司，撤销旅游公司，保卫科更名为水政保卫科。

4 月 10 日　召开处务会，宣布定编定员情况与科级干部聘任情况。至此，第三次系统的干部聘任和职工聘用工作结束，共新聘科级干部 8 名，解聘 2 名。

4 月 16 日　霍国立同志撰写的《试论思想政治工作若干关系》论文获 2002 年度中国水利思想政治工作研究优秀成果三等奖。

6 月 27 日　河北省委常委、常务副省长郭庚茂检查黄壁庄水库的防汛工作。

7 月 1 日　组织开展纪念建党 82 周年知识竞赛。

7 月 2 日　组织全体党员到西柏坡举行入党宣誓仪式和党员重温入党誓词活动。

7 月 10 日　9 时 20 分，黄壁庄水库除险加固副坝混凝土垂直防渗墙工程全面合龙，并在工地现场召开了隆重的庆典仪式。这标志着该水库除险加固主体工程已经基本完成，实现了主汛期前完成防渗墙施工任务的既定目标。该防渗墙全长 4860 米，厚 0.8 米，平均高 56 米，成墙面积 27.15 万平方米，是世界上单项枢纽工程成墙面积最大的防渗墙，相当于此前全国防渗墙成墙面积的三分之一。

9 月 1 日　为全面提高职工素质，增强水库发展后劲，提高水库竞争力，经处党委研究，决定在全处开展创建"学习型水库"的活动，并印发实施意见，进行安排部署。

9 月 23 日　召开处政研会第六次年会。霍国立同志的政研论文获部政研会一等奖。

10 月 11 日　为提高养猪场经济效益，调动职工积极性，经党委研究决定，猪场进行改制，实行经济指标责任制，职工由场长自主聘用，年上缴利润指标 40 万元。

2004 年

2 月 26 日　召开处职代会四届三次会议。

3 月 1 日至 4 月 10 日　组织职工开展第七次春季义务植树活动，对防汛培训中心周围等进行绿化、美化，共栽植乔灌木 8000 株，草坪 300 平方米。

3 月 2 日　召开管理处精神文明建设委员会全体会议，评选 2002—2003 年度文明科室、文明标兵和文明家庭。共评选出政工科、工管科等 7 个文明科室，45 名文明标兵和 112 户文明家庭。

3 月 6 日　经处党委决定，为提高全处规范化工作水平，提高办事效率、管理水平，决定开展"2004 规范化管理年"活动，并制定具体的实施意见，成立领导小组，加强领导，明确分工。

3 月 15 日　霍国立、杨宝藏同志撰写的政研论文《中国先进生产力要求与思想政治工作》获 2003 年度中国水利思想政治工作研究优秀成果二等奖。

3 月 30 日　石家庄中级人民法院对"96·8"防汛期间水库养鱼户网箱被冲状告我处的诉讼赔偿案做出一审判决，黄壁庄水库管理处一审胜诉。

4 月 16—18 日　组织职工到河南洛阳龙门石窟、白马寺、少林寺、小浪底水库等地旅游参观。

4 月 19 日　为贯彻省委六届五次全会精神，弘扬"树、讲、求"主旋律，在全处开展了"讲学习、强素质、创一流、添光彩"活动。

4 月 24 日　由市畜牧水产局牵头，组织鹿泉市、灵寿县、平山县政府和黄壁庄水库管理处协商制定的《黄壁庄水库渔业管理暂行办法》经市政府同意，自即日起执行。经石家庄市政府批准撤销了市水产管理局自行组建的渔政监督管理站，重新组建了由水库管理局牵头，平山、灵寿、鹿泉三县（市）渔政部门参加的黄壁庄水库渔政监督管理站。水库渔政站站长由水库管理处推荐，副站长由三县（市）渔业行政主管部门推荐，报市渔业行政主管部门审查批准。水库渔政站组成人员经市渔业行政主管部门培训合格后持证上岗，其原有的身份、性质不变。水库渔政站全面负责水库渔业的日常管理和执法监督。如遇有下列情况，必须报经领导小组同意后实施。

5月15日 水利部水利风景区评委组到水库检查水库风景区建设情况，对近年来的水库风景区建设予以高度评价，并提出了一些具体建议。

5月中旬 与永乐村土地划界所涉及的国有土地使用证办理完毕。

6月7日 国务院副总理回良玉在水利部长汪恕诚、河北省委书记白克明、省长季允石、副书记冯文海、副省长宋恩华等的陪同下到黄壁庄水库检查指导防汛工作。

7月1日 河北省中山湖风景区被评为国家水利风景区。

7月4日 经省编办冀机编办〔2004〕57号文和省水利厅冀水人劳〔2004〕37号文批准，黄壁庄水库管理处更名为黄壁庄水库管理局，机构规格不变，隶属关系不变。

8月 黄壁庄水库管理局获2002—2003年度省文明单位。

8月12日 平山水文站12时06分出现1520立方米每秒的洪峰，到16时已回落到900立方米每秒，总计近几日有3000多万立方米左右的洪水入库。

8月12日 组织离退休职工40多人到黄壁庄水库参观工程新貌，并召开座谈会。

9月6日 召开政研会第七次年会。

9月16—24日 组织部分中层干部到三峡、都江堰等地参观考察。

11月3—12日 组织部分中层干部到浙江白溪水库等地参观考察水利风景区建设情况和水管单位体制改革情况。

11月22—26日 举办微机知识培训班。

2005 年

3月1日 召开保持共产党员先进性教育动员大会。

3月1—22日 管理局进行了机构改革和第四次竞聘上岗工作。新成立一个管理部门（水情调度处），11个部门更名，7个部门调整职能；24个中层职位全部竞聘上岗，8名正科级干部进行了轮岗交流，新提拔4名，解聘2名；60多个一般岗位全部采用职工自愿报名、双向选择的办法聘用，职工岗位轮换41人。这是我局历史上规模最大、职工参与最多、程序最严格规范、调整力度最大的一次。

3月8—28日 组织全体职工在主坝生态园、副坝四季园开展绿化植树工作。

3月11日 厅党组研究决定，霍国立任水利厅建管处处长，免去其黄壁庄水库管理局局长、党委书记职务。

3月24日 与黄壁庄村委会签订土地划界协议，并签字盖章，标志着影响管理局发展30多年的与水库周边村边界不清问题得到基本解决。

4月8日 黄壁庄水库除险加固环境治理与水土保持单位工程验收会在石家庄市召开。

4月22日 水利厅副厅长李清林、纪检专员陈胜英、人劳处处长常国璋等一行来宣布局领导班子调整事宜。决定由副局长李瑞川牵头负责党政全面工作。

5月31日 水利部副部长敬正书带领国家防总海河流域防抗检查团来黄壁庄水库检查防汛工作。

6月21日 召开保持共产党员先进性教育总结大会，并对优秀党员、党务工作者和先进党组织进行表彰。

7月1日 投资100余万元购置的3辆通勤班车正式开始运行。

7月2日 组织65名党员到保定易县狼牙山进行新党员入党宣誓、老党员重温入党誓词活动。

7月23—24日 举办现代礼仪培训班。

7月27日 水利厅李清林副厅长、陈胜英专员、人劳处常国璋处长等一行来我局宣读局领导班子调整事宜。厅党组6月30日研究决定，李瑞川同志任黄壁庄水库管理局局长、党委书记，免去其黄壁庄水库管理局副局长职务。

8月5日　召开第五届职工暨会员代表大会，民主选举了新一届工会委员会和经费审查委员会。

9月15—16日　各党支部组织换届选举工作。

10月11日　在省体育馆举行的省直第二届运动会广播体操比赛中，黄壁庄水库管理局代表省水利厅参赛，在50多个厅（局）代表队中取得第6名好成绩，为河北水利争了光添了彩。

10月12日　召开局政研会第八次年会。

10月13日　在防调中心召开职代会专题会议，审议通过了《职工聘用制度》《奖惩制度》等四个制度。

11月21日　开展第四次制度修订工作，并印制成册下发职工学习和执行。

11月28日　在防调中心召开第一届水库管理业务研讨会。

12月20日　李瑞川局长在全省精神文明建设暨政研会第七次年会上做"学习型水库"建设的典型发言。纪委书记杨宝藏同志做了优秀论文大会发言。

12月23—24日　省防洪保安一号工程黄壁庄水库除险加固工程通过了由省政府组织的竣工最终验收。这标志着黄壁庄水库正式摘掉病险水库帽子，也意味着全国首批43座重点病险水库全部脱险出列。

2006 年

2月20日至4月6日　全体职工在局党委的带领下对副坝平台、局周围、防调中心等300余亩地进行了大规模的绿化，全局共出动职工2001人次，总投资209908.5元，种植杨树10020株，迎春8000株，各种花、灌木2734株，各种桥果木15269株，总计植树26450株。

3月1日　黄壁庄水库管理局荣获2003—2005年度全国水利系统优秀政研会单位。

3月25日　执行新的水价调整方案，即工业用水由原来的0.35元调为0.4元，城市用水由原来的0.32元调为0.37元。

4月3日　河北省物价局下发《关于调整岗南、黄壁庄水库供水价格的通知》（冀价工字〔2006〕16号）文件，供石家庄市供水总公司和西柏坡发电有限责任公司用水价格分别调整为0.37元每立方米和0.40元每立方米，自2006年3月25日起执行。

4月25日至5月31日　开展学习贯彻党章教育活动。

6月29日　省委书记白克明、省长季允石、常务副省长郭庚茂、副省长宋恩华及石家庄市有关领导到水库管理局视察防汛工作。

6月30日　黄壁庄水库大坝安全鉴定会议在局防汛调度中心举行。大会审议并通过了黄壁庄水库大坝为一类坝的安全鉴定结论。

8月9日　举办水利与防汛知识培训班，全体干部参加此次培训。

8月28日　经水利厅党组研究决定，赵书会同志任省黄壁庄水库管理局副局长，免去其省黄壁庄管理局纪委书记职务。

8月29日　黄壁庄水库工程管理考核初步验收会议在我局防汛调度中心举行。大会通过了对黄壁庄水库工程管理考核的初步验收。

12月27日　经厅党组研究决定，杨宝藏同志任黄壁庄水库管理局纪委书记。

2007 年

1月9—10日　组织中层以上领导干部参加领导知识培训学习班。

3月28日　召开五届三次职工代表大会。

5月10日　与黄壁庄水库库区原网箱养殖户签订了房屋、围墙拆除协议书。截至月底，基本拆除完毕。

5月11日　省水利职工健步走活动在黄壁庄水库副坝举行，局代表队在 11 只参赛队中名列第一。

7月6日　省委常委、常务副省长付志方检查黄壁庄水库防汛工作。

7月　出台"315"人才培养计划，采取具体措施，制定优惠政策，努力培养 15 名专业技术人才，15 名管理人才，15 名技能型人才，加强了我局人才队伍建设。

8月26日　根据冀水党〔2007〕26 号文，厅党组决定，免去朱平均同志的河北省黄壁庄水库管理局副局长职务，退休。

9月25日　冀水党〔2007〕36 号文，张惠林同志任黄壁庄水库管理局副局长。

9月　按照省审计厅的具体要求，配合了省审计厅对我局收支管理相关方面的审计工作。

10月11日　召开思想政治工作研究会第九次年会。

10月11日　省财政供养人员总量控制工作协调小组办公室与省机构编制委员会办公室根据冀机编办控字〔2007〕329 号文，批复黄壁庄水库管理局清理整顿方案，明确了黄壁庄水库管理局职责，为处级事业单位，事业编制 190 名，核定领导职数 6 名，经费形式为财政性资金定额或定项补助。

10月28日　组织 30 多名职工代表省水利厅参加河北省直属机关第三届运动会广播体操比赛，并获得二等奖的好成绩。

11月14日　召集由省水利厅建管处、财务处、石市城市管理局、石家庄供水集团、石家庄八水厂、岗黄两库主要负责人参加的解决城市供水水费拖欠的会议。会议达成一致意见：即从 2007 年 11 月起按月正常结算水费，不再出现新的拖欠；从 2008 年起按月平均还欠，截至年底前结清。

11月16日　召开水利与百科知识竞赛。

12月14日　根据《河北省水利工程管理体制改革验收办法》，河北省黄壁庄水库管理局通过省级验收，评定为良好等级。

2008 年

3月24日　召开 2007 年度工作总结暨 2008 工作动员表彰大会。

5月20日　组织职工为四川汶川地震灾区捐赠衣物 300 件，捐款 19480 元。

5月27日　全局 65 名党员举行抗震救灾特殊党费交纳仪式，共计交纳 24150 元。5 名局领导各带头交纳 1000 元。

5月31日　河北省委副书记、代省长胡春华检查指导水库防汛工作。

6月6日　张和副省长到黄壁庄水库管理局检查指导防汛工作。

7月1日　组织全体党员到西柏坡举行新党员入党宣誓、老党员重温入党誓词活动。

7月4日　召开职代会专题会议，研究讨论水库公有住房分配办法和管理制度，认真征求职工的意见和建议。办法制定了住房的租金标准、使用要求、分房程序等。

7月15日　经过公示、征求职工意见等，进行黄壁庄水库宿舍分配，共计 189 户职工分到新房，喜迁新居，水库职工的住房质量得到了根本改善。

9月8日　《黄壁庄水库管理技术手册》印刷完成。

9月16日　水利部副部长矫勇前来视察黄壁庄水库工程。

9月18日　省水利厅在黄壁庄水库管理局召开向北京供水新闻发布会，并在重力坝举行开闸放水仪式。此次供水自即日起至 2009 年 1 月 14 日，岗南、黄壁庄合计供水 2 亿立方米。水利部、海委、北京市水利局等领导参加发布会和放水仪式。

10月16日　召开黄壁庄水库深入学习实践科学发展观活动动员大会。

11月1日　举行了黄壁庄建库 50 周年大型庆典活动。省水利厅厅长李清林及其他厅领导、有关处室和厅直单位领导、友好单位领导、局全体职工和离退休职工代表等参加，仪式在防调中心广场举行，李清林厅长做重要讲话，李瑞川局长致开幕词，霍国立处长代表来宾单位致辞，闫景华代表水库老职工致辞。仪式由赵书会副局长主持，杨宝藏纪委书记负责筹办。

11月12日　召开黄壁庄第三届水利管理业务研讨会。

2009 年

2月13日　石津渠开始提闸放水，2月18日停止供水；3月2日10时开始农业灌溉。5月8日，石津渠停水。共用水3.1亿立方米。

3月5日　黄壁庄水库为北京应急供水结束，自2008年9月18日至今，共计供水170天，供水量达1.84亿立方米，入南水北调总干渠水量达1.66亿立方米，水质达Ⅱ类水质标准。

3月　完成国有资产审计、评估核实工作。

3—4月　对原有优种猪场猪舍进行改造，筹建养羊场，发展污染少、风险小的养羊项目。

4月27日　召开职代会六届二次会议，审议通过行政和工会工作报告。

6月13—15日　组织中层干部到张家口友谊水库、闪电河水库等考察。

6月29日　组织全体党员到邯郸涉县129师旧址开展党日活动，进行了老党员重温入党誓词，新党员举行入党宣誓活动。

8月6日　局合唱团在省水利厅举办的庆祝新中国成立60周年歌唱比赛中荣获二等奖好成绩。

8月27日　对约35名职工进行了岗位调整。

9月23日　与电厂、当地驻军联合举办庆祝新中国成立60周年水利水电职工暨军民联欢会。

11月4日　召开政研会第十次年会。

12月15日　举办公文处理知识培训班。

12月22日　举办法律知识竞赛，参赛共由各部门联合或独立组成，共8个队，每队3个队员。

2010 年

3月10日　纪委书记杨宝藏同志获全国水利系统水管体制改革先进个人，并获全国水利政研会论文一等奖。

3月17日　召开局职代会六届三次会议，审议通过行政和工会工作报告，审议通过了《医疗、医药费补助办法（试行）（草案）》。

4月　根据厅冀水人函〔2010〕8号文批复，黄壁庄水库管理局关于科级干部职数的设置，合计正职15名，副职18名。

5月5日　召开创先争优暨攻坚克难落实年活动动员大会，全体党员干部参加了会议。

5月11—12日　省直工会在黄壁庄水库副坝举办省直干部职工第三届健步走比赛，共209个参赛队，6500多人参加，局代表队荣获金奖。

5月21日　河北省长陈全国来黄壁庄水库检查防汛工作。

5月28日　河北西柏坡发电有限责任公司取水许可证办理完毕，批复同意西电从黄壁庄水库年取水2368万立方米。

6月20日　积极开展水库文化建设，宣传党员示范岗、领导干部示范岗、在显著位置悬挂格言警句等形式，增强职工爱岗敬业和廉政宣传。

7月1日　召开建党89周年系列活动。

8月19日　自5月25日始至8月19日，黄壁庄水库向北京供水，累计供水量11208万立方米。

9月　黄壁庄水库管理局被河北省直纪工委确定为"省直机关廉政文化建设示范点"。

9月27日　组织中层以上干部、工会委员到石家庄陆军指挥学院参观学习，接受集体主义和爱国主义教育，加强了军地双方的联系。

10月12日至11月10日　举办了第四届秋季运动会，共设5大类22个比赛项目，422人次参赛。

10月13日　召开第四届水库管理业务研讨会。

10月20—28日　组织全体在职职工到延安、平遥等地外出参观学习。

11月　职工康学增同志荣获"燕赵金牌技师"荣誉称号。

12月6—10日　举办液压传动知识培训班。

12月　局工会荣获"省级模范职工之家"称号。

2011 年

3月3日　黄壁庄水库对石津渠提闸放水，标志着春灌工作的开始。4月3日结束第一水，4月16日至5月8日第二水灌溉，累计用水5.1819亿立方米。

3月17日　召开全体职工大会，对中层干部续聘进行了述职演讲和民主测评。

3月25日　召开科级领导干部竞聘演讲暨民主推荐会，全体职工参加。之后经局党委研究决定：聘任武锦书为综合经营公司经理（正科级），王双喜为财务计划处副处长（副科级），郭文宇为机电运行处副处长（副科级），崔志刚为水政保卫处副处长（副科级），康杰为综合经营公司副经理（副科级），马骏杰为防汛调度培训中心副经理（副科级）。

4月7日　召开局第六届职代会专题会议，审议通过《河北省黄壁庄水库管理局"十二五"发展规划（讨论稿）》报告。

5月3日　黄壁庄水库管理局被省直工会授予省直机关工会会员健身基地，省直工委副书记蒋繁忠、省水利厅副厅长白顺江、省体育局等领导出席揭牌仪式。

5月6—8日　省直干部职工第四届健步走比赛在黄壁庄水库副坝举行。黄壁庄水库管理局代表队荣获金奖（第6名）。

6月9日　参加厅直系统开展的"党旗飘扬，希望河北"纪念党建90周年群众性歌咏比赛，黄壁庄水库管理局荣获演唱比赛第一名，综合成绩三等奖。

6月17日　黄壁庄水库管理局代表水利厅参加河北省直机关纪念建党90周年合唱比赛，并获得二等奖的好成绩。

6月20日　省政府副省长、省防汛抗旱指挥部指挥长沈小平到黄壁庄水库检查指导防汛工作。

7月1日　组织全体党员到河南红旗渠、刘庄村和焦裕禄纪念馆开展党日活动，举行了老党员重温入党誓词，新党员入党宣誓的活动。

7月6日　省委常委、石家庄市委书记孙瑞彬到黄壁庄水库检查指导防汛工作。

7月13日　召开水库防汛动员大会，全体职工参加。

7月21日8时至9月19日　向北京应急供水，供水量达7015万立方米。

8月4日　石家庄市电力局下发石电力办〔2011〕111号文，确定黄壁庄水库管理局用电负荷等级为一级负荷。

8月12日　完成黄壁庄水库管理局第七届职工暨会员代表大会换届选举工作，召开七届一次会议，审议通过了行政和工会工作报告，选举了赵书会、肖伟强、康学增、马彦彬、朱增海、董天红、葛义荣为新一届工会委员会委员，肖伟强、王双喜、马英为经费审查委员会委员，通过了6个专门委员会组成人员名单。

9月19日至11月25日　副坝防汛公路翻修工程完工，该工程投资49万元。

10月8日　根据冀水党〔2011〕42号文，经厅党组决定，免去李瑞川同志黄壁庄水库管理局局长、党委书记职务，退休。

10月30日　根据冀水党〔2011〕50号文，经厅党组研究决定，张惠林同志任黄壁庄水库管理局局长、党委书记，免去其黄壁庄水库管理局副局长职务。

11月1日　鹿泉市供电局重新核定并批准了黄壁庄水库管理局433线路居民照明用电指标：每月居民生活用电电量由原来的4500千瓦时核定为46178千瓦时。并签订了新的供用电合同，为管理局每年节省用电费用支出19.67万元。

11月21日　厅党组副书记、副厅长白顺江同志带领有关人员到黄壁庄水库管理局宣布班子调整事宜，中层以上干部参加。

11月25日　召开局第七届职代会专题会议，审议通过了《局2010年、2011年奖励绩效工资分配实施方案（讨论稿）》。

12月7日　召开局政研会第十一次年会。

12月9日　举办摄影培训班，共有73人参加。主要对摄影的基础知识、应用技巧进行了系统的讲解，同时联系水利宣传实际，就重大活动摄影、工程资料采集以及摄影投稿注意事项等问题，进行了说明。

2012 年

1月15日　召开2011年目标考核大会，4位局领导（张惠林、赵书会、徐宏、杨宝藏）分别述职。

2月22日　召开副处级领导干部竞聘会，全体职工参加，8名竞聘同志分别进行了现场演讲。省水利厅人事处张树生处长、张树鹏、张华平，机关党委闫利强书记，纪检陈清俭等同志参加会议。

2月29日　黄壁庄水库管理局网站全面改版，界面更美观，并增加了部分栏目。

3月12日　召开2011年总结表彰暨2012年工作动员大会，全体职工参加，会议由赵书会副局长主持，省水利厅宋群生专员参加会议。

3月13日至6月30日　向北京供水，总供水量8848万立方米。

3月23日　召开2012年党风廉政建设责任制暨"走在前，作表率"活动动员会。

3月23日　局30名职工顶着强风，以低碳、环保、新颖、经济的骑行方式开展了"世界水日""中国水周"纪念宣传活动，收到了良好效果。

3月26—29日　全体职工130余人，历时5天，在主副坝共栽植乔木1700余株，栽植花灌木5200余株，绿化美化了库区环境。

3月28日　省水利厅组织党员干部赴黄壁庄水库参加义务植树活动。黄壁庄水库管理局的130多名职工与驻黄壁庄某舟桥连官兵50余人也参加了植树活动。

4月9日　厅党组决定，张玉珍任河北省黄壁庄水库管理局纪委书记，张栋任河北省黄壁庄水库管理局总工程师。

4月26日　黄壁庄水库管理局代表水利厅参加省直第四届春季运动会第九套广播体操比赛项目，荣获B组一等奖（第8名）。

5月11日　经局党委研究决定，对局内设机构及职责进行调整，对科级领导干部实行轮岗交流，对现有内设机构及职责进行重新划分调整：撤销1个，新设1个，更名1个。即撤销单设的工会，新设党委办公室；政工人事处更名为人事处；其他内设机构不变，调整后科级内设机构仍为13个。

5月14日　召开内设机构调整和科级干部轮岗交流工作会议，会议由党委书记、局长张惠林同志主持，会议由副局长杨宝藏同志宣读了局党委关于内设机构和科级干部轮岗交流的安排。本次轮岗交流科级干部13名，其中正科级8名，副科级4名，因年龄原因解聘正科级干部1名。交流轮岗范围涉及8个部门，交流干部人数占科级干部总数的50%，交流轮岗的13名干部已全部到岗并完成工作交接。

5月18日　召开《黄壁庄水库志》编纂启动工作会议。会议就《黄壁庄水库志》编纂各项工作进行了详细的安排部署，对编写库志工作提出了明确的指导意见。

5月22日　水利部副部长周英到黄壁庄水库检查指导防汛工作。

5月23日　制定了相应的考核标准及管理办法，将工程外观管护责任区进行了统一划分，将管护责任落实到每一名职工，并与个人的待遇联系起来，局设专门小组进行定期检查和不定期抽查，考核结果与处室及职工利益挂钩，形成了管理的长效机制。

6月29日　通过电力部门的初步验收，新增备供电源工程投入试运行。标志着今后黄壁庄水库三个溢洪道将有两个电源点供电，办公楼和培训中心将有两路网络电源进行供电，水库防汛实现了真正意义上的双回路供电，防汛供电的安全可靠性大大提高。

7月11日　举办信息宣传与水库志写作培训班。

7月18日　召开全体职工防汛动员大会。

8月13日　《河北日报》公布了《2010—2011年度省级文明单位名单》，黄壁庄水库管理局荣获"省级文明单位"荣誉称号。

8—11月　组织8个处室的11个部门（班组）95人次进行了不同岗位、科目的专业技术比武或业务理论闭卷考试，掀起了全员岗位练兵、技术比武的热潮，有力推动了职工学技术学业务的开展。

10月25日　举办了以党纪、政纪、党章为主要内容的知识竞赛。

11月7日　局资产评估结果报省财政厅核准，资产评估顺利完成。本次评估自6月份开始，历时半年，由河北省水利厅招标，河北天华资产评估有限责任公司进行评估。评估资产总额为134.97亿元，其中固定资产原值149.48亿元，固定资产净值134.33亿元。评估结果已于2012年11月7日报经省财政厅核准。

11月8日　全国水库大坝安全调研组一行在水利部安监司武国堂司长带队下到黄壁庄水库进行调研。

11月21日　第4次向北京调水开始。

12月21日　新防冰冻设备启动运行。正常溢洪道、非常溢洪道、新增非常溢洪道3个工程部位安装了19台套闸门防冰冻系统。

12月25日　召开党委换届选举党员大会，选举产生了新一届党委委员5名，新一届纪委委员5名；通过了第三届党委会和纪委会报告的决议。

12月27日　召开2012年宣传及档案工作会议，会议全面回顾总结了2012年信息宣传工作，对2013年宣传工作进行了安排部署。

2013 年

2月27日　局办公楼改建工程正式动工。

3月12日　召开第七届职工暨会员代表大会第三次会议。

3月25日　召开竞岗选拔正科级领导干部会议。共有7名同志报名竞岗，演讲完毕，与会人员进行了投票推荐。之后，按照竞岗实施方案进行了个别谈话推荐。

4月初　黄壁庄水库管理局形象宣传片制作完成。该片分为完整版和简约版两个版本。

4月26日　水利部副部长李国英在石家庄副市长张树志陪同下到黄壁庄水库管理局视察工作，张惠林局长陪同接待并汇报水库情况。

4月21日至5月8日　组织120多名干部职工分两批赴某军营开展了为期7天的封闭式军事化训练活动。

5月15—18日　南水北调廊涿干渠引水实验，引水流量2.4立方米每秒，引水量88万立方米。

5月20日　召开"解放思想、改革开放、创新驱动、科学发展"大讨论活动动员大会，全体党员、干部参加了会议。

5月24日　中国水利水电出版社向河北省黄壁庄水库管理局赠书仪式在黄壁庄水库防调中心举行。

6月6日　国家体育总局下发《关于表彰2012年全国全民健身活动优秀组织奖和先进单位的决定》（体群字〔2012〕214号）文件，黄壁庄水库管理局被授予"全国全民健身活动先进单位"荣誉称号，成为中国水利体协8个获奖单位之一，全国唯一获此殊荣的水库管理单位。

6月27日　省防汛抗旱指挥部指挥长、省政府副省长沈小平到黄壁庄水库检查指导防汛工作。

6月底　黄壁庄水库取水口区域环境整治土建工程完成护坡约320米1100多立方米，铺设主路670米，临水观光路350米，土方12000多立方米，平整土地15300平方米，库区面貌明显改善。

7月10日　组织开展参观监狱警示教育活动，局副科以上领导干部、党员和职工代表共60余人走进石家庄第四监狱，身临其境接受警示教育。

7月25日　召开党的群众路线教育实践活动动员大会。

8月　按照上级要求，水库管理局筹措6万元资金，完成了对互助共建乡村赵县北中马办事处田庄村的文化墙建设、整治临街建筑立面各7200平方米，对村里街道的各项标语广告进行了规范。捐助部分资金对村里的道路进行了硬化，铺设便道砖2400平方米。

9月底　库区环境治理工程的绿化美化项目提前完成今年的任务并初见成效。先后平整土地20000平方米，种植高羊茅、早熟禾等草皮3000平方米，种植野花组合5000平方米，栽植绿篱和花木20000多株，库区面貌得到根本改观。

9月24日16时至9月30日15时　黄壁庄水库为滹沱河1号、4号水面补水，补水流量5.0立方米每秒，共补水313万立方米。

10月　完成了机电设备操作规程汇编。汇编共四部分四十九章，5万多字，历时近1年时间。

11月6日　局领导班子召开群众路线教育实践活动民主生活会。

11月8日　省黄壁庄水库管理局被中华全国总工会授予"全国模范职工之家"称号。

11月20日　物价局发布文件，调整岗南、黄壁庄水库水利工程供水价格。工业供水由原来的0.40元每立方米调整为0.54元每立方米，城市供水由原来的0.37元每立方米调整为0.50元每立方米。

9月22日至11月25日　完成副坝应急度汛工程，工程内容为125马道混凝土平台浇筑2415平方米，浆砌石砂浆抹面恢复230平方米，六棱块护坡修复26.5立方米，清理125马道渣土125立方米。完成上游护坡缝隙清理面积14190平方米，完成C15混凝土勾缝面积6600平方米，完成C20混凝土灌缝面积7590平方米，清理出渣土近600立方米。工程决算投资为42.7万元。

12月17日　局灵正渠渠首工作桥改建工程正式开工。该工程由河北省水利水电勘测设计研究院负责设计，工程监理单位为河北天和监理有限公司。并于9月13日进行了施工招标，并确定河北省水利工程局为该工程中标单位，工程中标价为3987675元。

是年　水库总计供水72605万立方米，其中城市生活供水4829万立方米，石津灌渠供水31576万立方米，计三灌渠648万立方米，灵正灌渠657万立方米，廊涿干渠88万立方米，北京供水28792万立方米，环境供水（民心河、滹沱河）2986万立方米，西柏坡电厂供水2092万立方米，弃水937万立方米。

附录

水库建设与管理历史文献、重要文件

附录一

黄壁庄水库扩建工程设计任务书

水利电力部

（1964 年 9 月）

关于黄壁庄水库扩建工程，我部曾于 1963 年 12 月 12 日、1964 年 3 月 10 日先后提出"黄壁庄水库工程今后安排意见"及"关于黄壁庄水库今后安排补充意见"报送国家计委。经国家计委以〔64〕计农安字 015 号批复，要求在海河流域查勘和水文资料复核的基础上，结合子牙河系的防洪规划，重新编制黄壁庄水库工程设计任务书。今已编就，报请审查。

一、黄壁庄水库扩建的必要性

黄壁庄以上流域面积为 23400 平方公里，占滹沱河全部流域面积 86%。其中岗南水库控制滹沱河干流 15900 平方公里，黄壁庄水库主要控制包括冶河支流在内的区间面积 7500 平方公里。这两个水库对滹沱河的防洪与蓄水起主要作用。

1957 年所提《海河流域规划》中，黄壁庄水库坝顶高程 130 米。以后设计几次修改，修正设计坝顶高程为 128 米。水库工程自 1958 年汛后开工，1959 年拦洪，坝顶筑到 122 米。此后又陆续加高加固，截至 1963 年汛前已将主坝、副坝分别筑到 124.4 米与 125.2 米，库容 8.12 亿立方米（正常溢洪道及电站挡水坝已按 128 米基本建成，但基础还要加固）。

1963 年汛期发生特大洪水，6 日洪量 25.5 亿立方米，水库拦洪 7.15 亿立方米，8 月 6 日入库洪峰流量估计 12000 立方米每秒，经水库调蓄后下泄 6150 立方米每秒，削减洪峰流量 49%。但 1963 年冶河 6 日洪量 17.85 亿立方米，占全部 6 日洪水 70%，非黄壁庄水库现有容量所能控制。下游河道泄洪能力小（深泽北中山为 3000 立方米每秒，饶阳罗屯为 1200 立方米每秒），仍不免泛滥成灾。

为了解决子牙河的洪水问题，最近所拟《海河流域规划轮廓意见》中提出在滹沱河上续建完成岗南、黄壁庄两水库，下游河道按 3000 立方米每秒整治。滏阳河上游利用注淀水库滞蓄，开辟 2000 立方米每秒的排洪道，滹沱、滏阳两河汇合后，开辟献县减河，容量为 5000 立方米每秒。防洪安全可以达到 50 年一遇标准，遇 1963 年洪水，献县以下也可不致泛滥成灾。

目前黄壁庄水库下游的防洪能力，保深泽北中山以下滹沱河堤不决口，只能达到 15 年一遇的标准；保献县以下子牙河不决口，只能达到 5 年一遇的标准。对水库本身也只能抗御 200 年一遇的洪水，保坝安全标准很低，在运用上就不能大量拦蓄。以 1963 年的洪水为例，8 月 4 日开始涨水，控制泄流在 400 立方米每秒以下，5 日水位超过 120 米，泄流控制在 2500 立方米每秒左右，坚持至 23 时，水位涨至 121.1 米，为了保坝，不敢再蓄，不得不打开全部闸门放水。因此，要治理子牙河，还必须提高上游水库的防洪与保坝能力。如果在下游修减河，而上游水库保持现状，则遇超过 15 年一遇的洪水，滹沱河还要决口，下泄的流量也非减河所能容纳，不能解决问题。

根据 1964 年全国水利会议总结及 1962 年全国水利会议的规定，关系特别重大的水库近期力争达到 1000 年一遇的保坝安全标准。黄壁庄水库位置重要，目前只能抗御 200 年一遇的洪水。如不扩建，遇到较大洪水，水库失事，对下游的石家庄市及其附近城镇农村将发生毁灭性的灾害，京广铁路也将遭受严重破坏，且将波及下游平原，影响天津市的安全。因此提出扩建黄壁庄水库，按照《海河流域规划轮廓意见》提高水库对下游的防洪能力，同时提高水库的保坝安全标准，使能抗御 1000 年一遇的洪水。

二、水库规划与扩建方案

关于滹沱河的水文账，在 1963 年洪水后重新复核，采用订正的水文成果。1000 年一遇洪水（6 日洪量 42 亿立方米）为 1963 年洪水（6 日洪量 25.5 亿立方米）之 1.56 倍，略大于 1794 年的洪水，至于下游河道泄量安全标准，按子牙河规划遇 1963 年洪水水库下泄流量限制为 3300 立方米每秒。

滹沱河为多泥沙河流，多年平均年输沙量岗南为 1160 万吨，黄壁庄为 1990 万吨，冶河平山为 787 万吨。淤积年限拟按 30 年考虑，预留堆沙库容，包括已发生的淤积，岗南水库为 4.1 亿立方米，黄壁庄水库为 5.0 亿立方米。

根据上述标准扩建，加高大坝，比较了 128 米及 130 米两个方案。主要工程指标、工程数量及所需投资列如下表（略）。

几年以来，黄壁庄水库副坝加做了坝前铺盖、坝体加固及坝后减压井等工程，经过 1963 年汛期洪水（最高库水位 121.79 米）及汛后长期蓄水（库水位 118 米左右）考验，坝基渗流情况基本正常。根据观测资料推算，坝顶高程 128 米方案提高上游水位约 3 米，适当补作一些措施，坝基安全是可以保证的。至于坝顶高程 130 米，水头又有增加，渗漏条件比较不利。已成为建筑物如正常溢洪道、电站重力坝、灵正渠涵管、计三渠进水闸等均已按 128 米高程施工，大坝加高至 128 米仅须局部加固或接长，不作重大变更。如采用 130 米方案，上述各项泄水建筑物均需加固加高，如正常溢洪道进口溢流堰尚须拆掉重建，施工困难。

根据以上比较结果，坝高 128 米方案，投资较 130 米方案少 3890 万元，且施工较易。只是遇特大洪水时，泄量较大，不易控制，权衡得失，建议采用 128 米方案进行扩建。

扩建工程于 1965 年开始施工至 1969 年完成。最高劳动力需动员两万人左右，共需粮食 1444.5 万公斤。

保滹沱河下游河道不决口可由目前的 15 年一遇提高到 100 年一遇，如遇 1956 年或 1963 年洪水，均可减少淹没面积 210 万亩左右。结合献县减河工程，可解决 50 年一遇洪水，防止子牙河洪水向北泛滥，对确保天津市安全及津浦铁路交通，创造有利条件。在兴利方面，目前黄壁庄水库征地高程只到 112 米，移民只到 120 米，不能充分蓄水。扩建以后，提高冬季蓄水位，可以调蓄冶河来水，黄壁庄出库流量增加 2 亿立方米，可以扩充灌溉面积 40 万亩。同时冬季可为岗南水库作反调节运用，岗南水电站可以常年发电。

岗南水库在黄壁庄上游，岗南保坝安全标准目前也只有 300 年一遇，如岗南失事，黄壁庄也难保。因此岗南也应加以扩建，包括加固大坝，新建净宽 60 米的溢洪道，并加固发电隧洞及安装第三台机组（15000 千瓦）等工程。估计共需投资 3420 万元。

黄壁庄水库扩建工程（千年保坝）设计按初步设计、技术设计、施工详图三阶段进行。计划在 1965 年第二季度提出初步设计。至于岗南水库扩建工程设计任务书当另行编制报审。

三、库区淹没及移民征地

黄壁庄水库目前移民高程 120 米，耕地征购高程只到 112 米。1963 年洪水后，我部曾提出要求土地征购线由高程 112 米提高至 118 米，居民迁移线由高程 120 米提高至实际洪水淹没线 122 米。考虑大坝加高到 128 米后因近期泥沙淤积不多，仍可按移民 122 米，土地征购 118 米安排。移民高程相当于 40 年一遇洪水标准，征地则按常年汛后蓄水高程规定。

关于移民安置规划，经与有关单位研究后，基本上以本县安置为原则，安置方式采取就地后靠、集体建村和插队安置 3 种。根据实地调查及征购补偿计算，黄壁庄水库近期移民 7100 人，迁建房屋 6040 间，征地 19460 亩，共需投资 788 万元，此项投资已包括在前述工程投资内。

关于黄壁庄水库除险加固工程
初步设计报告的批复

（水规计〔1999〕47号）

河北省水利厅：

你厅《黄壁庄水库除险加固工程初步设计报告》（冀水规计〔1998〕81号）收悉。我部水利水电规划设计总院对该初步设计报告进行了审查，提出了审查意见（详见附件）（略）。我部同意该审查意见。现批复如下：

一、同意水库除险加固工程完成后，黄壁庄水库任务仍以防洪为主，兼顾供水、灌溉和发电。

二、同意水库设计洪水标准为500年一遇，校核洪水标准为10000年一遇。

三、同意黄壁庄水库除险加固工程的主要内容，即副坝防渗处理、正常溢洪道加固、重力坝加固、新增非常溢洪道、观测项目和设施的增补及管理设施完善等；同意副坝采取以混凝土防渗墙为主，以高喷防渗墙为辅的坝顶组合垂直防渗方案；同意正常溢洪道采用预应力锚索加固方案；同意对重力坝坝基帷幕进行补强，采用高压旋喷灌浆延长重力坝的绕渗长度；同意新增5孔非常溢洪道，以提高水库的防洪标准，基本同意新增非常溢洪道的结构布置。

四、基本同意工程总工期按4年安排。

五、按1998年第二季度价格水平核定，工程静态总投资8.83亿元，总投资为10.32亿元。按照国家发展计划委员会计农经〔1998〕1500号的精神，中央拟安排中央水利投资（包括国家预算内基建投资、中央水利建设基金、中央财政预算内专项资金）3亿元，其余投资由河北省负责落实。中央投资包干使用，超支不补。

六、请你省进一步落实地方配套资金和项目法人，优化工程设计，落实开工报告等有关建设程序，落实建设期水库度汛方案。工程建设要实行招投标制和建设监理制，明确各级各部门责任，明确分年实施建设计划、形象进度要求，确保工程质量，保证水库按期发挥效益。

特此批复。

附录三

河北省黄壁庄水库除险加固工程
竣工验收鉴定书

验收主持单位：河北省发展和改革委员会
项目法人：河北省黄壁庄水库除险加固工程建设局
监理单位：河北省水利水电工程监理咨询中心
设计单位：水利部河北水利水电勘测设计研究院
土建施工单位：葛洲坝集团基础工程有限公司
　　　　　　　中国水利水电基础工程局
　　　　　　　河北省水利工程局
　　　　　　　河北地矿建设工程集团公司
　　　　　　　天津市冀水岩土工程处
　　　　　　　冶金工业部勘察研究总院岩土地基公司
　　　　　　　中国水利水电第十二工程局
　　　　　　　中国水利水电第二工程局
　　　　　　　河北省水利工程局与中国人民解放军总参三所技术服务部联合体
　　　　　　　河北路桥集团有限公司
　　　　　　　河北冀通路桥建设有限公司
　　　　　　　北京振冲工程股份有限公司
金属结构制造单位：河北省水利工程局
　　　　　　　　　中国水利水电第十二工程局
　　　　　　　　　中国水利水电第二工程局
启闭机制造单位：中国水利水电第二工程局
　　　　　　　　国营三八八厂
　　　　　　　　曼内斯曼力士乐（常州）有限公司
　　　　　　　　河北省水利工程局
自动化系统：北京海淀燕禹通信遥测联合新技术开发部
　　　　　　水利部南京水利水文自动化研究所
　　　　　　南京南瑞集团公司
　　　　　　北京慧图信息科技有限公司与北京燕禹水务科技有限公司联合体
　　　　　　石家庄市中讯科技有限公司
运行管理单位：河北省黄壁庄水库管理局
质量监督单位：水利部水利工程质量监督总站黄壁庄项目站
竣工验收日期：2005 年 12 月 23—24 日
竣工验收地点：河北省石家庄市

前　　言

　　黄壁庄水库除险加固工程是经国务院同意，由原国家计划委员会批准建设的大型水利工程项目。根据《水利水电建设工程验收规程》（SL 223—1999）和水利部《关于黄壁庄水库除险加固工程竣工验收主持单位的复函》（办函〔2004〕540 号）的要求，2005 年 12 月 23—24 日，河北省发展和改革委员会受河北省人民政府委托，在石家庄市主持进行了竣工验收。竣工验收委员会由水利部建设与管理司、水利水电规划设计总院、水利建设与管理总站，水利部海河水利委员会，河北省发展和改革委员会、省重点建设领导小组办公室、省财政厅、省审计厅、省水利厅、省档案局、省消防局、省安全生产监督管理局、省环境保护局、省总工会、省财政投资评审中心、省防汛抗旱指挥部办公室，水利部水利工程质量监督总站黄壁庄项目站，石家庄市人民政府、市发展和改革委员会、市重点建设领导小组办公室、市水利局、鹿泉市人民政府、灵寿县人民政府等单位代表和特邀专家组成（名单附后）。

竣工验收委员会首先检查了工程现场和工程运行情况，听取了工程建设管理工作报告、初步验收工作报告，观看了工程录像，查阅了工程档案及有关资料。经竣工验收委员会充分讨论和认真审查，形成了《河北省黄壁庄水库除险加固工程竣工验收鉴定书》。

一、工程概况

（一）工程位置和简况（略）

（二）工程主要建设内容

1. 工程设计和审批

1997 年 2 月，水利部河北水利水电勘测设计研究院（以下简称河北院）编制完成《黄壁庄水库除险加固工程可行性研究报告》。1997 年 5 月，通过水利部水利水电规划设计总院（以下称水规总院）组织的审查，1998 年 4 月，通过中国国际工程咨询公司的评估同年 7 月 16 日，原国家发展计划委员会以特急计农经〔1998〕1500 号文批复。

1998 年 8 月，河北院编制完成《黄壁庄水库除险加固工程初设计报告》，同年 9 月通过水规总院审查，水利部于 1999 年 2 月 3 日根据水规计〔1999〕47 号文批复。

2. 工程设计标准及建筑物等级

黄壁庄水库除险加固工程设计洪水标准 500 年一遇，校核洪水标准采用可能最大洪水，相应的频率为 10000 年一遇。主要建筑物等级为 1 级。

3. 主要建设内容（略）

4. 总投资和总工期

该工程原批准概算总投资为 88484 万元，修改概算总投资为 99402 万元。原批准总工期 4 年。在副坝混凝土防渗墙施工过程中，因地质条件复杂等原因，先后发生了 7 次坝体塌陷，增加了处理工作量，经国家发展和改革委员会批准，总工期调整为 4.5 年。

（三）工程建设有关单位

黄壁庄水库除险加固工程建设主管部门为河北省水利厅，项目法人为河北省黄壁庄水库除险加固工程建设局，设计单位为水利部河北水利水电勘测设计研究院，监理单位为河北省水利水电工程监理咨询中心，质量监督单位为水利部水利工程质量监督总站黄壁庄项目站，运行管理单位为河北省黄壁庄水库管理局，主要土建施工、金属结构和启闭机制造以及自动化系统施工单位有葛洲坝集团基础工程有限公司等 19 家单位。

（四）工程施工过程

1. 工程开、完工时间

1998 年 8 月 25 日前期准备工程开工，1999 年 2 月底完工。1999 年 3 月 1 日除险加固工程正式开工，2004 年年底全部完工（除下游用水补偿工程外）。

2. 主要项目施工情况和开、完工时间

（1）副坝混凝土防渗墙工程。

副坝混凝土防渗墙施工于 1999 年 3 月 1 日开工，截至 2003 年 7 月 10 日完工。由于地质条件复杂，原拟订的施工工艺与实际地质条件不相适应以及投入机械设备少等原因，1999 年防渗墙施工进度滞后于合同要求的进度。为此，2000 年 2 月 13 日水利部在北京召开了黄壁庄水库除险加固工程工作会议，项目法人根据实际情况与施工单位签订了补充协议，各参建单位均增加了设备、加强了管理。在各方共同努力下，施工工效有了很大的提高。

（2）新增非常溢洪道工程。

根据施工安排分4次招标实施，土石方开挖于1999年1月26日开工，2002年3月6日完工；混凝土工程于1999年10月4日开始浇筑混凝土，2001年12月30日全部完工；金结设备制造、安装工程于2001年4月20日开工，2002年5月30日完工；液压启闭机制造于2000年7月20日开工，2001年6月10日完成出厂验收。2002年6月3日工程全部完工。

（3）正常溢洪道加固工程。

正常溢洪道加固改建工程分4次招标实施，于1999年5月14日正式开工，2003年11月28日完工。

（4）电站重力坝加固改建工程。

重力坝加固改建分两次招标实施，于2002年5月25日开工，2003年6月25日完工。

（5）水土保持工程。

修改概算中列入的主坝区、副坝区、非常溢洪道区、正常溢洪道区和重力坝区的环境治理与水土保持工程项目与主体工程同步建设；水保工程开、完工时间为2003年3月24日至2004年6月3日。《黄壁庄水库除险加固工程水土保持方案（补充设计）报告书》新增的水土保持项目2004年4月中旬开工，部分未完工程计划于2006年春季完成。

3. 施工中发生的主要问题及处理情况

在副坝混凝土防渗墙施工过程中，由于地质条件复杂等原因，先后曾在防渗墙部位发生过7次局部坝体塌陷，最大塌陷面积约46.2米×53.5米。水利部领导高度重视，亲临现场指导工作，同时，组织国内有关专家成立专家组，帮助项目法人分析塌坑原因，制定处理方案；水规总院受水利部委托，对各次塌坑处理方案进行审查，保证了塌坑处理顺利进行，确保了混凝土防渗墙施工顺利合拢（详见《副坝混凝土防渗墙塌坑处理专题报告》）。

（五）工程完成情况和主要工程量

除险加固工程已按设计文件要求全部完工。完成的主要工程量见附表3-1。

附表3-1   **黄壁庄水库除险加固工程主要工程量表**

工程项目	完成工程量	工程项目	完成工程量
土方开挖/m³	3162798	混凝土防渗墙/m²	271503
土方回填/m³	888076	高喷灌浆/m	20138
石方开挖/m³	315435	金属结构制安/t	2858
干砌石砌筑/m³	104054	基岩灌浆/m	8647
浆砌石砌筑/m³	58417	帷幕灌浆/m	3619
混凝土及钢筋混凝土/m³	163760	坝体补强灌浆/m	6213
钢筋制安/t	2863		

（六）建设征地补偿及移民安置

该工程批准永久征地500.00亩，施工临时占地550.00亩。实际发生永久征地482.41亩，临时占地437.50亩。征地及地面附着物已经赔偿，征地手续已办理完毕。该工程不存在移民安置问题。

二、概算执行情况及分析

（一）概算投资批复情况

1. 可研及初设概算

1998年8月，经国务院同意，国家计委以特急计农经〔1998〕1500号文批复可研总投资88484万元；1999年2月水利部以水规计〔1999〕47号文批复概算总投资103240万元。

2. 修改概算

2001年初，在初步设计概算的基础上开始修改概算工作，7月水规总院对修改概算报告进行了审查，水利部根据水规计〔2001〕578号文上报国家发展计划委员会。2002年1月国家计委项目评审组评审，2003年11月13日国家发展和改革委员会批复修改概算总投资99402万元。

（二）修改概算的主要原因

1998年水利部颁发了水规〔1998〕15号文，概算编制办法有了政策性调整；而且燃料油等部分建材价格也有提高。除险加固工程正式开工建设以来，随着勘探工作的深入和除险加固工程施工的全面展开，又发现了新的地质和工程问题，工程项目和施工方案有较大调整。特别是副坝地层地质条件十分复杂，防渗墙施工中漏浆严重，发生了7次塌陷，从而加大了工程施工难度和费用；后期根据工程的实际情况又增加了主坝、副坝坝坡整治及非常溢洪道闸门启闭机改造等新的加固项目，原有工程概算已不能适应工程建设的需要，因此编制了修改概算。

（三）各年度计划安排及投资完成情况（略）

（四）竣工财务决算

竣工财务决算编制工作于2005年10月28日完成，累计完成投资91580万元，其中建筑安装工程投资61299万元，设备投资7789万元；待摊投资20934万元；非经营项目转出投资1558万元。最终以省财政厅批复的竣工财务决算为准。

本除险加固工程投资控制在调整概算以内并有所节余，主要原因是通过科学研究、科学试验优化设计，采用新技术、新工艺、新的施工方法，以及在施工、设备采购方面实行了招标和严格的合同管理等。

（五）竣工审计

河北省审计厅2005年5月11日开始组织竣工审计，于2005年11月30日下达了竣工审计决定书（冀审投决〔2005〕4号）和审计报告（2005年第61号）。审计结论为：该项目能够履行国家规定的基本建设程序；会计资料基本真实、完整，财务核算比较规范，内部控制制度较为健全、有效，基本上遵守国家有关会计制度及财经法规；工程竣工后，可发挥良好的社会效益。建议增强依法纳税意识，加强合同档案管理，确保工程竣工验收。

审计报告提出的问题和整改意见已处理完毕。

三、工程验收及工程移交情况

（一）工程验收

1. 工程项目划分

本工程共划分为16个单位工程，由于下游用水补偿单位工程受地方征占地等影响，至今尚未完工，已作为遗留问题。参加本次验收的共15个单位工程，其中主要单位工程7个，196个分部工程，主要分部工程68个。

2. 阶段验收

1999年9月28—29日，由省水利厅主持对新增非常溢洪道闸室段基础开挖进行了阶段验收。

1999年10月27日，由项目法人主持对新增非常溢洪道挑坎段土石方开挖进行了阶段验收。

3. 单位工程验收（略）

4. 专项验收

2004年9月17日，河北省鹿泉市公安局消防大队对本工程进行了消防设施专项验收，验收意见为：该工程符合《建筑设计防火规范》和《水利水电工程设计防火规范》的要求。

2004年11月29日，河北省环境保护局主持并通过了黄壁庄水库除险加固工程环境保护竣工验收。验收意见为：工程竣工环保验收提供的资料齐全，调查报告内容全面。施工废弃物得到了有效处理，生态保护措施得到了落实。从一年运行情况看，地下水下降幅度仍控制在环评报告表预测范围内，影响区生活用水、补偿井和观测井都得到落实，同意该项目通过环境保护专项验收。

2005年5月17日，河北省水利厅主持并通过了黄壁庄水库除险加固工程水土保持设施竣工验收。验收意见为：工程水土保持设施符合国家水土保持法律、法规和技术规范的规定，满足批复的水土保持方案要求。已建成的各项水土保持设施安全可靠，运行期间的管理维护责任落实。经试运行，水土保持设施质量合格，同意通过验收，正式投入运行。

2005年6月22日，省档案局、省水利厅组成档案专项验收组，主持并通过了黄壁庄水库除险加固工程档案专项验收。验收意见为：黄壁庄水库除险加固工程档案收集比较齐全，整理系统规范，保管条件良好，手检、机检体系完善，利用快捷方便，符合《河北省重点建设项目档案验收办法》的要求，同意通过档案专项验收。

2005年12月5日，河北省安全生产监督管理局委托河北省安全生产宣教中心，依据水利部水规总院编制的《黄壁庄水库除险加固工程蓄水安全鉴定报告》，组织有关专家对本工程进行了安全专项验收。验收意见为：工程符合国家和省有关安全生产的法律法规和行业技术标准，工程质量符合规程、规范及设计要求，工程设施运行状况安全、可靠，安全管理制度基本完善，安全专项评审资料齐全，工程具备安全生产条件，同意通过安全验收。

5. 工程初步验收

2005年6月22—25日，由省水利厅主持，对黄壁庄水库除险加固工程进行了初步验收。验收结论为：工程已按批准的设计规模、建设内容如期完建；同意工程质量监督单位的评定意见，工程质量等级评定为优良；工程档案资料比较齐全；同意通过初步验收。鉴于该工程已基本具备了竣工验收的条件，建议竣工财务决算和竣工审计完成后，及时进行竣工验收。

（二）工程移交

截至2005年5月21日，15个单位工程全部移交给黄壁庄水库管理局。

四、工程初期运用及工程效益 （略）

五、工程质量鉴定

本次验收的15个单位工程共划分为196个分部工程。经施工单位自评，监理单位复核，质量监督单位核定，分部工程全部合格，其中优良140个，优良率71.4%，且68个主要分部工程均为优良；15个单位工程全部合格，其中12个优良，优良率80%，且7个主要单位工程均为优良。

由水利部水利工程质量监督总站黄壁庄项目站主持对新增非常溢洪道、正常溢洪道加固改建、电站重力坝加固改建、主坝坝坡整治、非常溢洪道闸门改建、副坝坝体恢复及坝坡整治等需要外观质量评定的6个单位工程进行了评定，平均得分率为88.9%。

六、安全鉴定

项目法人根据水利部颁发的《水利水电建设工程蓄水安全鉴定暂行办法》，委托水规总院对本除险加固工程进行了竣工前安全鉴定，主要鉴定意见如下：

（一）黄壁庄水库主要除险加固项目于2003年7月实施完成后，由于岗南水库除险加固工程下泄库水，使黄壁庄水库最高蓄水位达119.56米（接近正常蓄水位120米），各建筑物经历了数月较高蓄水位的考验，根据工程安全监测资料分析，各建筑物运行状态基本正常，水库继续蓄水运用不影响工程安全。即黄壁庄水库除险加固后，水库可按设计正常运行。但岗南水库除险加固期间，黄壁庄水库汛期运用水位应符合有关主管部门确认的度汛方案要求。

（二）副坝加固工程设计基本合理，塌坑段的处理措施是有效的，工程施工质量基本满足设计要求。现有的安全监测资料表明，除旋喷墙坝段外，加固后副坝垂直防渗墙防渗效果显著，目前坝体与坝基渗透稳定安全，副坝可以投入正常运用。鉴于副坝工程尚未遭遇更高库水位、水位骤降及地震工况考验，运用过程中，须加强监测，并及时整理分析，遇异常情况应立即分析原因，必要时采取有效处理措施。

（三）主坝、正常溢洪道、非常溢洪道除险加固设计合理，在各种运用工况下，建筑物稳定安全系数满足现行规范要求，各混凝土建筑物满足结构强度要求，土建工程总体施工质量满足设计要求。

（四）新增非常溢洪道总体布置和结构设计合理，符合有关规范要求，土建工程总体施工质量满足设计要求，具备正常运用条件。

（五）除险加固和新建项目中各类闸门、启闭机等金属结构设备布置及选型基本合理，针对除险加固工程特点和具体情况采取的有关措施是合适的，设计符合现行有关技术规范。各类闸门和启闭机制造、安装和联调检测记录满足有关规范和技术要求。金属结构设施基本满足水库蓄水和安全运用要求。

综上所述，经安全鉴定与评价，黄壁庄水库除险加固工程设计基本合理，施工总体质量良好，工程具备正常运用条件。

七、存在的主要问题及处理意见

（一）初步验收中提出的问题及处理

1. 副坝旋喷墙前后渗压水头消减不明显的问题，项目法人按照初步验收工作组的意见，在旋喷墙段增补了 4 个观测断面，完成了旋喷段排水沟的恢复和 21 眼减压井的清淤，并委托设计单位对观测资料进行了分析，对原有的分析成果进行了复核。设计单位分析复核的结论为：副坝旋喷段坝后地下水较加固前有所下降；坝体未形成浸润线，坝基渗流满足运用要求，在将排水沟予以恢复后，该段的坝体和坝基渗流是安全的。

2. 根据初验工作组的建议，设计单位提供了副坝混凝土防渗墙拉、压应力的设计值和校核值，施工单位完善了大坝自动化安全监测系统的监控功能。

3. 项目法人与水库管理单位及施工单位三方签订了合同，结合正常溢洪道表孔闸门自动化系统现场调试，对正常溢洪道弧形工作闸门启闭机现地开度仪进行了更新。

4. 新增非常溢洪道液压启闭机损坏的开度仪传感器已由生产厂家予以更换，其功能已恢复正常。

5. 水库管理单位制定了 6 项监测系统管理办法和 5 项操作规程，印制了监测系统运行日志，先后进行了计算机、网络、自动化、水文、监测技术等专项培训，对观测资料进行了建档归类管理，通过一系列措施，完善了监测系统管理工作。

（二）遗留问题和安排

1. 副坝下游压坡平台（桩号 1＋650～6＋000）与新增非常溢洪道引渠右岸的水土保持工程中的绿化项目，应于 2006 年春季完成。由水库管理单位继续负责实施，省水利厅组织验收。

2. 正常溢洪道表孔闸门自动化系统现场调试，应于 2006 年汛前完成。由水库管理单位组织实施，省水利厅组织验收。

3. 下游用水补偿工程计三渠 193 米渠段、源泉渠二支渠中段 273 米及新建斗渠等未完工程由石家庄市水利局负责实施，应于 2006 年 6 月 1 日前完成，由省水利厅会同省环保局组织验收。

（三）建议

1. 按照国务院办公厅《水利工程管理体制改革实施意见》的要求，尽快完成水库管理体制改革，保证水库正常运行。

2. 运行管理单位要加强库区管理和大坝安全监测，充分发挥自动化监测系统的作用，及时跟踪、掌握大坝运行状态。鉴于副坝工程施工过程中曾出现 7 次不明地质原因的塌坑，塌坑处理后新完成的坝体尚未遭遇更高库水位、水位骤降及地震工况考验，运行过程中，要专门制定副坝险情的应急预案，强化跟踪监测，及时分析监测情况，遇异常情况要及时采取有效处理措施，确保水库安全运行。

八、验收结论

黄壁庄水库除险加固工程已按批准的设计内容和标准完成；施工质量总体优良；工程档案资料基本齐全，管理规范；工程投资全部到位；竣工财务决算已通过审计，资金使用基本合理，财务管理基本规范；工程运行正常，已初步发挥效益。

竣工验收委员会一致同意黄壁庄水库除险加固工程通过竣工验收，交付管理单位投入运行。

九、验收委员会委员签字表（略）

十、被验单位代表签字表（略）

十一、附件（略）

附录四

黄壁庄水库安全综合评价

（选自 2006 年黄壁庄水库大坝安全鉴定报告辑）

一、防洪与度汛安全评价

（1）1994 年 4 月编制的《岗南黄壁庄水库设计洪水复核报告》中的设计洪水成果，经过水利部水利水电规划设计总院历次审查、复核同意，水库设计洪水采用该报告中的成果是合适的。

（2）黄壁庄水库主要建筑物采用 500 年一遇洪水设计和 10000 年一遇洪水校核的防洪标准符合 GB 50201—94《防洪标准》和 SL 252—2000《水利水电工程等级划分及洪水标准》的规定。

（3）除险加固工程完成以后，黄壁庄水库 10000 年一遇校核洪水位 128 米，低于水库允许最高洪水位，因此水库遇校核洪水时是安全的。

（4）岗南水库除险加固工程完成后，岗南、黄壁庄水库可进入正常运用阶段。岗南水库凑泄或不凑泄，对岗南水库、黄壁庄水库的设计洪水位和校核洪水位基本无影响。

（5）安全监测资料分析表明，各工程运行状态基本正常，水库继续蓄水运用不影响工程安全。除险加固工程完成后，水库应按设计运行。

综合专题评价并经分析认为，黄壁庄水库除险加固工程实施后，各主要建筑物抗御洪水频率均达到 2000 年以上，见附表 4 - 1。根据《水库大坝安全评价导则》（SL 258—2000）之规定，大坝防洪安全级别定为 A 级。

附表 4 - 1　　　　　**黄壁庄水库大坝防洪安全性评价表**

建筑物	大坝级别	坝型	抗御洪水频率	防洪安全性级别
主坝	1	土坝	10000 年一遇	A
副坝	1	土坝	10000 年一遇	A
正常溢洪道	1	同混凝土坝	10000 年一遇	A
非常溢洪道	1	同混凝土坝	10000 年一遇	A
新增非常溢洪道	1	同混凝土坝	10000 年一遇	A
电站重力坝	1	混凝土坝	10000 年一遇	A

二、工程地质评价（略）

三、结构安全评价

（一）主坝结构安全评价

主坝不存在涉及工程安全的重大问题。主坝遗留的部分工程质量缺陷已得到妥善处理。在各种运行工况下稳定安全系数满足现行规范要求。主坝总体施工质量满足设计要求。

综合主坝专题评价结论并经分析认为，黄壁庄水库主坝抗滑稳定满足规范要求，近坝库岸稳定，大坝不存在危及安全的变形，根据《水库大坝安全评价导则》规定，主坝结构安全级别定为 A 级。

（二）副坝结构安全评价

对副坝进行加固处理是必要的，设计方案是合理的，塌坑段处理措施是有效的，工程施工质量满足设计要求。加固完成后的副坝，一般坝段及塌坑段上、下游坝坡的抗滑稳定安全系数均满足现行规范要求；坝体应力安全；混凝土防渗墙墙体应力安全。副坝可以投入运用。

综合主坝专题评价结论并经分析认为，黄壁庄水库除险加固工程实施后，副坝抗滑稳定满足规范要求，近坝库岸稳定，大坝不存在危及安全的变形，根据《水库大坝安全评价导则》规定，副坝结构安全级别定为 A 级。

（三）电站重力坝结构安全评价

除险加固后，重力坝段抗滑稳定安全系数及坝基应力均满足规范要求。原存在的缺陷已经得到有效合理地处理。

综合电站重力坝专题评价结论并经分析认为，黄壁庄水库电站重力坝抗滑稳定满足规范要求，近坝库岸稳定，大坝不存在危及安全的变形，结构强度满足规范要求，根据《水库大坝安全评价导则》规定，电站重力坝结构安全级别定为 A 级。

（四）正常溢洪道结构安全评价

（1）正常溢洪道已对闸门、启闭机进行了更新改造，对堰体采用了预应力锚索进行了加固，对堰面处进行了凿除重新浇筑处理，对一级消力池右岸躺坡进行了改造，对护坦进行了加固，对下游排水系统进行了修复，对二级消力池出口左岸进行了防冲刷处理，对闸墩和闸墩表面进行了加高和修补，对启闭机室和公路桥进行了改建。这对增强闸室稳定、提高下游消能效率和防冲能力、改善工程运行管理条件是必要的，设计方案合理，施工质量满足设计要求。

（2）新、老堰堰体施加预应力锚索后，抗滑稳定安全系数计算值分别提高到现行设计规范规定的允许值以上，满足了堰体抗滑稳定要求。一级消力池右岸躺坡改造采用混凝土填坡空腔加固处理方案是合适的。下游护坦采用不锈钢纤维混凝土加固方案是合适的。下游基础排水系统采用改变出溢点，并降低出溢高程的工程措施，对恢复基础排水系统的排水性能是有效的，对解决底板缝间渗水出溢和底板冻融破坏问题是有利的。

综合正常溢洪道专题评价结论并经分析认为，黄壁庄水库正常溢洪道堰体抗滑稳定满足规范要求，近坝（堰）库岸稳定，大坝不存在危及安全的变形，结构强度满足规范要求，根据《水库大坝安全评价导则》规定，正常溢洪道结构安全级别定为 A 级。

（五）非常溢洪道结构安全评价

（1）非常溢洪道的泄流能力，经整体水工模型试验验证，当与新增非常溢洪道联合运用，可满足水库的防洪要求。

（2）经对非常溢洪道闸室（包括闸室边墩中墩）稳定及应力进行复核计算，沿闸室与基岩接触面的抗滑稳定，闸室边墩的抗滑稳定以及闸室堰体、边墩的基底应力等均满足现行设计规范要求。

（3）经采用现行设计规范对闸墩结构强度进行复核计算，选配的受力钢筋满足结构强度要求。

（4）经对闸室上部结构进行强度、配筋的复核计算，检修桥结构强度、配筋均满足现行规范要求；交通桥结构配筋基本能够满足交通部"85 规范"中汽车-10 级的通行标准，提高汽车荷载等级对预制梁的配筋影响不大，建议交通桥按照汽车-10 级标准控制；工作闸门机架桥现浇梁板强度及刚度均满足现行规范要求。

（5）经对闸室、边墩及其地基进行抗震稳定复核计算，在设计地震烈度Ⅶ度情况下，建筑物的抗震安全满足要求。

（6）非常溢洪道工程所用原材料质量经检验，符合现行有关技术规范要求，土建工程总体施工质量满足设计要求。

综合非常溢洪道专题评价结论并经分析认为，黄壁庄水库非常溢洪道抗滑稳定满足规范要求，近坝（堰）库岸稳定，大坝不存在危及安全的变形，结构强度满足规范要求，根据《水库大坝安全评价导则》规定，非常溢洪道结构安全级别可定为 A 级。

（六）新增非常溢洪道结构安全评价

（1）新增非常溢洪道紧邻老非常溢洪道布置，其间距离 20 米，采用导水墩连接，工程总体布置基本合理。闸室段结构布置较紧凑，采用堰型基本合理。

（2）经整体水工模型试验验证，新、老非常溢洪道联合运用，可满足水库防洪要求。新增非常溢洪道下游采用面流式消能是合理的。

（3）经复核计算，闸室堰体、左、右边墩和挑坎左、右边墙，均满足现行设计规范规定的稳定和应力要求。闸墩牛腿结构经计算选配的受力钢筋，满足结构强度要求。

（4）新增非常溢洪道工程所用原材料的质量，经检验符合现行有关技术规范要求；土建工程总体施工质量满足设计要求。

综合新增非常溢洪道专题评价结论并经分析认为，堰体抗滑稳定满足规范要求，近坝（堰）库岸稳定，堰体不存在危及安全的变形，结构强度满足规范要求，根据《水库大坝安全评价导则》规定，新增非常溢洪道结构安全级别定为 A 级。

四、安全监测评价

本工程变形、渗流及应力安全监测项目布置、选型及安装埋设基本满足要求，大部分监测项目在蓄水前已取得初值，运行基本正常，获得的监测资料基本可信。通过施工期和蓄水后监测资料分析，各建筑物均未发现较大异常现象。

（1）主坝上有部分表面水平位移测点存在显著性位移，变形符合大坝的正常变形规律。坝体表面垂直位移测点有位移趋势但不存在显著性变形，整体上处于稳定状态。变形观测能最直观的反映大坝的运行状态，建议加强大坝周期性观测工作，尤其对已出现变形显著的部位要重点监测，增加监测次数，以准确掌握其变形规律。

主坝坝体最下层的测点渗压与库水位相关性较好，其余测点受库水位影响较小，最大 113.00 米。坝基渗压与库水位有明显的相关性，左岸最高渗压 114.00 米，河床坝段最高 101.80 米，右岸最高 106.50 米。低水位坝后无水渗出，水位升高后渗流量也较小，在正常范围内。通过实测资料分析并与理论计算比较认为，主坝坝体、坝基渗流符合正常规律，库水位 119.50 米时坝基渗透比降小于允许比降，渗流量比较稳定，满足安全运用要求。主坝渗流安全级别定为 A 级。

（2）副坝非塌坑坝段坝体内部沉降变形较小，最大值 20 毫米，蓄水后两个测点沉降差值增加了 4 毫米，其他测点沉降基本未发生变化；防渗墙测斜管实测累计位移与深度关系合理，曲线的趋势性发展不明显；防渗墙多数测点为压应力，大部分测点在 1 兆帕以内，个别测点达到 1.252 兆帕，低于混凝土抗压强度。副坝塌坑段沉降总体规律是上部测点大，底部测点小。振冲桩施工阶段对坝体扰动较大，沉降发展较快。新填土层的沉降明显大于其他土层。振冲桩施工结束后，其他施工对坝体影响较小，沉降速率较小，但仍在继续发展，尚未稳定。水平位移最大累计值为 12.41 毫米，符合一般规律。

副坝混凝土防渗墙上游测点水位均较高，且与库水位相关性较好，下游测点水位与库水位相关性不明显，个别断面水头还有下降趋势，一般消减水头 10 米以上；加固前后防渗墙后测压管水位差一般在 10 米左右；防渗墙后坝体未形成浸润线。经计算分析和较高库水位运行安全监测表明，副坝防渗墙防渗效果显著，墙后坝体、坝基渗透稳定。副坝渗流安全级别定为 A 级。

（3）电站重力坝坝体表面垂直位移测点有位移趋势但不存在显著性变形，整体上处于稳定状态。

电站重力坝坝体补强灌浆和帷幕补强灌浆增加了坝体的抗渗能力；提高了混凝土强度和坝基防渗效果，降低了坝基扬压力，从而提高大坝的安全度。通过实测观测资料分析，大部分测点扬压力水头变化过程与库水位变化过程基本一致，扬压力沿上、下游方向的分布规律合理，高库水位扬压力预测的最大值均小于设计值，说明渗流状况比较稳定，重力坝渗流状态安全。电站重力坝渗流安全级别定为 A 级。

（4）正常溢洪道堰体水平方向总体上有向下游位移的趋势，中间位置测点变形较两岸测点显著，符合建筑物蓄水后变形规律。垂直方向有向上位移的趋势且位移显著，但变形量较小，整体处于稳定状态。

通过对正常溢洪道实测观测资料及历史观测资料分析，各测点扬压水头变化趋势一致，说明渗流状况比较稳定。根据实测观测资料预测高水位下堰基扬压力，经与库水位 119.5 米时的实测值比较，预测扬压力大于实测值，故渗流状态安全。正常溢洪道渗流安全级别定为 A 级。

（5）非常溢洪道堰体水平方向总体上有向下游位移的趋势，中间位置测点变形较两岸测点显著，符合建筑物蓄水后变形规律。垂直位移测点有位移趋势但不存在显著性变形，整体上处于稳定状态。

通过对非常溢洪道实测观测资料分析，各测点扬压水头变化趋势一致且变幅较小，与原测压管历史观测值比较，变化幅度一致，说明渗流状况比较稳定。根据实测观测资料预测高水位下堰基扬压力，经与库水位 119.5 米时的实测值比较，预测扬压力大于实测值，因此非常溢洪道渗流状态安全。非常溢洪道渗流安全级别定为 A 级。

（6）新增非常溢洪道堰体水平方向总体上有向下游位移的趋势，中间位置测点变形较两岸测点显著，符合建筑物蓄水后变形规律。垂直位移测点有沉降趋势但不存在显著性变形，整体上处于稳定状态。

通过新增非常溢洪道实测观测资料分析，各纵向扬压力测点水头变化过程基本一致且变幅较小，横断面相应测点扬压水头变化过程和分布规律基本一致。经分析计算，高库水位下堰基扬压力预测的最大值小于设计值，因此新增非常溢洪道渗流状态安全。新增非常溢洪道渗流安全级别定为 A 级。

五、抗震安全评价

经对黄壁庄水库各主要建筑物进行的抗震复核计算（包含于结构计算中），地震工况下，主坝、副坝坝坡稳定安全系数均满足规范要求；电站重力坝，正常溢洪道、非常溢洪道、新增非常溢洪道坝体（堰体）抗滑稳定安全系数及坝（堰）基应力（混凝土强度）均满足规范要求，坝（堰）体对设防的地震是安全的，抗震安全级别定为 A 级。

六、金属结构及电气设备评价

（1）金属结构设备布置、选型基本合理，设计符合现行设计规范、技术标准有关规定，制造、安装质量达到现行金属结构制造及验收规范、相关技术标准和设计要求，满足水库蓄水和安全运用要求。目前，各建筑物金属结构设备已安装完成并挡水运用，状况良好。

（2）正常溢洪道未设置检修闸门，系利用水库低水位运行期进行工作闸门检修。考虑到正常溢洪道是水库主要泄洪建筑物，工作闸门运用较频繁，建议根据水库调度运用方案，明确水库低水位运行时段和相应水位，以保证工作闸门需要检修时库水位降至底槛以下。

（3）闸门操作供电、照明、控制及通信设计符合有关标准、规范要求，设计方案合理，满足工程安全运用要求。

（4）供配电系统及照明系统自投运至今，电气设备运行正常、稳定、可靠，设计方案合理，制造安装完全满足技术标准的各项指标，达到系统的可靠性、可利用率、可操作性、可扩展性和系统安全等性能指标优良标准，满足水库防洪调度及正常管理运用的要求。

（5）闸门监控系统自投入运行至今，系统性能完全满足技术标准的各项指标：闸门监控系统的数字及开关量采集周期小于 0.2 秒，实时数据库更新周期小于 0.5 秒，控制命令回答响应时间小于 0.4 秒，接受执行命令到执行控制的响应时间小于 0.4 秒。视频图像从一个新的图像调用命令开始到图像完全显示在 CRT 上为止的 CRT 响应时间小于 1.5 秒，在已显示画面上动态数据更新周期小于 1.5 秒。闸门监控系统实现了黄壁庄水库枢纽所属几个闸门组的集中控制和远方控制，并实现了对水库枢纽和主要闸门的图像监视，最终达到系统的可靠性、可利用率、可操作性、可扩展性和系统安全等性能指标优良标准，满足水库防洪调度及正常管理运用的要求。

（6）大坝安全监测系统自投运至今系统各站点设备及配套硬、软件未出现异常现象，数据采集率和故障率符合设计要求，信管软件满足安全监测网管要求。系统性能完全满足技术标准所要求的各项指标：采样时间等于 2～5 秒每点（选测一测点时间不超过 1 分钟）；平均无故障时间（现地测控单元 MTBF）不小于 6300 小时（对于安全监测中心 MTBF 不小于 10000 小时）；监测系统设备传输误码率小于 10^{-4}；网络通信速率等于 2400 比特每秒；具备高抗干扰能力，数据采集率大于 90%。工程安全监测设计项目较完整,获得的监测资料基本可信。最终达到系统的可靠性、可利用率、可操作性、可扩展性和系统安全等性能指标优良,满足水库防洪调度及正常管理运用要求。

(7)水情自动测报系统性能完全满足技术标准所要求的各项指标:根据实际测试和对接收到的数据分析,卫星站畅通率平均为96.5%,超短波站畅通率平均为98%,满足设计畅通率大于92%的要求,实测超短波信道数据传输误码率小于1×10^{-4}卫星信道数据传输误码率小于1×10^{-6}。整个系统可靠工作达2年以上,单个遥测站设备无故障时间大于50000小时。水情自动测报系统遥测站点布设、组网方式选取、硬件设备配置、软件设备功能等均满足设计及相关规程规范要求,最终达到系统的可靠性、可利用率、可操作性、可扩展性和系统安全等性能指标优良标准,满足水库防洪调度及正常管理运用的要求。

(8)水库监控中心使用的设备均符合设计要求,系统性能完全满足技术标准所要求的各项指标:水库管理自动化软件具有数据采集、数据传输、数据处理以及计算与统计、监视和报警,图形和报表、显示和打印、预报和调度、人机界面等功能,并留有对外接口;信息管理系统软件具有办公自动化系统,业务数据处理系统,综合信息类系统等功能;三个子系统(包括闸门监控系统、大坝安全监测系统、水情自动测报系统)采集的数据和分析成果均能反映到水库监控中心服务器和视频墙上。水库监控中心实现了管理自动化系统的各个子系统的连接,达到了各个子系统独立运行,联合运用、数据共享的目标,形成了水库工程管理自动化系统和办公管理信息系统联网,系统的可靠性、可利用率、可操作性、可扩展性和系统安全等性能,指标优良,满足水库防洪调度及正常管理运用的要求。

(9)水库通信系统现已投入运行,其系统性能完全满足技术标准的各项指标。水库内部通信可完成主坝、副坝、重力坝、正常溢洪道、非常溢洪道等枢纽建筑物的闸室、配电室、值班室和大坝安全检测的现地监控单元,与水库监控中心的调度通信和行政通信。水库外部通信利用现有微波通信设备和公用电信网络,实现对水利厅等有关部门的语音通信。通信系统最终达到了可靠性、可利用率、可操作性、可扩展性和系统安全等性能指标优良标准,满足水库防洪调度及正常管理运用要求。

综合金属结构及电气设备专题评价及以上分析,黄壁庄水库各建筑物金属结构的强度、刚度及稳定性能均满足规范要求,启闭机的启闭能力可以满足要求,在紧急情况下,能保证闸门的正常开启。电气设备手段先进,质量可靠。根据《水库大坝安全评价导则》(SL 258—2000)的规定,金属结构的安全级别定为A级。

七、安全鉴定结论

本次安全鉴定工作以刚刚竣工的除险加固工程项目为重点,主体工程包括主坝、副坝、非常溢洪道及新增非常溢洪道、正常溢洪道、电站重力坝段、金属结构及电气设备、安全监测以及工程防洪度汛与蓄水运用等项目。并对其工程地质条件、设计与施工质量、重大技术问题处理、安全监测与专题论证成果进行评价,主要结论意见如下:

(1)黄壁庄水库主要除险加固项目于2003年7月实施完成后,由于岗南水库除险加固工程下泄库水,使黄壁庄水库最高蓄水位达119.56米(接近正常蓄水位120.00米),各建筑物经历了近4个月较高蓄水考验,根据工程安全监测资料分析,各建筑物运行状态基本正常,水库继续蓄水运用不影响工程安全,黄壁庄水库水库可按设计运行。

(2)副坝加固工程设计基本合理,塌坑段的处理措施是有效的,工程施工质量满足设计要求。现有安全监测资料表明,加固后副坝垂直防渗墙防渗效果显著,目前坝体与坝基渗透稳定安全,副坝可以投入正常运用。鉴于副坝工程尚未遭遇高库水位、水位骤降及地震工况考验,运用过程中,需加强监测,并及时整理分析。

(3)主坝、正常溢洪道、非常溢洪道、电站重力坝除险加固设计合理,在各种运用工况下,建筑物稳定安全系数满足现行规范要求,各混凝土建筑物满足结构强度要求。新增非常溢洪道总体布置和结构设计合理,符合有关规范要求。

(4)除险加固和新建项目中各类闸门、启闭机等金属结构设备布置合理,选型基本合理,针对除险加固工程特点和具体情况采取的有关措施是合适的，设计符合现行有关技术规范。各类闸门和启闭机制造、安装和联调检测纪录满足有关规范和技术要求。金属结构设施基本满足水库蓄水和安全运用要求。

（5）管理自动化工程是一项综合性的工程，包含了闸门监控系统、大坝安全监测系统、水情自动测报系统、水库监控中心、通信系统，形成了完整的水利工程管理自动化系统。管理自动化系统投运至今，其系统性能最终达到了可靠性、可利用率、可操作性、可扩展性和系统安全等性能指标优良标准，满足水库防洪调度及正常管理运用的要求。

本次对黄壁庄水库各主要建筑物进行的复核计算结果和分析结论与《黄壁庄水库除险加固工程（竣工前）安全鉴定报告》（水利部水利水电规划设计总院编制，2004 年完成）所得出的结论基本一致。对照相应的安全性分级表及标准，得出如下结论：

（1）黄壁庄水库防洪安全级别达到 A 级标准。

（2）各主要建筑物结构安全级别达到 A 级标准。

（3）金属结构安全级别达到 A 级标准。

（4）各主要建筑物渗流安全达到 A 级标准。

（5）各主要建筑物抗震安全级别达到 A 级标准。

综上，除险加固工程实施后，黄壁庄水库具备正常运用条件，黄壁庄水库定为一类坝。

编　后　记

　　《黄壁庄水库志》编纂始于 2012 年 4 月。经过前期的资料搜集、篇目安排、人员培训，河北省黄壁庄水库管理局于 2012 年 5 月 18 日召开了《黄壁庄水库志》编纂启动工作会议，就编纂工作进行了详细的安排部署，明确了编写的指导思想、组织领导、方法步骤，落实了工作责任和任务要求。

　　在编写过程中，黄壁庄水库管理局领导高度重视，多次召开专题会议进行研究，2012—2015 年间，每年都将其作为年度重点工作列入议程，在人、财、物方面予以保证。各处室部门也给予大力支持，努力为编写人员提供方便，保证了修志工作的正常进行，一些水库退休老同志积极主动地提供线索、资料。全体编写人员克服时间短、任务重的困难，多方搜集资料，筛选查证，认真编写，于 2013 年 7 月完成了初稿。初稿完成后，印发给局领导和有关处室负责人并征求意见，各部门按照编写办审查后的提纲目录，提供有关情况的第一手资料。在此基础上，编写人员进行了系统修改和补充，于2013 年 9 月完成了第二稿。在第二稿完成后，又广泛征求有关老职工、老同志及专家意见，具体核实相关数据，搜集整理插图、图表，补充完善有关文化建设方面的资料，进行了更深入的查证、完善和补充，于 2014 年 3 月完成了第三稿。2014 年 8 月，在第三稿的基础上，召开了《黄壁庄水库志》评审会，与会专家和领导就水库志第三稿存在的问题，从构架、文字、图表、表述、篇章节目编排等方面提出了许多中肯的修改意见和建议。之后，编写人员发扬连续作战、精益求精、无私奉献的精神，根据专家和领导的意见，又对志稿进行了系统修订完善，对相关数据和图表、图片反复地进行了比对、核实。从《黄壁庄水库志》编纂启动开始，总计经过两年多的努力，40 多名员工参与，七易其稿，于 2014 年 10 月完成《黄壁庄水库志》终稿，交付出版社修订、出版。

　　《黄壁庄水库志》是众手成志，是集体智慧的结晶。编写工作得到了河北省水利厅等上级部门和领导的高度重视和大力支持，河北省原常务副省长陈立友亲自为《黄壁庄水库志》作序，中国水利水电出版社与河北省水利厅办公室、建管处、机关党委、宣传中心等部门的领导也给予了大量指导和帮助，水库管理局各部门为库志编写提供了大量翔实的第一手资料，参与补充修改，一些水库退休老职工积极参与，提出了许多宝贵意见和建议。水利厅原总工张锡珍、河北水利资深专家魏智敏、原厅宣传中心主任郎志钦提出了许多宝贵的修改指导意见，厅办公室副主任冯金闯对编写工作自始至终予以总体指导，中国水利水电出版社的领导和专家对库志总体框架安排提出了许多建议，给予了具体指导，各位编辑为本志的编辑出版做了大量细致的工作。在《黄壁庄水库志》出版之际，借此向支持此项工作的各位领导、同志们表示衷心感谢！

　　《黄壁庄水库志》的顺利编写，也得益于黄壁庄水库日常管理基础资料的翔实与完整。几十年来，广大水库工程技术人员与管理人员，艰苦奋斗，勤于钻研，不断研究和探索水库管理的新技术、新方法、新措施，并对管理中好的经验、好的做法不断予以总结、整理和完善，形成了一批对水库管理有很大参考作用的基础资料汇编，如1979年编写的《黄壁庄水库工程管理手册》、1988年编写的《黄壁庄水库调度工作手册》、2004年正式出版的《黄壁庄水库除险加固工程论文集》、2006年编写的《黄壁庄水库大坝安全鉴定报告辑》、2007年编写的《黄壁庄水库调度工作手册》、2007年编写的《黄壁庄水库工程管理制度及操作规程汇编》、2008年编印的《黄壁庄水库大事记》《黄壁庄水库组织机构沿革》、2005年与2013年编写的《黄壁庄水库制度汇编》等。在此，向几十年来为黄壁庄水库建设、除险加固与管理付出心血与汗水的领导、专家及广大水库技术人员、管理人员一并表示衷心的感谢！

库志在编写过程中，共查阅了1000多卷工程技术及文书档案。此外，还到河北省图书馆、河北省档案馆、河北省水利厅档案室、石家庄市档案馆、石家庄市水利局、河北省平山县和灵寿县以及石家庄市鹿泉区的档案馆、国土局、水利局、文化局、统计局、林业局等单位调查、收集资料，在此也表示感谢！

由于编写人员水平有限，缺乏经验，加之原始资料不齐全，志书时间跨度较大，时间仓促，错误在所难免，敬请读者批评指正。

本书编委会

2015年5月